シリコンに導入された
ドーパントの物理

応用物理学会 半導体分野将来基金委員会 編

はじめに

　本書は第1回「名取研究会（半導体分野将来基金研究会）」における個々の講演を，それぞれの講演者によって詳しく解説していただいたものを技術領域によって3部に分けて構成したものである．筑波大学名誉教授にあった（故）名取研二先生，奥様で電気通信大学名誉教授の名取晃子先生のご意志に基づいて，2023年度に，応用物理学会内に「半導体分野将来基金」が創設された．その基金による活動の一つが名取研究会であり，その第1回研究会が2024年3月29日，30日の2日間にわたって応物会館で開催された．研究会では，半導体，特にシリコン中に不純物をドーピングすることによってシリコン中で何が起きているかをしっかり理解しようということを基本的な目的として，講演者と聴講者による活発な議論がなされた．

　仕事や研究ですぐに役に立つことや最先端技術の紹介などに関しては，最新の講演会や国際会議などを参照していただければよいと考え，本研究会は，半導体デバイスにおいて最も重要な技術の一つである不純物ドーピングにおける基本的な課題や学術的疑問点を取り上げ，それらを物理的な観点からより一般的に理解を深めることができないかという意図をもって計画された．というのも，昨今，半導体というワードはマスメディアでもたいへん盛り上がっているが，基本的な部分が少しおろそかになっていないだろうかと懸念されるからである．長い目で見れば，やはり正しい理解に基づく技術開発こそが正しい方向であり，より基本的な部分を理解しておくことが必ずや将来有益であるという思いは名取研二先生の考えとも合致するものと思われる．

　本書は，上記の考え方に基づき，シリコンナノエレクトロニクスおよびシリコンパワー半導体技術の両方に対して，ドーピングに伴って起こるさまざまな現象の物理的理解に関する議論と，さらにその理解に基づいて課題をどのように克服するかという技術展開の詳述から構成されている．目的とするデバイスによって見かけ上のドーピングの意味は異なるが，物理的な起源は同一のものに行きつくはずである．すでにシリコン技術の経験を長く積まれてきた方にとっては，ドーピング技術に関してよく分かった気になっているところがあるかもしれないが，現状においてもそのすべてが解明されているわけではない．研究会ではできる限りその本質に迫るべく，各講師の方の専門性に基づく工夫を凝らした講演を行っていただき，また本書でも各章をそれぞれの方の個性を活かした文体で紙数をとって執筆いただいた．ドーピングに関する個々の課題に対して現時点における本質的理解が深く議論されているので，半導体デバイスをこれから学ぼうとする方はもちろん，すでに本分野の研究活動にたずさわっている方にとっても有益であると確信している．また本領域を専門としない半導体技術のプロの方にも，ドーピングの奥深さと面白さを味わっていただけるものと思う．なお，各章は原則として各著者の責任において独立に執筆されているので，どこから読んでも構わないが，一方で専門用語について本書全体として表記の不統一が一部あることをご了解いただきたい．

　最後に，本書の出版にあたって各著者の方に対してはもちろんのこと，研究会の開催から本書が完成するまでの種々の調整に対してご協力頂いた応用物理学会の吉田千秋さん，原稿や編集の遅れに対してもできるだけ本書が良い方向に向かうように全体の構成・編集に多大なご尽力をいただいた近代科学社の石井沙知さんに心より感謝いたします．

2025年1月
編集委員一同

表紙のメダルについて

「半導体分野将来基金」では，当該分野において活躍している若手研究者を毎年表彰しています．表紙左上の写真は，受賞者に贈呈している直径約 66 mm の記念メダルです．

目次

はじめに 3

第1部　ドーピングの基礎

第1章　シリコン中の 1×10^{10} から 1×10^{20} cm^{-3} にわたる濃度範囲のドーパント不純物のフォトルミネッセンス評価

- 1.1 はじめに 16
  - 1.1.1 Si 中のドナー・アクセプタ不純物 16
  - 1.1.2 不純物の電子状態 16
  - 1.1.3 フォトルミネッセンス法 17
- 1.2 ドーパント不純物の発光機構 18
  - 1.2.1 低濃度領域 18
  - 1.2.2 中間濃度領域 19
  - 1.2.3 高濃度領域 20
- 1.3 実験方法 22
  - 1.3.1 測定試料 23
  - 1.3.2 PL 測定方法 25
- 1.4 各濃度領域の代表的 PL スペクトル 26
  - 1.4.1 低濃度領域 26
  - 1.4.2 中間濃度領域 28
  - 1.4.3 高濃度領域 30
- 1.5 PL スペクトルの励起光強度依存性 35
  - 1.5.1 擬フェルミ準位の変化 35
  - 1.5.2 飽和効果 36
- 1.6 定量分析 37
  - 1.6.1 標準化された PL 定量法 37
  - 1.6.2 高濃度領域での PL 定量法 38
  - 1.6.3 PL Category Chart を利用した定性分析 38
- 1.7 PL 法へのコメント 41
  - 1.7.1 PL Category Chart の境界領域 41
  - 1.7.2 不均一分布の影響 41
  - 1.7.3 名取研究会における質疑応答 43
- 1.8 まとめ 46
- 参考文献 47

第2章　シリコン基板中のドーパントとその制御

- 2.1　実デバイス作製時におけるドーパントの諸現象 ... 52
  - 2.1.1　はじめに ... 52
  - 2.1.2　水素によるドーパント不活性化 ... 52
  - 2.1.3　pn接合内のゲッタリング ... 56
  - 2.1.4　まとめ ... 58
- 2.2　シリコン結晶における酸素, 炭素の役割と制御 ... 58
  - 2.2.1　はじめに ... 58
  - 2.2.2　シリコンパワーデバイス ... 59
  - 2.2.3　IGBT用基板への要求 ... 62
  - 2.2.4　酸素, 炭素制御技術 ... 64
  - 2.2.5　酸素析出物測定技術 ... 70
  - 2.2.6　まとめ ... 74
- 参考文献 ... 74

第3章　シリコン中の不純物原子の活性化とそのからくり

- 3.1　はじめに ... 78
- 3.2　Si中に導入された不純物原子の電気的活性化 ... 78
- 3.3　単結晶Si中の不純物原子の固溶度 ... 79
- 3.4　単結晶Si中の不純物原子の固溶度が何によって決まるかについての考察 ... 81
- 3.5　単結晶Si中の不純物原子を電気的に活性化させるためになぜ高温が必要か？ ... 85
- 3.6　半導体デバイスで必要な浅くて低抵抗の不純物拡散層形成の熱予算 (thermal budget) ... 86
- 3.7　低温アニールにより不純物原子を高濃度に電気的に活性化する技術 ... 89
- 3.8　一度電気的に活性化した不純物原子の不活性化 (deactivation) 現象とその原因 ... 93
- 3.9　Si基板中原子空孔による転位欠陥抑制 ... 96
- 3.10　金属との反応に伴う不純物の再分布現象および考察 ... 99
- 3.11　まとめ ... 103
- 参考文献 ... 104

第4章　ドーパントによる電子準位とドーパント拡散のミクロな機構：計算科学によるアプローチ

- 4.1　はじめに ... 108
- 4.2　置換位置のドーパントの引き起こす電子準位 ... 108
  - 4.2.1　有効質量理論 ... 108

	4.2.2	第一原理計算（密度汎関数理論）による浅い電子準位の記述 110

- 4.3 ドーパント拡散のミクロな機構 118
  - 4.3.1 拡散の素過程 118
  - 4.3.2 拡散経路の決定と拡散障壁の計算 119
  - 4.3.3 キャリア再結合による増速／減速拡散 121
- 4.4 まとめ 126
- 参考文献 127

第5章 放射光を用いた光電子ホログラフィーによるシリコン中の高濃度ドーパントクラスターの3次元原子配列構造解析

- 5.1 はじめに 130
- 5.2 光電子ホログラフィーの原理 131
  - 5.2.1 光電子ホログラム 131
  - 5.2.2 原子配列像の再構成 133
  - 5.2.3 光電子ホログラフィーで有効な評価結果を得るための測定対象試料とその測定環境の制約条件 133
- 5.3 Si 結晶中のドーパントに対する光電子分光測定および電気的活性/不活性との対応づけ 134
  - 5.3.1 実験試料作製方法 134
  - 5.3.2 光電子分光測定による異なる状態にあるドーパントの識別 135
  - 5.3.3 異なる状態のドーパントと電気的活性/不活性の対応 ... 135
- 5.4 Si 結晶中にドープされた As に対する光電子ホログラフィーによる3次元原子配列構造の再生 136
  - 5.4.1 実験試料作製 136
  - 5.4.2 光電子ホログラフィーの測定実験 137
  - 5.4.3 Si の原子像再生 139
  - 5.4.4 As の原子像再生 141
  - 5.4.5 As の電気的活性化率の定量的検討 144
- 5.5 Si 中にドープされた B に対する光電子ホログラフィー適用への課題 146
  - 5.5.1 B に対する光電子分光測定におけるバックグラウンド信号の問題 146
  - 5.5.2 B に対する光電子ホログラフィーによる測定実験の状況 147
- 5.6 As と B の共ドーピングによる As_nV 型クラスターの電気的活性化の可能性 148
  - 5.6.1 第一原理計算からの理論的予測 148
  - 5.6.2 実験からの検証 149
- 5.7 まとめ 150

参考文献 151

第2部　ナノシリコンデバイス

第6章　シリコンデバイスへのドーピング技術の事共

- 6.1　はじめに 156
- 6.2　PN接合の登場 158
  - 6.2.1　PN接合と人々 158
  - 6.2.2　プラズマドーピングの登場 159
  - 6.2.3　PN接合の誕生に戻って 161
- 6.3　各種ドーピング技術の発想 163
  - 6.3.1　液相・固相・気相ドーピング 163
  - 6.3.2　PN打ち分けのための技術 164
  - 6.3.3　その頃の米国の働き方（改革前）そして，プレーナー技術による安定化 164
  - 6.3.4　セルフアラインとMooreの法則 168
  - 6.3.5　イオン注入技術の登場 168
- 6.4　ドーピングによるデバイスの微細化 169
  - 6.4.1　イオン注入技術とITRS 170
  - 6.4.2　プラズマドーピング技術の登場 172
- 6.5　プラズマドーピングの事共 174
  - 6.5.1　プラズマドーピング開発のための社内ベンチャービジネス 175
  - 6.5.2　プラズマドーピング (SRPD: Self-Regulatory Plasma Doping) 技術による不純物プロファイル制御 176
  - 6.5.3　プラズマドーピング (SRPD) によるドーズ量制御 178
  - 6.5.4　プラズマドーピング (SRPD) による均一性確保 180
  - 6.5.5　プラズマドーピング (SRPD) による繰り返し再現性確保 181
  - 6.5.6　プラズマドーピング (SRPD) による3次元ドーピングの実現 181
  - 6.5.7　プラズマドーピング (SRPD) によるスループット確保. 183
  - 6.5.8　プラズマドーピング (SRPD) が良好な特性を示す理由. 183
  - 6.5.9　留意点とプラズマドーピング (SRPD) のまとめ 183
- 6.6　エピドーピングとの関係 184
  - 6.6.1　エピドーピングの台頭 184
  - 6.6.2　エピドーピング，イオン注入によるドーピング，プラズマドーピングの鼎立 184
- 6.7　まとめ 185
- 参考文献 187

第7章　シリコンナノ結晶への不純物ドーピング

- 7.1 はじめに ... 190
- 7.2 不純物ドープシリコンナノ結晶の作製と評価 ... 191
  - 7.2.1 不純物ドープシリコンナノ結晶の生成エネルギー ... 191
  - 7.2.2 不純物ドープシリコンナノ結晶の作製方法 ... 192
  - 7.2.3 不純物ドープシリコンナノ結晶の構造評価 ... 193
- 7.3 電子スピン共鳴 (ESR) による不純物ドープシリコンナノ結晶の評価 ... 195
  - 7.3.1 リンドープシリコンナノ結晶 ... 195
  - 7.3.2 ホウ素ドープシリコンナノ結晶 ... 197
  - 7.3.3 不純物の活性化 ... 197
- 7.4 フォトルミネッセンスによる不純物ドープシリコンナノ結晶の評価 ... 199
  - 7.4.1 （不純物をドーピングしていない）シリコンナノ結晶 ... 199
  - 7.4.2 リンドープシリコンナノ結晶 ... 200
  - 7.4.3 ホウ素ドープシリコンナノ結晶 ... 202
  - 7.4.4 ホウ素, リン同時ドープシリコンナノ結晶 ... 203
- 7.5 ホウ素, リン同時ドープコロイドシリコン量子ドット ... 204
  - 7.5.1 作製方法と構造評価 ... 205
  - 7.5.2 発光特性 ... 206
  - 7.5.3 エネルギー準位構造 ... 208
- 7.6 まとめ ... 209
- 参考文献 ... 210

第8章　IV族半導体ナノワイヤへの不純物ドーピングと評価

- 8.1 はじめに ... 214
- 8.2 形成およびドーピング手法 ... 215
  - 8.2.1 成長時ドーピング ... 215
  - 8.2.2 イオン注入によるドーピング ... 216
  - 8.2.3 表面化学修飾による表面分子ドーピング ... 217
- 8.3 不純物ドーピング評価 ... 218
  - 8.3.1 不純物の結合状態および電気的活性化 ... 218
  - 8.3.2 ナノワイヤ中の不純物分布 ... 226
  - 8.3.3 ナノワイヤ中の不純物挙動 ... 227
- 8.4 まとめ ... 229
- 参考文献 ... 229

第9章　シリコンへの高濃度ドーピングにおける活性化と不活性化

- 9.1 はじめに 232
- 9.2 固相エピタキシャル成長による活性化状態の形成と不活性化 . 234
  - 9.2.1 イオン注入法によるアモルファス層の形成と固相エピタキシャル成長による単結晶化 234
  - 9.2.2 シリコン中に高濃度にドーピングされたヒ素の活性化と不活性化 235
  - 9.2.3 高活性化/不活性化領域中に存在する点欠陥の挙動のPN接合を用いた評価 240
  - 9.2.4 不活性化したヒ素原子の状態 244
- 9.3 固相エピタキシャル成長法以外の方法による高キャリア濃度層の形成 246
  - 9.3.1 ボロンの高ドーズイオン注入による活性なボロンクラスタの形成 246
  - 9.3.2 電気的に不活性なボロンクラスタの形成 249
- 9.4 まとめ 254
- 参考文献 254

第3部　パワー半導体

第10章　パワー半導体とドーピング技術

- 10.1 はじめに 260
- 10.2 パワー半導体の役割 261
- 10.3 パワー半導体の重要機能と重要特性 264
- 10.4 電力変換装置とパワー半導体の進化の歴史 264
- 10.5 パワー半導体の進化のポイント 267
- 10.6 パワー半導体の損失 269
- 10.7 パワーエレクトロニクスのスケーリング則 271
- 10.8 パワー半導体の損失と耐圧の関係 272
- 10.9 バイポーラ型パワー半導体 276
- 10.10 スーパージャンクション (SJ) 278
- 10.11 パワー半導体の進化を支えたドーピング技術 282
- 10.12 将来展望と課題 292
- 10.13 まとめ 295
- 参考文献 296

第11章 パワー半導体用シリコンウェーハにむけた中性子核変換ドーピングの現状と今後の展開

- 11.1 はじめに ... 300
- 11.2 IGBTに必要なシリコンウェーハの品質 ... 300
  - 11.2.1 IGBT用シリコンウェーハ ... 300
  - 11.2.2 IGBT用シリコンウェーハの歴史 ... 301
  - 11.2.3 IGBTとシリコンウェーハ抵抗率の関係 ... 303
- 11.3 中性子核変換ドーピング (NTD: Neutron Transmutation Doping) 技術 ... 304
  - 11.3.1 中性子核変換ドーピング技術の歴史 ... 304
  - 11.3.2 中性子核変換ドーピングの原理 ... 304
  - 11.3.3 重水炉と軽水炉について ... 305
  - 11.3.4 中性子核変換ドーピングによるダメージ ... 306
  - 11.3.5 重水炉および軽水炉によるシリコン結晶品質比較 ... 307
- 11.4 中性子核変換ドーピング技術の課題と今後の展開 ... 309
  - 11.4.1 中性子核変換ドーピング技術の課題 ... 309
  - 11.4.2 FZ結晶 ... 310
  - 11.4.3 MCZ結晶 ... 311
  - 11.4.4 中性子核変換ドーピングの今後の展開 ... 314
- 11.5 まとめ ... 314
- 参考文献 ... 315

第12章 パワー半導体における宇宙線照射による故障のTCADを用いた解析

- 12.1 はじめに ... 318
- 12.2 ゲートターンオフサイリスタ (GTO) における宇宙線照射による故障 ... 318
  - 12.2.1 GTOとは ... 318
  - 12.2.2 GTOの宇宙線による故障 ... 319
  - 12.2.3 GTOの宇宙線故障が注目された理由 ... 321
- 12.3 宇宙線故障のメカニズム ... 322
  - 12.3.1 高エネルギー宇宙線による電子–正孔対の発生 ... 322
  - 12.3.2 GTOのNベース中での電流経路（フィラメント）形成 ... 323
  - 12.3.3 Zeller氏のモデル ... 324
- 12.4 宇宙線によるパワー半導体の故障の新しいモデル化 ... 327
  - 12.4.1 故障密度関数，信頼度と故障率 ... 327
  - 12.4.2 ワイブル確率紙よる実験データの解析 ... 329
  - 12.4.3 宇宙線の流束と宇宙線故障断面積 ... 329
  - 12.4.4 宇宙線故障断面積のモデル化 ... 331
  - 12.4.5 宇宙線故障率を求める関数の定式化 ... 333

12.5　TCAD による $Q_{\text{crit}}(V_{\text{DC}}, z)$ の計算 334
　　12.5.1　N ベース内での電子および正孔の挙動 334
　　12.5.2　故障に至る臨界電荷 Q_{crit} の計算と故障断面積 336
12.6　宇宙線中性子流束のデータと解析例 337
　　12.6.1　宇宙線中性子の地上観測データを用いた計算と Zeller 氏の計算式との比較 337
　　12.6.2　航空高度における高耐圧パワー半導体の宇宙線故障率 .. 338
　　12.6.3　中性子照射加速実験における照射エネルギーカットオフと故障率精度 339
12.7　まとめ 341
参考文献 341

第13章　300 mmSi-IGBT 時代へ向けた不純物ドーピング制御の物理的課題と技術的挑戦

13.1　はじめに 344
13.2　ウェハ技術 345
　　13.2.1　シリコン単結晶の成長方法 345
　　13.2.2　偏析現象 346
　　13.2.3　不純物濃度一定制御のための成長方法 349
　　13.2.4　酸素の影響 351
　　13.2.5　ウェハ技術の課題 352
13.3　プロセス技術 353
　　13.3.1　高熱負荷プロセス 353
　　13.3.2　裏面バッファー層 357
13.4　まとめ 358
参考文献 358

編集委員・執筆者一覧 361

第1部
ドーピングの基礎

第1章

シリコン中の 1×10^{10} から 1×10^{20} cm^{-3} にわたる濃度範囲のドーパント不純物のフォトルミネッセンス評価

1.1 はじめに

シリコン結晶中のドーパント不純物濃度は，電子デバイスの種類および構造に応じて 10^{10} から 10^{20} cm^{-3}，すなわち実質的に絶縁体から金属伝導に至る広範囲にわたっている．このような広濃度領域の不純物の電子的性質を正確に把握することは，デバイスの性能と信頼性を向上させる上で，また新しいデバイスを開発する上で不可欠である．本章では，広範囲の不純物濃度においてフォトルミネッセンスが系統的に変化していく様子を，電子状態の変化に対応させて解説し，それに基づいた不純物評価への応用を述べる．なお，本稿は文献 [1] の内容をベースにしている．

1.1.1 Si 中のドナー・アクセプタ不純物

Si 中に 10^{10} から 10^{20} cm^{-3} の濃度範囲のドナー・アクセプタ不純物が添加された際に、抵抗率がどのくらいになるか，また各種の電子デバイスではどのくらいの濃度の不純物が使われているかを表 1.1 にまとめる．抵抗率はドナー不純物に対応して記している．不純物濃度は，ウェーハ出発材料の高純度ポリ Si では 10^{11} cm^{-3} 以下，パワーデバイスでは 10^{12}〜10^{14} cm^{-3}，LSI では 10^{14} cm^{-3}，そしてエピ基板では 10^{17}〜10^{20} cm^{-3} 程度である．さらに実際のデバイス構造では，FET チャネル層，pn 接合層，コンタクト層等の領域に応じて広範囲の不純物濃度（n$^-$, n, n$^+$, n^{++} 等）が採用されている．

表 1.1 Si 中のドナー・アクセプタ不純物．不純物濃度，抵抗率（n 型の場合），不純物間距離 (d)，各種デバイス中の不純物濃度をまとめた．

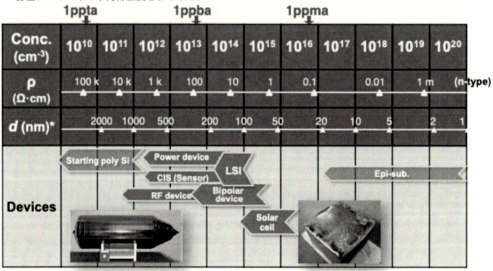

1.1.2 不純物の電子状態 [2]

表 1.1 には各不純物濃度に相当する不純物原子間距離 d が付記されている．10^{10} から 10^{20} cm^{-3} の濃度変化に対し，d は約 5 μm から 2 nm まで変わる．浅いドナー・アクセプタ不純物

の Bohr 半径が 1 nm 程度であるので，低濃度域では各不純物間の波動関数の重なりはなく，孤立した電子準位を考えればよい（図 1.1(a)）．しかし，原子間距離が近づくにつれ重なりが生じ，個々の不純物間のキャリヤの移動が可能になる．これが不純物帯 (IB: Impurity Band) の形成で，10^{17} cm^{-3} 程度から始まり，中間濃度領域と呼ばれる（図 1.1(b)）．さらに高濃度になると，不純物帯は価電子帯（あるいは伝導帯）と結合する（図 1.1(c)）．この結合した状態は縮退帯 (DB: Degenerate Band) と呼ばれ，縮退が始まる濃度（3×10^{18} cm^{-3}）を境に金属状態（縮退半導体）となる．これが Mott 転移である [3].

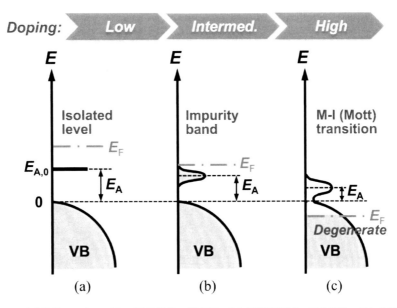

図 1.1　p 型半導体のアクセプタの電子状態の模式図．(a) 低濃度領域，孤立準位，(b) 中間濃度領域，不純物帯，(c) 高濃度領域，縮退帯．

1.1.3　フォトルミネッセンス法

　フォトルミネッセンス (PL: photoluminescence) は，半導体結晶に禁制帯幅よりも大きな光子エネルギーの光照射によって励起された電子・正孔対が再結合する際に，再結合エネルギーが光として放出される現象であり，結晶中で電気的に活性となる不純物および欠陥の評価に利用されている [4-8].

　これまでに Si 中の広範囲のドーパント不純物濃度領域の PL が数多く報告されているが，それらのほとんどは，限られた濃度範囲の試料に対し，それぞれ異なる測定条件下で得られた結果であった [9-30]．そのため，広範囲の不純物濃度にわたる包括的なスペクトル変化を把握することは困難であった．これに対し，我々は長年にわたる多くの研究グループとの共同研究により，世界中から数百種の Si 結晶を貴重な情報とともに受領することができた．それら全ての試料について標準的な同一条件下で PL 測定を行い，従来の論文の妥当性を検証した．そしてこれまでの研究の集大成として，表題のように 10 桁にわたる広範囲の不純物濃度において PL が系統的に変化している様子を明確に捉えることができた [1].

1.2 ドーパント不純物の発光機構

本節では，Si 中に含まれているドーパント不純物が低濃度領域，中間濃度領域，そして高濃度領域である場合の発光機構を概説する．

1.2.1 低濃度領域

不純物濃度が 1×10^{16} cm^{-3} 以下では不純物準位は孤立しており，不純物間の相互作用はない．これは，評価する立場からは，複数種の不純物があっても独立に評価できる（単純な重ね合わせ）という利点に繋がる．液体 He 温度 (4.2 K) における低濃度領域の代表的な発光過程を図 1.2(a) に示す [9-15]．

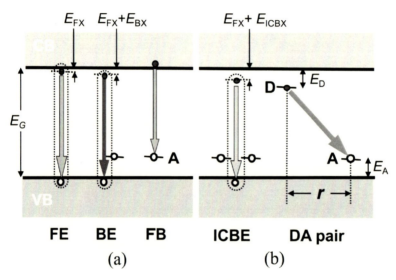

図 1.2　4.2 K における Si 結晶の発光機構．(a) 低濃度領域（$<1\times10^{16}$ cm^{-3}），(b) 中間濃度領域（$1\times10^{16}\leq N_\mathrm{A}<1\times10^{18}$ cm^{-3}）．文献 [1]（カラー表示）．

光励起によって生成された自由電子および自由正孔がクーロン力によって結合し，電子・正孔対として結晶内を動き回るのが自由励起子 (FE: Free Exciton)，FE が不純物に捕まっている状態が束縛励起子 (BE: Bound Exciton) である．それらが発光再結合する際の発光エネルギーは，それぞれ，(1.1) 式，(1.2) 式で表される．

$$h\nu_\mathrm{FE} = E_\mathrm{G} - E_\mathrm{FX} - \hbar\omega \tag{1.1}$$

$$h\nu_\mathrm{BE} = E_\mathrm{G} - E_\mathrm{FX} - E_\mathrm{BX} - \hbar\omega \tag{1.2}$$

ここで，E_G は禁制帯幅エネルギー，E_FX は励起子形成エネルギー，E_BX は励起子の不純物への束縛エネルギー，$\hbar\omega$ は Si が間接遷移であるために光学遷移で運動量保存のために放出が必要なフォノン（MC phonon: Momentum-Conserving phonon, TA/TO フォノン等）のエネルギーである．なお，BE 発光では，選択則が緩和されてフォノン放出を伴わない遷移もある (NP: No-Phonon;)．また，電子格子相互作用の結果，Γ点の光学フォノン（O$^\Gamma$ フォノン）が放出さ

れることもある [9]．Si では中性ドナーおよび中性アクセプタが FE を束縛する．E_{BX} はドナー（アクセプタ）のイオン化エネルギー $E_{\mathrm{D}}(E_{\mathrm{A}})$ の約 1/10 であることが Haynes' rule として知られている [31]．

これらの他に，自由電子（正孔）がアクセプタ（ドナー）に捕らえられた正孔（電子）と発光再結合する Free-to-Bound(FB) もあり，発光エネルギーは以下となる [4, 8]．

$$h\nu_{\mathrm{FB}} = E_{\mathrm{G}} - E_{\mathrm{A}} - \hbar\omega \tag{1.3}$$

ただし FB 発光の再結合確率は低く，1×10^{16} cm^{-3} 程度以上の高濃度でないと観測できない．以上の発光の記号を表 1.2 にまとめる．なお，本稿の原典論文 [1] ではスペクトル成分の識別を容易にするため，同表のようなカラーコードを使用している．

表 1.2　各発光の記号表とスペクトル表示の際のカラーコード．文献 [1]（カラー表示）．

Abbreviation	Color code	Meaning
BE	blue	bound exciton
DA	red	donor-acceptor pair
DA0	dark red	DA emission without discrete lines
DAb	purple	donor-band to acceptor-band emission
DB	green	degenerate band
EHD	-	electron hole droplet
FE	sky blue	free exciton
FB	light brown	free-to-bound
IB	brown	impurity band
ICBE	yellow	impurity cluster bound exciton

1.2.2　中間濃度領域

不純物濃度が 1×10^{16} cm^{-3} 以上になると，不純物は近傍の不純物とクラスターを形成するようになり [32-37]，FE はその不純物クラスターに束縛される（図 1.2(b)）[21, 23, 24, 30]．これは Impurity-Cluster Bound Exciton(ICBE) と名付けられ，BE と同様に発光再結合する．また，ドナー不純物とアクセプタ不純物の両方が存在し，両者の距離が近くなるとドナーに捕らえられた電子とアクセプタに捕らえられた正孔の対（DA ペア：Donor-Acceptor pair）の発光再結合が誘起される [4-8, 38-46]．これらの発光エネルギーは，それぞれ，次式で与えられる．

$$h\nu_{\mathrm{ICBE}} = E_{\mathrm{G}} - E_{\mathrm{FX}} - E_{\mathrm{ICBX}} - \hbar\omega \tag{1.4}$$

$$h\nu_{\mathrm{DA}} = E_{\mathrm{G}} - (E_{\mathrm{D}} + E_{\mathrm{A}}) + \frac{e^2}{4\pi\varepsilon_0\varepsilon_r r} - \hbar\omega \tag{1.5}$$

ここで，E_{ICBX} は励起子の不純物クラスターへの束縛エネルギー，r はドナー・アクセプタ間の距離，ε_r は比誘電率であり，(1.5) 式の第 3 項はイオン化したドナー・アクセプタ間のクーロン

エネルギーである.

　DA ペア発光は高エネルギー側に現れる特徴的な細線状スペクトル（後掲の図 1.10）がよく知られている. 図 1.3 に模式的に示すように，ドナーおよびアクセプタは格子位置を置換しているので，r は格子間隔に対応した離散的な値しか取り得ず，DA ペアの密度分布はペア濃度に対応する間隔 r_N で最大となる図 1.3(a) のような形状となる. したがって (1.5) 式の発光エネルギーも離散的となる [38, 39]. r が大きくなるとクーロン項は小さくなり，それぞれの細線の分離ができなくなって広い発光帯となる. ここで，近い距離の DA ペア間の方が波動関数の重なりが大きく遷移確率が高い（図 1.3(a) の破線）. したがって高強度の光励起をした場合，間隔の狭いペアでは再結合が継続し励起光強度とともに発光が増大するが，間隔の広いペアでは再結合確率が低いため光励起によるキャリヤ供給過剰となり，「飽和効果」が生じる. その結果，励起光強度を上げていくと間隔の広いペア（低エネルギー側）に対して間隔の狭いペア（高エネルギー側）が優勢になる. これが DA ペア発光特有の励起光強度増大に伴う青方偏移（ブルーシフト）現象である [8, 39-42].

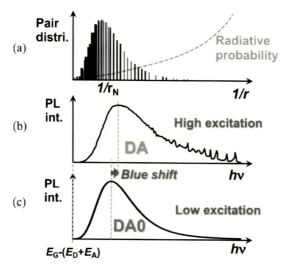

図 1.3　DA ペア発光の再結合過程．(a)DA ペア間隔に対応するペア密度分布で，r_N は DA ペア濃度に対応する間隔，(b) 強励起光条件下で観測される細線状スペクトルを伴う DA 発光，(c) 弱励起光条件では細線状スペクトルが消え発光帯ピークが低エネルギー側にシフトする.

1.2.3　高濃度領域

　不純物濃度が 1×10^{18} cm^{-3} 以上になると，不純物原子間距離が Bohr 半径に近づき，相互作用の結果，不純物帯が形成される. そしてアクセプタ（ドナー）の活性化エネルギー $E_A(E_D)$ は減少する [35-37, 47]. この領域では，電子・正孔は不純物帯内で非局所化されること，そして大きな遮蔽効果を受けることになり，BE は存在しない [18, 27].

(1) 非補償試料

　非補償試料の高濃度領域の発光機構は Parsons[26] と Wagner[27, 28] により解明された.

図 1.4 では，p 型試料で不純物濃度が Mott 転移の臨界濃度よりも (a) 低い場合と (b) 高い場合について，光励起下の準平衡状態における状態密度 (DOS: Density Of State) と発光過程を示している．p 型結晶では，光励起された電子は伝導帯下端から電子の擬フェルミ準位 (E_{Fn}) まで分布し，(a) アクセプタ不純物帯中，あるいは (b) アクセプタ不純物帯が結合した縮退価電子帯中の正孔の擬フェルミ準位 (E_{Fh}) より上にある正孔と発光再結合する．本稿では図の矢印で示されたこれらの発光を，(a)IB 発光，(b)DB 発光と名付ける．かつて DB 発光は高励起状態で観測されることから HL(High-Level excitation)peak と呼ばれ [17, 19, 20]，電子正孔液滴 (EHD: Electron-Hole Droplet;) との関連性も議論されたが，その後の研究で EHD とは無関係である

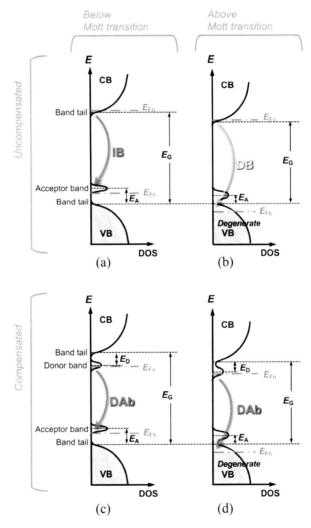

図 1.4　高濃度 p 型半導体の光励起下の準平衡状態における DOS および発光過程の模式図．(a)(b) 非補償試料，(c)(d) 補償試料；(a)(c)Mott 転移濃度以下，(b)(d)Mott 転移濃度以上．光励起された電子は，(a)(b) 伝導帯，または (c)(d) ドナー不純物帯の E_{Fn} 以下まで分布し，(a)(c) アクセプタ不純物帯，または (b)(d) 縮退価電子帯中の E_{Fh} 以上に分布する正孔と再結合する結果，IB, DB, DAb 発光を呈する．なお，(b)(d) における E_G の減少は濃度増大による禁制帯幅の縮小を表す．文献 [1]（カラー表示）．

ことが分かっている [26].

DB 発光においては，濃度増大に伴い E_{Fh} が低下することによって（n 型試料では E_{Fn} が上昇）バンド充填効果 (band-filling effect) が起こり，半値幅拡大と青方偏移が期待される [27, 28]．この青方偏移は Burstein-Moss shift[48, 49] として知られている．しかし他方で，濃度増大による禁制帯幅の縮小 [28, 50] と Urbach tail[51] の出現も起こり，これらからは赤方偏移が期待され，上述の青方偏移と競合することになる．

(2) 補償試料

高濃度で高補償比の試料の発光機構は Levy らによって解明されている [29]．p 型の試料についての発光過程を図 1.4(c)(d) に示す．前記 (1) 非補償試料の場合の図 (a)(b) に，補償しているドナー不純物帯を加えている．光励起された電子はドナー不純物帯内の電子の擬フェルミ準位 (E_{Fn}) まで分布し，(c) アクセプタ不純物帯中あるいは (d) アクセプタ不純物帯が結合した縮退価電子帯中の正孔の擬フェルミ準位 (E_{Fh}) より上にある正孔と発光再結合する．以上のドナー不純物帯・アクセプタ不純物帯間の発光を DAb 発光 (Donor-band-Acceptor-band emission) と名付ける．

DAb 発光の再結合エネルギーは E_{Fn} および E_{Fh} の位置によって大きく変化するが，大略次式で与えられる．

$$h\nu_{\mathrm{DAb}} = E_{\mathrm{G}} - (E_{\mathrm{D}} + E_{\mathrm{A}}) - \hbar\omega \tag{1.6}$$

ここで，E_{D}, E_{A} は，それぞれドナー不純物帯，アクセプタ不純物帯に光励起された電子，正孔のイオン化エネルギーで，E_{Fn} より下，E_{Fh} より上の値をとる．DA ペア発光の (1.5) 式と比べ，クーロンエネルギーの項が欠如している分だけ，発光帯のピークエネルギーは低エネルギー側にシフトする．

ここで，励起された電子密度とドナー不純物帯の DOS とは同程度の密度であるため，励起光強度を強くすると E_{Fn} は上方に移動する．一方，価電子帯に励起された正孔は多数キャリヤであるため，励起光強度を強くしても E_{Fh} は殆ど移動しない．したがって，励起光強度増大によって DAb 発光帯は青方偏移を示す．この偏移量は 10 倍の励起光強度増大に対して 10〜15 meV であり，DA ペア発光の偏移量 3〜5 meV よりもかなり大きく，この特徴から DAb 発光は "moving band" と呼ばれている [29].

なお，DAb 発光においても，(1) 非補償試料の DB 発光と同様に，不純物密度増大に伴うバンド充填効果により，半値幅拡大と青方偏移が起きる．そして，青方偏移は禁制帯幅の縮小による赤方偏移と競合する．

1.3　実験方法

本節では，本研究に使用した代表的な Si 試料の特性をまとめ，PL 測定方法および測定条件を記述する．

1.3.1 測定試料

本研究に使用した試料は，Czochralski(CZ) 法で作製された Si 単結晶および一方向性凝固法で作製された多結晶 Si(multicrystalline Si; mc-Si) で，世界中の機関より提供いただいたものである．ドーパント不純物は，主に B および P であるが，Al, As, Ga も含まれており，濃度範囲は $10^{15} \sim 10^{20}$ cm^{-3} で，非補償試料から高補償比試料まで各種揃えられた．その大半は研究用に作製されたものである．また比較のために，PL による不純物定量法を開発する際に使用した，濃度が 1×10^{15} cm^{-3} 以下の B, P, Al, As を含む CZ 結晶および帯溶融法 (FZ: Float-Zone) 結晶も使用した [52-56]．試料の特性を表 1.3 にまとめる．

記号の pn，nn（n は整数）はそれぞれ B 添加 p 型，P 添加 n 型を，cn は補償比が 0.2 以上の補償試料を示す．補償比とは，ドナー濃度とアクセプタ濃度をそれぞれ N_D, N_A とした場合，p 型

表 1.3 測定に使用した試料中の B, P, Al 濃度（cm^{-3}）．文献 [1].

Sample No.	B	P	Al
p0	8×10^{10}	5×10^{10}	-
p1	1.1×10^{14}	4.0×10^{12}	-
p2	7.6×10^{15}	-	-
p3	1.0×10^{17}	-	-
p4	9.5×10^{17}	-	-
p5	2.8×10^{18}	-	-
p6	7.0×10^{18}	-	-
n1	2.6×10^{12}	6.4×10^{13}	-
n2	-	4.6×10^{15}	-
n3	-	1.6×10^{17}	-
n4	-	7.6×10^{17}	-
n5	-	6.0×10^{18}	-
n6	-	3.5×10^{19}	-
c3	4.6×10^{16}	2.9×10^{16}	-
c41	2.5×10^{17}	9.8×10^{16}	-
c42	2.7×10^{17}	1.3×10^{17}	-
c43	3.2×10^{17}	2.2×10^{17}	-
c44	3.5×10^{17}	2.9×10^{17}	-
c45	4.1×10^{17}	4.5×10^{17}	-
c5	4.5×10^{17}	7.0×10^{17}	-
c61	1.8×10^{18}	4.5×10^{17}	-
c62	2.3×10^{18}	9.7×10^{17}	-
c63	3.3×10^{18}	3.0×10^{18}	-
c71	1.3×10^{17}	1.5×10^{17}	5.8×10^{16}
c72	1.4×10^{17}	1.9×10^{17}	8.1×10^{16}
c73	1.5×10^{17}	2.5×10^{17}	1.2×10^{17}
c74	1.8×10^{17}	4.7×10^{17}	3.2×10^{17}
c75	2.0×10^{17}	6.4×10^{17}	5.2×10^{17}
c76	2.3×10^{17}	1.0×10^{18}	1.0×10^{18}
c77	3.3×10^{17}	3.3×10^{18}	6.4×10^{18}

では N_D/N_A，n 型では N_A/N_D を表し，0.2 の値は DA ペア発光が出現し始める条件より定めた [44-46]．試料 **c41-c46**, **c61-c63**, **c71-c77** は，それぞれ異なるインゴットから固化率の順に切り出された．試料 **p0** は無添加の超高純度 Si 結晶，**c71-c77** は B, P, Al 共添加 mc-Si である．

これらの試料の不純物濃度は以下の 3 方法により決定した．第 1 は 1×10^{15} cm^{-3} 以下の濃度に対して有効な PL 法 [57, 58]（1.4.1 項および 1.6.1 項で詳述），第 2 は 4 探針法による抵抗率から Irvin 曲線で換算する方法である [59, 60]．抵抗率法は非補償試料に対してのみ使用可で，非補償であるかどうかは PL 法でチェックした．第 3 は CZ 法あるいは一方向性凝固法により作製された結晶に適用できる方法で，インゴットの固化率が異なる何点かの部位の試料について二次イオン質量分析法 (SIMS) あるいはグロー放電質量分析法 (GDMS) で定量し，Scheil's law に従った偏析曲線でフィッティングすることにより，各部位の濃度を求めた [61]．

試料 **p**n, **n**n, **c**n を含め，測定した全ての試料のドナー，アクセプタ濃度 (N_D, N_A) を図 1.5 の両対数グラフ上にプロットした．この図は，今後，ドナー・アクセプタ濃度によって PL スペクトルパターンがどのように分類されるかをまとめる PL Category Chart として利用する（後述の図 1.7, 1.13, 1.20）．なお，非補償 Si 試料中の残留補償不純物濃度は一般に極めて低く，その測定は極めて困難であることから，残留補償不純物は主要不純物の 1 ％と便宜的に仮定してプロットしている．その結果，試料は影を付けてない六角形のエリア内にあり，以下では，同領域内でのスペクトル変化を考察していく．

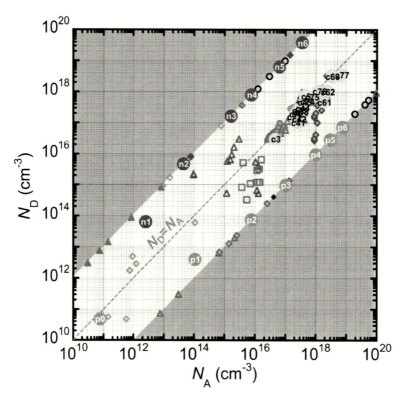

図 1.5 全測定試料につき，ドナー，アクセプタ濃度 (N_D, N_A) を座標として両対数グラフ上に表示．表 1.3 に示した主測定試料については試料番号を添えた．このグラフは，濃度領域によって各発光帯の分類をまとめる PL Category Chart として用いる．文献 [1]（カラー表示）．

PL 測定のための試料準備は JIS 規格に従う [57]．半導体デバイス用の鏡面ウェーハの場合には，5×10 mm^2 程度の大きさのペレットを切り出し，そのまま測定に供する．鏡面ウェーハでない場合，面積が 5×10 mm^2 程度以上，厚さ 1 mm 程度のペレットを切り出し，表面破砕層除去のため，ふっ硝酸 ($\text{HNO}_3 : \text{HF} = 5 : 3$) にてエッチングし，測定用試料とする．

1.3.2 PL 測定方法

本研究では，CW 光照射時の定常状態の PL を対象にしている．Si 中のドナー・アクセプタ不純物定量用に規定されている JIS 規格 [57], SEMI 規格 [58] に従い，4.2 K にて PL 測定を行った．図 1.6 に示すように，試料を液体 He 浸漬型のクライオスタットに装着し，DPSS レーザー (Coherent Verdi V5 および Showa Optronics JUNO 532S) の 532 nm 光を照射した．試料面上でのビーム径を 2.5 mm，強度を 50 mW とした（約 1.0 W·cm^{-2}）．試料からの PL 光は，軸外し非球面反射鏡による光学系で集光し，回折格子型分光計（Photon design PDP320, $f = 0.32$ m; 回折格子 刻線数 300 grooves·mm^{-1} ブレーズ波長 1.2 μm）で分光し，冷却型 InGaAs ダイオードアレイ (Princeton PyLoN-IR: 1024-1.7) にて検出した．スペクトル分解能および位置精度は，それぞれ 0.5, 0.25 meV である．光学測定系の波長感度較正は行っていないが，今回の測定領域ではほぼ平たんである．

PL の励起光強度依存性を測定する場合には，試料面上レーザー強度を 0.05 から 500 mW の範囲で変化させた．励起光強度依存性の測定は，電子および正孔の非平衡分布によって引き起こされるスペクトル変化を調べる上で有効である．また，対象とする発光センターにおいて，励起キャリヤの供給が再結合によるキャリヤ消費を上回るときに観測される飽和効果を調べる上でも有効である．一般に，発光再結合確率が低いほど，また発光センターの密度が低いほど飽和現象が起きやすい．以上のように，PL の励起光強度依存性は発光機構を解明する手掛かりとなる．

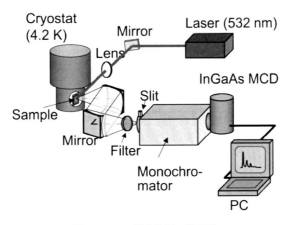

図 1.6　PL 測定装置の模式図．

1.4 各濃度領域の代表的 PL スペクトル

本節では，ドーパント不純物濃度が 1×10^{16} cm^{-3} 以下の低濃度領域，1×10^{16} から 1×10^{18} cm^{-3} の中間濃度領域，そして 1×10^{18} cm^{-3} 以上の高濃度領域の，それぞれの領域の 4.2 K における PL スペクトルを解説する．

1.4.1 低濃度領域

ドーパント不純物濃度が 1×10^{16} cm^{-3} 以下の低濃度領域に現れる PL スペクトルを図 1.7 の PL Category Chart を用いて分類する．図中に，FE, BE, ICBE 発光が現れる濃度領域 (N_D, N_A) を示している．1×10^{15} cm^{-3} 以下の濃度領域では，FE 発光と BE 発光が支配的である．代表例として，超高純度試料 **p0**（残留 B 濃度 8×10^{10} cm^{-3}，残留 P 濃度 5×10^{10} cm^{-3}），B 添加試料 **p1**（B 濃度 1.1×10^{14} cm^{-3}），および P 添加試料 **n1**（P 濃度 6.4×10^{13} cm^{-3}）の PL スペクトルを図 1.8 に示す．図中の記号 I, B, P は，それぞれ FE 発光，中性 B アクセプタ BE 発光，中性 P ドナー BE 発光であり，下付き添字は MC フォノンを示す [10, 12]．ここで **P0** のスペクトルを拡大すると，このような低濃度であっても B および P 不純物による BE 発光は明確に観測されていることが分かる [54]．なお，1.08 eV 付近に現れる発光帯は EHD に起因し，低濃度領域で高励起光強度下においてのみ現れる [62-65]．

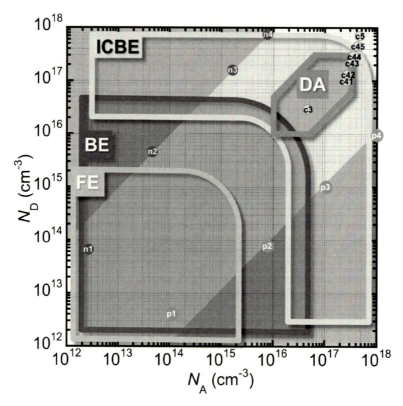

図 1.7　ドーパント不純物濃度 10^{12}～10^{18} cm^{-3} において，FE, BE, ICBE, DA 発光が現れる濃度領域を示した．試料 p1～p3, n1～n3, c3 の PL スペクトルを図 1.8 に示す．文献 [1]（カラー表示）．

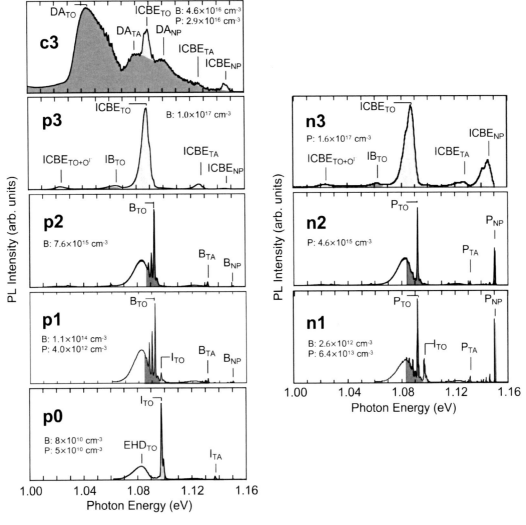

図 1.8　無添加高純度試料 (p0)，低濃度試料 (p1〜p2, n1〜n2)，中間濃度試料 (p3, n3, c3) の 4.2 K, 50 mW 励起光強度下における PL スペクトル．文献 [1]（カラー表示）．

　PL 法の特長は，(1.2) 式の E_{BX} が不純物種により異なることを利用して，極低濃度のドナー，アクセプタ不純物を同定できることである [10-12]．そして，不純物濃度の増大とともに BE 発光は増大し，FE 発光は減少する．図 1.9 は，B アクセプタ不純物と P ドナー不純物について，不純物濃度と BE 発光の FE 発光に対する強度比との関係を示している [52-55]．同様な関係は，Al, Ga アクセプタ不純物および As, Sb ドナー不純物に対しても得られている [56, 66-68]．これらの関係を検量線として利用し不純物定量を行う方法が標準化されており，1.6.1 項で詳述する．

　ドーパント不純物濃度の上昇に伴い FE は減少し，2×10^{15} cm^{-5} 以上では検出限界以下となり，BE 発光が支配的になる．B 添加試料 **p2**（B 濃度 7.6×10^{15} cm^{-3}）および P 添加試料 **n2**（P 濃度 4.6×10^{15} cm^{-3}）の PL スペクトルを**図** 1.8 に示す．この状況は，光励起で生じた FE が多量のドーパント不純物に束縛され，FE の発光が見えなくなってしまったためである．こ

のような場合でも試料温度を 4.2 K より上昇させることにより，BE から励起子を熱乖離させ，FE 発光を観測することができる．試料温度を 20 K 程度に設定することにより，ドーパント不純物濃度が 1×10^{15} から 1×10^{17} cm^{-3} の範囲に対して図 1.9 と同様な検量線が得られている [69,70]．ただし補償比が高い場合には，DA ペア発光が支配的になるので，この方法の適用は難しくなる．

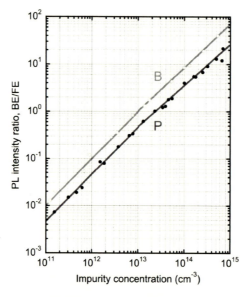

図 1.9　P ドナー，B アクセプタ不純物における FE 発光と BE 発光の強度比と濃度の関係．この関係を検量線として PL 強度比から不純物を定量できる．文献 [1]．

1.4.2　中間濃度領域

図 1.7 の PL Category Chart に示すように，p 型（n 型）試料でアクセプタ（ドナー）不純物濃度が 2×10^{16} cm^{-5} を超えると ICBE 発光が出現する．これに伴い BE 発光は減少し，5×10^{16} cm^{-5} 以上では消滅する．代表的な非補償試料の PL スペクトルとして，B 添加試料 **p3**（B 濃度 1.0×10^{17} cm^{-3}）および P 添加試料 **n3**（P 濃度 1.6×10^{17} cm^{-3}）を図 1.8 に示す．

補償比が 0.2 以上で，さらにドナーおよびアクセプタ不純物濃度（N_D および N_A）のそれぞれが 1×10^{16} cm^{-3} 以上の場合，図 1.8 の試料 **c3**（B 濃度 4.6×10^{16} cm^{-3}，P 濃度 2.9×10^{16} cm^{-3}）に示すように，ICBE 発光に加えて DA ペア発光が現れる．図で DA と記した発光帯は P ドナー・B アクセプタ間の発光で，高エネルギー側には図 1.10(a) に示すような特徴的な細線状スペクトルが現れる．これは，理論的に計算される DA ペア間隔 r の DA ペア密度分布（図 1.10(b)）とよく一致する [44]．高エネルギー側で次第に理論からのずれが大きくなるのは，近接した中性ドナー・アクセプタ・ペア間では，Van der Waals(VdW) 力が働いた結果 (1.5) 式に補正項（$- \left(e^2/4\pi\varepsilon_0\varepsilon_r r\right) \times (\alpha/r)^5$；$\alpha$ は有効 VdW 係数）が加わるためと考えられており [38, 39]，これを補正すると一致は極めて良くなる [45]．図の各スペクトル線に付けられた番号は，r を小さいものから順に番号付けした shell number と呼ばれるものである．この細線状スペクトルの解析より，ドナー・アクセプタのイオン化エネルギーの和（$E_\mathrm{D} + E_\mathrm{A}$）を正確に決定するこ

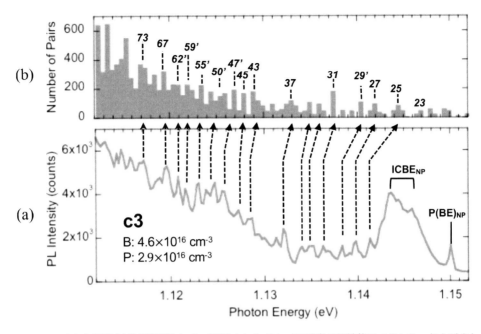

図 1.10　(a) 中間濃度域補償試料 (c3) で観測された DA ペア発光の細線状スペクトル，および (b) 理論的に計算された DA ペア密度分布．数字はペア間隔 r を番号付けする shell number．文献 [44, 45]．

とができる [41-46]．

　1.2.2 項で述べたように，細線状スペクトルは低エネルギー側で分離できなくなり幅の広い発光帯となる．この発光帯を DA 発光と呼ぶことにする．図 1.8 の **c3** に示すように，MC フォノンを伴わない発光 DA_{NP}，TA および TO フォノン放出を伴う DA_{TA}，DA_{TO} 発光が現れる．後述（1.4.3 項 (2)）のように，細線状スペクトルは N_D または N_A のいずれかが 3×10^{17} cm^{-3} 以上で消滅する．これと上記の DA ペア発光の現れる条件「補償比が 0.2 以上で，N_D および N_A ともに 1×10^{16} cm^{-3} 以上」を組み合わせた結果が，図 1.7 の PL Category Chart の「DA 領域」の六角形である．

　前述の ICBE 発光は非補償試料だけでなく，DA 領域の補償試料でも観測される（図 1.8 の試料 **c3** 参照）．そこで，ICBE 発光のドナー・アクセプタ濃度依存性を調べるため，B および P 共添加結晶（インゴット A, B, C, D1, D2）および非補償 P 添加結晶（インゴット E1(P)），非補償 B 添加結晶（インゴット E2(B)）に対し PL 測定を行った．ここで，A～E は結晶製造機関名を表し，D は一方向性凝固法，他は CZ 法により作製された．一例として，インゴット D においてシード側から順に切り出した試料 **c41**～**c45** の PL スペクトルを図 1.11 に示す．ICBE 発光のピーク位置が，シードからテイルにかけて，すなわち不純物密度の増大とともに，低エネルギー側にシフトしている様子が分かる．ここでピーク位置を P ドナー濃度と B アクセプタ濃度の和に対してプロットしたのが図 1.12 で，ピーク位置が濃度に対して単調に減少している．ここで興味深いのは，同図に示すように，非補償試料を含む他のインゴットにおいても同一の関係が得られたことである．つまり，ドナー・アクセプタ不純物の種類によらず ICBE 発光ピークは不純物濃度の総和に対して普遍的な関係を持っており，これは，ICBE 発光の原因となる不純物

クラスターは異なる不純物種でも構成され，その種類の差は励起子の束縛エネルギーに観測できるほどの大きさの影響を与えていないことを意味する．この関係を利用すると，ドナー・アクセプタ不純物の総和を求めることができる [30].

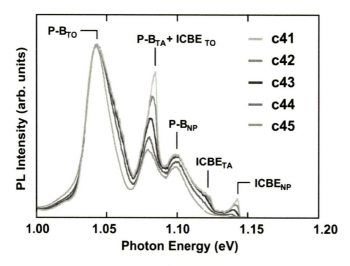

図 1.11　CZ 結晶から固化率の順に切り出した中間濃度補償試料 (c41〜c45) の 4.2 K, 50 mW 励起光強度下における PL スペクトル．固化率とともに DA 発光から DA0 発光に移行する．文献 [1]（カラー表示）.

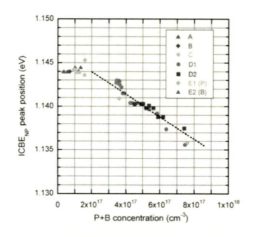

図 1.12　中間濃度試料における ICBE 発光のピーク位置と不純物濃度濃度の関係．補償 (A, B, C, D1, D2)・非補償 (E1, E2) および製造機関 (A〜E) によらず，ピーク位置とドナー・アクセプタ濃度の和の関係は一定である．文献 [1]（カラー表示）.

1.4.3　高濃度領域

(1) 非補償試料

　非補償試料において，ドーパント不純物濃度を図 1.13 の PL Category Chart 上で，n 型については n3〜n6，p 型については **p3〜p6** と変化させた際の PL スペクトルを図 1.14 に示す．この領域の発光機構は図 1.4(a)(b) に提示したとおりである．ドーパント不純物濃度が 1×10^{18}

cm^{-3} 以下では ICBE 発光が支配的であるが，IB$_{TO}$ と記号を付けた弱い発光帯が観測される．この発光帯は濃度によってピーク位置が変化しないことおよびピーク位置の値より，p 型では自由電子とアクセプタ不純物帯の正孔の間の，n 型ではドナー不純物帯の電子と自由正孔との間の再結合（IB 発光）と同定される．下付きの TO は運動量保存のための TO フォノン放出を示す．この IB 発光は低濃度領域の FB 発光（(1.3) 式）と同様の発光過程である．FB 発光は励起子発光に比べて再結合確率が低く，低濃度領域では殆ど観測されることはないが，高濃度領域になって不純物帯の濃度上昇に伴い，IB 発光として観測されるようになる．

ここで，ICBE 発光の概念は 10^{17} cm^{-3} 台中盤以上では明確でなくなることに注意すべきである．濃度増大とともに不純物クラスターが大型化し，不純物帯を形成するようになると，励起子が「束縛」される状態ではなくなる．にもかかわらず 1×10^{18} cm^{-3} までの濃度領域で ICBE 発光が現れ続けているのは，結晶内の不純物分布には統計的揺らぎがあって部分的には低濃度領域が残り，その部分では ICBE 発光過程が起きているからと推察される．

ドーパント不純物濃度が Mott 転移濃度 3×10^{18} cm^{-3} に近づくと，ICBE 発光と IB 発光は合体して，DB と記号を付けた幅の広い発光帯へと変化する（図 1.14 の **p4→p5** および **n4→n5**）．これは図 1.4(b) で不純物帯が縮退帯と統合されたことと対応している [26, 36, 37]．励起子状態はもはや存在せず，光励起された電子は伝導帯下端まで下降し，統合した縮退帯内の

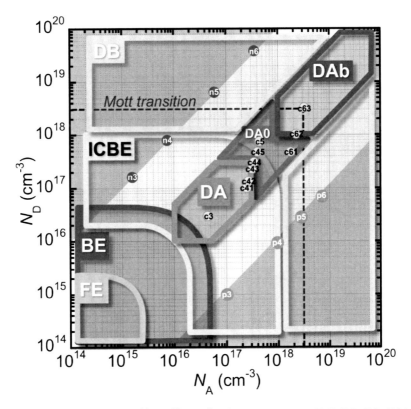

図 1.13　ドーパント不純物濃度 $10^{14} \sim 10^{20}$ cm^{-3} において，FE, BE, ICBE, DB, DA, DA0, DAb 発光が現れる濃度領域を示した PL Category Chart. 試料 p3～p6, n3～n6, 試料 c3, c5, c63, 試料 c41～c45 の PL スペクトルを，それぞれ，図 1.14, 1.16, 1.11 に示す．文献 [1]（カラー表示）．

フェルミ準位より上に存在する正孔と再結合する．ここで，光励起された電子の濃度は，価電子帯内の正孔濃度より遙かに低い．このことからDB発光の形状は，価電子帯のDOSとフェルミ分布関数より決められる．直感的には，DB発光の高エネルギー側の鋭い立ち上がりと低エネルギー側のなだらかな立ち下がりは，それぞれフェルミ分布関数のE_Fにおける立ち上がりと価電子帯のDOS形状を反映している[28]．

以上のICBE発光，DB発光が現れる濃度領域を図1.13のPL Category Chart上に示す．ここで，両発光における零フォノン帯（NP帯）のTOフォノン帯（TO帯）に対する強度比NP/TOについてコメントしておく．ICBE発光において，同程度の不純物濃度のP添加n型試料とB添加p型試料を比較すると，TO帯が最強で，ピーク位置がほぼ等しく，半値幅も同程度に広く，両者の区別は容易ではない（図1.14）．しかし，NP/TOを比較すると，P添加試料ではNP/TOは0.5程度であるが，B添加試料では0.1以下となる．このことはDB発光についても同様である．このNP/TOが両者で異なるという特徴を利用すれば，P添加n型試料とB添加p型試料を容易に区別できる．なお，これと同じ関係は，低濃度領域で観測されるBE線についても観測されている．一般にNP線は，準位が深く局在性が強いほど選択則が緩和されて高強度となるが，Bアクセプタ，Pドナーともにイオン化エネルギーはほぼ同一の45 meVであり，上記の差を説明することはできない．筆者の知る限りでは，これを明確に説明した報告はない．

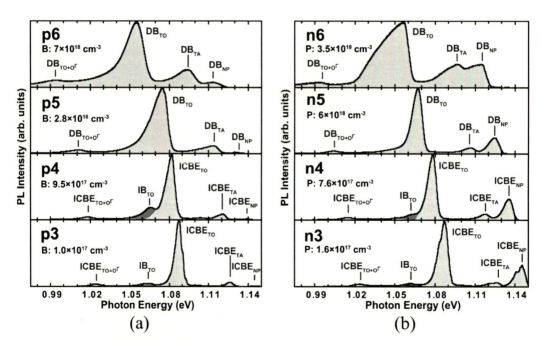

図1.14　非補償中間濃度・高濃度試料の4.2 K, 50 mW励起光強度下におけるPLスペクトル．(a)B添加（p3〜p6），(b)P添加（n3〜n6）．文献[1]（カラー表示）．

先に，中間濃度領域ではドーパント不純物濃度の増大とともにICBE発光のピークが低エネルギー側にシフトすることを述べたが，図1.14に示すように，DB発光も同様に低エネルギー側へのシフト（赤方偏移）が見られる．また同時に半値幅も拡大する．DB発光の(a)ピーク位

置と (b) 半値幅の濃度依存性を図 1.15 に示す．1.2.3 項に述べたように，半値幅拡大はバンド充填効果にて，また赤方偏移は禁制帯幅の縮小によって説明される．ただし，p 型試料の高濃度領域で赤方偏移に飽和傾向が見られるのは，バンド充填効果が禁制帯幅の縮小を打ち消し始めたためと考えられる．

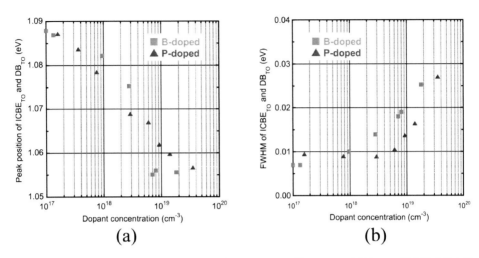

図 1.15. 非補償高濃度試料における DB 発光の (a) ピーク位置と (b) 半値幅の不純物濃度依存性（■B 添加，▲P 添加）．ICBE 発光のデータも含む．文献 [1]（カラー表示）．

(2) 補償試料

補償比の大きい試料の代表的な 3 発光帯として，試料 **c3**, **c5**, **c63** の PL スペクトルを図 1.16(a) に示す．**c3** の発光帯は，既に 1.4.2 項で説明した中間濃度領域で観測される DA ペア発光で，孤立したドナー・アクセプタ準位間の再結合による特徴的な細線状スペクトルを伴う．この濃度領域では ICBE 発光も観測される．

より高濃度の試料 **c5** で観測される発光は **c3** と類似しているが，細線状スペクトルを伴わないもので，DA0 と名付ける．DA 発光と同様に，MC フォノンを伴わない発光 $DA0_{NP}$，TA および TO フォノン放出を伴う $DA0_{TA}$, $DA0_{TO}$ 発光が現れる．主発光帯 $DA0_{TO}$ のピーク位置は 1.04 eV で DA_{TO} とほぼ同一であり，(1.5) 式のクーロン項は約 20 meV である．このことは，この試料の濃度領域でも孤立した DA ペアが存在することを意味する．この試料のドーパント不純物濃度領域 (mid 10^{17} cm^{-3}) では不純物帯が形成されていると考えられるが，ICBE 発光の場合と同様に，結晶内の不純物分布には統計的揺らぎがあって部分的には低濃度領域が残り [18, 20, 35]，その部分では孤立した DA ペアが存在し，再結合確率の高い DA ペア発光が再結合確率の低い不純物帯発光より優勢になったためと推察される．

ドーパント不純物濃度の増大に伴い DA 発光から DA0 発光に遷移していく様子は，先の図 1.11 で見ることができる．濃度が **c41** から **c45** へと増加するに従たがって，(1) 細線状スペクトルが消失し，(2) 発光帯の高エネルギー側の強度が低下していく．(1) は対象としている DA ペアの近傍に第 3 のドナーあるいはアクセプタが存在するようになったことによる摂動のためで，不純物濃度 3×10^{17} cm^{-3} 程度が境界と推定される [38, 39, 41]．この濃度を少し超えて

もDAペアを構成するドナー・アクセプタは孤立準位を有しているため，(1.5)式のクーロン項は残るが，摂動の影響を受け低濃度時のような細線状スペクトルは観測されなくなる．また，(2)は濃度増大によって間隔の広いDAペア間の「飽和効果」がなくなったことによる（1.2.2項参照）[40-42]．

ドーパント不純物濃度がMott転移濃度 3×10^{18} cm^{-3} に近づくと，図1.16の **c63** に示すように，DA0の各発光帯の半値幅を広くし，低エネルギー側にシフトさせた形状のDAb$_{NP}$，DAb$_{TA}$, DAb$_{TO}$ 発光が現れる．ドーパント不純物濃度の増大に伴うDA0からDAb発光への遷移を図1.16(b)に示す．Mott転移濃度 3×10^{18} cm^{-3} を境にDA0からDAb発光に遷移している様子が分かる．DAb発光は図1.4(d)に示すとおり，ドナー不純物帯の電子と，価電子帯と統合したアクセプタ不純物帯の正孔が再結合した結果生じたものである．ここで，電子・正孔ともに非局在であるため，DAペア間のクーロン項はなくなり再結合エネルギーは(1.6)式で表される．そしてDAb発光は，DB発光と同様に，ドーパント不純物濃度増大に伴い半値幅拡大と赤方偏移が観測される．半値幅拡大はバンド充填効果にて，また赤方偏移はバンド充填効果による青方偏移よりも禁制帯幅の縮小による赤方偏移の方が大きかったことよって説明される．

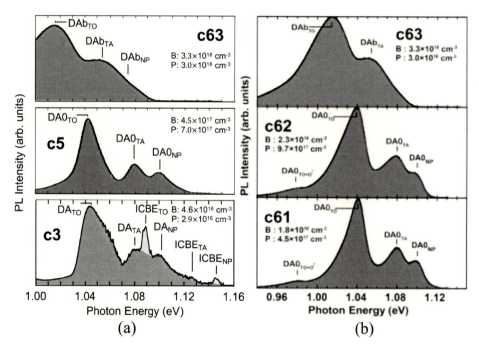

図1.16　(a) 補償試料 (c3, c5, c63) および (b) 高濃度・補償試料 (c61, c62, c63) の 4.2 K, 50 mW 励起光強度下におけるPLスペクトル．(a) では濃度増大に伴い，細線状スペクトルを伴うDA発光，細線状スペクトルを伴わないDA0発光，(1.5)式のクーロン項の欠如した幅広いDAb発光が現れる．(b) ではMott転移濃度を境にDA0発光からDAb発光に変化する．文献 [1]（カラー表示）．

1.5 PLスペクトルの励起光強度依存性

発光帯の起源を追究する上で有力な手段として，PLスペクトルの (1) 不純物濃度依存性，(2) 温度依存性，そして (3) 励起光強度依存性を調べることが挙げられる．本稿では (1) を中心に述べてきた．(2) については，ドーパント不純物を対象とすると，浅い準位であるために低温であっても捕獲キャリヤの熱放散が起きてしまうので，限られた温度範囲となるが，温度依存性を利用した一例を 1.4.1 項に示した．本節では，(3) の手段による発光機構の解析について述べる．励起光強度の増大による擬フェルミ準位の変化，そして発光再結合の飽和効果が対象となる．

1.5.1 擬フェルミ準位の変化

はじめに擬フェルミ準位の変化が発光に影響を与えず，PL スペクトル形状に励起光強度依存性が現れない例として，ICBE 発光と DB 発光の励起光強度依存性を示す（図 1.17）．ここで試料面上の励起光強度を 2.5 から 200 mW まで変化させているが，両発光ともにピーク位置・半値幅等のスペクトル形状に変化は現れない．これは以下のように説明される．ICBE 発光は励起子発光であり，励起子束縛エネルギー E_{ICBX} が擬フェルミ準位の影響を受けることはない．また，DB 発光では，図 1.4(b) の p 型の例で示すように，励起光強度を増大させた場合，正孔は多数キャリヤでありその擬フェルミ準位はほとんど変わらない．また電子は伝導帯中にあるので DOS が高く電子の擬ファルミ準位も下端から殆ど上昇しない．

これに対し DAb 発光では，1.2.3 項 (2) で説明したように，励起光強度を強くすると E_{Fn} はドナー不純物帯中を上方に移動する．その結果，"moving band" の名の通り，励起光強度とともに極めて大きい（10 倍の変化に対し 10〜15 meV）青方偏移を示す（図 1.18 (c)）．実際，ドー

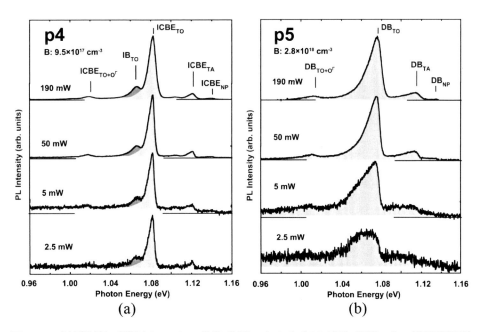

図 1.17 非補償試料で観測される ICBE 発光（試料 p4）および DB 発光（試料 p5）の励起光強度依存性．両試料ともに，ピーク位置および半値幅に殆ど変化が見られない．文献 [1]（カラー表示）．

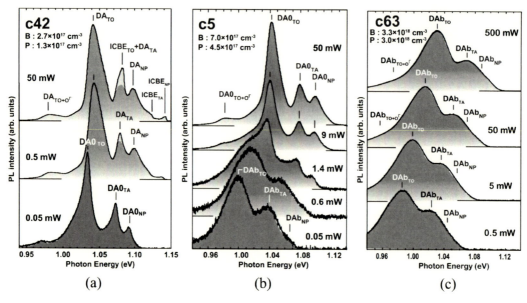

図 1.18 補償試料で観測される (a)DA 発光（試料 c42），(b)DA0 発光（試料 c5），(c)DAb 発光（試料 c63）の励起光強度依存性．いずれも非常に大きいスペクトル変化が観測され，図 1.17 の ICBE 発光，DB 発光と対照的である．文献 [1]（カラー表示）．

パント不純物濃度が 1×10^{19} cm^{-3} 以上の場合，DB 発光と DAb 発光の形状はよく似ており，両者を区別するのは容易ではないが，励起光強度依存性を調べれば明確に区別できる．

なお補足として，DB 発光において形状の励起光強度依存性が見られなかったことは，NP 帯が観測されたことを加味すると，DB 発光が EHD 起因とする説 [17, 19, 20] への有力な反証となる．

1.5.2 飽和効果

DA ペア発光群 (DA, DA0, DAb) を例にとり，飽和効果がどのように現れているかを説明する（図 1.18）．試料 **c42** において，試料面上 50 mW の励起光強度下では，細線状スペクトルを伴う典型的な DA ペア発光が現れる．励起光強度を 50 mW から減少させると，細線状スペクトルが次第に消えていき，0.05 mW では DA0 発光となる．この間，NP, TA, TO 各発光帯のピークが低エネルギー側にシフトするとともに高エネルギー側の裾が狭くなっていく様子が分かる．これは，1.2.2 項で説明したように，DA 間隔の広いペア（低エネルギー側）では再結合確率が低いため，強励起状態では光励起キャリヤが供給過剰となる飽和効果を反映している．ICBE 発光が励起光強度減少に伴い消えていくのも，DA 間隔の広いペアの再結合確率が ICBE 発光の再結合確率よりも低いことによって生じる飽和効果で説明できる．

試料 **c5** では，図 1.18(b) に示すように，一見不可解な励起光強度依存性が観測される．励起光強度の降順でみていくと，50 から 1.4 mW の範囲のスペクトル変化は試料 **c42** の DA0 発光と同様に，飽和効果によって発光帯のピークが低エネルギー側にシフトするとともに高エネルギー側の裾が狭くなっていく．ただし 1.4 mW では新しい発光帯が現れる．その形状は 1.4.3 項 (2) に示した DAb と相似であり，さらに励起光強度を 0.05 mW へと下げていくと，1.5.1 項

に記した DAb 特有の大きなピーク位置の移動が見られる．この形状と励起光強度依存性より，「新しい発光帯」は DAb 発光と同定される．低励起条件になって初めて DAb 発光が観測されるようになったのは，以下のように説明される．Mott 転移濃度に近いドーパント不純物が添加された試料では，不純物は孤立した準位よりも不純物帯を形成しやすい．ここで，再結合確率は，孤立した不純物準位起因の DA0 発光の方が不純物帯起因の DAb 発光よりも高い．したがって，励起光強度が強い場合には不純物帯に飽和効果が起こり，孤立準位起因の DA0 発光が優勢であるが，励起光強度が弱くなるとこの飽和効果が生じなくなり，濃度で勝る DAb 発光が支配的となる．以上のようにして，図 1.18(b) の込み入ったスペクトル変化は解明される．

これらに対し，ドーパント不純物濃度が Mott 転移濃度よりも高い試料 **c63** においては，孤立した DA ペアよりもドナー不純物帯，アクセプタ不純物帯の密度の方が圧倒的に高く，DAb 発光に飽和が起きることはない．実際，図 1.18(c) に示すとおり，励起光強度 500 mW においても DA0 発光が現れることはなかった．

1.6　定量分析

以上述べてきたドーパント不純物濃度変化に対する PL スペクトルの系統的変化の知見は，不純物定量に直接的に活かすことができる．特に他の手法では検出できないような極低濃度領域では，極めて有力な定量手段となり，広く利用されている．本節では，低濃度領域で世界的に標準化されている PL 定量法，そして高濃度領域での定量分析の可能性を紹介する．

1.6.1　標準化された PL 定量法

PL は微量の不純物を非破壊・非接触で検出できることから，定量分析への応用が期待されていたが，実現されていなかった．筆者は，1.4.1 項に示したように，Si 固有の発光 (FE) と不純物起因の発光 (BE) の強度比が不純物濃度の尺度となるという発見に基づいた，不純物定量法を提案した [52]．濃度指標として，従来の「PL 強度」ではなく「PL 強度比」を用いることにより，測定装置，測定条件，結晶の表面状態等の影響を除くことができる．この手法では，図 1.9 の BE 発光と FE 発光の強度比と不純物濃度の関係を検量線として利用し，検出感度は，B，P 等のドーパント不純物に対し約 4×10^9 cm^{-3}(0.08 ppta) という驚異的な値を示し，測定精度も ±30 % 以内という従来法を凌駕するものであった [53-55]．

この方法が提案されたのは 1978 年であるが，その後，精度向上，他の不純物への展開 [56, 66, 67]，他機関による検証 [66, 67, 71-73]，そしてさらには世界的規模の試料持ち回り測定 (round robin test) の実施，各不純物に対する標準試料の作製・頒布により，標準化を達成した．最初は，JEIDA 規格 [74] および ASTM 規格 [75] として制定され，後に JIS 規格 (H 0615)[57]，SEMI 規格 (MF1389)[58] に移行し，LSI 等の電子デバイス用 Si ウェーハの製造にあたり高純度 Si 原料の品質管理に不可欠の技術として，発明以来現在に至る 45 年以上にわたって国内外の主要メーカーで使用され続けている．また近年，Si 太陽電池基板用として Si 原料の生産が急増しているが，ここにおいても本手法による品質管理は不可欠であり，この手法の重要性があらためて認識されている．なお，JIS H 0615 については，最近の測定機器の進展に対応すべく，2021

年に全面的に改正されている．

この方法は，Si 以外の半導体中のドーパント不純物定量にも利用されている．Ge 中のドーパント不純物 [76]，ダイアモンド中の B[77]，GaAs および InP 中のドーパント不純物 [7, 78]，SiC 中の N ドナー [79, 80] および Al アクセプタ [81, 82]，そして GaN 中の Mg アクセプタおよび Si ドナー [83, 84] 等について検量線が報告されている．さらに Si 中の電気的には不活性の軽元素に対し高エネルギー粒子線照射により発光活性化させ，同様に検量線を作成して定量する手法が開発されている [85, 86]．特に，Si 中の微量 C 不純物に対し，発光活性化 PL 法を用いて定量する手法 [87-89] は，JIS H 0617 として標準化されている [90]．

1.6.2 高濃度領域での PL 定量法

前項に述べた PL 定量法が適用できるのは，FE 発光と BE 発光が検出できる領域，すなわちドーパント不純物濃度が 1×10^{15} cm^{-3} 以下の領域である．より高濃度に対しては，1.4.1 項に述べたように，試料温度を 20 K 程度に設定し，FE 発光を増大させることにより，1×10^{15} から 1×10^{17} cm^{-3} の範囲に拡張できる [69, 70]．また，1×10^{17} から 1×10^{18} cm^{-3} の範囲に対しては，図 1.12 の関係を利用して ICBE 発光のピーク位置からドナー不純物・アクセプタ不純物の総和を求めることができる．この領域で補償比が高い場合には DA ペア発光が現れるが，その発光強度はドナー濃度とアクセプタ濃度の積 ($N_D \times N_A$) に比例すると考えられる．一方で ICBE ピーク強度はドナー不純物とアクセプタ不純物の和 ($N_D + N_A$) に比例すると考えられる．これらを利用して補償比を求めることも試みられている [30]．

さらに，1×10^{18} cm^{-3} 以上の高濃度領域の非補償試料では，図 1.15 に示す DB 発光のピーク位置および半値幅とドーパント不純物濃度の関係が求められているので，この関係を検量線とする定量法も考えられる．ただし現状ではデータのバラツキが大きく，理論的・定量的にこの関係を説明するには至っていない．なお，この濃度領域では質量分析法による定量が可能であるが，PL 法には電気的に活性な不純物のみを検出できるという利点がある．

1.6.3 PL Category Chart を利用した定性分析

上記のような検量線を使った定量法ではないが，ドーパント不純物濃度変化に対応した PL スペクトルの系統的変化 (PL Category Chart) を利用して，結晶内の複数種の不純物濃度変化を捉えた例を紹介する．対象とした試料は，低品質 Si 結晶を太陽電池用基板として使いこなすことを研究目的として作製された，残留不純物の多い mc-Si インゴットである．図 1.19 に示すように，固化率 g に応じて P, B, Al 不純物が偏析している．このインゴットの下から順に **c71** から **c77** の 7 枚のチップを切り出し，標準条件の励起光強度 50 mW に加えて 5 mW，500 mW においても PL スペクトルを測定した．試料 **c71**〜**c77** の N_D, N_A 濃度を，図 1.13 の PL Category Chart の該当部分を拡大した図 1.20 (b) にプロットしている．この Chart が正しければ，各試料点のところに表示されている発光が観測されるはずである．

これらの PL スペクトルを図 1.21(b) に示す．スペクトル成分は，ICBE, DA, DA0, DAb 発光であり，原典の文献 [1] の図 (Fig.18) では，表 1.2 に従って各発光成分をカラーコードで分類している．アクセプタ不純物として B と Al が共存しているので，両者を区別するため DA, DA0, DAb 発光では不純物種を書き込み，(P-B), (P-Al)0, (P-Al)b のように表記している．B

と Al を含むスペクトル成分は，それぞれ縦縞と塗りつぶしで区別している．

標準条件の 50 mW 励起光強度下では，**c71**〜**c73** において ICBE, (P-B), (P-Al) 発光，**c74**〜**c75** において (P-Al)0 発光，そして **c76**〜**c77** において (P-Al)b 発光が現れる．これらスペクトル成分の出現は PL Category Chart から予測される成分と一致しており，この Chart の正確性・普遍性を実証している．低濃度領域で支配的な (P-B) 発光が濃度増大に伴い (P-Al) と入れ替わるのは，Al の方が B よりも偏析効果が大きい（平衡偏析係数が大きい）ことに対応している（図 1.19 参照）．**c76**〜**c77** で (P-Al)b 発光が濃度とともに青方偏移しており，図 1.15(a) の赤方偏移の傾向とは一見逆のように見えるが，これは試料 **c77** の濃度が極めて高く（$> 5 \times 10^{18}$ cm^{-3}），バンド充填効果が優勢になったためとして説明でき，同図の高濃度領域の飽和傾向とも一致する．

次に励起光強度を (a) 5 mW, (c) 500 mW としたときのスペクトル変化を考察する（図 1.21(a)(c)）．観測されたスペクトル変化は，先の (b) 標準条件 50 mW の場合とよく似ている．しかし，濃度増大に伴う ICBE 発光の消失，DA から DA0，そして DAb 発光への遷移は，50 mW 励起条件に比べて，5 mW 励起条件では 1 ランク低濃度，500 mW 励起条件では 1 ランク高濃度側で起きている．この様子を示したのが図 1.20(a)(c) の Chart である．1.5.2 項で述べたように，PL 発光過程の遷移は発光再結合確率の異なる 2 発光過程が競合する際に，確率の低い方の過程に飽和が起こることによって説明される．飽和効果は，不純物濃度が高いほど，また励起光強度が弱いほど起きにくい．これによって，図 1.21 において，ICBE, DA, DA0, DAb 発光のそれぞれが現れる領域が，励起光強度の増大に伴い高濃度側に移動していく様子が理解できる（ドナー，アクセプタの両方で高濃度側に移動するので，図では右上に移動する）．ここで示した PL Category Chart の正確性・普遍性を利用して，対象試料の PL スペクトルの励起光強度依存性を測定することにより，どのような発光成分がどの程度含まれているかを定性的に調べることができる．なお，先にも述べたが，PL 法は電気的に活性な不純物のみを捉えるという特徴を持つ．

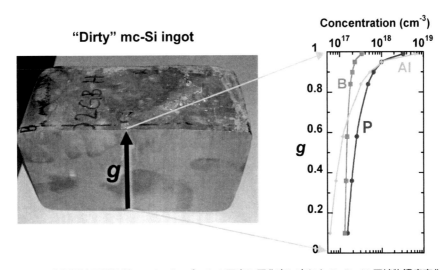

図 1.19　太陽電池用低品質 mc-Si インゴットの写真と固化率に応じた P, B, Al 不純物濃度変化．

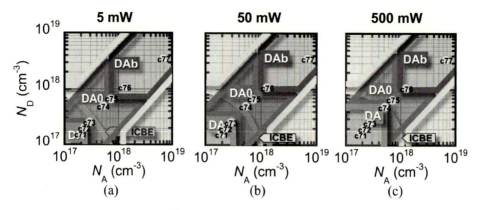

図 1.20　ドーパント不純物濃度 10^{17}〜10^{19} cm^{-3} において，励起光強度が (a)5 mW, (b)50 mW, (c)500 mW の場合の，ICBE, DA, DA0, DAb 発光が現れる濃度領域を示した PL Category Chart. mc-Si インゴットから固化率の順に切り出した試料 c71〜c77 の PL スペクトルを図 1.21 に示す．文献 [1]（カラー表示）．

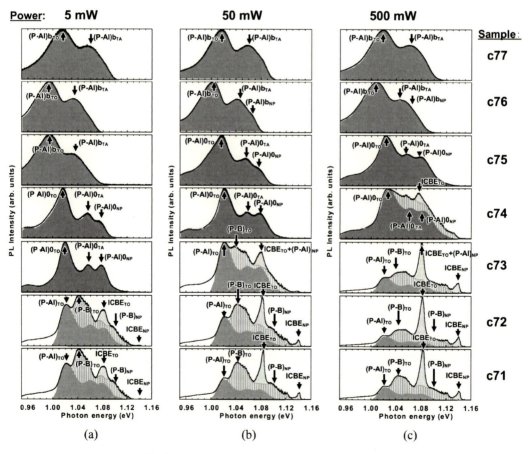

図 1.21　P, B, Al 不純物が添加された mc-Si インゴットから固化率の順に切り出した試料 c71〜c77 の 4.2 K における PL スペクトル．励起光強度 (a)5 mW, (b)50 mW, (c)500 mW．ICBE, DA, DA0, DAb の各発光成分は，表 1.2 に従ってカラーコードで分類している．文献 [1]（カラー表示）．

1.7 PL 法へのコメント

以上，PL Category Chart を使ってドーパント不純物濃度変化に対する PL スペクトルの系統的変化を述べてきたが，本節では，Chart 上の各発光領域の境界がどのようにして決まるか，また試料内の不純物濃度分布の不均一性の影響についてコメントする．また，2024 年 3 月に開催された第 1 回名取研究会において，本稿の内容を講演した際の質疑応答（休憩時間のものも含む）の一部につき，補足説明を加えて掲載する．

1.7.1 PL Category Chart の境界領域

PL Category Chart で FE, BE, DA 等の各発光が現れる領域の境界については，それぞれの発光過程を説明した際に述べたが，ここで再度まとめておく．図 1.13 の PL Category Chart に即し，低濃度側の境界から説明する．FE が高濃度側で消滅する理由は，光励起された励起子がほとんどドナーおよびアクセプタ不純物で束縛されてしまうからで，現在の実験条件では，$N_D + N_A \approx 3 \times 10^{15}$ cm^{-3} が境界となる．BE が高濃度側で消滅する理由は，不純物クラスターの形成が進み孤立した不純物準位がなくなるためで，$N_D + N_A \approx 5 \times 10^{16}$ cm^{-3} が境界となる．ICBE が現れ始めるのは不純物クラスターの形成が始まる濃度に対応し，$N_D + N_A \approx 2 \times 10^{16}$ cm^{-3} が境界で，消滅するのは不純物クラスターが大きくなり不純物帯の形成へと発展するところに対応し，$N_D + N_A \approx 1 \times 10^{18}$ cm^{-3} が境界となる．この境界は同時に DB 発光が現れ始める条件である．

DA ペア発光（DA, DA0, DAb）については，補償比（p 型では N_D/N_A, n 型では N_A/N_D）0.2 以上が必要条件である．その条件下で，DA が現れ始めるのはドナー・アクセプタ間の相互作用が始まる濃度に対応し，$N_D \approx 1 \times 10^{16}$ cm^{-3} および $N_A \approx 1 \times 10^{16}$ cm^{-3} が境界となる．DA から DA0 への遷移は，1.4.3 項 (2) で説明したとおり，孤立した DA ペア間の近傍に第 3 のドナーまたはアクセプタ不純物が存在するようになったことによる摂動が始まるところで起こり始め，$N_D \approx 3 \times 10^{17}$ cm^{-3} または $N_A \approx 3 \times 10^{17}$ cm^{-3} が境界条件となる．次に DA0 から DAb への遷移は，ドナー・アクセプタ不純物ともに Mott 転移濃度近くなって不純物帯が形成されるところで引き起こされる．すなわち境界は $N_D \approx 1 \times 10^{18}$ cm^{-3} および $N_A \approx 1 \times 10^{18}$ cm^{-3} となる．

上記の境界条件は，結晶内の不純物分布の統計的揺らぎ，そして励起光強度変化に伴う飽和効果によってある程度は不明瞭となるが，1.6.3 項の例で示したように，PL Category Chart はドーパント不純物濃度変化をかなり忠実に反映している．

1.7.2 不均一分布の影響

ここでは，試料内の不純物濃度分布の不均一性が PL 解析に影響を及ぼす例を紹介する．1.1.2 項に述べたように，ドーパント不純物濃度が 10^{17} cm^{-3} 程度を超えると不純物帯が形成される．それに伴いアクセプタ（またはドナー）のイオン化エネルギーは減少する [36, 37]．一例として図 1.22 には，電気的測定により求めた Ga アクセプタのイオン化エネルギーが濃度とともに減少する様子が示されている [47]．不純物帯の幅の拡大と Mott 転移を考慮して求められた計算結果も実線で示されており，10^{16} cm^{-3} 台の半ばから減少が始まり，Mott 転移濃度近くで急落

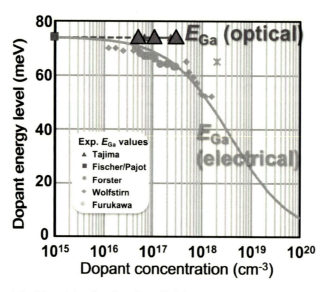

図 1.22　Ga アクセプタのイオン化エネルギーの濃度変化．電気的測定では中間濃度領域で顕著な減少が始まるが，PL 測定では殆ど変化が認められない．文献 [89]．

する．

一方，1.4.2 項で述べたように，10^{16} cm^{-3} 台以上の濃度のドナー・アクセプタ不純物を含む補償比の高い試料では DA ペア発光が観測され，その細線状スペクトルよりドナー・アクセプタのイオン化エネルギーの和 ($E_\mathrm{D} + E_\mathrm{A}$) を正確に決定することができる．そこで，図 1.22 よりイオン化エネルギーの減少が期待される試料，すなわち，Ga アクセプタ濃度が (a)5.2×10^{16}，(b)1.1×10^{17}，(c)2.8×10^{17} cm^{-3} のように変化している補償試料（共添加の P ドナー濃度 $6.7 \times 10^{16} \sim 1.1 \times 10^{17}$ cm^{-3}，B 濃度 $2.2 \times 10^{16} \sim 3.0 \times 10^{16}$ cm^{-3}）について高波長分解 PL スペクトルを測定した [91]．その結果は，図 1.23 に示すとおり，この濃度範囲では，DA ペアの細線状スペクトルの半値幅・ピーク位置ともに測定分解能下 (0.125 meV) では全く変化していないことが明らかとなった．確認のため，PL を測定した試料と同一の試料に対し Hall 効果の温度依存性からイオン化エネルギーを求めたが，これまでの電気的測定結果と同様にイオン化エネルギーの減少が見られた．

上記の食い違いは，不純物の不均一分布による影響と考えている．試料中には統計的に濃度に揺らぎがあり，量的には優勢の高濃度領域では不純物帯が形成され，イオン化エネルギーが減少する．一方で，低濃度領域では孤立したドナー・アクセプタ準位が細線状スペクトルを誘起したと推察される．電気的測定では，存在確率の高い高濃度領域における不純物帯の重心のエネルギーがイオン化エネルギーとして求められる．これに対し PL では，先に述べた飽和効果により，存在確率の低い低濃度領域で誘起される再結合確率の高い DA ペア発光遷移が主要発光成分となる．以上により，両者の差が出たと考えている．ただし，飽和効果の存在しない光吸収測定においても，$N_\mathrm{D} = 1 \times 10^{17}$ cm^{-3} 程度の試料における水素原子様の細線状スペクトル吸収線では，半値幅拡大はあるもののピークシフトは殆ど観測されておらず [92]，電気的測定結果とは食い違いを見せている．これについては未解決で，今後の研究課題である．

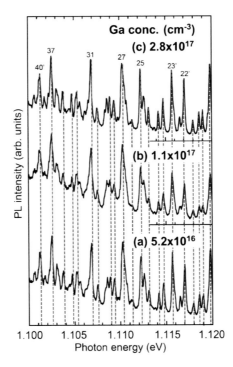

図 1.23　P ドナー・Ga アクセプタペア発光の細線状スペクトルの濃度依存性．P 濃度，Ga 濃度は (a)6.7×10^{16}, 5.2×10^{16}, (b)1.1×10^{17}, 1.1×10^{17}, (c)2.0×10^{17}, 2.8×10^{17} cm^{-3} のように変化しているが，細線状スペクトルのピーク位置・半値幅に変化は認められない．文献 [91]．

1.7.3　名取研究会における質疑応答

(1) Q: 発光帯の形状（特に発光線の幅）は何で決まるか？

A: FE 発光では電子・正孔対が自由に動き回るので，その運動エネルギーを反映して高エネルギー側に裾を引く Maxwell-Boltzmann 型の形状となる．BE 発光は孤立した不純物準位に束縛された励起子発光なので，鋭い発光線となる．ICBE 発光は，不純物クラスターに束縛された励起子なので，クラスターサイズのバラツキに対応して束縛エネルギーに幅が出てくる．したがって不純物濃度が高いほど半値幅が広がる．DA ペア発光の細線状スペクトルは孤立ドナー・アクセプタ間の遷移なので，BE 発光と同様に鋭い．細線状スペクトルを伴わない DA0 帯，DAb 帯については 1.2.2 項および 1.4.3 項 (2) で述べた．DB 発光の形状は，p 型の場合は価電子帯の DOS，n 型の場合は伝導帯の DOS を反映している．

(2) Q: DA ペア発光における Van der Waals(VdW) 力とは何を意味するか？

A: まず (1.5) 式の DA ペア発光再結合エネルギーから説明すると，図 1.2 で電子がドナーに束縛されるエネルギーは本来は E_D であるが，r だけ離れたところに負にイオン化したアクセプタがあるためクーロン斥力が働き，その分だけ正孔のアクセプタへの束縛エネルギーが減少する．これが (1.5) 式でクーロン項が加わった理由である．(1.5) 式を実験結果と比較すると，図 1.10 に示すように高エネルギー側（近接ペア側）に行くほどずれが大きい．これは，光励起によって中性化された近接するドナー・アクセプタ・ペア間に働く VdW 引力を考えることで説明さ

れる [38, 39]．すなわち，VdW ポテンシャル項は $1/r^6$ に比例するので r が小さいところで急激に大きくなり，クーロンポテンシャル項だけを考えていたときのずれを補正する．参考までに図 1.10 の場合，α=1.04 nm で最も一致が得られた [45]．α がドナー・アクセプタ不純物の Bohr 半径と同程度である点は興味深い．なお，以上に関しては，VdW 近似の妥当性も含め，文献 [93] 末尾の Discussion で詳細に議論されている．

(3) Q: PL Category Chart で DB 領域の開始が Mott 転移濃度からずれているのはなぜか？
A: 当初は，図 1.4 に対応して Mott 転移を境に IB から DB への PL スペクトルの急激な形状変化を期待していた．しかし図 1.14 に示すとおり IB は極めて弱く，再結合確率の高い励起子発光の ICBE が支配的に観測され，ICBE から DB への変化も緩慢であり，境界は定かでなかった．そこで ICBE が消滅するところ，すなわち不純物クラスターから不純物帯へと変化する濃度（$\approx 1\times 10^{18}$ cm^{-3}，1.4.3 項 (1) 参照）を境界とした．この境界は，補償試料においてはっきりと捉えることができた．一例として，図 1.21(b) の c73 から c74 への移行で，$N_\mathrm{D}+N_\mathrm{A}\approx 1\times 10^{18}$ cm^{-3} 程度を境にして ICBE が消滅しているのが分かる．以上を元に正確な記述をするとすれば，「非補償試料においては，不純物濃度が $\approx 1\times 10^{18}$ cm^{-3} 程度までは ICBE が支配的，それ以上では IB となり，Mott 転移濃度以上で DB に移行」となる．これは，図 1.13 の DB 領域の Mott 転移濃度以下の領域を IB と分類したことに相当し，図 1.4 とも整合する．しかし IB と DB の差が明確でないため，筆者はこの領域の IB の PL 形状も DB として扱った．したがって，この境界は Mott 転移を直接反映したものではなく，Mott 転移濃度より低くなる．

　この例からも分かるとおり，Mott 転移での PL スペクトルの急激な変化は認められなかった．これは文献 [27] の指摘とは対照的である．

(4) Q: PL Category Chart で影を付けた領域（p 型で $N_\mathrm{D}<0.01N_\mathrm{A}$，n 型で $N_\mathrm{A}<0.01N_\mathrm{D}$）の意味は，「そのような試料が存在せず，その領域に期待される PL スペクトルは観測されていない」ということか？
A: これは，単に表示上の問題である．補償不純物を現実的に検出するには主不純物の 1% 以上の濃度が必要なので，それ以下の補償不純物の影響を厳密に議論することは難しい．しかし，その影響は極めて低く無視できると考えられる．そこで，便宜的に補償不純物濃度を 1% として両対数グラフ上に表示したにすぎない．線形グラフ表示ならこのような疑問は生じないと思われるが，10 桁の変化を表せないため，今回は両対数グラフで影を付けていない六角形の領域で議論を展開した．補償不純物が 1% 以下の場合についても，その点から X 軸あるいは Y 軸に平行に動くだけであり，PL 分類パターンも同様に平行に伸びているだけなので，議論の内容が変わることはない．

(5) Q: 図 1.8 の p1, n1 のスペクトルで，不純物起因の発光が Si 固有の発光よりも高エネルギー側に現れているのはなぜか？
A: Si は間接遷移型半導体なので，バンド間発光（ここでは FE 再結合；$\mathrm{I_{TO}}$）には運動量保存則を満たすフォノンの放出が必要である．ここでは下付き添字の TO が TO フォノンサイドバン

ドを意味している．発光エネルギーは (1.1) 式で表される．これに対し，不純物起因の発光では，局在準位のため選択則が緩和されフォノン放出を伴わない再結合（ここでは B_{NP}, P_{NP} 等）が可能になる．発光エネルギーは (1.2) 式で $\hbar\omega$ 項が抜けたものになる．

(6) Q: ドーパント不純物のイオン化エネルギーの正確な値は何を参照すればよいか？
A: 一覧表が文献 [94] に掲載されている．そこから原典論文を参照できる．例えば，光吸収で求めた低濃度領域のドナー・アクセプタのイオン化エネルギーについては文献 [92] に詳しく記されている．なお，イオン化エネルギーについては文献 [36, 37] で理論的に考察されており，よく引用されている．

(7) Q: 今回の系統的変化は，結晶の品質で差が出ないか？
A: 対象としている Si 結晶がよほど低品質でない限り，差は大きくない．今回の結果でも半導体デバイス用の高品質 CZ ウェーハと太陽電池用の mc-Si で本質的な差はなかった．かつて微少重力実験用の直径が数 100 μm の球状 Si を測ったことがあるが，転位が多かったものの BE 発光が観測された [95]．ただし，1.6.1 項に述べた不純物定量の標準規格 [57] では，定量値の信頼性を上げるために，測定対象試料は無転位で，酸素析出物等の欠陥を含まないように規定している．なお，本稿の枠組みからは外れるが，転位や酸素析出物起因の PL は詳しく調べられている [96]．

(8) Q: ナノ結晶のような微小領域の PL は測定できるか？
A: 深紫外線励起で浸入長を短くし，極薄（約 100 nm）の SOI 層からの PL を測定した経験がある [97]．また，厚さ 7 nm の $Si_{1-x}Ge_x$/Si 単一量子井戸からの発光を捉えた経験もある [98]．なお，ポーラス Si の PL では，ポーラス状構造ができているところ全面に光照射することにより，量子サイズ効果を反映した可視光領域の PL 光が観測される．

(9) Q: サーマルドナー (TD: Thermal Donor) の影響はないのか？ また TD を定量できないか？
A: 通常の場合はドナーキラー処理後のウェーハを測っていて TD の影響はない．ドナーキラー前後で PL を測定し比較した経験もあるが，酸素濃度が高い試料で長時間（例えば数十時間）の 450 °C 熱処理によって多量の TD を発生させた場合を除き，ドナーキラー前後でバンド端近傍のドーパント不純物起因の発光スペクトルに大きな差はなかった．すなわち，TD があっても 1.6.1 項の PL 定量法は使用できる．ただし，抵抗率が 100 Ω·cm 程度以上の試料では，誤差が生じる可能性がある．

　なお，筆者は TD 起因の発光帯を同定したが [99]，その後，TD に束縛された励起子に起因する細線状スペクトル群が報告された [100]．この TD 起因の発光に着目して 1.6.1 項のようにして TD を定量する試みはまだなされていない．ただし，TD 発生と同時に生成される深い準位からの PL（P-line, 0.767 eV）が知られており，その半定量分析を行った経験はある [101]．

1.8 まとめ

以上，Si 中のドーパント不純物濃度が 10^{10} から 10^{20} cm^{-3} の範囲にわたって変化した際の，液体 He 温度における PL スペクトルの系統的変化を解説した．濃度が 1×10^{16} cm^{-3} 未満の低濃度領域では，不純物状態は孤立しており，FE 発光および不純物起因の BE 発光が現れる．FE と BE 発光の強度比を濃度指標とした定量法が標準化され（JIS, SEMI 規格），広く一般的に使用されている．不純物濃度が増加し，1×10^{16} cm^{-3} 以上の中間濃度領域に入ると，不純物状態間の相互作用がおこり，不純物クラスターに束縛された励起子による ICBE 発光，およびドナー・アクセプタ準位間の DA ペア発光が現れる．ICBE のピークシフトを指標として，ドーパント不純物定量が可能である．また，DA ペア発光に特徴的な細線状スペクトルの解析より，ドナー・アクセプタ準位の情報が得られる．濃度が高濃度領域に入り Mott 転移濃度（3×10^{18} cm^{-3}）に近づくと，孤立していた準位は不純物帯を形成し，さらに伝導帯あるいは価電子帯に統合され縮退帯となり，それに伴って DB 発光が現れる．特に補償比の高い試料では，ドナー不純物帯・アクセプタ不純物帯間の DAb 発光が現れる．

以上の 3 つの濃度領域において，PL スペクトルはドーパント不純物の種類と濃度に応じて普遍的な変化を示す．境界領域では，不純物の分布が統計的に揺らいでいることにより，PL スペクトルが急峻に変わることはない．また複数の発光過程が共存する際には，再結合確率の低い過程で励起キャリヤの供給に対して再結合が追いつかなくなる飽和現象が発生し，PL に影響を及ぼす場合がある．このような状況を踏まえることにより，系統的なスペクトル変化が理解でき，その特徴的な変化を濃度指標として定量的な不純物分析を行うことも可能となる．Si 中のドーパント不純物が広範囲にわたる濃度領域においてどのような電子的振る舞いをしているかを理解する上で，本稿が一助となれば幸いである．

謝辞

本研究の遂行にあたり，全般にわたりご支援・ご討論いただいた明治大学の小椋厚志教授，JAXA 宇宙研の豊田裕之助教に深謝いたします．PL 測定と解析を実施いただいた筆者の研究室メンバーであった明治大学の中川啓，岩井隆晃，石川陽一郎，佐竹雄太の各氏，貴重な試料を有用な情報とともにご提供頂きご討論頂いた CEA/LITEN/DTS, INES の Sébastien Dubois, Jordi Veirman, Aurélie Fauveau, Silicor Materials Inc. の Til Bartel, Fritz Kirscht, CiS Forschungsinstitut の Kevin Lauer, Apollon Solar の Roland Einhaus, Maxime Forster, UNIMIB の Simona Binetti, ANU の Daniel Macdonald, Fraunhofer ISE の Martin Schubert の各氏，そして信州大学の太子敏則教授に厚くお礼申し上げます．また企業名非公開で試料をご提供頂いた企業の方々にもお礼申し上げます．

本研究の一部は，経済産業省のもと，NEDO から委託され，実施したもので関係各位に感謝致します．

参考文献

[1] M. Tajima, H. Toyota, and A. Ogura, *Jpn. J. Appl. Phys.* **61**, 080101 (2022). [Invited Review]

[2] C. Kittel, 『固体物理学入門』（上）（下）第 6 版（宇野良清 他訳）（丸善，1988）．

[3] N. F. Mott, *Metal-Insulator Transitions* (Taylor & Francis, 1990).

[4] J. I. Pankove, *Optical Processes in Semiconductors*, (Dover Publication, 1972).

[5] H. B. Bebb and E. W. Williams, *Semiconductors and Semimetals*, ed. R. K. Willardson and A. C. Beer Vol. 8, Chap. 4, p. 181(Academic Press, 1972) .

[6] E. W. Williams and H. B. Bebb, *Semiconductors and Semimetals*, ed. R. K. Willardson and A. C. Beer Vol. 8, Chap. 5, p. 366 (Academic Press, 1972).

[7] P. J. Dean, *Prog. Crystal Growth Charact.* **5**, 89 (1982).

[8] I. Pelant and J. Valenta, *Luminescence Spectroscopy of Semiconductors* (Oxford, 2012).

[9] P. J. Dean, J. R. Haynes, and W. F. Flood, *Phys. Rev.* **161**, 711 (1967).

[10] K. Kosai and M. Gershenzon, *Phys. Rev. B* **9**, 723 (1974).

[11] M. L. W. Thewalt, *Can. J. Phys.* **55**, 1463 (1977).

[12] M. Tajima, *Semiconductor Technologies 1981*, ed. J. Nishizawa, p. 1 (OHM, 1981).

[13] A. K. Ramdas and S. Rodriguez, *Rep. Prog. Phys.* **44**, 1297 (1981).

[14] M. L. W. Thewalt, *Excitons*, ed. E. I. Rashba and M. D. Sturge, Modern Problems in Condensed Matter Sciences Vol. 2, Chap. 10, p. 393 (North-Holland,1982).

[15] G. Davies, *Phys. Rep.* **176**, 83 (1989).

[16] R. Sauer, *Solid State Commun.* **14**, 481 (1974).

[17] R. E. Halliwell and R. R. Parsons, *Can. J. Phys.* **52**, 1336 (1974).

[18] N. Eswaran, *et al.*, *Solid State Commun.* **20**, 811 (1976).

[19] B. Bergersen, *et al.*, *Phys. Rev. B* **14**, 1633 (1976); Erratum: *Phys. Rev. B* **15**, 2432 (1977).

[20] R. R. Parsons, *Can. J. Phys.* **56**, 814 (1978).

[21] M. A. Vouk and E. C. Lightowlers, *J. Lumin.* **15**, 357 (1977).

[22] P. E. Schmid, M. L. W. Thewalt and W. P. Dumke, *Sol. St. Commun.* **38**, 1091 (1981).

[23] T. Nishino, H. Nakayama, and Y. Hamakawa, *J. Phys. Soc. Jpn.* **43**, 1807 (1977).

[24] Y. Shiraki and II. Nakashima, *Solid State Commun.* **29**, 295 (1979).

[25] R. R. Parsons, *Solid State Commun.* **29**, 1 (1979).

[26] R. R. Parsons, *Solid State Commun.* **29**, 763 (1979).

[27] J. Wagner, *Phys. Rev. B* **29**, 2002 (1984).

[28] J. Wagner and J. A. del Alamo, *J. Appl. Phys.* **63**, 425 (1988).

[29] M. Levy *et al.*, *Phys. Rev. B* **49**, 1677 (1994).

[30] M. Tajima *et al.*, *Jpn. J. Appl. Phys.* **54**, 111304 (2015).

[31] J. R. Haynes, *Phys. Rev. Lett.* **4**, 361 (1960).

[32] G. L. Pearson and J. Bardeen, *Phys. Rev.* **75**, 865 (1949).

[33] D. F. Holcomb and J. J. Pehr, Jr., *Phys. Rev.* **183**, 773 (1969).

[34] G. A. Thomas *et al.*, *Phys. Rev. B* **23**, 5472 (1981).

[35] R. Riklund and K. A. Chao, *Phys. Rev. B* **26**, 2168 (1982).

[36] P. P. Altermatt, G. Heiser, and A. Schenk, *J. Appl. Phys.* **100**, 113714 (2006).

[37] P. P. Altermatt *et al.*, *J. Appl. Phys.* **100**, 113715 (2006).

[38] J. J. Hopfield, D. G. Thomas and M. Gershenzon, *Phys. Rev. Lett.* **10**, 162 (1963).

[39] D. G. Thomas, M. Gershenzon, and F. A. Trumbore, *Phys. Rev.* **133**, A269 (1964).

[40] R. C. Enck and A. Honig, P*hys. Rev.* **177**, 1182 (1969).

[41] U. O. Ziemelis and R. R. Parsons, *Can. J. Phys.* **59**, 784 (1981).

[42] U. O. Ziemelis *et al.*, *Appl. Phys. Lett.* **39**, 972 (1981).

[43] U. O. Ziemelis, M. L. W. Thewalt and R. R. Parsons, *Can. J. Phys.* **60**, 1041 (1982).

[44] M. Tajima *et al.*, *Appl. Phys. Express*, **3**, 071301 (2010).

[45] M. Tajima *et al.*, *J. Appl. Phys.* **110**, 043506 (2011).

[46] M. Tajima *et al.*, *J. Appl. Phys.* **113**, 243701 (2013).

[47] M. Forster *et al.*, *J. Appl. Phys.* **111**, 043701 (2012).

[48] E. Burstein, *Phys. Rev.* **93**, 632 (1954).

[49] T. S. Moss, *Proc. Phys. Soc. (London) B* **76**, 775 (1954).

[50] K. F. Berggren and B. E. Sernelius, *Phys. Rev. B* **24**, 1971 (1981).

[51] F. Urbach, *Phys. Rev.* **92,** 1324 (1953).

[52] M. Tajima, *Appl. Phys. Lett.* **32**, 719 (1978).

[53] M. Tajima, A. Yusa, and T. Abe, *Proc. 11th Conf. (1979 Internat.) Solid State Devices, Tokyo, 1979; Jpn. J. Appl. Phys.* **19** [Suppl. **19-1**], 631 (1980).

[54] M. Tajima and A. Yusa, *Neutron Transmutation-Doped Silicon*, ed. J Guldberg, p. 377 (Plenum, 1981).

[55] M. Tajima *et al.*, *Semiconductor Silicon 1981*, eds. H. R. Huff, R. J. Kriegler and Y. Takeishi, p. 72 (Electrochem. Soc., Pennington, 1981).

[56] M. Tajima *et al.*, *J. Electrochem. Soc.* **137**, 3544 (1990).

[57] JIS H 0615 (2004; revised in 2021) [in Japanese].

[58] SEMI MF1389-0704 (2004).

[59] J. C. Irvin, *Bell Syst. Tech. J.* **41**, 387 (1962).

[60] SEMI MF723-0307E (2021).

[61] M. Forster *et al.*, *Phys. Status Solidi C* **8**, 678 (2011).

[62] Ya. Pokrovskii, *Phys. Status Solidi A* **11**, 385 (1972).

[63] R. B. Hammond *et al.*, *Phys. Rev. B* **13**, 3566 (1976).

[64] J. Shah, M. Combescot, and A. H. Dayem, *Phys. Rev. Lett.* **38**, 1497 (1977).

[65] M. Tajima and S. Ibuka, *J. Appl. Phys.* **84**, 2224 (1998).

[66] P. McL. Colley and E. C. Lightowlers, *Semicond. Sci. Techn.* **2**, 157 (1987).

[67] K. L. Schumacher and R. L. Whitney, *J. Electron. Mater.* **18**, 681 (1989).

[68] 宮村佳児 他, 『第 71 回応用物理学会春季学術講演会 講演予稿集』 12a-12F-7 (2024).

[69] T. Iwai, M, Tajima and A. Ogura, *Phys. Status Solidi C* **8**, 792 (2010).

[70] K. Lauer *et al.*, *Phys. Status Solidi RRL* **7**, 265 (2013).

[71] M. Qinghui *et al.*, *Chinese J. Semicond.* **4**, 86 (1983).

[72] J. E. A. Maurits, R. N. Flagella, and H. J. Dawson, *Ext. Abstr. 178th Society Meeting,* Vol. 90-2, 568 (Electrochem. Soc., Pennington, 1991).

[73] H. Nakayama, T. Nishino, and Y. Hamakawa, *Jpn. J. Appl. Phys.* **19**, 501 (1980).

[74] JEIDA-45 (1992).

[75] ASTM F 1389-92 (1992).

[76] M. Allardt *et al.*, *J. Appl. Phys.* **112**, 103701 (2012).

[77] H. Kawarada *et al.*, *Phys. Rev. B* **47**, 3633(1993).

[78] H. F. Pen *et al.*, *Semicond. Sci. Technol.* **7**, 1400 (1992).

[79] A. Henry *et al.*, *Appl. Phys. Lett.* **65**, 2457 (1994).

[80] I. G. Ivanov *et al.*, *J. Appl. Phys.* **80**, 3504 (1996).

[81] S. Juillaguet *et al.*, *Mater. Sci. Forum* **457–460**, 775 (2004).

[82] S. Asada, T. Kimoto, and I. G. Ivanov, *Appl. Phys. Lett.* **111**, 072101 (2017).

[83] M. Omori *et al.*, *Appl. Phys. Express* **14**, 051002 (2021).

[84] K. Kataoka *et al.*, *Phys. Status Solidi B* **2024**, 2300528 (2024).

[85] J. Weber and M. Singh, *Appl. Phys. Lett.* **49**, 1617 (1986).

[86] M. Tajima and Y. Kamata, *Jpn. J. Appl. Phys.* **52**, 086602 (2013).

[87] M. Tajima *et al.*, *Jpn. J. Appl. Phys.* **59**, SGGK05 (2020).

[88] M. Tajima *et al.*, *Jpn. J. Appl. Phys.* **60**, 026501 (2021) [Corrigendum 62, 089301 (2023)]

[89] M. Tajima *et al.*, *Jpn. J. Appl. Phys.* **63**, 066504 (2024).

[90] JIS H 0617 (2024) [in Japanese].

[91] M. Tajima *et al.*, *Proc. 7th Int. Workshop on Crystalline Silicon Solar Cells*, 123 (2013).

[92] B. Pajot, *Optical Absorption of Impurities and Defects in Semiconducting Crystals: Hydrogen like Centres*, Chap. 7, p. 281 (Springer, 2010).

[93] F. Williams, *J. Lumin.* **7**, 35 (1973).

[94] *Landolt-Börnstein, New Series Volume 17 Semiconductor*, 1.2.2, p. 48 (Springer-Verlag, 1982).

[95] K. Kuribayashi, K. Nagashio and M. Tajima, *J. Cryst. Growth*, **311**, 722 (2009).

[96] M. Tajima, *IEEE J. Photovoltaics*, **4**, 1452 (2014).

[97] M. Tajima, *Appl. Phys. Lett.* **70**, 231 (1997).

[98] K. Terashima, M. Tajima and T. Tatsumi, *J. Vac. Sci. Technol. B* **11**, 1089 (1993).

[99] M. Tajima, A. Kanamori and T. Iizuka, *Jpn. J. Appl. Phys.* **18**, 1401 (1979).

[100] A. G. Steel and M. L. W. Thewalt, *Can. J. Phys.* **67**, 268 (1989).

[101] M. Tajima, P. Stallhofer and D. Huber, *Jpn. J. Appl. Phys.* **22**, L586 (1983).

第2章 シリコン基板中のドーパントとその制御

2.1 実デバイス作製時におけるドーパントの諸現象

2.1.1 はじめに

　ドーパント原子の半導体デバイス中への導入は，デバイス設計上の狙いにしたがって実施される．その導入目的には，電子デバイスとして一般的な (1) 各部を狙った伝導型として機能させることに加え，(2) シリコンウェーハテクノロジーの一つの産物であるゲッタリング能力の付与がある．この (2) の一例として，いわゆる p/p+ エピウェーハが知られる [1]．このウェーハでは，高温プロセス後の室温において金属汚染元素を引き受ける，ボロン (B) を典型例とした高濃度のドーパント原子をシリコン基板内部へ付与し，その上にデバイス形成層としての Si エピ層を形成することによって，プロセス由来の汚染元素がこのデバイス領域内である p 層より p+ 基板側へ偏在するよう設計されている．

　本節の前半では，デバイス作製プロセス中に (1) の狙いにしたがってシリコン結晶中へ導入されたドーパントが，そのプロセスの副次的効果として同じくシリコン結晶中へ導入された水素原子により不活性化してしまう現象 [2-6] についてを，この水素の影響範囲を第一原理計算で考察した結果 [7] について解説する．一方，CMOS デバイスのソースドレイン部のような pn 接合には局所的に高濃度ドーピング層と隣接する空乏層が存在し，その領域の電気特性は金属汚染に対して極めて敏感である．そこで，空乏層内で汚染金属がどの程度安定に存在するかについて第一原理計算により検討した結果を本節の後半で議論する [8]．

2.1.2 水素によるドーパント不活性化 [7]

(1) 各種デバイスプロセスにおける水素の導入

　半導体デバイス製造においては様々な原理に基づく処理・装置が用いられる．その中でも水素原子を半導体基板内へ導入してしまうことは少なくない．例えば，半導体で用いられる原料ガスの一部はシラン系ガスのような水素化合物のものも多い．あるいは水素ガスをキャリアガスとして原料ガスを希釈してプロセスガスとして用いることもある．また半導体のウェットプロセスで広く用いられる超純水も水素を併せ持つ．つまり半導体プロセスでは，(a) 熱処理の雰囲気ガスから導入されるもの，(b) ウェットプロセスで導入されるもの，(c)High Density Plasma を用いた成膜時やドライエッチング時にプラズマ化した水素原子イオンが成膜した膜内を通して拡散する，ないしは半導体表面から直接内部へ導入されてしまうもの，最後に (d) イオン注入により直接半導体内部へ水素イオンを打ち込む方法など，多くのプロセスが考えられる．一旦半導体内部へ入った水素は一般に半導体内で容易に拡散できるため，原子状のままで他の元素と結びつき固定化する，ないしは再度表面に到達し固体外へ外方拡散するまでは半導体内をさまよい続ける．本節の前半ではシリコン内を徘徊する原子状水素を主に考える．

(2) 不活性化モデル

　水素によるドーパントの不活性化については，ドーパントに隣接する位置に水素が配置された複合体により既に解析・説明がなされている [5]．B の場合は，図 2.1(a) に示すように B-Si の結合中心サイト（BC サイト），一方 P の場合には B の場合と異なり，図 2.1(b) に示すように，P-Si の反結合サイト（Q サイト）に水素原子が入った複合体である [9]．しかしながら後述する

ように，ドーパントを不活性化する水素原子のサイトはこれらのサイトに限定されない．一方，水素による不活性化としては，ドーパントの場合とは別にSi原子のダングリングボンドの終端による不活性化も知られているが[10]，この不活性化では水素がSiのダングリングボンドと結合できる位置に存在することが必須である点がドーパントの不活性化と大きく異なる．

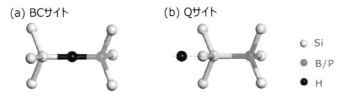

図 2.1　水素によるドーパント不活性化の原子モデル．(a)Bの場合，(b)Pの場合 [9]．

(3) 不活性化モデルの拡張

ここではまず，第一原理計算を用いた不純物・欠陥の性質を計算する一般的手法について説明する．計算の対象となる半導体中の不純物・欠陥は一般に非常に低濃度であるので，不純物や欠陥を含む半導体結晶を切り取るような操作によりモデルを作成する．本稿では，切り取った半導体結晶に3次元境界条件を課して得られた第一原理計算結果から，マクロな構造を有する半導体デバイス中半導体結晶中の不純物・欠陥の性質を予測するスーパーセル法を使用した [11]．図 2.2(a) の上図に示すような無限に離れているとみなせる水素（D 位置）とドーパントは，同下図に示すようにそれぞれ別々に切り取ったモデルを作成する．この場合，水素とドーパントとは個別に第一原理計算を実行することになるので，おのずと水素とドーパントが相互作用を有さない場合の計算となる．本稿は対象が Si であるので，図 2.2(a) 下図に示すような慣用単位胞（Si 原子 8 個）を縦横高さ方向にそれぞれ 2 倍にした Si64 原子のモデルをベースモデルとしてスーパーセルを作成した．このスーパーセル法で作成した第一原理計算のモデルは，前述したようにマクロな構造から切り出したミクロ領域の特性を推測するのに用いる．ところで，水素とドーパントが図 2.2(a) 上図のように離れていても，両者はマクロ的には Si 結晶で繋がっているので，キャリアの電荷保存則とこの電荷分布に起因する電磁気的な相互作用を介して，この Si 結晶内におけるキャリアの拡散により，ドーパントから離れた水素による不活性化の影響をドーパントへ及ぼすことができると考えられる．この解析のために，図 2.2(a) 下図のモデルの第一原理計算では，キャリアが拡散する前に対応させるためにモデルの電荷を中性 (0) としたものと，キャリア（B の場合は正孔，P の場合は電子）が拡散後で，それぞれのモデル中の電荷を拡散キャリアのタイプに合わせて，+1 と −1 とした 2 条件について計算を行った．

他方，図 2.2(b) 上図のような水素がドーパントに隣接する場合における両者の距離依存性を第一原理計算で求めるために，図 2.2(b) 下図に示すように，一方向だけ更に 2 倍に拡張した Si128 原子のモデルも準備した．この Si128 モデル内の片側半分の Si64 原子の中心の Si 置換サイトにドーパントを固定し，続いて水素原子を，もう片側半分の Si64 原子の中心までの間の様々な位置（遠い方からドーパントまで約 10 Å の C 位置，約 5 Å の B 位置，そして最近接の A 位置）を初期位置として構造最適化計算することで，各初期位置周囲にてエネルギー的に安定なサイトを探索する．このモデルでは水素とドーパントが同じ計算モデル内にあるので，第一原

理計算の計算実行下で両者間のキャリアのやり取りが許容され，安定化した後の計算結果が得られる（電荷中性条件より，このモデルの電荷条件は0として計算を実施した）．Si 結晶の対称性により図 2.3 に示すような特徴的な安定サイト候補が既に知られているので [5]，A から C のそれぞれ位置付近で特徴的なサイト候補を選抜した．それらの計算より得られた結果については次項で解説する．

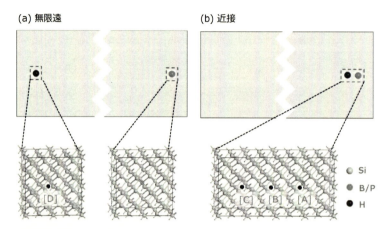

図 2.2　Si 結晶中における水素とドーパントの位置関係の図と第一原理計算モデル．(a) 無限遠に離れている場合，(b) 近接している場合．

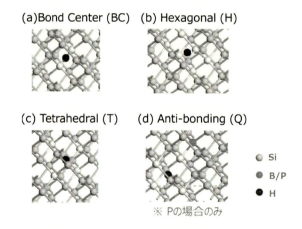

図 2.3　水素の典型的なサイト（白色の原子は水素原子位置を特徴づける Si 原子）．

(4) 水素がドーパントとキャリアをやり取りすることでの安定化

図 2.4 にドーパントが B と P の場合の計算結果をそれぞれ示す．ここで縦軸は，ドーパントと水素の距離が無限（図 2.2(a) の場合）で，かつキャリア拡散前の B と P 両者の電荷が中性条件のものを基準にして，水素–ドーパント間でキャリアをやり取りすることによる電子系エネルギーの利得 (Gain) を示している．一方横軸は，構造最適化計算により初期位置近傍で発見された安定サイトの水素とドーパント間の距離を計測し，その逆数でプロットした．ただし，プロットのシンボルは構造最適化前のサイトを示している．

まずドーパント原子が B の場合，水素が結合中心サイト (BC-site) にありさえすれば，水素–B 間でキャリアのやり取りをすることにより，電子（あるいは正孔）系のエネルギーにおいて，全領域で 1 eV を超える大きな利得 (Gain) を得られることが分かった．また，この B の場合は初期位置を H-site や T-site とした場合も，B との距離が 5 Å 以内 ($1/d>0.2$ Å^{-1}) の場合において，構造最適化計算後に得られたサイトは BC-site であった．このようなことから，B 近傍において水素は，BC-site を中心に拡散することが推測される．また，この BC-site の直線性が良いことから，キャリアのやり取り後の水素とドーパント間の相互作用は，主にクーロン相互作用となっていると考えられる．他方，ドーパント原子が P の場合，水素–ドーパント間でのキャリアのやり取りによる電子系エネルギーの利得 (Gain) より，T-site→H-site→Q-site と最安定サイトが変わりながら水素は P へと接近する．キャリアのやり取り後の水素とドーパント間の相互作用は，図 2.4(b) に示すように各 site の直線性があまり良くなく，かつ，H が P へ接近中の周囲の原子環境も変化していることから，単純なクーロン相互作用ではないものと推測される．

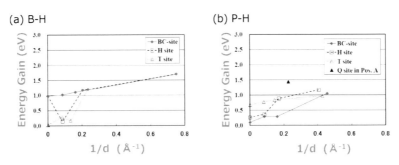

図 2.4　水素–ドーパント間でキャリアをやり取りすることによる電子系エネルギーの利得 (Gain) の水素–ドーパント間距離依存性．

(5) 水素によるドーパント準位の消失

続いて図 2.5 に，Si のバンドギャップ内準位の，P/B を含む図 2.3(b) 下図の Si128 モデルにおける水素–ドーパントの部分状態密度 (PDOS) を示す．本計算で用いた第一原理計算条件におけるバンドギャップ（～0.6 eV）部を，網掛けに挟まれた白地部分で示した．各 PDOS の線は，図 2.3(b) 下図の水素位置（C→B→A，加えて P の場合は Q サイト）に対応する．(a), (b) の B-H の PDOS については，ドーパントから 10 Å 以上離れた C, B 位置から抑制されていることが分かる．一方，(c), (d) の P-H の PDOS については，近傍（5 Å 以内）まで接近して初めて抑制され始め，Q サイトに至って，Gap 内の PDOS がほぼ消失することが分かった．すなわち，P と B とで，不活性化の度合いの違いこそあれ，水素が接近することでより強力に不活性化することが分かった．

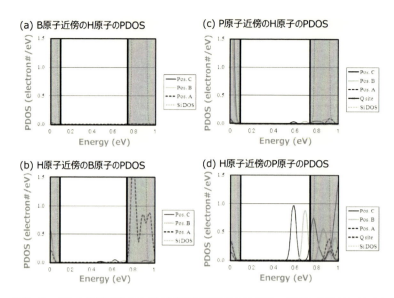

図 2.5　水素–ドーパント近接条件における部分状態密度 (PDOS)．各図の網掛けに挟まれた白地の領域がバンドギャップ内で，各 H 原子配置に対する H/P/B 原子由来の状態密度を曲線で示している．図 2.1 に示す最安定サイトに H 原子が接近するにつれて，ギャップ内の PDOS が減少していくことが分かる．

(6) 水素によるドーパントの不活性化のまとめ

　水素元素自体が，シリコン結晶中で，その電荷状態に応じてドナーレベルとアクセプタレベルの両方を形成する両性不純物であることまでは判明している [13]．そのバンドギャップ内の準位位置については確定していないものの，以上で示した B/P の不活性化の計算結果は，両性の性質を持つといわれる水素原子由来のキャリアと B/P 由来のキャリアとの補償 (Compensation) によるものと考えることができる．つまり，離れた水素とドーパント間での不活性化の有無は，物理的に双方間のキャリア拡散が可能で補償することができるかどうかによって決まる．但し，この補償メカニズムには，図 2.4 で示した P/B といったドーパントの存在により水素原子の安定サイトが目まぐるしく変化することが関与しているものと推測される．

2.1.3　pn 接合内のゲッタリング [8]

(1) ウェーハテクノロジーとしてのゲッタリング

　2.1.1 項でも述べたが，シリコンウェーハテクノロジーの産物の一つであるゲッタリング能力を付与したウェーハの一例として，いわゆる p/p+ エピウェーハが知られている．このウェーハは，図 2.6 のように，ボロンを典型例とした高濃度のドーパント原子をシリコン基板内部へ付与し，その上にデバイス形成層としての Si エピ層を形成する．このような構造とすることで，高温プロセス後の室温において金属汚染元素を基板側が引き受け，プロセス由来の汚染元素がこのデバイス領域内より排除されるのである．このゲッタリングは，金属汚染元素とドーパントが結合力を有することに由来する．単体のドーパントと単体の金属との結合力の大きさは，ドーパントの近傍に金属を配置するだけのシンプルなモデルを用いた第一原理計算にて評価することができ，既に多くの報告がある [14-17]．

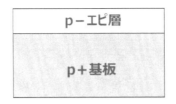

図 2.6　p/p+ エピウェーハの模式図．

(2) pn 接合の計算モデル，空乏層と高濃度層の結合エネルギー比較

Si 系デバイスの一例として，CMOS デバイスのソースドレイン部のような pn 接合の模式図を図 2.7 に示す．このように局所的に高濃度ドーパント層があるのであまり指摘されてきてはいないが，前項で述べたようなゲッタリング能力を付与した基板だけでなく，この高濃度層も金属ゲッタリングに一定の寄与をしているはずである．実際，隣接する空乏層における金属汚染はリーク電流の観点からは極めて敏感であるので，高濃度層に隣接する空乏層における金属の安定性についてゲッタリングの観点から評価することは重要であると考えられる．しかしながら，この空乏層における金属の安定性について，筆者が知る限り評価された報告例はない．そこで，第一原理計算を用いて空乏層における金属の安定性について検討した．

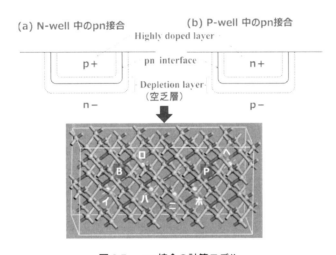

図 2.7　pn 接合の計算モデル．

空乏層は n 型不純物と p 型不純物とがほぼ同濃度で共存する点で代表させる．そこで，第一原理計算モデルとして図 2.7 の下図にも示す 2.1.2 項 (3) で採用した横長の Si128 モデル中に，B と P の両方を同図のように設置し，更に金属安定性のモニター点としてその周辺の図中のイ〜への 6 点を選び，これら各点（金属が B/P の束縛下にあり，結合状態にあると見なせる）における各種 3d 金属の結合エネルギー (Eb) を第一原理計算により算出し，高濃度層の場合（図 2.7 で B または P の片方だけが存在する場合）に対応する B/P に隣接する T サイトと Q サイトの場合と比較した（図 2.8）．

図 2.8 では金属種依存性の強い結果となってはいるが，概して高濃度 B 層に対応する B 隣接

のTサイトが最も結合エネルギーが大きく，次いで同じく高濃度B層に対応するB隣接のQサイトの結合エネルギーが大きい．一方，FeとCoに限っては，高濃度P層に対応するP隣接のTおよびQサイトの結合エネルギーが大きい結果となった．これらに対し，空乏層における結合エネルギーは，図2.7下図のSi128モデル中のイ～への6点の平均値で示したが，3d金属全てにおいて概ね0.15 eV以下という結果となった．すなわち，空乏層に3d金属が留まりにくいことを示す結果であり，これはSi系デバイスの幸運といえるであろう．

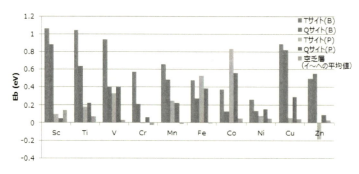

図2.8 高濃度層と空乏層における3d金属の結合エネルギーE_b比較．

2.1.4 まとめ

本節では，デバイス製造における一面を，第一原理計算で解析した結果を紹介した．機能を向上させるために，昨今は電子デバイス内に様々な金属種が使用されるようになってきているが，特に後半で紹介した空乏層内で種々の金属が安定でないという性質は，Siデバイスの可能性を広げるにあたって陰の立役者となっているのではないか，と憶測している．

そのSi材料，すなわちデバイス製造にあたっての出発材料となるSiウェーハについて最後に1点申し添えたい．それは，Siが天賦の材料であるということである．Siウェーハ製造の現場に近い者の視線で直径300 mmの単結晶の育成速度（チョクラスキーの結晶引き上げ速度）が，約1 mm/分の高速で無欠陥で育成可能な半導体材料はSiをおいて他にはない．この技術的背景について，Siに近い材料であるGeと，真性点欠陥の形成エネルギーの比較を行い，平衡濃度の差を推測した[12]．Siは，結晶成長時の固液界面付近における真性点欠陥の平衡濃度が，空孔と格子間Siとで絶妙にバランスしており，空孔濃度が格子間Ge濃度をはるかに上回るためにVoidを含む結晶しか引き上げられないGeとは大きく異なる．正にSiは天賦の材料というべきものなのだ．結晶もデバイスも天から恵まれたSiの技術，この技術領域で日本の先人たちが開拓してきたものを引き継ぎ，さらに発展させることが我々の責任なのではないか，ということを申し上げて，本節を終わることにしたい．

2.2 シリコン結晶における酸素，炭素の役割と制御

2.2.1 はじめに

近年，地球規模の省エネルギー化の取り組みの中で，パワーデバイスの市場の伸びと高性能化

が求められている．高性能化に関してはシリコン以外の材料を用いたパワーデバイスの開発が進み，高電力用途に SiC，高周波数用途に GaN を用いたパワーデバイスが市場に登場している．図 2.9 に動作周波数，電力変換容量別にデバイスの種類を示した．従来のシリコンパワーデバイスを維持した状態で化合物半導体が参入していることが分かる．長年，どのような材料の半導体が生き残るのかというテーマで議論が続いていたが，現状，シリコンと化合物半導体は共存の道を歩んでいる．パワー半導体市場を金額ベースで表すと，シリコンと化合物半導体は，パワー半導体市場全体とともに 2035 年予測まで右肩上がりに伸びている [2]．シリコンパワーデバイスもまた，減少することなく上昇している．高性能な化合物半導体の開発も重要であるが，シリコンパワーデバイスの高性能化や生産性の向上はこれからも必要であることが再認識されている．

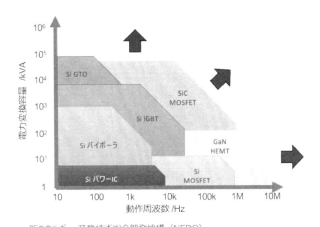

図 2.9　パワー半導体市場の将来展望 [1]．

2.2.2　シリコンパワーデバイス

シリコンパワーデバイスの高性能化や生産性向上のために，メモリーやロジックのような半導体デバイスとはどのように異なるのかを理解する必要がある．図 2.10 に集積回路 (IC, Integrated circuit) とパワーデバイスのデバイス構造を示した．メモリーやロジック用の IC はシリコンウェーハ上の表層十数 µm にデバイス層を形成し，裏面を研削する．ゲートに電圧を印加することでソースとドレイン間の電流の ON/OFF をコントロールしている．メモリーやロジックでは数 V の低電圧でデバイス動作させることが目的であるため，表層のキャリア移動で十分となる．そのため，シリコンウェーハの特性としては，表層を無欠陥とすることが求められる．また，歴史的に IC の製造は，ウェーハ 1 枚から製造できるデバイスチップの数を増やすためにウェーハの口径を大きくしてきた．現在，先端の IC 製造では 300 mm の直径のシリコンウェーハが使用されている．一方，パワーデバイスでは電流の経路としてより深い層にも大きな電流を流している．そのため，ウェーハとしては表面から裏面までのバルク部が無欠陥化されたウェーハを使用する必要がある．パワーデバイスには小口径のウェーハが数多く利用されているが，デイバスに応じて 300 mm の直径のウェーハも使用されている．

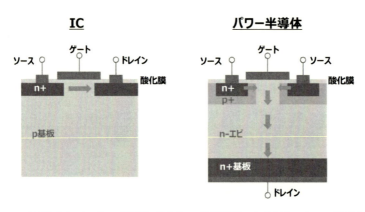

図 2.10　ICデバイスとパワー半導体デバイスの断面構造．矢印はキャリアの移動を表す．

　パワー半導体の中でも特に，IGBT(Insulated Gate Bipolar Transistor) の市場の伸び率が高く，生産性向上のために 300 mm の直径のウェーハが用いられ始めた．そこで，高性能，高生産性の先端パワー半導体として IGBT デバイスについて論じる．パワー半導体で使用されるシリコンウェーハの種類を理解するために，パワー MOSFET と IGBT のデバイス構造を図 2.11 に示した．

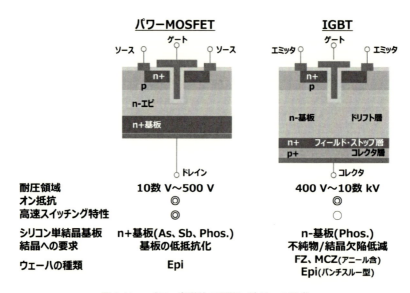

図 2.11　パワー半導体の種類と結晶への要求．

　パワー MOSFET はデバイス構造としては，IGBT デバイスと比較して，イオン注入によって形成される裏面のドーピングプロファイルが異なることが一般的に知られている．パワー MOSFET は，IGBT デバイスと比較して，低電圧，高周波数を特徴としているため，デバイス層が薄くても耐圧を確保することができる．これは，低電圧デバイスの場合，電圧をかけたときの空乏層の深さが浅いため，エピ層を薄くできることを意味している．シリコンウェーハの歴史として，パワーデバイスではエピウェーハを用いてきた．エピウェーハの詳細な説明は別の

資料に委ねるが，パワー MOSFET では n+（リン，ヒ素，アンチモンの高濃度ドープ）基板に CVD(Chemical Vaper Deposition) 法によって低濃度のリンをドープした n-Si 層をエピタキシャルに形成させたシリコンウェーハが現在も使用されている．図 2.11 を見ると分かるように，デバイス層が薄い場合はエピ層を薄くできるため，シリコンウェーハメーカーとしても生産性は良い．デバイス側からの要求としては，基板の低抵抗化によるオン抵抗の低減が求められる．一方，IGBT の場合にはパワー MOSFET よりも高耐圧が要求されるため，より厚いエピ層が求められ，ウェーハ製造としては製造が難しくコストも高い．また，IGBT のデバイス構造がパンチスルー型からノンパンチスルー型へと移行し，かつ裏面研磨技術の発達から裏面のドーパント構造がインプラにより形成できるようになったことから，エピウェーハではなく基板のみでデバイスを製造できることとなった．エピ層に代わるウェーハとしては FZ(Floating Zone) 法を用いた結晶が挙がった．FZ 法による結晶育成は MCZ(Magnetic Czochralski) 法と比較して低酸素濃度の結晶が得られるため，バルク部に電流を流すデバイスであるパワーデバイスに適している．

　FZ 法と MCZ 法による結晶育成のメリット/デメリットの比較を図 2.12 に示した．FZ 法による結晶育成では，CVD により製造したポリシリコンの原料棒を高周波誘導加熱により溶融し，単結晶を製造する．結晶の製造に石英ルツボを使用しないため，低酸素濃度のシリコン単結晶を製造することができる．ただし，FZ 法では直径 300 mm のシリコン単結晶の製造実績は報告されていない．それは太いまたは長い原料棒の準備が困難であることが一因といわれている．シーメンス法によりシリコン芯線周りへ多結晶シリコンを堆積する方法では均一な多結晶を得ることが難しく，FZ 法で多結晶を溶融する際，溶融化が不均一となり単結晶が得られないという課題がある．また，細い多結晶シリコン棒を FZ 法により加熱し，直径を広げる方法が知られているが，加熱機構周りの温度環境の設計が難しく，結晶形状を安定化させて製造できないという技術的な課題がある．そのため，FZ 法による口径の拡大は進んでおらず，IGBT デバイスの生産性向上のための 300 mm 直径化は MCZ 法に移行した．MCZ 法は石英ルツボに原料である小塊のポリシリコンを充填し溶解させ，適切な方位の単結晶の種結晶を融液に浸して結晶を育成する方法である．磁場は融液の対流を制御するために印加される．MCZ 法は石英ルツボを使用す

図 2.12　FZ 法と CZ 法によるシリコン結晶の比較．

るため酸素濃度が高く，高酸素濃度であるほど熱処理によりシリコン中に発生する酸素析出物が発生しやすい．これはIGBTデバイスには向いていないため，シリコンウェーハとしてはこれらを回避する工夫が必要となるため，以下にこれらを論じる．

2.2.3 IGBT用基板への要求

これまで述べてきたように，IGBTデバイスではバルク部に無欠陥化が求められる．デバイスにおいて電流特性を悪化させる要因として，シリコンのバンドギャップ中に形成される準位が問題となる．DLTS(Deep Level Transient Spectroscopy)の測定により，転位ループや酸素析出物，VxO欠陥（Vは原子空孔，Xは組成比，Oは酸素原子を表す）などの欠陥準位が報告されている[3-6]．これらのミッドギャップ準位が存在した場合，シリコンウェーハのキャリアライフタイムは減少する．Nishizawa らはIGBT デバイスにおけるキャリアライフタイムとデバイス特性との関係を計算によって評価した[7]．デバイス製造後のキャリアライフタイムを長くすることにより，キャリア密度分布の均一化やリーク電流の低減が試算された．そこで，シリコンウェーハの製造段階でライフタイムの長い無欠陥のウェーハをデバイスメーカーへ供給する必要があり，さらにIGBTデバイス製造においてもライフタイムを落とさないことが重要となる．シリコンのライフタイムを落とす要因として特に，酸素析出物や酸素と空孔の複合体が問題となる．シリコン中の酸素析出物の発生挙動は数多く研究されており[8-11]，析出により体積が約2.21倍に膨張するとも言われている[12]．このことは，酸素がシリコン中に析出するためにはシリコン空孔と格子間シリコンのやりとりが必要となることを意味する．発生挙動としては，シリコン中の酸素と空孔が反応して，酸素析出物が発生するとともに格子間シリコンを放出してストレスを緩和する[8]．ここで，空孔はシリコンの結晶格子中のシリコンが1つ抜けた欠陥を意味する．逆に格子間シリコンはシリコンが1つ多い欠陥を示している．この発生機構から考えると，空孔濃度が低いと酸素析出物が発生しにくくなると考えられる．これをAkatsuka らはRTP(Rapid Thermal Process)後の酸素析出物の評価を行うことで実証した[13]．RTP熱処理を行うとウェーハ内の空孔濃度と格子間シリコン濃度を計算値として規定できる．酸素析出の観点から酸素析出を促進する空孔濃度，酸素析出を抑制する格子間シリコン濃度の差分を横軸，析出熱処理後の酸素析出物密度を縦軸として両者の相関を見出した[13]．また酸素析出物は均一核生成機構だけでなく，不均一核生成機構による析出も議論されている[8]．酸素析出に影響を与える要因として，酸素濃度以外に炭素濃度が影響していると考えられている[14]．その場合にはシリコン中の炭素原子が不均一核の中心となり酸素析出が発生すると考えられており，酸素析出物の観点では低炭素濃度のシリコンが有効と考えられる．

このような酸素析出物や酸素や空孔の複合体を含まないシリコンウェーハを製造するため，Kajiwaraらのグループは結晶の製造条件を工夫することでこの解決を目指した[15, 16]．シリコン結晶の製造において，空孔や格子間シリコンのような点欠陥濃度を制御する方法は昔から知られている[17]．1982年，Voronkov らは，結晶の育成速度vと結晶成長固液界面から結晶成長方向の温度勾配Gの比であるv/G制御によりシリコン結晶内の点欠陥濃度を決定できることを示した[18]．ここでVoronkovらの点欠陥濃度に対する考え方の概略を説明する．融点の平衡空孔濃度と平衡格子間シリコン濃度を比較すると平衡空孔濃度の方が高い．つまり融液が固化する時点（結晶化）では空孔濃度が高い．その後の結晶育成中（固液界面から離れ低温化する過程）

に空孔と格子間シリコンが結晶内を拡散し，対消滅が起きるため結晶内の点欠陥濃度は対消滅反応後の温度帯（〜1350 ℃）で決定される．この温度帯において空孔と格子間シリコンの自己拡散成分を比較すると格子間シリコンの方が速いため，引上速度が遅い場合は自己拡散の速い格子間シリコンが優勢な結晶となる．一方で速い育成速度で成長可能なシリコン（1.5 mm/min の育成速度も可能）においては格子間シリコンの自己拡散速度よりも結晶成長に伴う空孔の移流拡散速度が勝り，空孔優勢な結晶が育成される．Voronkov らがこれらを定式化しシンプルに v/G と表現したことは偉業と言える．v/G が大きい場合（v が速いもしくは G が小さい），空孔優勢な領域な結晶を育成できる．逆に v/G が小さい場合（v が遅いもしくは G が大きい），格子間シリコンが優勢な領域な結晶を育成できる．v/G を適切に制御し空孔や格子間シリコンの濃度の低い結晶を得ることで，空孔の凝集体である COP（Crystal Originated Partcle，ボイドとも呼ばれる）[19] や酸素析出物，転位を伴う格子間シリコンの凝集体である I-defect [20] の発生が抑制された結晶が育成可能となる．ただし，v/G 制御では v の制御範囲は非常に狭く製造が難しい．Kajiwara らのグループでは軽元素の不純物濃度の導入（酸素，窒素）によりこれを解決した．低酸素濃度（0.16-0.46E18/cm^3, Old ASTM F121-79）により無欠陥領域を拡大するだけでなく，13〜14 乗台の窒素濃度を加えることでこの領域が拡大することを示した．Nakamura らは点欠陥濃度に与える軽元素の影響を説明している．融点において酸素により空孔がトラップされ，温度の低下後，VO, VO_2 を形成し COP（ボイド）の形成に影響を与える．窒素ドープも同様に空孔をトラップする効果がある [21]．ここで窒素や酸素により空孔をトラップするという表現をしているが，これは窒素と空孔，酸素と空孔がペアを形成しやすいことを意味している．それぞれ，低酸素化により COP の材料となる酸素と空孔の濃度を下げ，窒素と空孔のペアにより COP 周りの空孔濃度を下げ，COP の形成を抑制していることを理解できる．Kajiwara らはこれらの窒素ドープかつ低酸素濃度の欠陥形成への効果を取り入れることで，転位ループがなく，かつ酸素析出が発生しない結晶を引き上げ，IGBT 向けの結晶として目指すべき方向性を示した．

一方，IGBT を製造するデバイスメーカーが求めるシリコンウェーハについても述べておく．2019 年には Infineon の Schulze らはデバイスにおいてのライフタイムを制御するためにプロトンを照射した [22]．2021 年には Mitsubishi Electric Corporation の Minamitake らは同様にライフタイム制御のために電子線を照射した [23]．IGBT デバイスにおいて，スイッチング時の Turn-off 特性を向上させるために故意にライフタイムを下げる技術はよく知られている．プロトン照射は特定の深さにドープが可能であり，図 2.11 のフィールドストップ層の位置にプロトンを照射し，CiOi-H 欠陥を発生させる（ここで Ci や Oi はシリコン結晶格子の格子間位置 (interstitial) に存在する炭素や酸素を意味する）．この欠陥はドナーとして働くため n+ 層を形成する役割を果たす．Ci や Oi はシリコンウェーハの製造時に存在するものなので，その欠陥濃度が耐圧やコレクター–エミッター間の電位差に影響を与える．電子線照射の場合には深さ方向全体に電子線が照射されることになるが，この場合も CiOi, CiCs 欠陥が発生することが知られている（Cs は格子の位置に substitutional に存在する C）[24]．何れのケースにおいても，シリコン中の酸素や炭素がデバイスの特性に影響を与えることは事実として報告されており，IGBT において考慮すべき元素であることが分かる．

以上のように，ウェーハメーカー，デバイスメーカーともに，ライフタイムの低下要因となる

ミッドギャップ準位を形成する酸素析出物や関連欠陥の低減のためには酸素濃度や空孔欠陥，炭素濃度をうまく制御することが必要であることが分かってきた．ここで，シリコンの結晶技術を中心に技術の変遷を図 2.13 にまとめた．

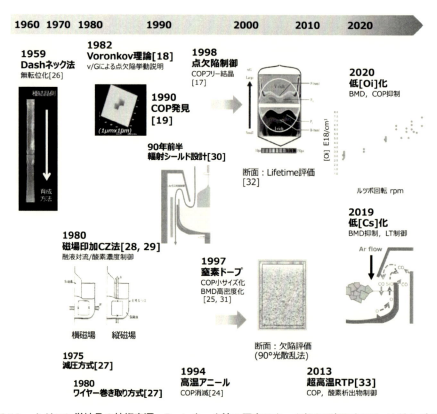

図 2.13　シリコン単結晶の技術変遷．Dash ネック法の写真はネック部を平板に加工し X 線トポグラフィで転位を評価した．白い箇所は転位を表す．COP については AFM(Atomic Force Microscope) でウェーハの表面を評価した結果．90° 光散乱法はアニールウェーハを 2step 熱処理 (780 ℃ ×3 h+1000 ℃ ×16 hr) 後，断面を評価した結果．

1990 年台に COP と呼ばれるシリコンウェーハ上の窪みが結晶欠陥であることが報告された [19]．それ以降シリコンウェーハメーカー各社は結晶の育成条件，特に炉内の部材構成の改良に力を注いだ．1990 年台後半には，結晶育成条件で COP フリーの結晶の製造 [17]，ウェーハに熱処理を加えることによる COP フリーのウェーハの製造 [24] という 2 種類の製造手法による解決が図られた．その後 2010 年台に入り，IGBT 用のシリコンウェーハという観点から，炭素濃度や酸素濃度の制御による酸素析出物フリーのシリコンウェーハの製造に進んでいる．これは完全無欠陥に向かってシリコンウェーハの開発が進められた歴史と捉えることができる．今，まさにシリコンウェーハは材料の観点で新しいステージに到達している．

2.2.4　酸素，炭素制御技術

前項で IGBT デバイスにおけるシリコン結晶中の酸素，炭素の重要性について述べた．ここ

からは具体的な制御技術について説明する．シリコンウェーハ中の酸素や炭素の存在，結晶育成中に酸素や炭素が結晶に取り込まれることが原因である．まず，酸素について考える．図 2.14 にシリコン単結晶を MCZ 法で育成しているときの炉内の様子を断面図で示した．酸素の供給源は石英ルツボである．石英ルツボはガラスであるため SiO_2 を主成分とする．これは結晶育成中に融液に溶解する．溶解した酸素は融液内の対流にのって融液内に広がる．所謂，自己拡散よりも移流拡散が支配的であり，酸素の物質輸送は融液の対流を制御すればよいと考えられる．融液中に溶解した酸素は一部が対流にのり，結晶が成長する固液界面に向かい輸送され取り込まれる．その酸素の大半は融液表面から SiO として蒸発する [34]．このメカニズムから，IGBT 結晶が要求する低酸素濃度の結晶を育成するには次のような対策が有効と考えられる．まず，①石英ルツボから溶出する酸素を低減させる．そのためには，SiO_2 を融液に溶けないようにする必要があるために，より石英ルツボと融液の界面近傍を低温化させるのがよい．また，②溶媒である融液の対流を遅くすることで酸素の供給量を減らすことができると考えられる．次に，③低酸素濃度な流れが結晶の成長界面に流れるように対流を制御することが効果的である．最後に，④融液表面から蒸発する SiO ガス量のコントロールによる酸素濃度の低濃度化や流れの変化を制御することが重要になる．これらの複合的な要因を総合的に融液の状態に反映させて，特定の酸素濃度帯を狙った結晶が製造される．

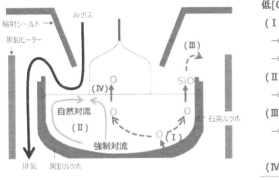

図 2.14　シリコン単結晶育成中の酸素の導入メカニズムおよび低酸素化．

具体的な結晶の育成パラメータは図 2.15 にまとめた．一般的によく知られた方法としては，石英ルツボの回転数を減らすことにより結晶は低酸素化するものがある [35]．磁場を印加することにより金属シリコンにローレンツ力が働き，融液対流が抑制されることも過去に研究されている [28, 29]．同様に結晶を回転することにより融液の対流に変化を与える．実際に，結晶を回転させると結晶界面付近から外側へ流れが発生する．この結果，石英ルツボに沿って融液の流れが深い方向へ進み，結晶へ湧き上がる対流ができることによって酸素濃度が高くなることが知られている [36]．融液表面からの SiO ガスの蒸発は炉内を流す Ar ガスと炉内圧で制御される．上記のそれぞれの効果は，融液対流のシミュレーションにより把握される．

続いて，炭素がシリコン単結晶育成中に導入されるメカニズムについて説明する．図 2.15 と同様に，結晶育成中の炉内の断面を図 2.16 に模式的に示した．融液中の炭素は，①炭素部材と

蒸発した SiO ガスの反応による CO ガス生成と，②石英ガラス (SiO$_2$) と炭素部材の反応によって CO ガスが融液に溶解すると考えられている [37]．酸素との違いは，酸素の場合は SiO ガスとして多くが蒸発していることである．また，酸素の場合は石英ルツボから溶解した酸素と SiO ガスとして蒸発する酸素の平衡状態で酸素濃度が決まるが，炭素の場合は融液内に溜まった炭素は累積されていくので，融液の炭素濃度を決定するのは結晶育成中というよりは原料ポリシリコンの溶融工程などが主となると考えられる [38]．炭素濃度を下げるためには，CO ガスのガス流れの制御，炭素部材の低温化が有効と考えられる．

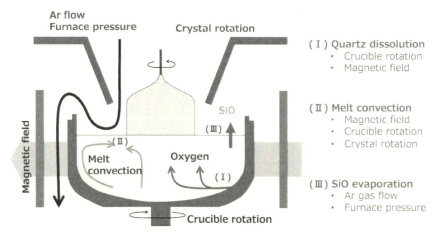

図 2.15　酸素濃度を制御する結晶育成条件．

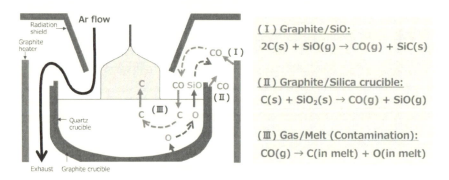

図 2.16　シリコン単結晶育成中の炭素の導入メカニズム．

　低炭素結晶を育成するために以下のような試験を行った．炭素混入のメカニズムによると，CO ガスが融液へ逆流することで融液が炭素に汚染される．そこで逆流を防ぐために炉内上部から流している Ar 流量を増加させた．条件 A は Ar 流量 50 L/min，条件 B は Ar 流量 100 L/min で原料ポリシリコンを溶融させた．育成した結晶は結晶成長方向にウェーハ状に切り出し，フォトルミネッセンス (PL) 法により炭素濃度を測定した．結晶に取り込まれる不純物量は偏析係数によって決まり，C の場合は偏析係数が 1 より小さいので (～0.07)，結晶の炭素濃度は結晶の固化が進むほど高くなる [39]．図 2.17 に炭素濃度の測定結果を示す．条件 A と B を比較

すると Ar 流量の多い条件 B では炭素濃度が 67% 低減しており，Ar 流量の増加による低炭素化の効果は著しいことが分かる．

次に，融液に最も近い炭素部材である輻射シールドに注目した実験を行った [40]．炭素混入のメカニズムによると炭素部材と SiO ガスの反応により CO ガスが発生する．そのため，炭素材を別素材に変更し CO ガスの発生量を抑えることで結晶の炭素濃度を下げることを目的とした．輻射シールドの素材としては熱分解炭素コート，SiC コート，石英の 3 種類を選択した．それぞれの輻射シールドに対して原料ポリシリコンの溶解するヒーターパワーを数水準変更し，それぞれの結晶の炭素濃度をプロットした結果を図 2.18 に示す．炭素濃度を比較するために，同じ結晶の固化率（融液量に対して固化した重量の割合）の位置でウェーハを切り出し，PL 法により炭素濃度を評価した．この結果，炭素濃度はヒーターパワーを下げる方が低濃度になることが分かった．また，熱分解炭素コートの場合，ヒーターパワーを 50 kW から 40 kW へ下げることで約 80% の炭素濃度低減効果があり，炭素材が低温化されたことで CO ガスの発生量が下がったことが考えられる．一方，ヒーターパワーが 50 kW のとき，熱分解炭素コートを基準として，SiC コートは 21%，石英では 75% の炭素濃度低減効果が観察された．熱分解炭素コートを用いた場合，融液上に設置したときにはその表面に反応物が観察できる．SiO ガスと反応することで SiC 化し CO ガスを発生させるが，その反応量は SiC コートよりも大きい．石英は SiO ガスと反応しないため，75% の炭素濃度の低減は非常に大きく，輻射シールドの素材は炭素汚染の主原因と考えられる．

さらに，CO ガスにより融液が炭素汚染されることが分かったので，炉内の CO ガスを直接観察し CO ガスの発生要因を探求することとした [40]．実験としては，四重極質量分析機を炉内の輻射シールドの上部に導入し，実験中に CO ガスの分圧を常時モニターすることにした．同時に炉内の 2 カ所に熱電対をセットした．一つは石英ルツボ底の原料ポリシリコンに，もう一つは，輻射シールド上側の炭素部材に取り付けた．図 2.19 に炉内の CO ガス分圧，熱電対による温度測定結果を示した．ポリシリコンを溶解させるためにヒーターパワーを ON としたときを開始として，500 分の測定を行った結果，約 420 分でポリシリコンがすべて溶解できたことを目視で

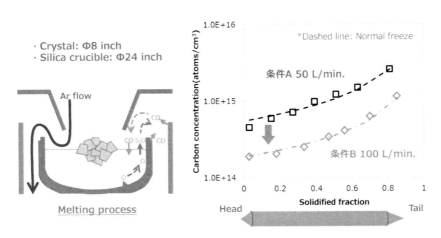

図 2.17　溶融プロセスのガス流量を変更させた実験 [39]，Normal freeze 計算は偏析係数 0.07 を使用．

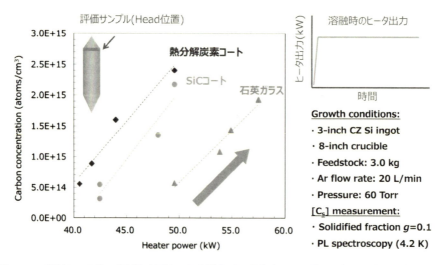

図 2.18　輻射シールドの素材を変更させた実験 [40]．固化率 0.1 の結晶長位置で炭素濃度を測定．

確認した．CO ガスの分圧はヒーターパワー開始 30 分から急激に上昇し，70 分でピークを迎え，その後に分圧は下がる．そのときの部材の温度はおよそ 500 ℃，ポリシリコンは 1200 ℃であった．このピークの起源調査のために部材単体の昇温脱離測定を行ったところ，300〜600 ℃で炭素部材から CO ガスの発生が確認された．このことから，炉内で炭素部材からの CO ガス発生があると推定した．この CO ガスの発生はすでに述べた炭素混入のメカニズムとは異なる．250 分から CO ガスの分圧が徐々に増加に転じている．これはポリシリコンが溶解し，融液表面から SiO ガスが発生していると考えられる．ポリシリコン全溶解後に CO ガスがもう一段上昇しているが，これはポリシリコン溶解に使われていた熱による SiO ガスの蒸発量の増加の影響と考えられ，この CO ガスを下げることで融液への炭素汚染量を低減させることができると推定される．

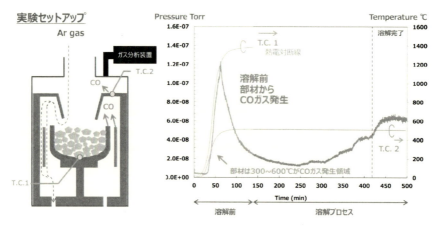

図 2.19　CO ガスをモニターした実験 [40]．炉内の上部にガスを検出するために四重極質量分析計を配置．TC は熱電対 (Thermocouple)．ポリシリコンを溶解するプロセスのヒーターパワーを ON にしたときを 0 分として計測を開始．

続いて，ポリシリコン溶融工程前半で観察された CO ガスのピークがポリシリコンへ汚染する可能性を調査するための実験をした [41]．ポリシリコンの表面を観察したいが，ポリシリコンの状態では分析が困難となるため，図 2.20 のように結晶育成装置内にシリコンウェーハを設置し，その状態でヒーターにパワーを入れて熱処理を行った．CGSim2D（STR 社）による熱シミュレーションを行ったところ，シリコンウェーハは 900 ℃となる熱処理条件であり，先の試験のポリシリコンの温度としては同等か若干低い温度設定とした．ウェーハ上の膜の評価結果を図 2.21 に示した．熱処理後，シリコンウェーハの表面の断面を電子顕微鏡にて観察すると，50 μm の観察範囲では全面に膜が形成されており，その膜厚は 3〜10 nm 程度であった．形成された膜の電子線回折パターンを取得したところ，その回析パターンは 3C-SiC と同等であることが分かった．X 線光電子分光による評価も行った．X 線の線径は φ200 μm，評価深さは 5 nm である．C1s ピークとして結合エネルギー 283.5 eV に Si-C 由来のピークが検出できた．Si2p ピークでは 103.3 eV に SiO_2，101.7 eV に SiC/SiO_x，99.8 eV に Si 由来のピークを検出した．$SiO_2/SiC/Si$ の 3 層構造であると仮定した場合，SiO_2 の膜厚は 0.9 nm，SiC 膜厚は 3.7 nm と算出でき，電子顕微鏡の測定とほぼ同等の結果が得られた．これらの結果から，ポリシリコン溶解工程のスタート時に CO ガスの分圧が上昇したが，このときにポリシリコンが高温であった場合はポリシリコンの表面に SiC 膜が形成され，溶解完了後には融液を炭素汚染することとなることがある．この汚染を回避するためには，CO ガス発生量とポリシリコンの温度の温度バランスを最適化することが重要な要素となると考えられる．

以上，酸素濃度と炭素濃度の制御技術について解説した．総括として，各製法別の酸素，炭素濃度の比較を図 2.22 にまとめた．酸素濃度はエピ層が最も低く，FZ 法による結晶に続き，MCZ 結晶は低酸素化を進めたとはいえ，エピや FZ と比較して高い．炭素濃度についても同様に比較したが，MCZ 結晶がエピや FZ に対して優位というわけではない．炭素濃度に関して JIS J0617 で規定されているが，$E13/cm^3$ 以下の炭素濃度については検量線の取扱いは定まっておらず，エピ層の炭素濃度は確定していない [26-28]．PL 値から比較すると，エピ装置の違いにより炭素濃度に大きな変化が見られている．IGBT デバイスを製造する上で，生産効率のよい

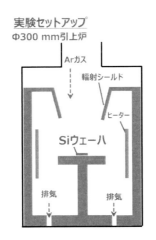

図 2.20　結晶育成装置内でのシリコンウェーハの熱処理実験 [41]．

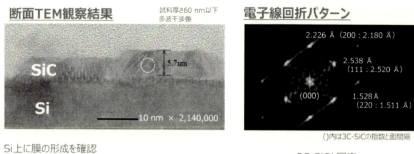

図 2.21　熱処理後のシリコンウェーハ表面の TEM 観察結果 [41].

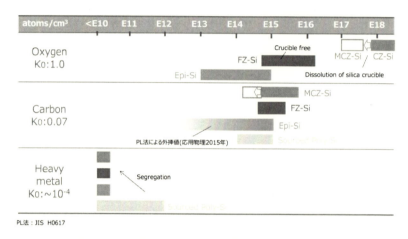

図 2.22　製法の違いによる不純物濃度の比較 [42-44].

300 mm ウェーハに口径を拡大するためには，MCZ 法で結晶育成した上で，ミッドギャップの準位を形成する欠陥がないシリコンウェーハを製造する必要がある．酸素と炭素を制御した上で，さらに無欠陥のシリコンウェーハを製造するために，次の項では酸素析出物について解説する．

2.2.5　酸素析出物測定技術

　シリコン中の酸素析出物は，結晶の育成に形成した析出物の核に対して熱処理を施すことで顕在化することが知られている．デバイス形成領域において析出物はフリーである必要があるが，デバイスを形成しないバルク部においては金属ゲッタリングやウェーハの機械的強度の強化など有用な働きをすることが知られている [8, 12, 32, 45, 46]．IGBT デバイスにおいては，バルクに電流を流すことからバルクの析出物もフリーにする必要がある．酸素析出物の測定方法は JEITA EM-3508 に定められているが，これは 2004 年 1〜12 月に国内 8 機関及び海外 2 機関のラウンドロビンの測定の結果を元にしており，基礎データが古くなっていることから SEMI への移行が進んでいる．図 2.23 にエッチング法と 90° 光散乱法について記載した [47]．100 面のシリコンウェーハをへき開し，{110} 断面評価を評価する．エッチング法は図中に記載した Wright エッチング液，Sato エッチング液 [47] などを用いてシリコンを選択エッチングすると，

酸素析出物とシリコンでエッチングレートが異なるために，顕微鏡で断面の酸素析出物を点として観察でき，この点の数を計測することで酸素析出物の密度を算出できる．90°光散乱法はウェーハ断面にレーザーを照射し，その散乱光をCCDカメラで検出することで酸素析出物の断面分布画像を得ることができる．MO411では画像処理からその析出物の密度を検出することができる．当時，90°光散乱法はエッチング法と相関を持たせていたため，90°光散乱法の検出下限は70 µmとしていた．現在ではより微小な酸素析出物を検出するべく検出下限が下がっている．図2.24にはセミラボ製のLST-2500HDによる測定例を示した．三井金属製のMO411の後継機がレイテックス製のMO441であり，その検出下限は19 nmであったが，LST-2500HDの検出下限は15 nmであり高精度化が進んでいる．90°光散乱法は表層の不計測領域と，へき開の乱れによる表面の影響からノイズが入ることが課題ではあるが，バルクの酸素析出物の計測方法として優秀といえる．

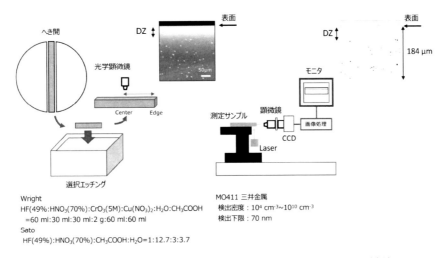

図 2.23　熱処理後のCZシリコンウェーハの内部微小欠陥密度の計測方法．

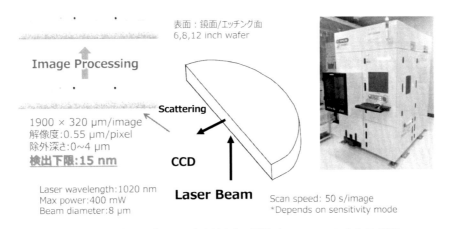

図 2.24　90°光散乱法による酸素析出物の計測（LST2500HD セミラボ製）．

図 2.25 には 90° 光散乱法による酸素析出物の評価結果を示した．シリコン結晶は空孔優勢な領域の結晶を用いた．前述した v/G を制御した無欠陥結晶の育成には遅い成長速度が用いられるため，一般的に生産性が低い．生産性を上げるためには結晶育成速度を速くすればよいが，空孔優勢な結晶となることが分かっている．酸素濃度は 3〜9E17/cm^3(old ASTM F121-79)，窒素濃度は 3〜10E14/cm^3，炭素濃度は 3〜30E14/cm^3（SEMI MF1391-1107，FT-IR 測定），熱処理は 1step 熱処理 (1000 ℃ ×16hr in O$_2$) を行い，酸素析出物は MO441 を用いて評価した．図 2.25 には酸素濃度を横軸として測定結果を示す．窒素濃度，炭素濃度に対する析出物密度依存性は観察されず，酸素濃度の濃度依存性が強い結果となった．酸素濃度が高いほど酸素析出密度は高く，空孔と酸素の組み合わせで酸素析出物が形成されるため，酸素濃度が高くなると析出が促進されると解釈できる．酸素濃度を 3.5E17/cm^3 まで下げても酸素析出物はわずかに検出されていることから，IGBT デバイスに使用するには不十分といえる．そこで酸素析出を抑えるために空孔濃度を軽減させる必要がある．先行研究にあるように結晶育成において空孔を軽減させる方法はあるが，前述したように結晶性の生産性を低下させる．そのため，ここでは RTP (Rapid Thermal Process) 技術を用いた．Maeda らが RTP 処理による点欠陥制御技術について報告している [48]．RTP 温度に対して点欠陥濃度を縦軸にプロットしたグラフを図 2.26 に示した．この結果，1300 ℃以上の RTP 温度の場合，格子間シリコン濃度に対して空孔濃度が優勢になることを表している．その後の急冷によりこの点欠陥濃度を保つことで，所望の点欠陥濃度の特性を持つウェーハが得られる [33]．析出させる目的の場合は 1300 ℃以上の熱処理を施すとよい．IGBT 用のシリコンウェーハの場合は析出させる必要はないので，1300 ℃以下もしくは近傍で RTP 処理をすることで格子間シリコン優勢なシリコンウェーハが製造可能であることを意味する．このウェーハを用いて酸素析出物の評価を行った．ウェーハは図 2.25 と同様のものを用いた．熱処理は 1step 熱処理よりもより小さな析出物まで顕在化可能な 2steps 熱処理 (780 ℃ ×3h+1000 ℃ ×16h in O$_2$) を行った．図 2.27 にはこれらの酸素析出物の評価結果を示した．酸素析出物の評価には MO441 だけでなく，より微小な酸素析出物を測定可能な LST-2500HD も用いた．その結果，RTP 処理を実施していない場合は 1step 熱処理で酸素析出物が検出されていたが，RTP+2steps 熱処理を行ったウェーハでは酸素濃度の水準によらず酸素析出物は MO441 と LST-2500HD の両方で検出されなかった．この RTP による点欠陥制御方法を用いた場合，酸素濃度 8.5E17/cm^3 まで酸素析出物は検出されていなかった．Kajiwara らの研究結果を参照すると，結晶の v/G 制御でこの酸素領域まで酸素析出物フリーな結晶を製造しようとするとその製造可能領域は非常に狭いが，これに対して，RTP 法の場合は扱える酸素濃度レンジが広がることを意味している．酸素濃度の上限限界を見極めることで，IGBT デバイスだけでなく幅広いデバイスでの利用の可能性を示している．

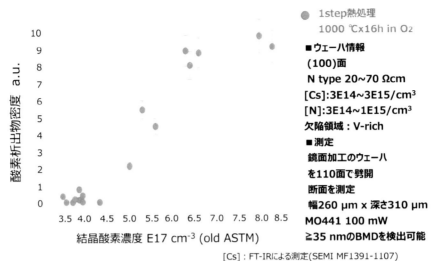

図 2.25　空孔優勢結晶の 1step 熱処理後の 90° 光散乱法による計測結果．

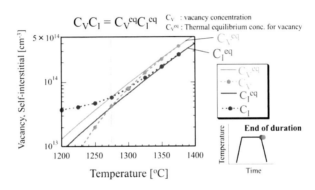

図 2.26　酸素雰囲気の RTP による点欠陥制御技術 [48]．横軸は RTP の Max 温度，縦軸は RTP の Max 温度の処理後の点欠陥（空孔，格子間シリコン）濃度の計算値．C_v, C_I は空孔濃度，格子間シリコン濃度，C_v^{eq}, C_I^{eq} はそれぞれの熱平衡濃度．1275 ℃の RTP では空孔濃度よりも格子間シリコン濃度が高い．

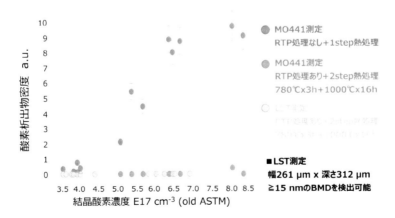

図 2.27　RTP 処理をしたシリコンウェーハの 2-step 熱処理の 90° 光散乱法による計測結果．

2.2.6 まとめ

パワー半導体において SiC や GaN のような新材料の利用が増えているが，シリコンパワー半導体は少なくとも 2035 年まで市場の主流を支えると予測されている．今後の需要の伸びが予測される IGBT 用デバイスには，コストや供給面から高品質な直径 300 mm の MCZ 結晶が望まれている．デバイス特性の向上には結晶欠陥の低減およびライフタイム制御のためのシリコン結晶の炭素濃度の安定化が必要となる．IGBT 用デバイスはバルクに電流を流すため，バルクにシリコンのミッドギャップに準位を作る結晶欠陥は存在してはいけない．結晶欠陥の代表として，酸素析出物が挙げられ，これを低減させるために，低酸素，低炭素技術が重要となる．結晶育成時の低酸素化には Ar 流速，石英るつぼの温度分布，シリコン融液の対流の最適化がポイントである．また，低炭素化には，CO ガスの発生量と融液側への拡散抑制のため，Ar ガス流れ，ヒーターパワーの最適化，炉内ガスとシリコンの反応の抑制がポイントである．90° 光散乱法による酸素析出物の評価によると，これらの結晶に RTP による点欠陥制御技術を加えることで，酸素析出物が検出されなくなることが示された．300 mm 直径の MCZ 結晶においても十分，IGBT 用デバイスに有効なシリコンウェーハが製造できる．より IGBT デバイスに有効なシリコンウェーハとして，サーマルドナーの影響を小さくすることやウェーハの機械的強度を高めることで，より高性能な IGBT デバイスを効率よく製造できるようになるだろう．パワー半導体のますますの発展を期待できる．

参考文献

2.1 節の参考文献

[1] 菊池浩昌 他『電気化学および工業物理化学』**56(7)**, 521(1988).
[2] J. C. Mukkelsen, *Appl. Phys. Lett.* **46**, 882 (1985).
[3] N. M. Johnson, *Phys. Rev. B* **31**, 5525 (1985).
[4] J. M. Stavola et al., *Phys. Rev. Lett.* **61**, 2786 (1988).
[5] B. B. Nielsen, J. U. Andersen, and S. J. Pearton, *Phys. Rev. Lett.* **60**, 321 (1988).
[6] R. F. Kiefl et al., *Phys. Rev. Lett.* **60**, 224 (1988).
[7] E. Kamiyama and K. Sueoka, *J. Electrochemi. Soc.* **159**, H450 (2012).
[8] E. Kamiyama and K. Sueoka, *The 8th International Symposium on Advanced Science and Technology of Silicon Materials (JSPS Si Symposium)* Nov. 7-9, 2022, Okayama, Japan, P-10.
[9] K. J. Chang and D. J. Chadi, *Phys. Rev. Lett.* **60**, 1422 (1988) .
[10] E. Cartier, J. H. Stathis, and D. A. Buchanan, *Appl. Phys. Lett.* **63**, 1510 (1993).
[11] 熊谷悠,『まてりあ』**55**, 5 221 (2016) .
[12] E. Kamiyama and K. Sueoka, *ECS J. Solid State Sci. Technol.* **2**, 104 (2013).
[13] 末澤正志,『応用物理』**65(4)**, 377 (1996) .
[14] 末岡浩治, 大原茂大, 福谷征史郎,『日本機械学会論文集』**71(708)**, 1103 (2005).
[15] K. Sueoka, S. Ohara, S. Shiba and S. Fukutani, *ECS Transactions* **2(2)**, 261 (2006).
[16] 山田惇弘, 末岡浩治,『日本機械学会論文集』**28**, 043 (2015) .
[17] S. Shirasawa et al., *ECS J. Solid State Sci. Technol.* **4**, 351 (2015).

2.2 節の参考文献

[1] 新エネルギー・産業技術総合開発機構（NEDO）TSC Foresight Vol.103. https://www.nedo.go.jp/content/100939129.pdf
[2] 富士経済,『2024 年版次世代パワーデバイス＆パワエレ関連機器市場の現状と将来展望』, プレスリリース.
[3] T. Mchedidze, K Matsumoto, E Asano, *Jpn. J. Appl. Phys.* **38**, 3426 (1999).
[4] V.P. Markevich *et al.*, *Phys. Rev. B* **80**, 235207 (2009).
[5] N. Ganagona *et al.*, *J. Phys.:Condens. Matter* **24**, 435801 (2012).
[6] J.H. Bleka *et al.*, *Phys. Rev. B* **77**, 073206 (2008).
[7] S. Nishizawa, Proc. *Forum on Science and Technology of Silicon Materials* (JSPS, 2018).
[8] R.C. Newmand, *J. Phys.:Condens. Matter* **12**, R335 (2000).
[9] K. Nakashima *et al.*, *J. Electrochem. Soc.* **152**, G339 (2005).
[10] H. Fujimori, *J. Electrochem. Soc.* **144**, 3180 (1997).
[11] K. Izunome, *Extended Abstracts of the 1994 International Conference on Solid State Devices and Materials*, 983 (1994).
[12] K Sueoka,『パワーデバイス用シリコンおよび関連半導体材料に関する研究会予稿』, 12 (2021).
[13] M. Akatsuka *et al.*, *Jpn. J. Appl. Phys.* **40**, 3055 (2001).
[14] S. Kishino *et al.*, *Jpn. J. Appl. Phys.* **21**, 1 (1982).
[15] K. Kajiwara *et al.*, *Phys. Status Solidi A.* **216**, 1900272 (2019).
[16] K. Kajiwara *et al.*, *J. Crystal Growth.* **570**, 26236 (2021).
[17] M. Hourai *et al.*, *Electrochem. Proc.* **98**, 453 (1998).
[18] V. V. Voronkov, *J. Crystal Growth.* **59**, 625 (1982).
[19] J. Ryuta *et al.*, *Jpn. J. Appl. Phys.* **29**, L1947 (1990).
[20] S. Sadamitsu *et al.*, *Jpn. J. Appl. Phys.* **32**, 3675 (1993).
[21] K. Nakamura *et al.*, *Forum on the Science and Technology of Silicon Materials* (2003).
[22] H. Schulze *et al.*, *Phys. Status Solidi A.* **216**, 1900235 (2019).
[23] H. Minamitake *et al.*, *ISPSD* 351(2021).
[24] M. Tajima *et al.*, *Jpn. J. Appl. Phys.* **59**, SGGK05-1 (2020).
[25] 碇敦 他,『新日鉄技報』**373**, 20 (2000).
[26] W.C. Dash, *J. Appl. Phys.* **29**, 736 (1958).
[27] 日本学術振興会第 145 委員会 技術の伝承プロジェクト編集委員会編,『シリコン結晶技術—成長・加工・欠陥制御・評価—』, p.20（有限会社福島企画印刷, 2015）.
[28] K. Hoshi *et al.*, *J. Electrochem. Soc.* **132**, 693 (1985).
[29] 星金治 他,『応用物理』**53**, 38(1984).
[30] W. Ammon *et al.*, *J. Crystal growth.* **151**, 273 (1995).
[31] K. Nakai *et al.*, *J. Appl. Phys.* **89**, 4301 (2002).
[32] J.G. Park *et al.*, *Microelectron. Eng.* **66**, 247 (2003).
[33] K. Araki *et al.*, *ECS J. Solid State Sci. Technol.* **2**, 66 (2013).
[34] 干川圭吾,『バルク結晶成長技術』, p.82（培風館, 1994）.
[35] 阿部孝夫,『シリコン 結晶成長とウェーハ加工』, p.176（培風館, 1994）.
[36] UCS 半導体基板技術研究会編,『シリコンの科学』, p.82（REALIZE INC., 1996）.
[37] D. E. Bornside *et al.*, *J. Electrochem. Soc.* **142**, 2790 (1995).
[38] X. Liu *et al.*, *J. Crystal Growth.* **499**, 8 (2018).
[39] Y. Nagai *et al.*, *ECS Transactions.* **64(11)**, 3 (2014).
[40] Y. Nagai *et al.*, *J. Crystal Growth.* **518**, 95 (2019).
[41] H. Tsubota *et al.*,『2018 年 第 79 回応用物理学会秋季学術講演会予稿』19p-131-3 (2018).

[42] S. Nakagawa and K. Kashima, *Phys. Status Solidi C* **11**, 1597 (2014).
[43] 中川聰子, 『応用物理』 **84**, 976 (2015).
[44] M. Tajima, *JSPS Si Symposium*, 18 (2022).
[45] K. Sueoka, *J. Electrochem. Soc.* **152**, G731 (2005).
[46] T. Ono, *ECS Trans.* **2**, 109 (2006).
[47] *JEITA EM*-3508.
[48] S. Maeda *et al.*, *J. Appl. Phys.* **123**, 161591 (2018).

第3章

シリコン中の不純物原子の活性化とそのからくり

3.1 はじめに

　本章では単結晶シリコン (Si) 中にイオン注入，気相拡散，固相拡散などで導入された不純物原子の電気的な活性化がどのようにして起こるのか，そのからくりについて論じる．単結晶 Si 中にイオン注入 [1-5] のように所定の加速エネルギーによって外部から不純物原子が導入される場合には，Si 単結晶を壊しながら不純物原子イオンが侵入し，高い濃度で不純物原子を Si 基板中に導入することが可能である．固溶度よりも高い濃度で不純物原子を導入すると熱平衡状態において不純物原子同士が集まって，Si 結晶とは異なる固有の結晶状態で析出するか，不純物原子と Si との化合物を形成する．不純物原子と Si との間で化合物を形成するかしないかについては熱平衡状態図 [6] で推定できる．

　本章では最初に Si 中の固溶度とは何か？ そしてその固溶度が何によって決まるのか？ また不純物原子が Si 中で電気的に活性化するということが何によって起こるのか？ について，これまでに報告されている論文を基に考察を行い，明らかになっていることとまだ明らかになっていないことを明確にしていく．また電気的に活性化している不純物原子が不活性化する現象や再度活性化する可能性，また金属膜と不純物原子を含む Si との反応の際に起こる不純物原子の再分布と再活性化について報告されている内容をレビューし，不純物原子の活性化のからくりに関して考察する．不純物原子の電気的活性化には原子空孔濃度制御が非常に重要であると考える．

3.2 Si 中に導入された不純物原子の電気的活性化

　Si 中に導入された不純物原子の中で電気的に活性化する不純物には，価電子の数が 5 個の P, As, Sb などの不純物元素と，価電子の数が 3 個の B, Al, Ga, In などの不純物元素がある．Si 結晶格子の共有結合している価電子，過剰電子および正孔の真性半導体，n 型半導体，p 型半導体に対する模式図を図 3.1 に示す．図 3.1(a) に示すように Si は価電子の数が 4 個であるため，Si 原子だけの場合には全ての価電子は共有結合になる．Si の結晶格子の中に価電子が 5 個の不純物原子が格子位置に入ると，図 3.1(b) のように価電子が 1 個余り，小さいエネルギーで自由電子となる．逆に価電子が 3 個の不純物原子が格子位置に入ると，図 3.1(c) に示すように価電子が 1 個不足し，電子と同じ電荷量で正電荷の正孔ができる．正孔は小さいエネルギーで電子を取り込むことができ，正電荷（電荷量は電子と同じ）を帯びている．正孔のふるまいは満杯駐車場で車を電子と仮定したときの車と車の間の隙間の動きとして例えることができる [7]．隙間なく並んでいる車を電子と見なして，車が 1 台抜けたその隙間に次の車が移動すると考えると，隙間の動きが正孔の動きとして理解できる．価電子が 5 個の不純物原子は過剰電子を与えるのでドナー (donor) 不純物，一方，価電子が 3 個の不純物原子は結晶の他の場所から電子を受け入れるのでアクセプタ (acceptor) 不純物と呼ばれる．

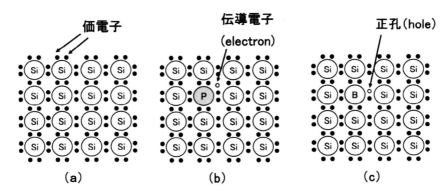

図 3.1　Si 結晶の価電子，伝導電子，正孔の模式図．(a) 真性半導体，(b) リン (P) を含む n 型半導体，(c) ボロン (B) を含む p 型半導体．

3.3　単結晶 Si 中の不純物原子の固溶度

ドナー不純物やアクセプタ不純物の原子が，熱平衡状態で単結晶 Si 中に溶け込みうる最大量をその温度での固溶度という．液体に固体や液体あるいは気体が溶け込んだとき（液体状態）が溶解で，溶解した割合が溶解度と呼ばれるが，固溶度は固体と固体の間で均一の相を作るように混ざり合う際の混ざる割合であり，単結晶 Si に不純物原子が混ざるとき，Si の結晶格子のすき間（格子間位置）に不純物原子が入り込む場合と，Si 結晶格子点の位置に不純物原子が置換した場合とがある．図 3.2 には Si 原子の置換位置と格子間位置に固溶度以下の濃度の不純物原子が入っている状態を示す．

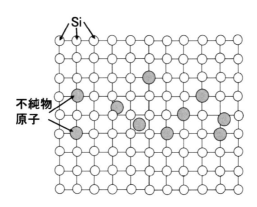

図 3.2　Si 結晶格子の中に固溶した不純物原子の状態（Si 格子位置と Si 格子間位置に不純物原子が配置されている）．

Si 結晶中に図 3.2 の状態の固溶度よりも高い濃度で不純物原子が導入されると，図 3.3 のように局所的に不純物原子同士が集まった状態ができ，集まる不純物原子の数が結晶核形成に必要な数以上になると，不純物原子自体が本来持つ結晶を形成（析出）する．また不純物原子と Si 原子が化合物を形成する系では，不純物元素のシリサイド化合物ができる．図 3.3 には Si 格子位

置に存在する不純物原子に加え，不純物原子固有の結晶，不純物原子と Si 原子との化合物が形成された場合の模式図を示す．不純物原子の集合体に含まれる原子数が結晶核よりも小さい状態では不純物原子は固有の結晶で析出することはなく，クラスタ (cluster) と呼ばれ，格子間原子位置の不純物原子，格子位置の不純物原子と同様に固溶度の中に含まれる．

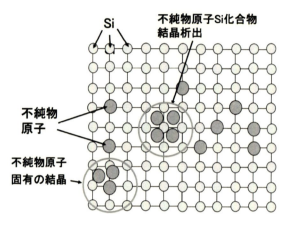

図 3.3　Si 結晶格子の中に固溶度以上に導入された不純物原子の状態（固溶度を超えると不純物原子固有の結晶が析出したり，不純物原子と Si 原子との化合物が形成されたりする）．

Si 結晶中の不純物の固溶度に関して，最初に P, As, Sb などドナー不純物と B, Al, Ga, In などアクセプタ不純物の実験データをまとめた論文は，1960 年に Trumbore[8] によって発表された．文献 [8] に引用されたデータは，不純物原子を含む溶融 Si から結晶引き上げした Si やゾーンメルトで一部を溶融された Si 中の不純物濃度 X_L と結晶化した Si 中の不純物濃度 X_S の比，すなわち分布係数 (distribution coefficient) または偏析係数 (segregation coefficient) から固溶度を見積もった結果が基本である．また温度依存性のデータの取得はゾーンメルトの実験の際に溶融 Si を挟んで低温側と高温側に 2〜3 種の異なる温度を設定された実験装置を使用し，不純物の拡散分布から固溶度を求めている．固溶度データの大部分は，結晶化した Si に対して X 線法，分光法，分光光度分析法を用いて室温で測定された不純物原子濃度であり，電気的に活性化されたドナー濃度やアクセプタ濃度ではなく，格子間原子やクラスタも含んでいる．データの一部には抵抗率測定結果や C-V 特性などの電気的測定結果が含まれているので，電気的に活性化された不純物原子濃度測定結果もあるが区別されていない．

1987 年に Borisenko と Yudin により P, As, Sb, B についてより正確なデータのまとめが報告された [9]．実験の手法としては不純物原子を想定される固溶限よりもはるかに大量にイオン注入し，ナノ秒レーザーアニールで不純物を注入された Si 結晶を溶解し，液相エピタキシャル成長を用いて不純物原子が過飽和に Si に含まれた状態を作り，レーザーアニールで再結晶化後に非干渉光を用いて 900〜1200 ℃, 20 sec の加熱を行い，各加熱温度でのキャリア濃度を陽極酸化と Hall 測定を組み合わせて室温で測定した．Borisenko らの固溶度は電気的に活性化している不純物濃度と同等である．文献 [8] と [9] の結果を合わせてまとめた結果が文献 [10] にまとめられている．文献 [10] の図に加筆した図を図 3.4 に示す．

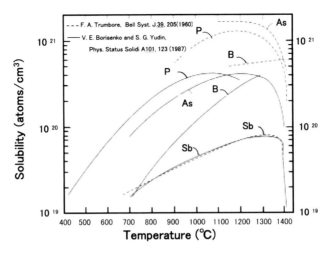

図 3.4　P, As, Sb, B の Si 中固溶度の温度依存性（文献 [10] の Fig.1.27 に加筆した図）．

　図 3.4 の横軸の温度は，その温度で加熱された後に急速に冷却し，測定は室温で行われた実験結果である．同図で破線曲線は Trumbore のまとめた結果 [8]，実線曲線は Borisenko と Yudin のまとめた結果 [9] で，P, As, B はいずれも後者の方が低い固溶度という結果になっており，電気的に活性化している不純物濃度が Trumbore の定義する固溶度より低いことが分かる．Sb の結果は両者がほぼ一致した結果になっているが，文献 [8] の Sb のデータは分光測色法以外に抵抗率測定法の結果を含んでおり，電気的に活性化している不純物濃度に近い値になっている．固溶度は温度依存性があり，400 ℃から 1250 ℃くらいまでは温度が高いほど固溶度が高い．1250 ℃を超えた高温では固溶度が逆に低下しているが，本質的な現象かどうか最新の分析技術を用いた再評価が必要と考えられる．

　固溶度の温度依存性以外に同様に興味深い事実がある．アクセプタ不純物の中で B が 10^{20} cm^{-3} 以上の固溶度であるのに対して，Al, Ga, In は固溶度が 10^{20} cm^{-3} 未満である．また同じドナー不純物の中では，P と As が 10^{20} cm^{-3} 以上の固溶度であるのに対して，Sb の固溶度は 10^{20} cm^{-3} 未満である．これらの性質は半導体デバイスのどの部分にどの不純物を選択するかを決定する際に重要である．MOS トランジスタの中でソース，ドレイン，多結晶 Si をゲート電極に用いる場合には，電気的に活性化された不純物濃度として 10^{20} cm^{-3} 以上の濃度が必要とされるため，B, P, As が用いられる．10^{18}〜10^{19} cm^{-3} 程度の電気的活性化濃度が必要であり，かつ拡散速度が B や P よりも遅い不純物として In や Sb が結果的に用いられることになる．しかしながら固溶度が不純物の種類によって異なる理由が何かについては，これまで明らかになっていない．次節では不純物原子の固溶度が何によって決まるのかについて考察を行う．

3.4　単結晶 Si 中の不純物原子の固溶度が何によって決まるかについての考察

　表 3.1 に Trumbore[8]，Borisenko と Yudin[9]，Solmi ら [11] の 1100〜1150 ℃におけるアク

セプタ不純物の固溶度を示し，表 3.2 に Trumbore[8]，Borisenko と Yudin[9] の 1100〜1150 ℃におけるドナー不純物の固溶度を示す．表 3.1 では B が桁違いに固溶度が高く，In が最も低い固溶度になっている．また表 3.2 では P と As はほぼ同等の固溶度に対して，Sb は P や As に比較して 1 桁以上低い固溶度になっている．

表 3.1 アクセプタ不純物の 1100〜1150 ℃における固溶度（単位は cm^{-3}）．

	B	Al	Ga	In
Trumbore [8]	$(4 \sim 4.5) \times 10^{20}$	2×10^{19}	4×10^{19}	$* \, 4 \times 10^{17}$
Borisenko & Yudin [9]	$(1.8 \sim 2.3) \times 10^{20}$			
Solmi et al. [11]				1.8×10^{18}

＊Data from pulled crystal

表 3.2 ドナー不純物の 1100〜1150 ℃における固溶度（単位は cm^{-3}）．

	P	As	Sb
Trumbore [8]	$(1.2 \sim 1.3) \times 10^{21}$	1.7×10^{21}	$(6 \sim 6.5) \times 10^{19}$
Borisenko & Yudin [9]	4.2×10^{20}	4.0×10^{20}	$(5.7 \sim 6.5) \times 10^{19}$

　固溶度の違いの理由について，各種不純物原子に対して Si 原子の共有結合半径と電気陰性度の関係を調べてみると，図 3.5 のようになる．図中にはアクセプタ不純物とドナー不純物以外に他の元素についてもプロットした．共有結合半径の値と Pauling scale の電気陰性度は，Sergent-Welch Scientific Company のデータ [12] を用いている．金属間合金の金属原子間の固溶度を議論する際には電気陰性度と金属原子半径の関係をグラフ化した Darken-Gurry plot[13] が用いられ，母体金属と異種金属の間で原子半径と電気陰性度が近い異種金属の固溶度が高いことが示されている．Si は共有結合を有するダイアモンド結晶格子であるため，横軸の指標に共有結合半径を用いる．電気陰性度の差はドナー不純物原子もアクセプタ不純物原子も Si に対して ±0.3 以内に入っており，イオン結合性は弱く共有結合している．

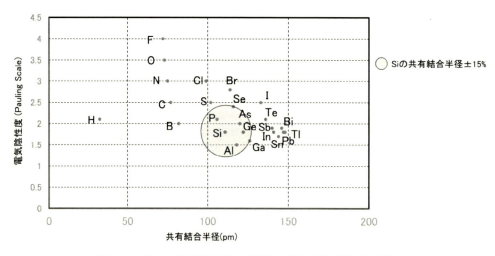

図 3.5　Si および不純物原子の共有結合半径と電気陰性度の関係．

図 3.5 に示す不純物元素の中には，Al のように単体では金属結合の性質を持つ元素もあるので，共有結合半径の定義について説明する．単体で共有結合の元素については，同一元素間では結合している原子間距離の半分を共有結合半径とする．結合する元素が異種元素の場合には種々の異種元素間との平均結合距離の半分とする．Al については純状態では金属なので，Al が共有結合を持つ Al 酸化物，Al 塩化物，窒化 Al などの化合物中で，Al と異種元素間の共有結合距離の半分の平均値を共有結合半径としている．

アクセプタ不純物の場合，B の共有結合半径は 82 nm であり，Si の共有結合半径 111 pm と比べ 26% 小さく，Al と Ga は各々 118 pm，126 pm であり，Si と比べ各々 6%，14% 大きく，In は 144 pm と Si と比べて 30% 大きい．ドナー不純物の場合，P は 106 pm，As は 120 pm，Sb は 140 pm であり，P と As が Si の共有結合半径の ±10 % 以内に入っているのに対して，Sb は Si と比較して 26% 大きく，Si 結晶格子位置に入ったときに歪が大きいために，高濃度に置換位置に入ることが難しいことが推測できる．

不純物原子の原子半径は共有結合半径とは異なり，周期律表で同一周期内では左から右に向かって原子半径が小さくなる．その理由は最外殻の電子の軌道は同じ p 軌道であるが，陽子の数と電子の数が増加するため，クーロン力増加により電子軌道が陽子の方に引き付けられた結果，電子の軌道半径が小さくなるためである．例を挙げると，Al の場合，陽子数は 13 個であり，電子軌道と軌道内電子数は $1s^2, 2s^2, 2p^6, 3s^2, 3p^1$ である．陽子の電荷量と電子の電荷量の積は $169e^2$ (e:1.6×10^{-19}c) である．周期律表で Al の右隣の Si の場合，陽子数は 14 個，電子軌道と軌道内電子数は $1s^2, 2s^2, 2p^6, 3s^2, 3p^2$ で，電荷量と電子の電荷量の積は $196e^2$ である．周期表で Si の右隣の P の場合，陽子数 15 個，電子軌道と軌道内電子数は $1s^2, 2s^2, 2p^6, 3s^2, 3p^3$ で，電荷量と電子の電荷量の積は $225e^2$ となる．同一周期のアクセプタ不純物元素 Al とドナー不純物元素 P の原子半径を比較すると，同じ 3p 軌道を動く電子がクーロン力で 1.3 倍 P の方が Al よりも大きく陽子に引き付けられ，ドナー不純物元素の原子半径はアクセプタ不純物元素よりも小さいことが分かる．

図 3.6 は原子半径と電気陰性度の関係を示す．原子半径の値は Vainshtein ら [14] と Clementi ら [15] による自己無撞着場理論による計算値を採用した．Si に比べて B と P は小さく，As は Si よりも 2〜3% 大きい程度である．これに対して Al は 6〜7% 大きく，Ga と In は各々 23%，

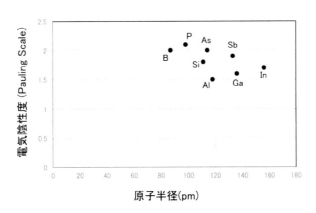

図 3.6　Si，アクセプタ不純物原子，ドナー不純物原子の原子半径と電気陰性度の関係．

41% 大きく，Sb は Si より 20 % 大きい．以上の結果からアクセプタ不純物元素は同一周期内でドナー不純物元素より原子半径が大きいが，中でも B の固溶度が Al, Ga, In と比較して何桁も大きい理由として，Si よりも原子半径が小さいために Si 結晶格子に対して膨張させる歪を与えることなく高濃度に入ることができるためと考えられる．表 3.1 と表 3.2 を比較すると B の固溶度が P や As よりも 1/3 から 1/4 と低い理由は，B の濃度が Si の原子密度の約 1 %程度以上になると圧縮歪により格子位置に入りにくくなるためと推測される．

図 3.6 の結果と表 3.1, 3.2 の固溶度のデータを対応づけると，10^{20} cm^{-3} 以上の B, P, As のグループ，10^{19} cm^{-3} 台の Al, Ga, Sb のグループ，10^{17}〜10^{18} cm^{-3} の In に分類される．Al, Ga, In の中で Al は Si と比較して原子半径が 6〜7% 程度大きいだけで，Ga の 23%，In の 41% と比べて Si 原子半径に近いのに固溶度が 10^{19} cm^{-3} 台と低い理由について，次に考察する．

B, Al, Ga, In の融点を表 3.3 に示す．B の融点は 2077 ℃と Si の融点 1414 ℃よりも高いのに対して，Al は 660 ℃，Ga と In はさらに低い．B は融点が 2077 ℃とアクセプタ不純物元素の中で最も高く，また B-Si 系 2 元相図で最も低い融点は Si と SiB$_6$ の共晶点温度 1385 ℃ [6] であり，1000 ℃以上の高温熱処理に対して安定である．

表 3.3　アクセプタ不純物元素の単体の融点．

	B	Al	Ga	In
融点	2077 ℃	660 ℃	29.8 ℃	156.4 ℃

融点が高いということは結合エネルギーが高く，耐熱性が高いことを意味する．各元素の同一元素間の結合解離エネルギーは B-B が 3.1 eV，Al-Al が 1.4 eV，Ga-Ga が 1.2 eV，In-In が 1.0 eV であり，B-B の結合解離エネルギーが最も高く，次が Al である．Ga と In は融点の大小関係と結合解離エネルギーの大小関係とは逆になっているが，Si-Si 結合の 3.4 eV と比べて 1/3 程度と小さい．

Al の融点は 660 ℃であるが，Si と接触した場合には共晶点が 577 ℃，Si 基板上に Al 膜を超高真空中で蒸着して加熱を行うと，450 ℃程度で Si 基板から Al 膜の結晶粒界を通り Si が Al 中 0.5% の固溶度まで拡散する．Si の抜けた部分には Al 原子が侵入し，Si 基板中表面層に Al による alloy spike 形状が観察される．したがって Si に Al の不純物ドーピングを行う場合には，Al 原子をばらばらのイオンにして注入する方法が用いられる．10^{20} cm^{-3} 以上の Al 原子を Si 結晶に導入すると，平均 1 辺が 2 nm の立方体の Si に Al 原子 1 個の割合で存在することになり，濃度ばらつきを考慮すると，高温に加熱した際に複数の Al 原子が凝集して，Si の格子位置に安定して存在できないものと考えられる．

次節では，高濃度に不純物原子を電気的に活性化させるためにはなぜ高温が必要になるのかについて議論する．

3.5 単結晶 Si 中の不純物原子を電気的に活性化させるためになぜ高温が必要か？

Si 基板にアクセプタ不純物やドナー不純物をイオン注入で導入した場合，結晶欠陥が形成される．一般的には，Si の格子間原子と原子空孔の発生，注入された不純物原子の存在があるが，図 3.7 に示す簡略化した図で不純物原子が格子位置に入るために必要な原子空孔の存在について説明する．図 3.7(a) には実際のイオン注入後に生じる格子間 Si 原子を省略しているが，Si 原子の規則的な配列の中に原子空孔が，格子間位置に不純物原子が存在している状態を示す．また，熱処理を行い格子間位置に存在していた不純物原子が原子空孔のあった格子位置に入っている状態を図 3.7(b) に示す．

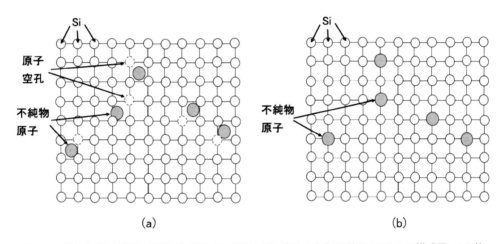

図 3.7 不純物原子が格子位置に入るために必要な原子空孔の存在を説明するための模式図．(a) 格子間不純物原子＋原子空孔，(b) 不純物原子が原子空孔に移動．

不純物原子を Si 基板にイオン注入して形成された原子空孔は，注入されたときの温度が極低温でない限り，単独の状態では存在できない．Watkins がまとめた種々の原子空孔の存在確率の温度依存性を図 3.8 に示す．原子空孔には V^{-2}（2 価の負イオン），V^{+2}（2 価の正イオン），V^0（中性），V-V（複原子空孔），V-O（原子空孔と酸素が結合した複合体）が存在しうる．通常の加熱も冷却もしないイオン注入では Si 基板温度が室温（290～300 K）から 60 ℃（333 K）なので，原子空孔は単独では存在できず，酸素濃度が低ければ複原子空孔として存在する．熱処理によって Si 基板が加熱されると，加熱された温度における熱平衡濃度の原子空孔が存在する．点欠陥研究に関しては米永のレビュー [17] に過去の研究者の論文のデータがまとめられている．測定値のばらつきを考慮しても高温ほど原子空孔濃度が高くなることは間違いなく，アクセプタ不純物原子もドナー不純物原子も高温になるほど格子位置に入りやすく，電気的に活性化しやすいものと考えられる．原子空孔の形成は温度が高いほどエントロピー項（エントロピーと温度の積）が大きくなり，(3.1) 式で Gibbs 自由エネルギー ΔG が負で大になるためである．

$$\Delta G = \Delta H - T\Delta S \tag{3.1}$$

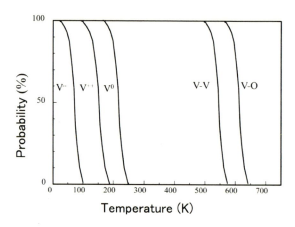

図 3.8 各種原子空孔の存在確率の温度依存性（文献 [16] から図を引用）．

ここで ΔH，T，ΔS は各々空孔生成エンタルピー，絶対温度，空孔生成エントロピーである．ΔH と ΔS は温度 (T) による変化が少ないが，ΔS と T の積は高温になるほど ΔG が低下するため，空孔生成が高温ほど容易になる．

3.6　半導体デバイスで必要な浅くて低抵抗の不純物拡散層形成の熱予算 (thermal budget)

半導体デバイスで不純物導入後の熱処理に要求される性能として重要なのは，以下の 2 点である．

(1) 不純物原子の電気的活性化と不純物原子分布制御

(2) 不純物原子をイオン注入する際の照射ダメージの回復

(1) の中で不純物原子の電気的な活性化については，これまでの議論の結果，高温ほど原子空孔濃度が高く生成されるため，Si の格子位置に不純物原子が入りやすくなる．(1) の後半の不純物原子分布制御については，不純物原子の拡散を考える必要がある．不純物拡散層の深さは一部の用途を除き浅い方が望ましい．不純物拡散長は $\sqrt{Dt}$ をベースに考える．ここで D は不純物の拡散係数，t は熱処理時間である．不純物原子の拡散係数は，(3.2) 式で書ける．

$$D = D_0 \exp(-E_a/k_B T) \tag{3.2}$$

ここで，D_0 は不純物原子の拡散係数の pre-exponential factor，E_a は不純物原子拡散の活性化エネルギー，k_B は Boltzmann 定数，T は絶対温度である．(3.2) 式からは拡散長を小さくするためには温度が低い方が望ましい．しかしながら，不純物原子の電気的活性化率を高くするためには，温度は高い方が望ましい．したがって，拡散長 $\sqrt{Dt}$ を小さくするためには時間 t を短くすることが必須ということになる．

高温短時間で加熱する手段として，RTA(Rapid Thermal Anneal)，FLA(Flash Lamp Anneal)，レーザーアニール (Laser Anneal) がある．RTA はハロゲンランプやアークランプを

用いて約 1～60 秒加熱する方法で，ランプ寿命や加熱安定性の点でハロゲンランプ（波長：400 nm～2 μm）が主流である．また約 1 秒程度の加熱を行う Spike RTA 装置では 150～250 ℃/sec で昇温が可能であり，ハロゲンランプの電源を高精度で制御して瞬間的に照射を行う Spike RTA の場合，実際の Si 基板の，最高到達温度から 50 ℃低い温度までの昇温・降温時間は約 1～2 sec である．降温時間の短縮のためにランプ照射後に室温の窒素などの不活性ガス（装置によっては熱伝導性の高い He を使用）をダストが舞わないように吹き付けて，ウエハを高温領域から低温化する．

FLA はカメラのフラッシュと同じように瞬間的（1 msec 以内に 1000 ℃以上に到達可能）に高強度の光を照射でき，光の波長領域が 200～800 nm と Si の吸収帯（1.1 μm 以下）にあり効率的に加熱を行える．照射時間は 1 msec 未満から数 msec まで制御可能である [18-24]．レーザーアニールは Xe-Cl エキシマレーザー（波長：308 nm）のような紫外光 [25] から CO_2 ガスレーザー（波長:10.6 μm）のような赤外光まで波長の幅が広い．[26-28] 照射時間はエキシマレーザーの 10 nsec から 20 nsec，半導体レーザー（808 nm，850 nm）の 1 msec 以下までであるが，FLA もレーザーアニールも msec（ミリセカンド）アニールや sub msec（サブミリセカンド）アニールと呼ばれる．

msec アニールを用いることによって，半導体デバイスで用いられる pn 接合の不純物濃度付近での As や B の拡散距離が 1 nm 以下に制御できる．一例を図 3.9[18, 19] に示す．図 3.9(a) は As を 1 keV で 1×10^{15} cm^{-2} でイオン注入し FLA で 0.8 msec の照射を行う前後の SIMS(Secondary Ion Mass Spectroscopy) 分析により測定された As 原子濃度分布，同図 (b) は Ge であらかじめ Si 表面層を非晶質化した後に，BF_2 を 0.9 keV で 1×10^{15} cm^{-2} イオン注入し FLA で 0.8 msec の照射を行う前後の B 原子濃度分布を示す．先端半導体デバイスでは pn 接合を決める不純物濃度は 1×10^{18} cm^{-3} から 5×10^{18} cm^{-2} の範囲であるので，As も B も 1 nm 以下の拡散しか起きていないことが示される．またイオン注入とアニールの組み合わせで 10

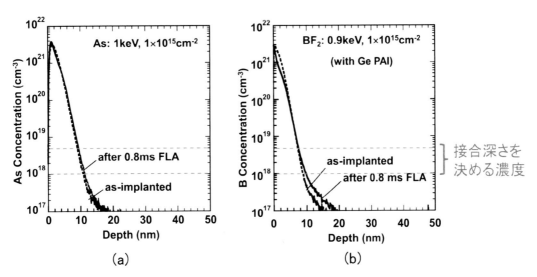

図 3.9　SIMS 分析による FLA 前後の不純物原子濃度分布．(a)As 濃度分布，(b)Ge で Si 表層をアモルファス化後に BF_2 をイオン注入した場合の B 濃度分布（文献 [21] から引用）．

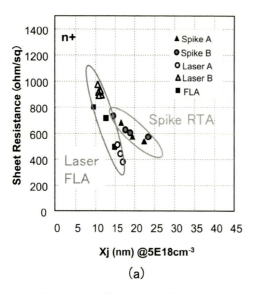 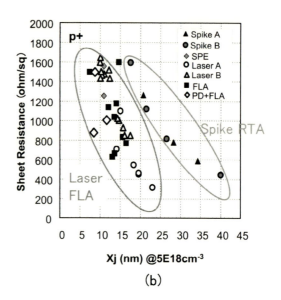

図 3.10　As 注入層と BF_2 注入層のシート抵抗値と pn 接合深さの関係．(a)As 注入層，(b)BF_2 注入層（文献 [21] から引用）．

nm 以下の pn 接合が形成可能であることが分かる．

　半導体デバイスでは不純物原子濃度分布を浅くするだけではなく，不純物原子分布層を低い抵抗値にする必要がある．抵抗値の指標をシート抵抗値として，pn 接合深さとの関係を n+/p 接合，p+/n 接合に対してまとめた結果 [18, 19] を図 3.10 に示す．

　図 3.10(a) は 2 種類の Spike RTA，2 種類のレーザーアニール，FLA の結果をまとめたものである．同図 (b) は Ge でアモルファス化した後に BF_2 をイオン注入し，550 ℃，1 h の低温炉アニール (SPE) を行った場合と，プラズマドーピングで B をドーピングした後に FLA で加熱した場合の結果をまとめた．図 3.10(a)(b) 両図とも文献 [21] から引用している．Spike RTA，FLA，レーザーアニールの温度は各々 1000～1050 ℃，1100～1200 ℃，1100～1200 ℃である．したがって，FLA とレーザーアニールは Spike RTA と比べて 50～100 ℃温度が高く固溶度が高いため，拡散層の抵抗率は低くなっている．また図 3.10(a)(b) の横軸に示す通り，不純物原子の拡散距離は FLA とレーザーアニールの方が Spike RTA よりも短く，浅い不純物拡散層になっている．全てのデータを Spike RTA とレーザーまたは FLA でグループ分けを行うと，それぞれ楕円で囲った結果になる．原点に近い方がより浅く低い抵抗値を示すので微細なデバイス構造には望ましいが，レーザーと FLA の加熱時間は両者とも約 1 msec であり，加熱時間が同程度であれば，シート抵抗値と pn 接合深さ (Xj) の関係は原点からの距離において同様な双曲線の形に近い．

　レーザーや FLA の加熱時間約 1 msec（1 m 秒）と比較すると Spike RTA は加熱時間が 1～2 秒なので装置に依存することなく，接合深さがより深く，抵抗値はその分低い値になっている．またレーザーや FLA の場合に接合深さが浅くなっているにも関わらずシート抵抗値が同等になる理由は不純物拡散層の抵抗率が Spike RTA よりも低くなっているためである．抵抗率が低くなる理由はレーザーや FLA の温度が Spike RTA よりも 50～100 ℃高く，ドナー不純物とア

クセプタ不純物の電気的活性化率が高くなっているためである．図3.10(b) で550 °Cの低温アニールの実験値（図中 SPE と表記）は Ge でアモルファス化した Si 基板に B を高濃度でイオン注入し，550 °C，1時間程度の熱処理を行った場合であるが，レーザーや FLA と同じようなグループに入っており，浅くて低抵抗な不純物拡散層形成プロセス低温化の可能性を示唆しており，次節で詳細を述べる．

3.7 低温アニールにより不純物原子を高濃度に電気的に活性化する技術

本節では B（ボロン）を例にこれまで報告されている例を紹介する．最初の例は，Si を Si イオンで非晶質化（amorphization，アモルファス化）する技術と，B をイオン注入した後に 600〜700 °C の熱処理で B を電気的に高濃度活性化する技術の組み合わせである．この手法の基本は，Si 単結晶基板を Si イオン注入により表層をアモルファス化し B をイオン注入すると，アモルファス化を行わない場合に比べて，B の電気的活性化率が高められるということである．また Si 単結晶の格子間位置への B イオンのチャネリング現象が抑制されるため，注入された B イオンの深い位置における分布の広がりが抑制される．

B の電気的活性化率が高められる現象は，B を先にイオン注入した後に Si でアモルファス化しても同様である [29]．熱処理前後の B 原子濃度分布と熱処理後の B 注入層のシート抵抗値，Si 分布と B 分布の位置関係の違いによる pn 接合リーク電流の違いが報告されている．図 3.11(a) に示すように Si を追加イオン注入してアモルファス化を行うと B イオン注入だけの

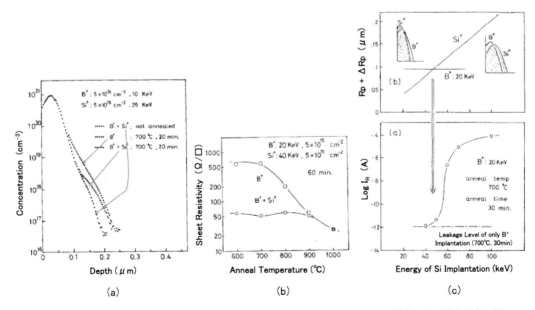

図 3.11 (100)Si 基板に B をイオン注入した後に Si をアモルファス化した場合の原子濃度分布と電気的特性．(a)SIMS による熱処理前後の原子濃度分布，(b) シート抵抗値の熱処理温度依存性，(c)pn 接合リーク電流特性の Si 加速エネルギー依存性（文献 [29] から引用）．

場合に比べて 700 ℃, 20 分熱処理後の B 原子濃度分布の裾野部分の拡散が抑制される. Si 基板がアモルファス化されることによって, Si 原子列と Si 原子列の間の隙間への B の格子間拡散が抑制されたためである.

同図 (b) は Si イオン注入有無の違いによる B 拡散層のシート抵抗の熱処理温度依存性を示す. Si の追加イオン注入によるアモルファス化によって, B の電気的活性化率が約 1 桁高められた結果, シート抵抗値も約 1 桁低下している. この現象は 600～700 ℃で顕著であり, 800 ℃で差が小さくなり, 900 ℃以上では差が見えない. このことはアモルファス化と低温熱処理の組み合わせが B の電気的活性化率増加に効果的であることを示す. 同図 (c) は Si イオンの加速エネルギーを B イオン分布より浅くした場合から B イオン分布よりも深くした場合までの pn 接合リーク電流の変化を示す. Si によるアモルファス化層およびアモルファスになりきらない層が B の原子濃度分布よりも深くなると, pn 接合リーク電流は急激に増加することを示す.

アモルファス化と低温熱処理の組み合わせが何を意味するかについて考察する. Donovan らは DSC (Differential Scanning Calorimeter, 示差走査熱量計) で結晶化の潜熱を測定し, シリコン (c-Si 相, a-Si 相, l-Si(liquid Si) 相) に関する自由エネルギー線図を見積もり, 結晶 Si(c-Si) よりもアモルファス Si(a-Si) の方が自由エネルギーが大きいことを示した [30]. イオン注入で形成したアモルファス Si は図 3.12 の unrelaxed a-Si に近い状態である. 図中 well-relaxed a-Si は unrelaxed a-Si に対して加熱を行い結晶化する前の状態まで緩和した状態の a-Si を意味する. また, liquid と書かれた線は液相線でこの線よりも高温側で液体状態あることを示す. unrelaxed a-Si は単結晶 Si に比べ 1000 K で $\Delta G_{ac}=0.125$ eV だけエネルギー的に高い状態にある.

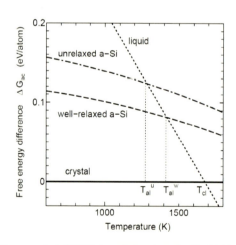

図 3.12 アモルファス Si と単結晶 Si の自由エネルギー差 (文献 [30] から引用).

Donovan らの結果と同様に, Roorda らもアモルファス Si(a-Si) の自由エネルギーが結晶 Si(crystal Si) よりも高いことを熱量計算, X 線回折, ラマン分光解析を用いて実験的に示した. 両面研磨の FZ-Si ウエハを用いて, Si ウエハの表裏両面に 0.5 MeV, 1 MeV, 2 MeV で Si を 5×10^{15} cm^{-2}, または Ar を 5×10^{15} cm^{-2} でイオン注入を行い, 形成した 2.2 μm 厚 a-Si

（加速エネルギー：0.5 MeV, 1 MeV, 2 MeV) と 1.45 μm 厚 a-Si（加速エネルギー:0.5 MeV, 1 MeV）に対して DSC (Differential Scanning Calorimetry) 測定を行い，発熱量を測定した結果 [31] を図 3.13 に示す．イオン注入後に 813 K(540 ℃) の事前熱処理を行わないと 400 K(127 ℃) くらいから発熱し，900 K(627 ℃) 以上で結晶化に伴い大きな発熱（12.8 kJ/mol, 0.13 eV）が観察された [31]．この結果は Donovan らの結果 [30] と同等である．

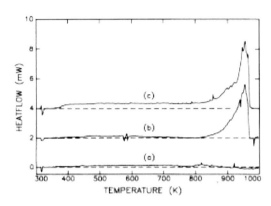

図 3.13　イオン注入で形成したアモルファス Si(a-Si) の DSC 測定結果（文献 [31]FIG.1 から引用）

アモルファス Si の自由エネルギーが単結晶 Si よりも大きいということは，同一の温度で加熱したときにアモルファス Si の原子が動きやすい状態になっていることを意味する．またアモルファス Si の原子密度は単結晶 Si の原子密度よりも約 2.2% 低く，原子空孔を容易に供給できる状態になっていると推測できる．図 3.11(b) の B イオン注入後の Si アモルファス化の効果が 600～700 ℃で顕著であり，800 ℃では効果が少なくなり，900 ℃以上では効果が見られない理由は，アモルファス Si が結晶化して熱平衡状態に達すると初期のアモルファス化の効果が消えることからである．すなわちアモルファス化の効果は非熱平衡状態での効果であり，低温熱処理でしか起こらない現象である．

上述のことを念頭に置いて，低温熱処理で B を効率よく電気的に活性化する 2 番目の例を示す．Si 表層を高濃度 Ge イオン注入でプリアモルファス化（pre-amorphization: 事前にアモルファス化すること）後に高濃度 B をイオン注入し，550 ℃, 60 分の熱処理で 1×10^{21} cm^{-3} 程度の B を活性化する技術である [32, 33]．Si と Ge は全率固溶する系であるが，ここでは Si 基板の表層 100 nm 以下の浅い領域にピーク濃度で 1.65×10^{21}（Si 原子密度の 3.3%）～9.9×10^{21} cm^{-3}（Si 原子密度の 19.8%）になるように Ge をイオン注入して，Si 表層をアモルファス化させるところがポイントである．

Si 基板に加速エネルギー 50 keV で Ge を 5×10^{15}～3×10^{16} cm^{-2} イオン注入後に，加速エネルギー 10 keV で B を 5×10^{15}～3×10^{16} cm^{-2} イオン注入し，保護膜として 400～450 ℃で 250 nm の厚みの SiO$_2$ 膜を成膜後に窒素中で 550～850 ℃の範囲で 60 分の等時間熱処理を行い，Hall 測定を行った結果を図 3.14 に示す．図 3.14(a) は，Ge を 3×10^{16} cm^{-2} イオン注入後に B を 5×10^{15} cm^{-2} イオン注入した場合，550 ℃熱処理後にピーク濃度として約 1×10^{21} cm^{-3} のホール (hole) 濃度が得られていることを示す．700 ℃では 8×10^{20} cm^{-3}，800 ℃では 5×10^{20}

cm^{-3} となり 550 ℃の低温で最高濃度が得られている．ちなみに Ge でプリアモルファス化しない場合には，550 ℃，700 ℃，800 ℃の最大ホール濃度は各々 (2～3)×10^{20} cm^{-3}，1×10^{20} cm^{-3}，(3～4)×10^{20} cm^{-3} であり，Ge のプリアモルファス化により B の電気的活性化が促進されたことが分かる．

図 3.14(b) はシート抵抗値の Ge 注入量依存性である．550 ℃熱処理後のシート抵抗値が 700 ℃または 850 ℃熱処理後の場合に比べて低下するのは Ge 注入量が 1×10^{16} cm^{-2} 以上の場合であり，B が非熱平衡状態で過飽和に電気的活性化状態になっている．

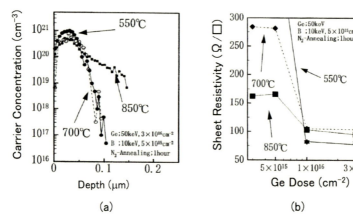

図 3.14　Si 基板に高濃度の Ge イオン注入でアモルファス化後に B をイオン注入し熱処理を行った場合の電気的特性．(a) 陽極酸化と Hall 測定によるキャリア（ホール）濃度の深さ方向分布，(b) シート抵抗値の Ge 注入量依存性（文献 [32] から引用）．

図 3.15 は cross-bridge Kelvin 抵抗パターン [34] を用いて測定した AlSiCu 電極とのコンタクト抵抗特性結果を示す．図 3.15(a) はコンタクト抵抗のコンタクト寸法依存性の結果で，コンタクト抵抗はコンタクト面積というよりもコンタクト寸法に対して反比例しており，これはコンタクト端部に電流が集中した current crowding 効果 [35] による．コンタクト面全体に均一に電流が流れるとコンタクト抵抗はコンタクト面積（コンタクト寸法の二乗）に反比例するが，コンタクト抵抗率が低いため，コンタクト同士の対向する部分に電流が集中したためと考えられる．図 3.15(b) に示すようにコンタクト寸法 0.3 μm で最小 6.9×10^{-9} Ωcm^2 という超低抵抗コンタクト抵抗が得られている [32]．

上述の超低抵抗コンタクトの理由を XPS で調べた結果，Ge-Ge 結合と Ge-B 結合が存在していることが判明した．また Ge を高濃度注入後 550 ℃の熱処理を行った Si 表面層は，TEM/TED 解析により Si 本来の格子定数よりも 6% 膨張していることが判明した [32]．Ge は Si 中の高濃度 B の近くに存在し，B による収縮歪を緩和することにより安定化させるという報告があり，SiGe を CVD で成膜する際に Ge/B の原子比を 6 とし，1080 ℃における B の電気的活性化濃度として 5×10^{20} cm^{-3} が実現できている [36]．

B を低温で高濃度に電気的活性化する方法の 3 番目の例は，B$_{12}$ クラスタを用いる方法である [37, 38]．図を用いた詳細な説明は第 9 章にて記載のため参照されたい．Si 基板に 35 keV で B をイオン注入する際に注入量が 3×10^{16} cm^{-2} を超えると B$_{12}$ クラスタ（正二十面体）を形成

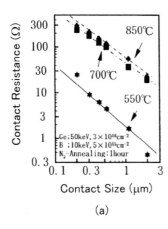
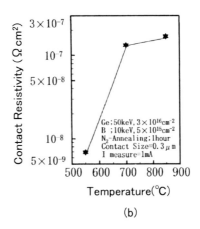

図 3.15　Si 基板に高濃度の Ge イオン注入でアモルファス化後に B をイオン注入し熱処理を行った場合のコンタクト抵抗とコンタクト抵抗率特性．(a) コンタクト抵抗のコンタクト寸法依存性，(b) コンタクト抵抗率の熱処理温度依存性（文献 [32] から引用）．

して，その正二十面体に外接する球の直径は 0.518 nm になる．一方，5 個の Si 原子が構成する正四面体構造の外接球の直径は 0.533 nm と，B_{12} クラスタと同様な大きさになっている．また 5 個の Si 原子の 4 つの頂点には 3 本ずつ，合計 12 個の結合手があるので，B_{12} クラスタが 5 個の Si 原子と置き換わるのは結合手の数から考えても可能である [39]．B_{12} クラスタの量とホール濃度の関係を調べた結果，B_{12} クラスタ 1 個当たり 2 個のホールであることが見積もられた．B 注入量が 1×10^{17} cm^{-2} の場合に，ホール濃度のピーク濃度として 1×10^{21} cm^{-3} が実現できている [37, 38]．

3.8　一度電気的に活性化した不純物原子の不活性化 (deactivation) 現象とその原因

　高温で不純物原子を高濃度に電気的活性化した後に低温で熱処理した場合には，時間とともに後熱処理の温度に応じた電気的固溶度の値に近づくことが報告されている [40]．Takamura らは Si 基板に B, P, As, Sb を 1×10^{15}〜3.2×10^{16} cm^{-2} の注入量でイオン注入後に Nd: YAG(λ=532 nm) レーザーで Si 表面から約 180 nm 溶融し，300〜350 ℃で Si 酸化膜を保護膜として被着し，不活性ガス中で電気炉またはランプアニールで 500〜900 ℃，15 sec〜40 min の熱処理を行い，SIMS で不純物濃度分布を測定し，酸化膜剥離後に Hall 測定でキャリア濃度を測定した．図 3.16 に規格化した電気的活性化キャリア面密度の後熱処理温度依存性の結果を示す．

　図 3.16 では各不純物のキャリア濃度の積分値が規格化されているので不純物種間の比較が難しいが，レーザーアニールの溶融直後に過飽和の不純物原子が電気的に活性化していた状態から，低温熱処理によって電気的活性化濃度の積分値が低下した状態になっている．Takamura らは X 線定在波解析と RBS チャネリング解析により，As と P は格子位置に存在しているのにもかかわらず不活性化していることを示した．As では原子空孔との結合が不活性化の原因である

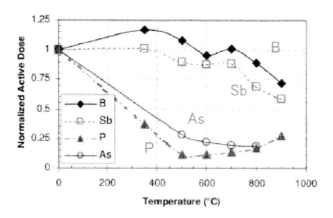

図 3.16　規格化した電気的活性化面密度のレーザー溶融後の 40 分（As は 30 分 [41]）の後熱処理温度依存性（文献 [40] から引用）．

ことが報告されている [41-47]．この現象は高温で一度電気的に活性化した As や P が，低温熱処理により格子位置に存在することが不安定になり，原子空孔と結合（As-V 結合，P-V 結合）した結果と考えられている．低温化した場合，通常は As や P が格子位置に入る熱平衡濃度が高温の場合より減少するため，As や P が格子間位置に移動するか，不純物原子同士が結合して電気的に不活性化する．上述の不純物原子と原子空孔の結合モデルは，高温熱処理後の低温熱処理で不純物原子が電気的に不活性化する別のメカニズムである．

B や P は，半導体プロセスの中で活性な水素原子により不活性化する場合がある [48]．高濃度 B（ボロン）拡散層を形成後，酸化膜形成，コンタクト窓開け RIE(Reactive Ion Etching) を行うと，TiSi$_2$/Si コンタクト抵抗が増加するという問題が起こり，その原因を調べた結果，以下

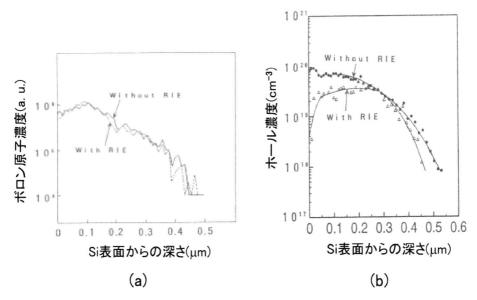

図 3.17　(a)SIMS によるボロン原子濃度深さ分布（縦軸任意目盛）と (b) ホール濃度の深さ分布（文献 [48] から引用）．

のことが判明した．図3.17(a)はコンタクトの部分にRIEで窓開け加工と同時間の処理を行った場合と行わなかった場合それぞれに対する，SIMSによるBの原子濃度分布測定結果であり，RIE処理ではB濃度分布に変化が見られない，すなわちエッチングにより高濃度B領域がエッチングされていないことを示す．図3.17(b)はHall測定によるホール濃度の深さ方向分布の結果で，Si表面から0.2～0.3 μmの深さまでBが不活性化していることが分かる．

Bの不活性化がRIEで用いる混合ガスプラズマの中の何によるのかを明らかにするために，Si表面層の結晶欠陥と水素パシベーションの効果を分離する測定を行った．図3.18(a)にArプラズマ，水素プラズマ，Ar＋水素混合ガスプラズマの3種に対するホール濃度の深さ方向分布の違いを示す．3種のプラズマの中ではArプラズマより水素プラズマの方がホール濃度低下の効果が大きく，Arと水素の混合ガスプラズマの場合に最もホール濃度低下が大きく，水素原子と結晶ダメージの相乗効果が大きいことが示される．Ar単独の場合のホール濃度分布の凹凸はArプラズマ雰囲気中に水素などの混入による可能性があるが，上述の傾向には影響がない．次に通常のコンタクト形成RIE工程を経たSi基板表面のFT-IR（Fourier Transform Infrared Spectroscopy，フーリエ変換赤外分光分析）解析を行った結果，図3.18(b)に示すようにSi-H結合による吸収振動が観察され，Si表層が水素原子と結合した結果，Bの不活性化が起きたことが示される．

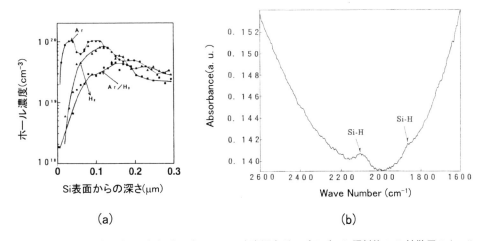

図3.18 (a)Arプラズマ，水素プラズマ，Ar＋水素混合ガスプラズマに照射後のB拡散層のホール濃度の深さ分布と(b)通常のコンタクトRIEを行ったSi基板表面のFT-IRによる解析結果（文献[48]から引用）．

水素による不活性化（Hydrogen Passivation）に関しては，Pankoveによりモデルとともに実験結果が示されている[49, 50]．Pankoveらは単結晶Si中のボロンによる浅いアクセプタ準位は65～300 °Cで水素原子により中性化され，抵抗率が6倍になりうると報告している．また，Bの価電子は3個，Siの価電子は4個なので，Siの格子位置に入ったBは水素がなければ不足した価電子がホールとしてふるまうが，Hが存在するとBと結合しているSi原子の余った結合手にHが結合して，Bが中性化（不活性化）するというモデルを提案している．水素による不活性化はPについても報告されており，Pの場合には価電子が5個なので，P原子の余った結合手

にHが結合してPが中性化（不活性化）するというモデルも提案している．水素による不活性化の最近の研究成果を含めたモデルに関しては，第2章「第一原理計算を用いたシリコン中ドーパント不活性化の解析」を参照されたい．

次に一度不活性化したBの再活性化の可能性について議論する．水素により電気的に不活性化したBは，その後に水素を含まない雰囲気中で熱処理を行うことによって再度活性化状態に戻りうる．図3.19は，B拡散層を形成したSi基板表面に水素を含む混合ガスプラズマを用いたRIEでコンタクト窓開けと同様な処理を行った後に，窒素雰囲気中で30分の等時間熱処理を行った後のホール濃度の深さ方向分布を示す．400 ℃以上の熱処理でBの再活性化が起こり始め，600 ℃以上の熱処理を行うことによって，表面から約50 nm程度の深さまでBが再度活性化していることが示される [48]．表面から50 nm程度の深さまでホール濃度がRIE処理前の状態（図3.17(b)）よりも低い理由は，水素の外方拡散に伴うBの外方拡散が起きたためと考えられる．Hの外方拡散に伴うBの外方拡散を防止するためには，600 ℃よりも低温で加熱を行うことが必要と考えられる．またコンタクト窓開けに用いるプラズマに水素を含まないC_4F_8/COガスを用いることによって，Bの水素による不活性化を防止できることも確認されている [48]．

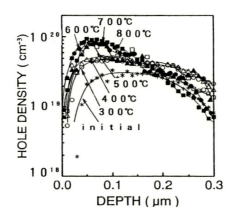

図3.19　RIEによるコンタクト窓開けを行った後に300〜800 ℃で30分の等時間熱処理を行った後のホール濃度の深さ方向分布．図中各印は，(*) 後熱処理前 (initialと表示)，(○)300 ℃，(△)400 ℃，(□)500 ℃，(●)600 ℃，(▲)700 ℃，(■)800 ℃を示す（文献 [48] から引用）．

3.9　Si基板中原子空孔による転位欠陥抑制

Si基板に不純物原子をイオン注入で導入する場合には格子間原子と原子空孔が形成されるため，これらの点欠陥の制御が非常に重要である．点欠陥中の原子空孔は，不純物原子の電気的活性化以外に，イオン注入で導入された格子間原子がイオン注入後の熱処理過程で転位などの二次欠陥に成長することを抑制する．液体窒素温度でのイオン注入は，イオンビームに起因する再結晶化を抑制することが報告されている [51]．また低温イオン注入と電気炉熱処理の組み合わせで熱処理後の欠陥密度が減ることが確認されている [52-54]．その後極低温イオン注入装置とRTAをはじめとする高速熱処理装置が開発され，これらの組み合わせにより物理的な分析では欠陥が

観察されないことが示された [55-57].

図 3.20 は As を高濃度で Si 基板にイオン注入し，熱処理を行った後に観察される転位欠陥がイオン注入時の基板温度制御によって抑制できることを示す一例である．図 3.20(a) は Si 基板に As を 20 keV, 1×10^{15} cm^{-2} イオン注入した直後の断面 TEM 像である．表面から約 50 nm の厚みのアモルファス層が形成され，アモルファス層 (a layer) とその下の Si 単結晶との界面には凹凸が観察され，その界面の下部に数 nm 程度の微小な欠陥が観察される．図 3.20(b) は 900 °C, 30 秒 RTA 熱処理後で，アモルファス層は単結晶に回復しているが，元々のアモルファス層／単結晶界面の下部に転位欠陥が観察される．転位欠陥は格子間原子が集まってできた欠陥で 900 °C では {111} 転位になっている．それではなぜ格子間原子がこの領域に余剰に存在しているか？ であるが，原子空孔が元々存在していた領域から表面側に移動したためである．原子空孔の解析は後に述べるが，原子空孔の表面への移動を防止するために極低温（160 °C）で As をイオン注入した場合，図 3.20(c) のように非晶質層とその下の単結晶との界面の凹凸は室温注入の場合よりも小さく，界面の下層部に微小欠陥は観察されない．900 °C, 30 秒 RTA 後は図 3.20(d) に示すように転位欠陥が観察されず，非常に良好な結晶状態になっている．

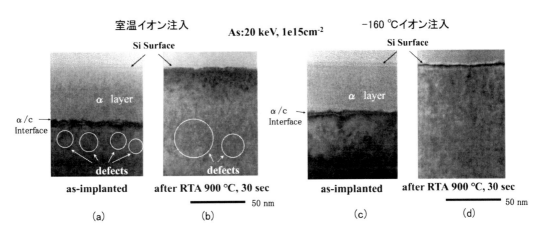

図 3.20　室温と −160 °C で As をイオン注入し，900 °C, 30 秒の窒素中 RTA で熱処理を行った場合の熱処理前後の断面 TEM 像 (文献 [55] から引用).

図 3.21 に示す S パラメータ解析の結果で，横軸の陽電子のエネルギーの大きさは Si 基板表面からの深さに対応し，縦軸の S パラメータは原子空孔濃度に対応する．陽電子は空孔型欠陥に捕獲されると，欠陥中の電子密度が低いため陽電子寿命が長くなると同時に陽電子のエネルギー分布が先鋭化するが，エネルギー分布の広がりの変化を S パラメータで表現し，S パラメータが大きいということは空孔型欠陥濃度が高いことを意味する．陽電子消滅法の詳細は文献 [58] を参照されたい．イオン注入時の基板温度の違いは，同図の 8～12 keV の領域で −135 °C の場合だけ室温，50 °C, 100 °C, 200 °C の 4 種の温度の場合に比較して，2 keV 程度右側（基板の奥側）まで S パラメータが大きく，原子空孔が分布していることが示される．深い位置での原子空孔の分布はアモルファス層と単結晶の界面付近に存在していることを意味し，室温（注入時の基板温度は約 60 °C 程度）以上でイオン注入した場合には原子空孔が左側（Si 基板表面側）に移動して

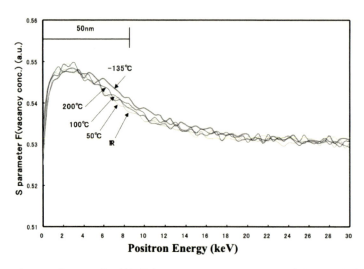

図 3.21 As をイオン注入する際の基板温度を −135 °C から 200 °C まで変化させた場合の，陽電子消滅測定による S パラメータの陽電子エネルギー依存性（筑波大学上殿明良教授御協力測定，文献 [57] から引用）．

いることを示す．

　Watkins ら [16] は図 3.8 に示すように 300 K(27 °C) 以上では単独の原子空孔は存在しないことを報告しており，−135 °C でイオン注入した場合も，室温で放置している間に原子空孔が 2 個結合した 2 原子空孔 (di-vacancy) になっていることが S パラメータ解析により確認されている [57]．TEM 解析と陽電子消滅解析の結果，室温と極低温の原子空孔の分布に関する模式図は図 3.22 のようになる．同図で室温 (RT) 注入の場合には，イオン注入過程で不完全な結晶回復がアモルファス層と単結晶との界面付近で起こり，原子空孔の分布のうち一番深い位置の原子空孔が表面側に移動している．これは，イオンビームの加熱によりアモルファス Si と Si 基板界面で不完全な固相エピタキシャル成長が起きたためである．この (xxx) 印の領域では格子間原子が過剰で，数 nm 程度の小さな転位欠陥が形成されている．極低温イオン注入の場合にはイオンビームによる加熱が基板冷却によって打ち消され，固相エピタキシャル成長が起こらない．したがってアモルファス層と単結晶の界面付近にも十分な原子空孔が存在しているため，格子間原子が過剰にならず室温注入の場合のような転位欠陥は形成されない．

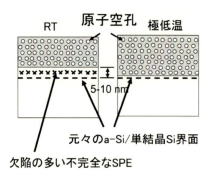

図 3.22 室温イオン注入と極低温イオン注入の原子空孔分布の違いを示す模式図

As の極低温イオン注入と同様な現象は B の場合にも観察されている．10 keV で，1×10^{15} cm^{-2} の注入量で B をイオン注入した場合，室温注入では注入層の非晶質化は起こらず，−160 ℃のイオン注入では 50 nm 程度のアモルファス層が形成された．室温注入の場合には 900 ℃，3 秒の RTA 後に転位欠陥が観察され，−160 ℃の注入の場合には転位欠陥は観察されない [55]．転位欠陥は格子間原子が集まって形成されるため，原子空孔が十分な量存在すれば，単結晶 Si 基板から欠陥のない固相エピタキシャル成長が可能であることが分かる．

3.10　金属との反応に伴う不純物の再分布現象および考察

金属の中でも Pt, Pd, Ni など準貴金属元素 (near noble metals) は Si と反応してシリサイド (silicides, 珪化物) を形成するが，あらかじめ Si に導入してあった不純物元素がシリサイド形成過程で，Si 基板側に掃き出されることが報告されている [59-66]．不純物原子の再分布を模式的に描いたのが図 3.23 である．

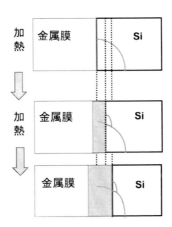

図 3.23　Si 基板表層にあらかじめ不純物原子を導入した後にシリサイドを形成する金属膜 (Pt, Pd, Ni など) を成膜し，その後の熱処理過程で起こる不純物原子の再分布の模式図 (曲線は不純物原子分布，中央の色の濃い部分は金属シリサイドを示す)．

図 3.23 で曲線の不純物原子分布は横方向が Si 基板の深さ方向，縦方向は濃度を模式的に表す．金属膜と Si 基板との界面にある領域は金属シリサイドを意味する．金属シリサイド膜および金属膜は不純物原子の固溶度が低く，不純物原子と安定な化合物を形成しないことが，Si 基板への不純物原子の再分布が起こる最初の条件である．このような条件下では，金属膜と Si の反応に伴い，不純物原子は金属シリサイド膜に取り込まれるよりも Si 基板の方に再分布した方がエネルギー的に低くなる．

金属シリサイド形成時に不純物原子が Si 基板に掃き出される現象が起こるための 2 番目の条件は，金属原子の Si 基板方向の流束よりも Si 原子の金属シリサイド膜方向の流束が大きいことで，流束を F で表すと (3.3) 式および (3.4) 式のような関係があると考えられる．

$$F(M) < F(Si) \tag{3.3}$$

$$F(M) + F(V) = F(Si) \tag{3.4}$$

F(M), F(Si), F(V) は各々金属原子の流束, Si 原子の流束, 原子空孔の流束を表す. (3.4) 式は Kirkendall 効果 [67, 68] で金属原子の流束よりも反対方向の Si 原子の流束が大きい場合に, 原子空孔が金属原子と同じ方向に移動することで, Si 基板方向に向かうというモデルである. 準貴金属と Si との反応に際しては, 金属成分が Si よりも過剰な金属シリサイドの形成のモデルが報告されている [69]. Ni_2Si, Pd_2Si, PtSi の形成温度は各々 200〜350 ℃, 100〜700 ℃, 200〜500 ℃ であり, このような低温でシリサイドが形成されるメカニズムとして, 最初に (111)Si 基板や (100)Si 基板から Si 原子を取り除くのに必要なエネルギーを考えると, Si 中に原子空孔を形成するエネルギーとして 2.4 eV[70]〜3.5 eV[71, 72] が必要であり, 200 ℃ 程度以下の温度で Si の十分な流束を発生させるのは不可能である. したがって, Si 表面から Si 原子を解き離すエネルギーの減少が必要である.

Tu[69] は, Si 結晶格子の格子間位置に金属原子が最初に入り込み, Si 原子の最近接原子の増加により Si 原子の結合エネルギーが減少して Si 原子が金属膜の中に入り込むモデルを考え, Si 中の金属原子の格子間拡散係数の活性化エネルギーとして報告されている 0.5 eV[71, 73] から界面での金属原子の格子間拡散が起こりうると考えた. そして Si 格子間位置に金属原子が入ることによって, 共有結合している Si 原子を取り囲む原子数の増加が Si 原子の共有結合を緩め, 金属結合に近い状態になり, Si 原子が遊離しやすくなる. Si 基板上に Au 膜を形成したときに室温で Au 膜中に Si 原子が溶け込み, (110)Si 表面上の 90 nm の厚みの Au 膜を通って, Au 膜表面に Si 酸化膜が形成されることは良く知られている [74]. Au/Si 系の場合には, 室温では Au のシリサイドが形成されず Si 原子が Au 膜中を拡散するが, 低温で起こる Si 基板からの Si 原子の解離という点では共通点がある.

Wittmer と Seidel は PtSi, Pd_2Si 形成時に As が Si 基板側に掃き出される雪かき効果 (snowplow effect) を RBS で解析した [59]. Muta は PtSi 形成時に As が Si 中に掃き出される現象を AES で解析した [60]. Bindell らは PtSi/n-Si ショットキーダイオードを作製し, ショットキー障壁高さの正確な測定により, イオン注入された P, As, Sb が Si 基板側に再分布するモデルを提案した. また As によるショットキー障壁高さの低下が P や Sb よりも大きいことを示した [61]. Ohdomari らは陽極酸化と放射化分析を用いて, 最初に Pd_2Si 形成時に Si 中にイオン注入された As が Pd_2Si/Si 界面の移動に伴い, Si 基板側に掃き出されることを丁寧に解析した [62]. さらに, Si 基板中の As が電気的に活性化している基板上に Pd_2Si 形成した場合には, Si 中に掃き出された As が電気的に活性化している現象を見出した [63].

図 3.24 は文献 [62, 63] から引用したものであるが, Pd_2Si/Si 界面の移動に伴い, あらかじめ Si 基板中に導入してあった As 原子が Si 基板側に掃き出されることが判明した. 同図 (a) の陽極酸化と放射化分析による As 原子濃度の深さ方向分布で, 上段は (111)Si 基板に As を 140 keV で 5×10^{15} cm^{-2} の注入量でイオン注入した直後に 250 nm 厚の Pd 膜を成膜し, 250 ℃ で 31〜100% の Pd を Si と反応させた後に Pd_2Si 膜を除去し, Si 中の As 濃度分布を測定したものである. 下段は As をイオン注入後に 900 ℃, 30 分の前熱処理 (pre-anneal) を行った後に 250 nm 厚の Pd 膜を成膜し, 250 ℃ で 25〜100% の Pd を Si と反応させた後に Pd_2Si 膜を除去し, Si 中の As 濃度分布を測定した結果である. As イオン注入後の 900 ℃, 30 分熱処理有無に依ら

ず，Si 中に元々存在していた As 分布と比べて高濃度の As 分布が，Pd_2Si/Si 界面から Si 基板側に再分布している．同図 (b) は As 原子濃度の積分値と Pd_2Si 形成に伴い侵食された Si の厚みの関係であるが，900 ℃，30 分の前熱処理を行った場合の方が前熱処理を行わない場合に比べてより多くの As が Si 基板側に掃き出されている．掃き出された As 原子は前熱処理を行った場合だけ電気的に活性化していることが判明した．前熱処理を行っていない場合には As 原子は電気的に活性化していない．同図 (c) は前熱処理を行った場合の Pd_2Si 膜剥離後に陽極酸化を行いながら，Hall 測定を用いて測定したキャリア濃度（電子濃度）の深さ方向分布を測定した結果である．Pd_2Si 形成反応が進行するに伴い，掃き出された As 原子の電気的活性化率は低下する．250 nm の Pd 膜の 54% 分（135 nm の Pd 膜）を約 2/3 の厚み（約 90 nm）の Si と反応した場合，最大キャリア濃度で 1×10^{21} cm^{-3} 程度の濃度となっており，250 ℃の低温では極めて高濃度である．

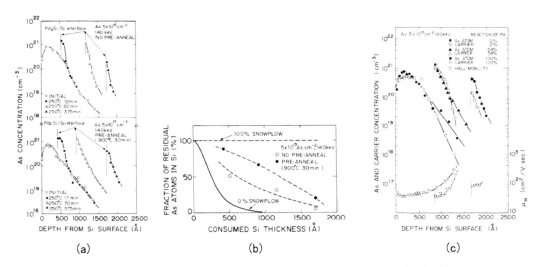

図 3.24　Pd_2Si/Si 界面の移動に伴う As 原子の再分布測定結果．(a) 陽極酸化と放射化分析による As 原子濃度の深さ報告分布，(b)As 原子濃度の積分値と Pd_2Si 形成に伴い浸食された Si の厚みの関係，(c)Pd 膜形成前に Si 基板中の As 原子を電気的に活性化した後に陽極酸化と Hall 測定を用いて測定したキャリア濃度（電子濃度）の深さ方向分布（(a) と (b) は文献 [62] から引用，(c) は文献 [63] から引用）．

Pd_2Si 形成に伴い Si 基板側に掃き出された As 原子が電気的に活性化するメカニズムは，以下のように考えられる．Buckley と Moss[75] は (111)Si 面の Si 原子配置とその上にエピタキシャル成長する Pd_2Si の Pd と Si の原子配置を図 3.25 のように模式図化した．図 3.25 は文献 [75] の原子配置図の Pd_2Si/Si 界面の Pd 原子配置に (111)Si の Si 原子の抜けた跡を加筆したものである．興味深いのは (111)Si の原子配置とその上に成長する Pd_2Si の Si 原子の配置が，2 次元配置図上で真上に位置することである．同図の上部の最下層配置と下部の 1 層上の配置は，交互に積み重なった形になっている．そして最初に Si(111) 面の最上層の Si 原子 1 個を 3 個の Pd 原子が取り囲み，Si 原子の最近接原子数増加により共有結合が緩み，Si 原子が Pd 側に抜けて，1 層目の Pd_2Si を形成するというモデルが提案された [75]」．

Chu ら [76] は Si 中にイオン注入された Ar 原子を用いて，Pd 原子よりも Si 原子がわずかに

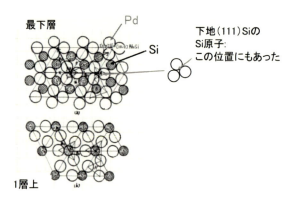

図 3.25　(111)Si 上 Pd$_2$Si の Pd と Si の原子配置（文献 [75] から引用，一部加筆）．

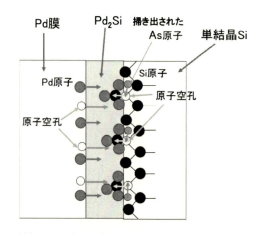

図 3.26　単結晶 Si 基板と Pd 膜の反応で Pd$_2$Si が形成される際の各原子の動きの模式図．

速い拡散種であると決定した．拡散種の決定に用いられた方法は，反応する 2 種の元素のどちらが支配的拡散種かを決定するのに用いられる「マーカー」法である．Ar をイオン注入した Si 基板上に Pd 膜を成膜し，Ar が熱拡散しない低温の熱処理を行い，Pd$_2$Si 形成後に元々の Ar 原子の分布に対して Ar 原子分布がどのように変化したか，Darken の解析 [77] に従い支配的拡散種を決定している．Pd 原子に比べて Si 原子が速いということは，図 3.26 に示すように，(3.4) 式にしたがって Si 原子の抜けた跡に原子空孔が表面側から Si 基板側に拡散し，Pd$_2$Si 形成時に Pd$_2$Si 層に固溶できない As 原子が Si 側に掃き出される際に，Si 側にできた原子空孔（Si の格子位置と同じ位置）に As 原子が入り，電気的に活性化するものと考えられる．したがって，Si 基板中の As 原子がイオン注入直後のように非晶質 Si の中に分布している場合には，250 ℃程度の Pd$_2$Si 形成温度では Si の結晶回復（固相エピタキシャル成長）は起こらないため，掃き出された As 原子も電気的に活性化されないものと考えられる．

　金属シリサイドが形成される際に Si 基板にあらかじめ分布していた不純物原子が Si 基板側に掃き出されるか，金属シリサイド側に分布するかについては，過去にまとめられた結果がある [78]．表 3.4 は各種金属と不純物種の組み合わせで，金属シリサイド形成過程において Si 基板に分布していた不純物原子のうち金属シリサイド／Si 基板界面から Si 基板側に掃き出されただけ

表 3.4 金属シリサイド形成に伴う不純物の増速拡散の有無（文献 [78] から引用）．

METAL	SILICIDE	ENHANCED DIFFUSION			
		P	As	Sb	B
Pt	Pt$_2$Si		Yes[80]		
	PtSi	Yes[81,85]	Yes[79,80,81]	Yes[81]	No[81]
Pd	Pd$_2$Si	Yes[88]	Yes[79,82,83,84,85]		
Ni	Ni$_2$Si		Yes[86]		
	NiSi		Yes[86]		
Ti	TiSi		No[79,82]		
	TiSi$_2$		No[80,87]	No[87]	
Mo	MoSi$_2$		No[79]		
Ta	TaSi$_2$		No[79,88]		
V	VSi$_2$		No[79]		

ではなく増速拡散が起きているものを「Yes」，不純物原子の掃き出しおよび Si 中への増速拡散が起こらないものを「No」と表記してある．表 3.4 から，準貴金属のシリサイド形成時には P, As, Sb などのドナー不純物が掃き出され，増速拡散が起こっており，Ti, Mo, Ta, V などの高融点金属のシリサイドの場合には起こらないことが示される．高融点金属の場合には準貴金属と異なり，シリサイド形成温度が高い．シリサイド形成の際の支配的拡散種は Si であるが，例えば Ti や Ta のような金属は，シリサイド形成時と比べて，金属と不純物元素との化合物形成時の Gibbs 標準自由エネルギー低下量が大きく，Si 中に不純物元素を掃き出すよりも金属と結合した方がより安定である．このような場合には不純物元素の Si 基板への掃き出しは起こらない [89]．完全な物理・化学の解明については今後の研究に期待する．

3.11 まとめ

本章ではシリコン中の不純物原子の活性化とそのからくりを議論するにあたり，初心に帰って Si 中に導入された不純物原子の電気的活性化を考え，単結晶 Si 中の不純物原子の固溶度とは何で，何によって決まるかについて考察を行った．一般的に述べられている固溶度は格子間位置の不純物原子やクラスタ状の不純物原子を含む．半導体デバイス製造では格子位置に存在するドナー濃度やアクセプタ濃度が重要であり，電気的に活性化されている不純物濃度を，Hall 測定と陽極酸化の組み合わせや角度研磨後の四短針抵抗測定（不純物濃度と易動度の関係がすでに報告されている値前提）の結果から求める手法が用いられてきた．半導体デバイス技術では電気的に活性化しているドーパント濃度が重要であり，"固溶度" という用語は "電気的固溶度" と表現した方が誤解なく理解できる．近年，Si 中の不純物原子の位置を光電子ホログラフィで調べる研究が進んでおり，第 5 章も参照されたい．光電子分光法と電気的測定の組み合わせによって，より正確に深く不純物原子の電気的活性化に関する理解が進むことを祈りたい．

最後に筆者はこれまで最先端デバイスでは高温短時間の熱予算 (thermal budget) を志向してきた [90] が，なぜ高温が必要であるか？ を突き詰めると原子空孔濃度を高くしたいからであり，高温を使えない工程や配線工程後にウエハ裏面に不純物拡散層を形成することを考慮すると，低

温プロセスにより原子空孔濃度制御を深く検討する必要を感じた．低温プロセスでは電気炉を用いるだけではなく，マイクロ波加熱 [91] の利用可能性も検討すべきと考える．

参考文献

[1] J. Lindhard, M. Scharff, and H. E. Sciott, *Kgl. Dan. Vidensk. Selsk. Mat.-Fys. Medd.* **33**, 14 (1963).

[2] W. S. Johnson and J. F. Gibbons, *LSS Projected Range Statistics in Semiconductors* (Stanford University Bookstore, 1970).

[3] J. W. Mayer, L. Eriksson, and J. A. Daves, *Ion Implantation in Semiconductors*, Chap. 4 (Academic Press, 1970).

[4] J. F. Gibbons and S. Mylroie, *Appl. Phys. Lett.* **22**, 568 (1973).

[5] L. Csepregi et al., *J. Appl. Phys.* **48**, 4234 (1977).

[6] T. B. Massalski et al., *Binary Alloy Phase Diagrams Second edition* (ASM International, Materials Park, Ohio, USA. December 1990).

[7] ウイリアム ショックレイ，『半導体物理学（上）』（吉岡書店，1974）．

[8] F. A. Trumbore, *Bell Syst. Tech. J.* **39**, 205 (1960).

[9] V. E. Borisenko and S. G. Yudin, *Phys. Status Solidi A* **101**, 123 (1987).

[10] S. W. Jones, *Diffusion in Silicon*, p.33 (IC Knowledge LLC, 2003).

[11] S. Solmi et al., *J. Appl. Phys.* **92**, 1361 (2002).

[12] *Ward's Comprehensive Periodic Table* (Sargent-Welch Scientific Company, 2016).

[13] L. S. Darken and R. W. Gurry, *Physical Chemistry of Metals* (McGraw-Hill, 1953).

[14] B. K. Vainshtein, V. M. Fridkin, and V. L. Indenbom, *Structure of Crystals (3rd Edition)* (Springer Verlag, 1995).

[15] E. Clementi, D. L. Raimondi, W. P. Reinhardt, *J. Chem. Phys.*, **38**, 2686 (1963).

[16] G. D. Watkins, *Mat. Res. Soc. Symp. Proc.* **469**, 139 (MRS, Pittsburg, 1997).

[17] 米永一郎，『応用物理』，**86(12)**, 1040 (2017).

[18] T. Ito et al., *Jpn. J. Appl. Phys.*, Part 1 **41 (4B)**, 2394-2398 (2002).

[19] T. Ito et al., *IEEE Trans. Semiconductor Manufacturing*, **SM**-16, 417-422 (2003).

[20] K. Nishinohara et al., *Jpn. J. Appl. Phys.*, Part 2 **42 (10A)**, L1126-L1129 (2003).

[21] K. Suguro et al., *Extended Abstract of the 4th International Workshop on Junction Technology (IWJT)*, 18 (Shanghai, 2004).

[22] K. Nishinohara, T. Ito, and K. Suguro, *IEEE Trans. Semiconductor Manufacturing*, **SM-17** 286-291 (2004).

[23] T. Ito et al., *Extended Abstract of the 5th International Workshop on Junction Technology (IWJT)*, 59, Paper S4-3 (Osaka, 2005).

[24] K. Suguro, *Materials Science Forum* **573-574**, 319-324 (2008).

[25] J. Venturini, *Extended Abstract of the 12th International Workshop on Junction Technology (IWJT)*, I2-01 (Shanghai, 2012).

[26] M. Hernandez, et al., *Applied Surface Science* **208-209** , 345 (2003).

[27] K. K. Ong, et al., *Material Science and Engineering B* **114-115**, 25 (2004).

[28] Y. He et al., *Extended Abstract of the 12th International Workshop on Junction Technology (IWJT)*, S2-03 (Shanghai, 2012).

[29] K. Yamada, M. Kashiwagi, and K. Taniguchi, *Jpn. J. Appl. Phys.* **22**, **Suppl. 22-1**, 157 (1983); *Proc. of the 14th Conf. on Solid State Devices* A-5-3, 155 (Tokyo, 1982).

[30] E. P. Donovan et al., *J. Appl. Phys.* **57**, 1795 (1985).

[31] S. Roorda et al., *Phys. Rev. Lett.* **62**, 1880 (1989).

[32] A. Murakoshi et al., *Proc. of the MRS Spring Meeting*, San Francisco, **xii+597**, 153 (1996).

[33] A. Murakoshi et al., *Jpn. J. Appl. Phys.* **52**, No. 7R 75802 (2013).

[34] S. Swirhun et al., *IEEE Electron Dev. Lett.* **6**, 639 (1985).

[35] S. J. Proctor, L. W. Linholm, and J. A. Mazer, *IEEE Trans. Electron Dev.* **30**, 1535 (1983).

[36] R. R. Kola et al., *Abstracs of Electrochem. Soc. Spring Meeting* **89-1**, Abstract No. 246, 369 (The Electrochem. Soc. Pennsylvania, 1989).

[37] I. Mizushima et al., *Appl. Phys. Lett.* **63**, 373 (1993).

[38] I. Mizushima et al., *Jpn. J. Appl. Phys.* **33**, 404 (1994).

[39] 水島一郎 他,『応用物理』**63(4)**, 386 (1994).

[40] Y. Takamura et al., *Proc. of the MRS Spring Meeting*, San Francisco **669**, J7.3 (MRS, 2001).

[41] P. M. Rousseau, *Ph.D. Thesis, Stanford University (1994)*; P. M. Rousseau et al., *J. Appl. Phys.* **82**, 3593 (1998).

[42] R. B. Fair and G. R. Weber, *J. Appl. Phys.* **44**, 273 (1973).

[43] S. Solmi, D. Nobili, and J. Shao, *J. Appl. Phys.* **87**, 658 (2000).

[44] E. Guerroro et al., *J. Electrochem. Soc.* **129**, 1826 (1982).

[45] K. C. Pandey et al., *Phys. Rev. Lett.* **61**, 1282 (1988).

[46] S. Luning et al., *Tech. Dig. of Int. Electron Device Meet.*, 457 (1992).

[47] M. Ramamoorthy and S. T. Pantelides, *Phys. Rev. Lett.* **76**, 4753 (1996).

[48] 須黒恭一, 山田雅基, 大内和也,『応用電子物性分科会「Gbit LSIを支えるプロセス技術——高精度ドライエッチングと微細コンタクト形成技術」』, 予稿集, 129 (機械振興会館, 1996) .

[49] J. I. Pankove et al., *Phys. Rev. Lett.* **51**, 2224 (1983).

[50] J. I. Pankove, *Hydrogen in Semiconductors*, edited by J. I. Pankove and N. M. Johnson Semiconductors and Semimetals 34, Chapter 6, p.91(Academic Press, 1991).

[51] J. Narayan and O. W. Holland, *J. Electrochem Soc.* **131**, 2651 (1984).

[52] T. Suzuki et al., *Ext. Abst. of the 22nd Int. Conf. on Solid State Device and Materials*, 1163 (1990).

[53] M. Takakura et al., *Ext. Abst. of the 1991 Int. Conf. on Solid State Device and Materials*, 219 (1991); *Jpn. J. Appl. Phys.* **30**, 3627 (1991).

[54] M. Kase et al., *J. Appl. Lett.* **75**, 3358 (1994).

[55] A. Murakoshi et al., *Mat. Res. Soc. Symp. Proc.*, San Francisco, **610**, B3.8 (MRS, 2000).

[56] K. Suguro et al., *Mat. Res. Soc. Symp. Proc.*, San Francisco, **669**, J1.3.1 (MRS, 2001)

[57] K. Suguro, *Proc. of the 18th Ion Implantation Technology*, 69 (Kyoito, 2010).

[58] 上殿明良,『応用物理』 **84(5)**, 402 (2015).

[59] M. Wittmer and T. E. Seidel, *J. Appl. Phys.* **49**, 5827 (1978).

[60] H. Muta, *Jpn.J. Appl. Phys.* **17**, 1089 (1978).

[61] J. B. Bindell, W. M. Moller, and E. F. Labuda, *IEEE Trans. Electron Devices* **ED-27**, 420 (1980).

[62] I. Ohdomari et al., *Appl. Phys. Lett.* **38**, 1015 (1981).

[63] I. Ohdomari et al., *Thin Solid Films* **89**, 349 (1982).

[64] M. Wittmer et al., *J. Appl. Phys.* **53**, 3690 (1982).

[65] A. Kikuchi and S. Sugaki, *J. Appl. Phys.* **53**, 3690 (1982).

[66] I. Ohdomari et al., *J. Appl. Phys.* **56**, 2725 (1984).

[67] E. O. Kirkendall, *Trans. AIME* **147**, 104 (1942).

[68] A. D. Smiegelskas and E. O. Kirkendall, *Trans. AIME* **171**, 130 (1947).

[69] K. N. Tu, *Appl. Phys. Lett.* **27**, 221 (1975).

[70] J. A. van Vechten, *Phys. Rev.* **10**, 1482 (1974).

[71] W. R. Wilcox and T. J. LaChapelle, *J. Appl. Phys.* **35**, 240 (1964).

[72] R. F. Peart, *Phys. Stat. Solidi.* **15**, K119 (1966).
[73] R. N. Hall and J. H. Racette, *J. Appl. Phys.* **35**, 379 (1964).
[74] A. Hiraki, M-A. Nicolet, and J. W. Mayer, *Appl. Phys. Lett.* **18**, 178 (1971).
[75] W. D. Buckley and S. C. Moss, *Solid State Electron.* **15**, 1331 (1972).
[76] W. K. Chu *et al.*, *Thin Solid Films* **25**, 393 (1975).
[77] L. S. Darken, *Trans. AIME* **175**, 184 (1948).
[78] I. Ohdomari *et al.*, *Mat. Res. Soc. Symp. Proc.* **54**, 63 (MRS, Pittsburg, 1986).
[79] M. Wittmer and K. N. Tu, *Phys. Rev. B* **29**, 2010 (1984).
[80] P. W. Lew and C. R. Helms, *J. Appl. Phys.* **56**, 3418 (1984).
[81] S. S. Cohen *et al.*, *J. Appl. Phys.* **53**, 8856 (1982).
[82] M. Wittmer, C. -Y. Ting, and K. N. Tu, *Thin Solid Films* **104**, 191 (1983).
[83] A. Kikuchi, *J. Appl. Phys.* **54**, 3998 (1983).
[84] M. Wittmer *et al.*, *J. Appl. Phys.* **53**, 6781 (1982).
[85] M. Wittmer, C. -Y. Ting, and K. N. Tu, *J. Appl. Phys.* **54**, 699 (1983).
[86] I. Ohdomari *et al.*, *J. Appl. Phys.* **56**, 2725 (1984).
[87] P. Revez, L. S. Hung, and J. W. Mayer, *J. Appl. Phys.* **54**, 1860 (1983).
[88] L. R. Zheng, L. S. Hung, and J. W. Mayer, *J. Appl. Phys.* **58**, 1505 (1985).
[89] K. Maex *et al.*, *J. Appl. Phys.* **66**, 5327 (1989).
[90] K. Suguro, *MRS Advances* **7**, 1241 (2022).
[91] Y.-J. Lee *et al.*, *Tech. Dig. of Int. Electron Device Meet.* 23.3.1, 513 (2012).

第4章

ドーパントによる電子準位とドーパント拡散のミクロな機構：計算科学によるアプローチ

4.1　はじめに

Rapidus（株）の設立，LSTC(Leading-edge Semiconductor Technology Center) の始動に象徴されるように，わが国でもようやく先端半導体テクノロジーの開発に金と人を集中させる空気感が漂ってきた．2 nm が一つの目安になっているようだが，2 nm 立方のシリコン結晶を考えた場合，そこには 400 個の原子しか存在しない．またドーパントが引き起こす電子準位の波動関数の広がりは，教科書を信じれば，その 2 nm を大きく超えている．この状況下で，従来の数十 nm あるいはそれ以上のサイズのテクノロジーがどのような物理的知見に基づいていたのかを整理することは，健全なテクノロジーとサイエンスの発展のためには重要であろう．本章では，ドーパントの引き起こす電子準位（いわゆる浅い準位）と，そのドーパントの分布を決めている原子拡散の 2 点にフォーカスし，電子論に基づく計算科学的アプローチの立場から，そうした整理を試みたい．

4.2　置換位置のドーパントの引き起こす電子準位

ドーパント原子はホスト原子を置換し，ホスト半導体のギャップ中に浅い準位をひき起こし，キャリアを生成すると思われている．実際，そのことはどの程度確固たるものなのか，さらに今後のナノテクノロジーにおいて研究者の目指すべき目標はどこにあるのかを考えてみたい．前世紀からの有効質量理論と今世紀に隆盛を極めつつある第一原理計算を中心に話を進めよう．

4.2.1　有効質量理論

シリコン結晶中に，P, As, Bi, Sb 等の V 族不純物，あるいは B, Al, Ga 等の III 族不純物を，エピタキシャル成長中あるいはイオン打込みにより導入すると，それら不純物原子は拡散の結果，シリコン原子を置換して，その格子位置に落ち着く（どのようにして落ち着くか，つまり不純物原子の拡散機構については次節で議論しよう）．格子位置に落ち着いたドーパント原子がどのような電子準位を引き起こすかについては，Kohn と Luttinger による有効質量理論 [1-3] が，その振舞を定性的には記述する．すなわち，価数が ± 1 だけ異なる元素の導入によりクーロンポテンシャルが生じ，それがシリコンの電子系により遮蔽され（誘電定数 ε），有効クーロンポテンシャル $\pm 1/4\pi\varepsilon r$ を生み出し，その有効ポテンシャル中をシリコンの伝導電子帯あるいは価電子帯の有効質量 m^* を有する電子が運動し，水素原子の 1s 軌道のような状態が出現するというものである．水素原子からの類推により，この軌道の広がりは水素原子の 1s 軌道の広がりの ε/m^* 倍になり，またバンド状態からのエネルギーの低下（ドナー）あるいは上昇（アクセプター）は，m^*/ε^2 という因子がかかることが推測される．この直観的に分かりやすい描像は，完全結晶のハミルトニアン H_0 とドーパントの挿入によるポテンシャル $U(r)$ によるシュレディンガー方程式

$$[H_0 + U(r)]\psi(r) = E\psi(r) \tag{4.1}$$

の解を近似的に求めることによって導かれる．すなわち，$\psi(r)$ を完全結晶中のブロッホ状態

$\{\phi_{\boldsymbol{k}}(r) = e^{i\boldsymbol{k}\boldsymbol{r}} u_k(r) = \sum_G e^{i(\boldsymbol{k}+\boldsymbol{G})\boldsymbol{r}} A_{k,G}\}$ で以下のように展開し，

$$\psi(r) = \int \overline{F}(\boldsymbol{k}) \phi_{\boldsymbol{k}}(r) d\boldsymbol{k} \tag{4.2}$$

次のような3つの仮定（近似）を行う．

(i) ブロッホ状態のエネルギー E_k は，伝導帯下端あるいは価電子帯上端の波数 $\boldsymbol{k}_\mu^0$（μ は伝導帯下端あるいは価電子帯上端の縮重度，いわゆる valley のインデックス）からの波数のずれ $\boldsymbol{k}' = \boldsymbol{k} - \boldsymbol{k}_\mu^0$ を用いて，$E_k = \hbar^2 \left[k_\parallel^{'2}/2m_\parallel^* + \boldsymbol{k}_\perp^{'2}/2m_\perp^* \right]$ と書けるとする．ここで $m_\parallel^*, m_\perp^*$ は等エネルギー面楕円体の長軸方向と短軸方向の有効質量．

(ii) ポテンシャルのフーリエ変換 $\overline{U}(\boldsymbol{k})$ の高波数成分を無視：$\left|\overline{U}(\boldsymbol{k} - \boldsymbol{k}' + \boldsymbol{G} - \boldsymbol{G}')\right| \ll \left|\overline{U}(\boldsymbol{k} - \boldsymbol{k}')\right|$.

(iii) ブロッホ状態の展開係数 $A_{k,G}$ は $\boldsymbol{k}$ によらない．言い換えると展開は限られた $\boldsymbol{k}$ 空間で行われるとする．

これらの仮定により，展開 (4.2) は各 valley 近傍の限られた $\boldsymbol{k}$ 空間での独立な展開係数 $\overline{F_\mu}(\boldsymbol{k})$ を用いた展開となり，その係数は，

$$E\overline{F_\mu}(\boldsymbol{k}) = \hbar^2 \left[\frac{\boldsymbol{k}_\parallel^2}{2m_\parallel^*} + \frac{\boldsymbol{k}_\perp^2}{2m_\perp^*} \right] \overline{F_\mu}(\boldsymbol{k}) + \int \overline{U}(\boldsymbol{k}' - \boldsymbol{k}) \overline{F_\mu}(\boldsymbol{k}') d\boldsymbol{k}' \tag{4.3}$$

を満たす．この式は，$\overline{F_\mu}(\boldsymbol{k})$ のフーリエ逆変換 $F_\mu(r)$ に対するシュレディンガー方程式と等価である．そこでの電子は有効質量 $m_\parallel^*$ および $m_\perp^*$ を持ち，ポテンシャル $U(r)$ の下で運動している．また波動関数 (r) は上記3つの仮定と同等の近似で，valley μ でのブロッホ関数 $\phi_{k\mu}(r)$ を用いて，

$$\psi_\mu(r) = F_\mu(r) \phi_{k\mu}(r) \tag{4.4}$$

と書ける．$F_\mu(r)$ は包絡関数 (envelope function) とよばれる．ここで $U(r)$ が単純なクーロンポテンシャルであると想像すると，冒頭の水素原子状の解が得られることになる．

　この有効質量理論の結果は分かりやすい直感的な描像を与えるが，実際のドーパントによるキャリアのイオン化エネルギーを正確に予測できている例は，実はあまりない．ほとんど唯一の成功例は GaAs 中の C, Si, Ge, S, Se ドナーかもしれない．実験的にはいずれのドナーも 5.8～6.0 meV のイオン化エネルギーを示している [4]．GaAs の伝導帯の下端は Γ 点（ブリルアン・ゾーン中心）であり，そこでの電子の有効質量と GaAs の静的誘電定数を用いると，上記水素原子状モデルでのイオン化エネルギーはやはり 6 meV 程度の値となる [5]．

　しかし多くの他の半導体の場合，上記の単純な有効質量理論は，定量的にあるいは定性的にさえ正しい描像を与えない．以下の Si 結晶の例に示すように，有効質量理論に他の理論をつなぎ合わせ，ハミルトニアンの行列要素を調節パラメータとして実験結果を再現しているのが現状である [5, 6]．Si 結晶の伝導帯下端は，Γ 点からブリルアン・ゾーン境界の X 点に向かった途中の6か所の点，

$$\{\boldsymbol{k}_\mu\} = \frac{2\pi}{d} \{(0, 0, \pm 0.85), (0, \pm 0.85, 0), (\pm 0.85, 0, 0)\}$$

に存在する（ここでdはSi結晶の格子定数）．つまり(4.3)式のvalley{μ}は6つある．そして有効質量方程式は全てのμに対して同一なので，6重縮退した状態が出現することになる．しかし実際には非縮退状態A_1，3重縮退状態T_2，2重縮退状態Eが1つずつ出現する（valley-orbit結合，valley分裂）．これは結晶の置換ドーパントの位置はT_d(tetrahedral)対称性を持ち，群論からの数学的要請により6重縮退は存在できないことに起因しており，実際T_d対称性のもとでは，上記の3状態に加えて非縮退状態A_2，3重縮退状態T_1の，全部で5つの状態しか存在し得ないことが厳密に示される[7]．このvalley分裂を記述するためには，

$$\psi^i(\boldsymbol{r}) = \sum_\mu \alpha^i_\mu F_\mu(\boldsymbol{r}) \phi_{k\mu}(\boldsymbol{r}) \tag{4.5}$$

なる新たな線形結合を考えることが必要となる．ここで$\{i = A_1, T_2, E, A_2, T_1\}$は各状態（群論的には既約表現という名前である）を表す添え字である．係数$\{\alpha^i_\mu\}$は群論から決定される．ハミルトニアン$H_0 + U(r)$をA_1, T_2, E状態の基底関数系$\{\psi^i\}$で表現し，対角化を行えば，Si結晶中ドナーによるvalley分裂が計算できるはずである．しかしながら結晶のハミルトニアンH_0は既知であるが，ドナーによるポテンシャル$U(r)$はここまでの議論では未知の量である．単純な$1/4\pi\varepsilon r$のクーロンポテンシャルはT_d対称ではなく球対称なので，たとえ(4.5)式の基底関数を用いてもvalley分裂は生まれない．現状で行われている取り扱いは，$U(r)$の形は不問のままで，その各基底関数系(4.5)の間の行列要素を実験スペクトルを再現するための調節パラメータとして用い，実験を説明するというものである．

valley分裂に加えて，有効質量理論の限界を示すもう一つの要素はcentral cell correctionである．Si中のドナーのイオン化エネルギーの実験値を見てみると[4]，P(46 meV), As(54 meV), Bi(71 meV), Sb(43 meV)[4]であり，$\pm 20 \sim 30\%$のばらつきがある．アクセプター準位についてもB(44 meV), Al(69 meV), Ga(73 meV)であり，やはり$\pm 20 \sim 30\%$のばらつきがある．単純な有効質量理論ではイオン化エネルギーはホストのSiの電子状態だけで決まっているので，このドーパント原子による違いは説明できない．しかし明らかにポテンシャル$U(r)$はドーパント原子の個性を反映するはずで，イオン化エネルギーのドーパントによるばらつきは，いわば当たりまえのことである．問題はそのばらつきを理論的に予測できるかということである．現状では，$U(r)$の形を現象論的に導入し，そこでのパラメータを調節パラメータとして，実験値を説明することが行われている[5]．

以上見てきたように，一番単純な完全結晶の場合の，置換位置を占めているドーパント原子による浅い準位のイオン化エネルギーについてさえ，有効質量理論は定量的予測能力を欠いている．ましてや，ナノ構造デバイスにおけるイオン化エネルギーの予測は不可能というべきかもしれない．その理由は，valley分裂およびcentral cell correctionの議論に共通であるが，ドーパントによるポテンシャル$U(r)$を，有効質量理論の枠内で正確に決定することができないという点にある．次項では，この問題の解決のための第一原理計算の現状を紹介する．

4.2.2 第一原理計算（密度汎関数理論）による浅い電子準位の記述

近年，量子論の第一原理に立脚した微視的計算で物質の構造的・電子的性質を解明・予測するアプローチが盛んである（いわゆる第一原理計算）．現在最も有力な第一原理計算の理論的枠組みは，密度汎関数理論 (DFT: Density-Functional Theory) であろう．その計算手法はコン

ピュータ上のプログラムとしてインプリメントされ，現在では多くのユーザーが，たとえ DFT を知らなくても，何らかの数値解を得ることが可能となっている．しかし，注意深く考えながら計算しないと，意味のない結果を得てしまう危険もあるのが事実であり，必要最低限の理論的枠組みと，そこでの問題点を認識しておく必要もあるだろう．そのために以下の (1), (2), (3) に要点をまとめた．DFT の枠組みが既知である読者はスキップして欲しい．より詳しい内容を知りたい読者は，例えば文献 [8] を参照されたい．

(1) 前置き：密度汎関数理論の骨子

DFT の骨子は，相互作用しあっている電子系，すなわち物質，の全エネルギー E は，その電子系の密度 $n(\bm{r})$ の汎関数 $E[n]$ として表現できるという正確な定理である．具体的には

$$E[n] = \int v_{\text{ext}}(\bm{r}) n(\bm{r}) d\bm{r} + T_s[n] + \frac{1}{2} \int \frac{n(\bm{r}) n(\bm{r}')}{|\bm{r}-\bm{r}'|} d\bm{r} d\bm{r}' + E_{\text{XC}}[n] + E_{\text{II}} \tag{4.6}$$

と書ける．ここで $v_{\text{ext}}(\bm{r})$ はイオン系，外場など電子系以外からくるポテンシャル，$T_s[n]$ は電子系の運動エネルギー，右辺第 3 項は通常の電子間の古典的クーロン相互作用エネルギーである．最後の $E_{XC}[n]$ が電子間の相互作用の量子論的効果を表す交換 (exchange) および相関 (correlation) エネルギーである．その正確な形は，明示的にも数値的にも未だ知られてはいない．ここでイオン間のエネルギー E_{II} は，イオンの量子性を無視すれば単なる点電荷間のクーロンエネルギーなので，もちろん実際の計算では勘定されるが，本章ではこれ以上議論しない．

通常の量子力学では，多電子系のハミルトニアン $\mathcal{H}$ が系を記述し，多電子系の波動関数 $\Psi(r_1, r_2, \ldots, r_N)$ が系の量子状態を表している．この $\Psi(r_1, r_2, \ldots, r_N)$ はシュレディンガー方程式 $\mathcal{H}\Psi = E\Psi$ を解くことによって得られる．しかし，このシュレディンガー方程式は変分原理から導出されるものであることを認識することは重要であろう．すなわち，系のエネルギー $E = \langle \Psi | \mathcal{H} | \Psi \rangle$ の Ψ についての変分を取り，そこで得られた変分方程式（Euler 方程式）が上記多体のシュレディンガー方程式に他ならない．つまり通常の量子力学では系のエネルギーは多体波動関数の汎関数であると見なされている $(E = E[\Psi])$．しかし DFT の基礎定理によれば Ψ の汎関数ではあるかもしれないが電子密度 $n(\bm{r})$ の汎関数とも見なせる．したがって $n(\bm{r})$ についての変分を取り，多体シュレディンガー方程式に代わる変分方程式を導き出すことが可能である．そこで電子密度を，1 電子の軌道関数の集合 $\{\psi_\mu(\bm{r})\}$ を用いて，

$$n(\bm{r}) = \sum_\mu |\psi_\mu(\bm{r})|^2 \tag{4.7}$$

と表現できるとする．すると変分方程式 $\delta E[n]/\delta n(\bm{r}) = 0$ は，

$$\left[-\frac{\nabla^2}{2} + v_{\text{ext}}(\bm{r}) + \int \frac{n(\bm{r}')}{|\bm{r}-\bm{r}'|} d\bm{r}' + \frac{\delta E_{XC}[n]}{\delta n(\bm{r})} \right] \psi_\mu(\bm{r}) = \varepsilon_\mu \psi_\mu(\bm{r}) \tag{4.8}$$

となることが示される．(4.7) 式と (4.8) 式を自己無撞着に解いて，ψ_μ および ε_μ を求めるわけである．これを創始者の Walter Kohn と Lu Sham の名を取って，Kohn-Sham(KS) 方程式と呼び，その解 $\{\varepsilon_\mu, \psi_\mu\}$ を KS エネルギー（固有値），KS 軌道という．左辺第 4 項が交換相関エネルギー $E_{XC}[n]$ からくるポテンシャルである．ポテンシャルといったが，一般的には $n(\bm{r})$ およびその導関数等から構成される演算子である．計算を進めるためには，そこには何らかの近似を導入する必要がある．

(2) 量子論的効果

交換・相関エネルギーに対するいくつかの比較的簡単な近似は，Walter Kohn の 1998 年のノーベル化学賞受賞に象徴されるように，驚くべき成功を収めてきた．最も簡単な近似 LDA(Local Density Approximation) では電子ガスの問題[1]に対する量子多体理論の成果を援用している．電子ガスに対する摂動論的アプローチ（いわゆるファインマン・ダイヤグラム），さらには 1980 年の量子モンテカルロ計算 [10] により，密度 n_0 を有する電子ガスの交換・相関エネルギー $\varepsilon_{XC}(n_0)$ は広い範囲の n_0 の値に対して求まっている．それを用いて LDA では，

$$E_{XC}[n] = \int \varepsilon_{XC}(n(\boldsymbol{r})) n(\boldsymbol{r}) d\boldsymbol{r} \tag{4.9}$$

とする．物質中の電子密度 $n(r)$ は空間的に変化しているが，空間の各点の近傍では，それを"微小な電子ガス"の系と見なすことに相当している．この簡単な近似は，様々なバルク物質の構造的性質，電子スペクトルを，経験的あるいは調節パラメータなしに高精度で再現する．例えば結晶の格子定数ならその誤差は 1%，圧縮率等の弾性定数なら数 %，さらにはエネルギー帯の形状，分散も定量的に再現される．この比較的簡単な計算スキームと応用上の成功が，1990 年代以降 30 年余にわたって，実験家を含む物質科学者に第一原理計算が広く受け入れられてきた所以であろう．

しかし，LDA の定量的な精度が不十分な場合もある．典型的には化学反応の経路，特に経路に沿った反応エネルギーの数値に対して，LDA は実験値と異なる結果を与える場合がある．本章に最も関係の深い化学反応は，シリコン結晶中の原子拡散であろう（拡散はボンドの切った張ったの化学反応である）．図 4.1 に結晶中のシリコン原子の拡散係数の LDA 計算値を示す（拡散メカニズムについては次節で議論する）[11]．放射性トレーサー原子を用いた実験値と比較すると，広い温度範囲（560〜1300 ℃）にわたって計算と実験の拡散係数は無視できない違いを示している．この問題点は LDA から一歩進んだ近似で解決されている．それは $E_{XC}[n]$ を表現するのに $n(r)$ だけではなくその微分 $\nabla n(r)$ を用いるものである．具体的には，$s(\boldsymbol{r}) \equiv |\nabla n(\boldsymbol{r})| / \left[2(3\pi)^{1/3} n(\boldsymbol{r})^{4/3}\right]$ および $t(\boldsymbol{r}) \equiv (\pi^3/3)^{1/6} \left|\nabla n(\boldsymbol{r})/4n(\boldsymbol{r})^{7/6}\right|$ を用いた表式が得られている．この 2 つの微分形は，フェルミ波長およびトーマス–フェルミの遮蔽長を表しており，電子密度が空間的にどの程度変化しているかの尺度である．詳細は参考文献に譲るが，この近似レベルで現在最も成功しているものは，Generalized Gradient Approximation(GGA)[12] と呼ばれるものである．この GGA 近似による拡散係数の計算値も図 4.1 に示す．LDA 計算値に比べて格段の改善が見られ，実験値を定量的に再現している [11]．

上記 LDA, GGA（semi-local 近似と総称している）には極めて重大な問題がある．半導体，絶縁体のバンドギャップを正しく計算できないことである．Kohn-Sham 方程式の固有値 ε_μ から推定されるバンドギャップは実験値よりはるかに小さいこと（典型的には数十 % 以下）が明らかになっている．例えばシリコンのバンドギャップの LDA あるいは GGA による計算値は 0.6 eV であり，実験値のおおよそ半分である．この問題の物理的理由は，電子の局在性と非局在性の記述の不備だという議論はあるが，現状では必ずしも明らかではない．Kohn-Sham 方程式

1　ある平均的な電子密度 n_0 を持つ電子系が，それと等しい量の一様な正電荷の海の中で相互作用しあっているものを電子ガスとよび，電子系の量子論的多体効果を調べる舞台として，古くから物理学の分野で調べられてきた [9]．

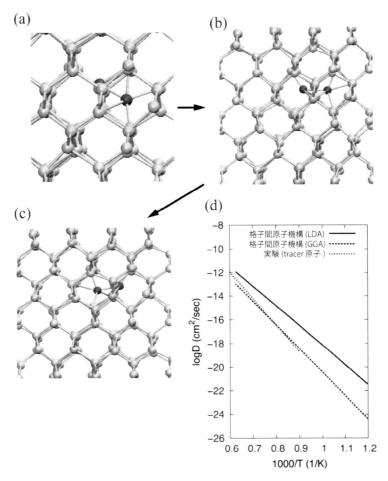

図 4.1　Si 中の自己拡散機構と拡散係数．(a)6 員環の中心に位置していた格子間原子（濃色の丸）が，(b) 隣接原子とボンドを形成し，(c) 別の Si 原子が隣に押し出される．(d) この自己拡散に対する拡散係数の計算値と実験値．（文献 [11] の Figure 6 と Figure 7 を合成）．

の妥当性 [13] というよりは量子論的多体効果の不十分な取入れだと考えられている [14, 15]．一方，量子化学における最も簡単な近似は Hartree-Fock 近似 (HFA) である．そこでは，相関相互作用は無視されているが，同じ向きのスピンに対する交換相互作用が正しく取り扱われている．しかし，この近似はバンドギャップを過大評価する．そこで考えられたのが GGA と HFA を混ぜ合わせたハイブリッド近似である [16]．混ぜ合わせの程度は，現時点では経験的なものである[2]．しかしながら，この木に竹を接いだというべきハイブリッド近似は，多くの半導体，絶縁体のバンドギャップの値を定量的に正しく記述する [17]（図 4.2 参照）．系の全エネルギーについても，ハイブリッド近似は semi-local 近似に勝るとも劣らない結果を与えている．現時点での DFT 計算，特にエネルギーギャップ付近の電子準位計算においては，ハイブリッド近似（提唱者のイニシャルを取った HSE 近似）が最も信頼に足る近似と言えよう．しかし計算コストの面からは HFA における非局所ポテンシャル計算は semi-local 近似に比べて不利である．

2　交換相関エネルギーに対する断熱定理 [8] に基づく，混ぜ合わせのパラメータの導出は可能である．

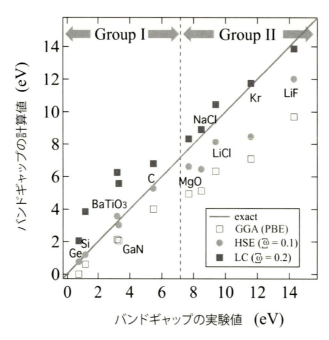

図 4.2　GGA(PBE) 近似，ハイブリッド (HSE) 近似，LC ハイブリッド近似による固体のバンドギャップ．計算値が赤線上に乗っていれば正確な値を与えていることになる．Group I の通常の半導体では HSE 近似が定量的に良好な結果を生みだしている（文献 [17] の Figure 4 より転載）．

(3) 半導体中の電子準位計算におけるモデリング

　物質中に構造的欠陥あるいは不純物が導入されたときの物性解明は，周期性が失われた無限に大きな系の物性解明である．欠陥・不純物により，それが存在しなかったときの完全系での性質が変調され，新たな電子状態が出現する．欠陥・不純物から遠く離れた空間では，電子状態はホスト物質のブロッホ状態であろう．それが欠陥・不純物によって散乱され，あるいは多重散乱により束縛状態が出現する．この状況を正しく記述する方程式は，散乱理論における Lipmann-Shwinger(LS) 方程式である [7]．実際 1980 年代には，半導体中の点欠陥によって誘起された深い電子準位に対して，この LS 方程式が DFT の枠内で解かれ，多くの成果が得られた（点欠陥グリーン関数法）[18, 19]．しかし，"欠陥・不純物から遠く離れた空間" という言い回しは，考えてみれば極めて曖昧な定義である．欠陥・不純物の影響が及ぶ可能性のある散乱領域を空間的に広げていき，その領域の広がりの収束性を調べる必要があるが，1980 年代の計算技術とコンピュータ能力では，それは能わぬタスクであった．

　一方，スーパーセル・モデルも 80 年代以降現在まで広く用いられているモデリングである．そこでは，欠陥・不純物を含む領域を 1 つのスーパーセル (SC) とし，その SC を周期的に無限個並べたものをターゲットとしている．この SC モデルでは，LS 方程式解法の空間散乱領域の決定の問題は別の形で表れている．すなわち，空間的に局在した電子状態，つまりは半導体ギャップ中に出現する電子状態の波動関数が 1 つのスーパーセルからはみ出てしまえば，解いている問題は無限結晶系の構造不完全性の問題とは言い難い．計算したい物理量の，スーパーセルのサイズに対する収束性の吟味が不可欠である．SC モデルの LS 方程式解法に対する優位性は，

計算スキームの数学的な単純さであろう．LS 方程式解法は数学的にやや面倒くさい手続きとなるのに対し，SC モデル計算は，数学的には通常の完全結晶に対する計算と違わないので，何十年にもわたって蓄積されてきた計算テクノロジーがそのまま使えるという利点がある．

申し上げたいのは，点欠陥・不純物を含む半導体中の電子状態計算は，方法論的にチャレンジングな問題が含まれているということであり，今後の発展に期待したい．

(4) そして，ドーパントによる浅い準位

(3) において，点欠陥・不純物によって誘起された電子状態の記述には，結晶ポテンシャルが変調を受ける空間領域の決定が重要であり，より正確な記述のためにはより広い空間領域を考える必要があることを述べた．それはとりもなおさず，正確な記述のためには大規模計算が重要であることを意味する．前世紀の DFT スーパーセル計算では，スーパーセル中の原子数は 200〜300 原子がせいぜいであっただろう [20]．しかし 300 原子からなるシリコンを考えても，そのサイズは 1.8 nm 立方にすぎない．現代では 1000 原子程度の計算は頑張れば可能であろう．しかしそのサイズは 2.7 nm 立方である．

大規模計算という観点からは，「京」「富岳」といった超並列アーキテクチャのスーパーコンピュータ上で，計算機科学・工学の研究者との共同で，大規模高速な計算スキームが開発されている [21]．それは，各計算ノード間の通信を最小限に抑えるアルゴリズムを採用した RSDFT(Real Space DFT) コードであり [22, 23]，2011 年のゴードンベル賞最高性能賞を獲得した．2011 年の時点で，10 万原子から成る Si ナノワイヤー電界効果トランジスターの電子状態が計算された [23]．10 万原子の立方体スーパーセルを考えるとそのサイズは 12.6 nm であり，ようやく浅い準位の波動関数の広がりに近づいてきた[3]．こうしたベンチマーク計算ではなく，通常の（もちろんある程度潤沢な）計算リソースでの semi-local 近似での大規模物質計算の現在のサイズ限界は，おそらく 10,000 原子程度であろう．この規模での立方体スーパーセルサイズは 5.8 nm である．今の計算手法と計算機性能の現状では，浅い準位の定量的記述には何らかの外挿技術が必要であろう．

実際，10,000 原子規模の DFT 計算はいくつか実行されている．シリコン中の置換型アクセプター不純物 B, Al, Ga, In に対しては，512 原子から 64,000 原子までセルサイズを変化させた SC モデルを用いた LDA 計算が行われている [24]．ただし，通常の LDA 計算は 512 原子スーパーセルで実行され，それ以上のサイズのスーパーセル計算では，LDA ポテンシャルを人為的に導入した長距離クーロンポテンシャルで補正している．計算された KS エネルギーから得られたアクセプター準位のイオン化エネルギーの，64,000 原子 SC 計算（セルの差し渡し 10.8 nm）と 32,768 原子 SC 計算（差し渡し 8.7 nm）の結果は 5% 内外の相違となっている．一方，実験値に比べ，この LDA 計算によるイオン化エネルギーは 7%(B), 22 % (Al), 21%(Ga) と浅くなっており，決して満足のいくものではない．これはおそらく上記人為的ポテンシャル補正の問題であり，もっと根本的には LDA 近似の限界と考えられる．

GGA 近似による計算もドナー不純物 As, P に対して実行されている [25, 26]．512 原子から

3　ドナーに対する水素原子状のモデルにおけるボア半径は，波動関数の値が最大値の $e^{-1} \approx 0.37$ になる半径のことなので，正確な浅い準位の波動関数を求めるには，ボア半径の何倍かのサイズのスーパーセルが必要となろう．

10,648 原子（セル差し渡し 6.0 nm）までセルサイズを変化させ，サイズに対する収束性を調べながら，ドナー準位のイオン化エネルギーが計算されている．As について得られた結果は 15.3 meV[25] であり，実験値の 54 meV とは大きく異なる．また P については，12 meV という結果が得られており [26]，やはり実験値の 43 meV からは外れている．これらの実験との不一致は，semi-local な近似の問題ともいえるが，計算技術の不備という側面もある．大きなサイズの SC モデルに対し DFT 計算を真面目に実行しているわけではなく，小さいサイズで得られたポテンシャル，電子密度を大きなサイズのセルに埋め込み，人為的ポテンシャル補正を導入しているという意味で，その正当性はいささか疑問である．

実は，セルサイズ N を無限大にしたときの外挿値が求めるべきものである．計算における人為的な手続きを排除して真面目な計算を実行し，その結果を $1/N$ に対してプロットし，$N \to \infty$ での値を調べるのが適当であろう．Bi と As に対してそうした計算が，最近 Van de Walle グループによってハイブリッド近似を用いて行われた [27]．プリミティブな立方単位格子の $n \times n \times n$ 倍のスーパーセルを用意し（$N = 8n^3$），ハイブリッド近似と GGA 近似の両方で N に対するスケーリングが吟味された．計算規模は比較的小さなものであり，GGA 近似に対しては最大 1728 原子 SC モデル（差し渡し 3.3 nm），ハイブリッド近似に対して 1000 原子 SC モデル（差し渡し 2.7 nm）である．結果を図 4.3 に示す．GGA 近似ではより大きな SC モデルを用いているので，DFT 計算値からそのままの外挿線が引いてある．しかし，ハイブリッド計算ではより小さなセルの計算値しかないので，外挿線に曖昧さが残る．そこでハイブリッド近似と GGA 近似の結果の違いは交換相互作用による準位分裂の違いであることに着目し，その分裂の大きさのサイズ依存性 N を調べて，外挿線の傾きを補正している．この取扱いに若干の曖昧さが残るが，図 4.3 では実際の計算値は外挿線によく乗っており，外挿値も上手に推定されているように見える．結果は GGA 近似においては，Bi, As による浅い準位のイオン化エネルギーはそれぞれ 28.3 meV，22.5 meV であり，実験値の 71 meV(Bi)，54 meV(As) を大きく過小評価している．これは前述の 10,000 原子規模の計算と定性的には一致している．一方，ハイブリッド近似での計算値からの外挿値は，67 meV(Bi) および 54 meV(As) であり，実験との一致は驚くべきものである．この比較的小さな SC モデル計算でもこれだけ良好な結果が得られていることは，ハイブリッド近似による計算結果から外挿技術を用いて所望の物理量を手に入れることの重要性を示しており，今後の発展が期待される．

すなわち，ここまではバルクのシリコン中のドーパント準位のイオン化エネルギーの計算であり，よく定義された実験条件のもとで，その値はすでに知られている．今後デバイスの微細化により，半導体／絶縁体，半導体／金属界面から数ナノメートルの位置にドーパント原子が位置する，あるいはドーパント間の距離が数ナノメートルである，という状況が多発すると思われる．その状況下で，ドーパント周囲の原子構造がどのように変化し，その結果として電子準位のイオン化エネルギーがどう変化するかは，デバイスデザインに欠かせない情報になるであろう．その情報を手に入れるのに最も適した手法は，量子論に基づく第一原理計算であろうと筆者は考えている．その際，計算手法の定量的正確さ，予測可能性が問題となろう．上記のハイブリッド近似と SC モデルのサイズに関するスケーリングの考え方は，有望なアプローチに思われる．

最後に理論の立場からのコメントを一つ．ここまでの議論では，イオン化エネルギーは KS エネルギー固有値から推定してきた．すなわち，浅い準位に対応する KS 準位と伝導帯の下端（あ

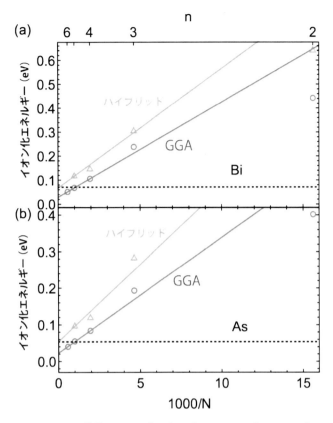

図 4.3 Bi および As のドナー準位のイオン化エネルギーの SC モデルのサイズ $N = 8n^3$ に対する依存性とその $1/N = 0$ への外挿値. △, ○ が, それぞれハイブリッド近似, GGA 近似による計算値. 外挿線には交換相互作用分裂値のサイズ依存性を用いた補正が含まれている [27]（文献 [27] の Figure 1 の縦軸タイトル, 図中説明を日本語化）.

るいは価電子帯の上端）に対応する KS 準位の固有エネルギーの差をイオン化エネルギーとしてきた．しかしこれは厳密な意味では正しくない．KS 方程式は全エネルギーに対する変分方程式に過ぎず，その固有値には厳密な意味での物理的意味はない．電子準位の正しい定義は，ドーパントを含む系の荷電状態が q から q' に変化するギャップ中のフェルミ準位の位置 $\varepsilon(q/q')$ である（thermodynamic level あるいは occupancy level などと呼ばれる）．ドナーならば + から中性，アクセプターならば − から中性に変化するときのフェルミ準位位置．この量は異なる荷電状態の形成エネルギーを計算し，両者が等しくなるときのフェルミ準位の位置を求めればよい．そうした計算例は数多く存在し，例として SiC/SiO_2 界面系 [28]，フラッシュメモリー SiN 中の欠陥 [29] などが挙げられる．通常の場合，この thermodynamic level の位置は対応する KS 準位の位置に，少なくとも定性的には一致する．浅い準位の場合にどの程度一致しているかの解析は，単純なシリコン結晶の場合においてさえ，現在では不十分である．今後に期待したい．

4.3 ドーパント拡散のミクロな機構

　ドーパントの拡散は物質中での原子拡散の一例であり，物質科学における基本現象の一つである．加えて半導体中のドーパント拡散は，デバイス作成における制御すべき基本的現象である．イオン注入とその後のアニーリング，あるいはエピタキシャル成長中のドーパント添加，いずれの場合もドーパントの拡散プロファイルのプロセス依存性の解明はデバイス作成には欠かせない．現状では多くの場合，長年にわたって培われた経験的な知識と古典的な拡散方程式に基づくシミュレータにより，生産現場でのデバイス開発が為されていると，筆者は理解している．ナノメートルスケールのデバイス作成には，よりミクロな科学的知見に基づくシミュレーションが必要であろう．本節では，DFT計算によるそうした知見のいくつかを紹介する．

4.3.1 拡散の素過程

　原子拡散がサブナノメートルのスケールのどのような原子プロセスで生じているかは，本当のところ，我々は知らない．それを明らかにした実験は存在しない．映画『ミクロの決死圏：Fantastic Voyage 1966』は未だ実現されていないのである．しかし物質科学の発展により，あるいは人類の思いこみにより，原子拡散は点欠陥を介して生じていると考えられている．その概略は図4.4に示すようなものである．図4.4(a)では，置換位置にいるドーパント原子の最近接格子位置に原子空孔が生じると，そこにドーパント原子は移動し得る．原子空孔が生じ得る確率はボルツマン因子$\exp(-E_f/k_B T)$で定まり，移動の確率は$\exp(-E_m/k_B T)$できまる．ここでE_f, E_mは空孔の形成エネルギー，ドーパント（言い換えれば空孔）のマイグレーションエネルギーである．この原子移動がさらに続くためには，ドーパントと空孔がペアとなって移動する必要がある（図4.4(b)）．このペア拡散は，半導体欠陥分野の碩学であるWatkinsとCorbettによって提唱された[30]．シリコン中のドーパント拡散における活性化エネルギーQは，自己拡散（シリコン中のシリコン同位体原子の拡散）の活性化エネルギーより約1 eVほど低いことが昔から知られていた．この理由はドーパントと空孔のペア形成によるエネルギーの低下であることが，その後の欠陥グリーン関数法計算によって明らかとなっている[31]．こうしたプロセスがvacancy（空孔）機構による拡散素過程である．拡散の出発点を，ドーパント原子が完全結晶中の置換位置に収まっている状況と考えれば（つまり平衡状態），拡散の活性化エネルギーは$Q = E_f + E_m$となることは明らかであろう．

　図4.4(c)はもう一つの固有欠陥であるSi格子間原子を媒介とする拡散である．Si格子間原子が置換位置のドーパント原子に近づくと，そのドーパント原子を格子間位置に押し出し，次いでドーパント原子は格子間をマイグレーションしていくことが考えられる．この場合には，ドーパント原子がマイグレーションを始める状況を作り出す確率を$\exp(-E_f/k_B T)$に比例していると書くと，そこでのE_fは自己格子間原子の形成エネルギーあるいは置換ドーパント原子を格子間位置に放出するエネルギーであり，マイグレーションの確率におけるE_mは格子間ドーパント原子のマイグレーション障壁である．この格子間原子を媒介とするプロセスにおいても，格子間原子とドーパント原子のペア拡散の可能性が考えられる[31]．図4.4(d)に示すように，自己格子間原子が，置換ドーパント原子を格子間に押し出し，次に格子間ドーパント原子が格子上Si原子を格子間に押し出すというプロセスである．このプロセスが繰り返されれば，格子間原子と

ドーパント原子のペア拡散が成立する．

拡散の活性化エネルギーを形成エネルギーとマイグレーションエネルギーの和 $Q = E_f + E_m$ で表現することには任意性がある．その状況は図 4.4(d) の場合に顕著であろう．しかし，何をどう定義するかが問題ではなく，拡散の出発点をよく定義することが肝要である．平衡状態（ドーパントが置換位置に落ち着いている状態）での拡散と，例えばイオン注入後で不完全なアニーリングの状態で点欠陥がたくさん存在する状態での拡散では，拡散係数はおのずと異なる．それは E_f と E_m にどのような状態のエネルギーを用いるべきかという問題でもある．

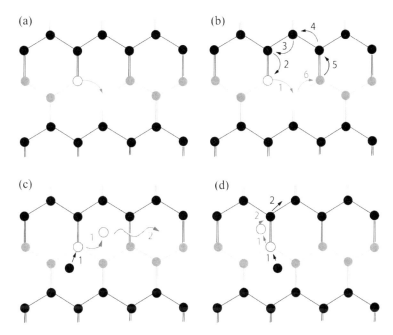

図 4.4　置換型ドーパント原子（白丸）の半導体結晶中（黒丸と灰色丸）の拡散の素過程．(a) 原子空孔を媒介とする拡散の 1 ステップ．(b) 原子空孔とドーパント原子のペア拡散．(c) 自己格子間原子がドーパント原子をキックアウトし，その後ドーパント原子が格子間をマイグレーション．(d) 自己格子間原子とドーパント原子とのペア拡散．

4.3.2　拡散経路の決定と拡散障壁の計算

前項の拡散素過程の描像に基づきドーパント原子の拡散経路を決定し，その経路に沿った拡散の活性化エネルギーを求めることが第一原理計算における第一の目標である．DFT に立脚した分子動力学 (MD) 法計算による拡散係数の計算についてはその有用性と限界を後述する．(4.6) 式より，ある原子構造が与えられたときの全エネルギーは直接計算することができる．またその原子構造が安定あるいは準安定であるかどうかは，R_I に位置する各イオン（原子核）に働く力

$$F_I = \frac{dE[n]}{dR_I} \tag{4.10}$$

を計算し，それが数値的エラーの範囲内で 0 になっていればよいわけである．（言わずもがなではあるが，数値計算を実行するときには，全エネルギーの極小値を与える構造だけではなく，極

大値を与える構造でもこの力は0になることを忘れないようにしよう）．

　拡散経路の探索・決定にはもう一工夫必要である．拡散プロセスでは，拡散原子は全エネルギー・断熱ポテンシャル面の山を越え，隣の等価な構造に移動する．つまりポテンシャル面の峠道を通るわけである．峠道を通る途中で，ターゲット原子だけでなく周囲の原子群も構造緩和を行う．峠道が複数存在する場合は，それぞれの峠道を通る拡散プロセスが存在するだろうが，半導体中における拡散の活性化エネルギー（eV のオーダー）と実験の温度（高々融点以下）に鑑みれば，一番低い峠道が重要となるであろう．それを求めるための計算の模式図を図 4.5 に示す．

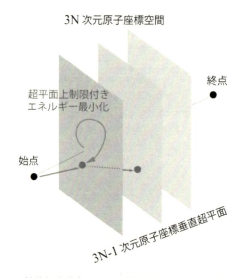

図 4.5　拡散経路決定のための制限付きエネルギー極小化法．

　拡散，あるいは一般的に化学反応という言い方もできると思うが，その始状態と終状態を定義することから計算は始まる．考えている拡散プロセスを人間が定義し，その詳細な経路の探索と活性化エネルギーの決定を行うわけである．峠道の探索には，始状態と終状態を結ぶ多次元原子座標空間でのベクトルを考え，それに垂直な多次元超平面を考える．十分な数の多次元超平面を導入し，その各超平面上で，全エネルギーの最小化を行う．制限付きエネルギー最小化である．こうして得られた多次元超平面上のエネルギー最小点を結んだものが，欲しい拡散経路である．このような手法を超平面制限付きエネルギー最小化法と呼ぶ [32]．この手法はさらに洗練化され，現在では Nudged Elastic Band (NEB) Method[33] として計算コミュニティに広く流布している．拡散経路が決定すれば，経路上の各構造での全エネルギーは計算できるので，拡散の活性化エネルギー Q が求められる．

　温度 T での原子拡散の頻度は，この活性化エネルギーによるボルツマン因子に比例する．それ以外の温度に依存しない因子は，拡散過程におけるエントロピーバリヤー，始状態における拡散の試行確率，すなわち局所格子振動モードの振動数，および他の幾何的な因子である．そうした因子から構成される拡散係数 D を直接求めるには，現時点では，分子動力学法 (MD: Molecular Dynamics) が最適であろう．そこでは2つの異なる計算法がある．一つはターゲットとなる原子に着目し，温度 T での長時間シミュレーションを実行し，時刻 t でのその原子の位

置 $R(t)$ をモニターし，アインシュタインの関係式 $D = (1/6)\lim_{t\to\infty}\left\langle|R(t)-R(0)|^2\right\rangle/t$ より拡散係数を求める方法である．もう一つの方法は，拡散係数が，原子の自己速度相関関数に比例するという線形応答理論の式 $D = (1/3)\int_0^{t\to\infty}\langle v(t)v(0)\rangle$ を活用し，こちらも十分長時間での相関関数を計算するものである．両者は原理的に一致するはずであり，十分長時間の MD シミュレーションを実行すれば，それを確かめることができる [11, 34]．図 4.1 は，シリコン中のシリコン原子の自己拡散係数に対するそうした MD シミュレーションの例である．

4.3.3　キャリア再結合による増速／減速拡散

　通常の実験環境での原子拡散は，拡散種の位置に対する全エネルギー断熱ポテンシャル面上でのその拡散種の熱的運動である．すなわち拡散種は，ホスト材料を構成している周囲の原子との結合を切ったり，新たな結合を形成したりしながら，移動していく．この周囲原子との結合の切断・形成は拡散種の荷電状態に依存する．すなわち，全エネルギー断熱ポテンシャル面は，拡散種の荷電状態に依存して異なる形状を持ち得る．これは，伝導帯あるいは価電子帯のキャリアの捕獲・放出により拡散の速さが変化するという，キャリア再結合による増速/減速拡散 (recombination enhanced/retarded diffu-sion) の可能性を示唆している．

　図 4.6 は 1980 年代に計算実行された，シリコン中の Si 格子間原子のそうした増速拡散の例である．当時の計算で，Si 自己格子間原子の最安定配置は，tetrahedral(T) 対称性の格子間位置で +2 価の荷電状態を持つことが分かった．電子論的には，自己格子間原子の s および p 軌道から成る状態は T 対称性のゆえに 1 重と 3 重に分裂し，1 重状態は価電子帯中に，また 3 重状態は伝導帯中に共鳴状態として存在する 3 重状態はスピンを含めて 2 個の電子で占有されるが，3 重状態は空なので，+2 価の状態となる．ギャップ中に状態が出現しない理由は，T サイトの構造的特異性（T サイトの Si 自己格子間原子は 4 個の最近接 Si 原子を持ち，その 4 原子への距離は格子内のボンド距離と等しい）に起因していると推測される．T サイトからボンド距離の数分の 1 進むと，六員環の真ん中，hexagonal(H) 対称性の格子間位置に到達する．+2 価のままで進むと図 4.6 にあるように約 1 eV 程度の拡散障壁が存在する．しかしながら H サイトでは対称性が低くなるので，T サイトでの伝導帯中の 3 重状態は分裂し，ギャップ中に電子準位が出現する．おそらくは，T サイトから H サイトへの移動の途中で，ギャップ中に出現した状態に電子が捕獲されるものと推測される（当時の計算技術とリソースではそこまで計算できなかった）．つまり T→H のどこかの地点で +2 価は +1 価さらには中性にその荷電状態を変化させるものと期待される．図 4.6 に示されているように，中性状態では T サイトはもはや安定でなく，H サイトの方が安定である．非熱的に H サイトに移動することも可能である．+1 価の場合も，T→H の拡散障壁は顕著に小さくなる．電子捕獲による増速拡散が期待される．シリコン中では，自己格子間原子および Al アクセプター原子が，極低温で非熱的拡散をすることが実験的に知られている [19, 35]．上記のような電子捕獲による増速拡散であることが期待される．

　図 4.6 の計算結果は，実は 4.3.2 項で説明したような拡散経路を計算で求めたものではない．T サイト，H サイト（およびボンド中心サイト）などの主だった格子間位置での，各荷電状態の全エネルギーを計算したにすぎない．図 4.6 のエネルギーカーブは，その意味で想像図のレベルと言える．現在の計算技術では，4.3.2 項で示したような拡散経路の決定，さらにはキャリア捕

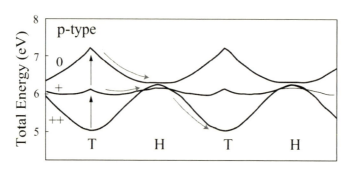

図 4.6 シリコン中の自己格子間原子のマイグレーション経路と全エネルギー変化（文献 [19] の Figure 3 からの模式図）．T 対称性格子間位置と H 対称性格子間位置の間の migration．安定な +2 価の T 格子間位置で，キャリア捕獲により自己格子間原子が +1 価あるいは中性に変化すると，migration のエネルギー障壁は顕著に減少，あるいは障壁そのものが消失する．

獲・放出の確率も第一原理的に計算することが可能である．2 nm 以下の新たなプロセスでは，従来の拡散実験でのプロファイルとは異なる現象が起きてくる可能性もある．その際に，キャリア再結合による効果を考える必要が出てくるかもしれない．シリコン結晶については，ドナー，アクセプター拡散についてのそうした先端的計算は存在しないが，高速パワーデバイスの切り札と目されている GaN については，最近我々は Mg アクセプターがこうした増速拡散を示すことを計算で見出した[4]．シリコン中のドーパント拡散とは話がずれるが，現時点での第一原理計算による拡散の機構解明の到達点を示すために，またシリコン中での同様の現象の予測と解明を進めるために，以下に簡単に結果を紹介しよう [37]．

イオン注入で生じた Mg 格子間原子がどのように結晶内を経巡って行くのかを解明することが目的である．そのためには，まず格子間 Mg 原子の安定および準安定配置を決定することが必要である．図 4.6 に示すような 80 年代の第一原理計算では，人が対称性の高い配置に目を付け，そこでの構造安定性を検討し，全エネルギーの値を算出するのがせいぜいであった．現時点では様々な初期位置から構造最適化を行い，ほとんど網羅的に安定格子間位置を決定することが可能である．その結果，GaN 中の Mg 格子間原子の安定配置として，図 4.7 に示すような 4 つの構造が見つかった．1 つ目は，6 つの Ga（あるいは N）原子から成る八面体の中心位置である Octahedral(O) サイト（図 4.7(a)），2 つ目は 4 つの Ga（あるいは N）原子から成る四面体の中心位置である Tetrahedral (T) サイト（図 4.7(b)）である．さらに上述の網羅的探索により，3 つ目の安定構造として，Mg と Ga 原子の双方が格子間位置に飛び出た複合構造 (ic: interstitial complex)（図 4.7(c) で ic と下付き添字を付けた），4

つ目の安定構造として，Mg が Ga の格子位置に入り込み，Ga が代わりに格子間位置に飛び出た構造 $Mg_{Ga}Ga_i$（図 4.7(d)）が見つかった．それぞれの構造は特有の荷電状態を持ち得る．その状況は図 4.8 の，ギャップ中のフェルミ準位の位置に依存した形成エネルギーの計算結果から明らかとなった．荷電状態の変化はギャップ中の電子準位にキャリアが捕獲・放出されることで生じるので，形成エネルギーはフェルミ準位の位置に依存するのである．

---

[4] GaN 中への Mg アクセプタードーピングは，最近ようやくイオン注入が可能となった [36]．しかし様々なアニーリング条件で得られる Mg のプロファイルは，従来の拡散方程式から推定されるプロファイルでは説明できない様相を示している．拡散機構の解明が必要である．

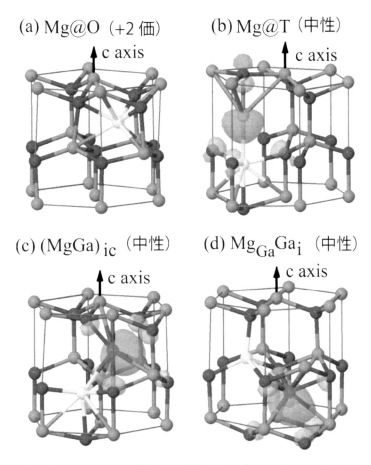

図 4.7　GaN 中の格子間 Mg 原子の（準）安定配置．(a)+2 価の O サイト，(b) 中性の T サイト，(c) 中性の (MgGa)ic 構造，(d) 中性の $Mg_{Ga}Ga_i$ 構造．濃いグレーの丸，グレーの丸，薄いグレーの丸がそれぞれ，N, Ga, Mg 原子を表す．ギャップ中に出現した電子準位の軌道が雲状の広がりで表現されている．各構造に対してどのような荷電状態が出現するかはフェルミ準位の位置に依存する（図 4.8 を参照）．

図 4.8 より，Mg の最安定配置はフェルミ準位位置の広い範囲にわたって Ga 格子位置を置換した配置である (Mg_{Ga})．またこの置換配置に対しては，中性状態と-1 価状態の形成エネルギーの交点が価電子帯上端 (VBT) 近くにあるので（その交点のフェルミ準位位置がアクセプター準位 $\varepsilon(0/-)$ なので），予想された通り，Mg_{Ga} はアクセプターとして働くことが分かる．

格子間 Mg に対しては O サイトが最も安定である．しかも荷電状態はフェルミ準位の位置がどこにあろうと（つまり p 型であろうと n 型であろうと）+2 価である．これは O サイトでは格子間 Mg はギャップ中に電子準位を作らないという計算結果に起因している．すなわち，GaN はイオン性が強いので，Ga の 3 個の価電子は近傍の N の p 軌道におおむね収容されている．格子間 Mg 原子の 2 個の価電子に対しても，こうしたイオン性は同様である．しかしながら N の p 軌道はすでに満員で，しかも O サイトの Mg は今回の計算で分かったようにギャップ中に電子準位を作らないので，+2 価にならざるを得ない，と解釈できる．T サイト，(MgGa)ic 構造，$Mg_{Ga}Ga_i$ 構造での形成エネルギーは，O サイトのそれより 2 eV 近く高い．したがって，格

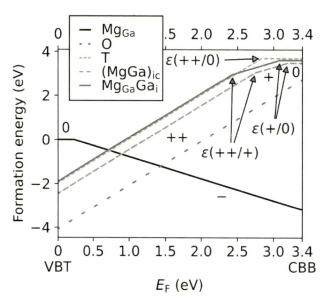

図 4.8　荷電状態 q を持つ様々な Mg 格子間配置に対する形成エネルギーのフェルミ準位位置依存性．図の横軸左端，右端は，それぞれ VBT（価電子帯上端），CBB（伝導帯下端）である．置換位置 Mg の形成エネルギーをエネルギーの原点としている．計算値は Ga リッチの場合．Thermodynamic レベル（電子準位）$\varepsilon(q/q')$ は，荷電状態 q および q' に対する形成エネルギーの交点から得られる．

子間 Mg の拡散の素過程は，O サイトから隣の O サイトまで，ここで見つかった準安定構造を通過点として移動する過程であることが推測される．ここで注目すべきことは，T サイト，(MgGa)ic 構造，$\mathrm{Mg_{Ga}Ga_i}$ 構造ではギャップ中に電子準位が生じることである．その電子軌道を図 4.7(b), (c), (d) に示す．軌道は格子間にはみ出た Ga 原子と周囲の N 原子の反結合的線形結合であることが分かる．このギャップ中準位に電子を 1 個あるいは 2 個捕獲することにより，それぞれの構造は +1 価および中性になることが分かった（図 4.8）．

さて，拡散素過程の経路の決定とその活性化エネルギーである．4.3.2 項で説明した NEB 法による計算を行った．拡散経路の決定では GGA 近似を用い，その経路の各構造での電子準位，全エネルギーはハイブリッド近似で求めた．主要な拡散経路についてはハイブリッド近似計算も行い，GGA 近似の結果とほぼ同一であることを確かめた．結果の一部を図 4.9 に示す．まず最も単純な O サイトから隣の O サイトへの移動は，+2 価の荷電状態のままで起こる．隣の O サイトには 3 つの非等価なサイトがあるが，そこへの移動の活性化エネルギーは，それぞれ，2.02 eV, 1.95 eV, 2.20 eV と計算された．他の準安定状態を介した移動でも，+2 価を維持したままの移動では，やはり活性化エネルギーは 2 eV あるいはそれ以上であることが分かった（図 4.9）．しかし，上述したように，T サイト，(MgGa)ic 構造，$\mathrm{Mg_{Ga}Ga_i}$ 構造では，+2 価以外の +1 価，中性の可能性もある．ということは移動の途中で電子を捕獲し，荷電状態を変化させながら移動・拡散していくことが可能である (recombination enhanced diffusion: RED)．その結果が図 4.9 に示されている．どの準安定構造を介した RED でも，活性化エネルギーは 2eV より約 0.5 eV 低くなることが分かった．最も低い活性化エネルギーを持つ拡散経路は図 4.9(a) の $\mathrm{O^{+2}} \to \mathrm{(MgGa)_{ic}^{+1}} \to \mathrm{(MgGa)_{ic}^{0}} \to \mathrm{nextO^{+2}}$ であり，その活性化エネルギーは 1.47 eV と計

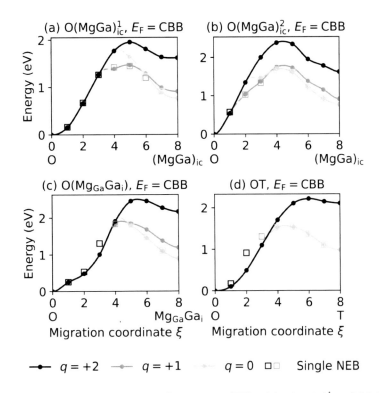

図 4.9 格子間 Mg 原子の 4 つのマイグレーション経路，(a)O $(MgGa)_{ic}^1$，(b)O $(MgGa)_{ic}^2$，(c)O $(Mg_{Ga}Ga_i)$，(d)OT に沿った全エネルギーの変化．(a) と (b) の上付き添え字は 2 つの異なる経路を表している．これらの経路の終着点（右端）は，O から隣の O への全体の経路の中間点であり，後半の経路は，結晶の対称性より，この図を折り返したものとなる．横軸は計算で決定されたマイグレーション経路を表す座標．荷電状態 q を固定した NEB 計算結果が内挿線で表され，マイグレーション途中で最適の荷電状態に変化させた NEB 計算 (single NEB) 結果が □ で示されている．両者はほぼ同じ結果である．

算された．

　前述の Si 自己格子間原子の RED では活性化エネルギーの消失が見られたが，この GaN 中の Mg 拡散の場合は，活性化エネルギーの減少にとどまっている．しかし共通点は，格子間原子の最安定配置が比較的対称性の高いサイトであり，そこではギャップ中に電子準位が生じないため正に帯電した状態が実現していること，そして拡散の途中でギャップ中に生じた電子準位が電子を捕獲し，活性化エネルギーの変化を生みだしていることである．シリコンという典型的共有結合半導体と GaN というイオン性の強い半導体に共通の現象であることが興味深い．

　図 4.10 はそうした状況の模式図である．一般的にサイト A とサイト B の全エネルギーの相違が荷電状態 q と q+2 に依存するときには，キャリア捕獲／放出による原子マイグレーションの変調が見られる．図 4.10(a) では，各サイトでのキャリア捕獲により非熱的マイグレーションが起こっている（図中の破線矢印）．図 4.10(b) では異なる荷電状態においてもサイト A の方がエネルギー的に安定なので，非熱的マイグレーションは起きずに，マイグレーション経路の途中（図の黒丸の箇所）でのキャリア捕獲によりマイグレーションエネルギーの減少が起こる（図中一点鎖矢印）．図 4.10(a) の場合でも，各サイトでのキャリア捕獲／放出が起きない場合は，マイグレーションエネルギーの減少にとどまっている（一点鎖矢印）．q と q+2 に着目しているの

は，ギャップ中の電子準位では 2 個の電子を捕獲／放出できるからである．しかしギャップ中の準位が空間的に十分局在している場合には，スピン分裂が生じる．その場合には q+1 の荷電状態もこのマイグレーションの変調に参画してくる．図 4.9 の GaN 中の Mg マイグレーションがその例である．マイグレーションエネルギーのプロファイルには様々なパターンが存在する．文献 [38] にはそうした議論が展開されている．

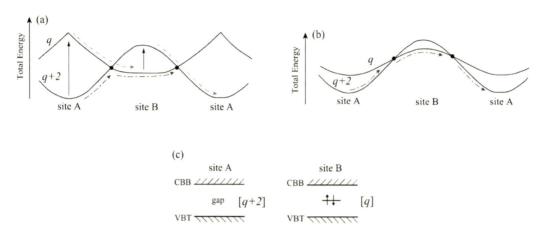

図 4.10　キャリア再結合による増速拡散の模式図．2 つの荷電状態 q と q+2 に対して，拡散種の全エネルギーの大小が逆転する場合 (a) と逆転はしないが変調する場合 (b)．いずれの場合も，マイグレーションエネルギー（図中の Total Energy）の荷電状態による変化には，拡散種がサイト A，サイト B で引き起こしている，あるいは引き起こしていない，ギャップ中の準位に電子が捕獲されているか [q] 否か [q+2] という電子論的振る舞いが重要である (c)．

4.4　まとめ

　本章ではドーパント原子が引き起こすギャップ中電子準位とドーパント原子の拡散（マイグレーション）のミクロ機構について，計算科学によるアプローチの現状を概観した．ギャップ中電子準位（浅いレベル）については，実はその結晶中での実験値は，過去の計算で調節パラメータなしには再現されていないことを示した．しかし最近の計算科学の手法と計算機の性能向上により，ようやく調節パラメータなしに再現できるようになってきた．そこから得られた教訓は 2 つある．一つは，電子の局在性／非局在性を量子論的により正確に記述する近似（ハイブリッド近似）が必要であること，もう一つは，スーパーセル模型の有限サイズによる影響を外挿によって取り除くことである．それによって初めて定量的に，浅い準位の位置が求められた．通常の結晶中での値は実験的にはっきりしているので，計算をする必要はないかもしれない．しかし，ナノメートルスケールのデバイス構造中のドーパントによって導入された電子の局在性／非局在性は，量子論に基づく第一原理計算で明らかにする以外に術はないのではないだろうか．浅い準位の同定における計算科学のアプローチの重要性を示していると思われる．

　ドーパントの拡散機構についても計算科学のアプローチは重要であろう．本稿で主に説明した拡散種の荷電状態の変化による（すなわち電子，正孔等のキャリアの捕獲・放出による）活性化

エネルギーの増減は，従来のデバイス作成のプロセスにおいては，それほど意識されてこなかった現象であるように感じる．今後科学的側面からは，キャリア捕獲・放出確率の定量的計算の実行が重要なターゲットとなるであろう．そこからの知見がプロセスシミュレータに活かされて，初めてサブ2 nmテクノロジーが実現されると，筆者は考えている．

参考文献

[1] W. Kohn and J. M. Luttinger, *Phys. Rev.* **97**, 883 (1955).

[2] J. M. Luttinger and W. Kohn, *Phys. Rev.* **97**, 869 (1955).

[3] W. Kohn, *Solid State Physics*, edited by F. Seitz and D. Turnbull (Academic Press, 1957) Vol. 5.

[4] S. M. Sze, Y. Li, and K. K. Ng, *Physics of Semiconductor Devices, 3rd edition* (John Wiley & Sons, 2021)

[5] A. L. Saraiva *et al.*, *J. Phys. Condensed Matter* **27**, 154208 (2015).

[6] C. J. Wellard and L. C. Hollenberg: *Phys. Rev. B* **72**, 085202 (2005).

[7] 例えば，押山淳，『東京大学工学教程 量子力学 II』（丸善出版，2019）．

[8] 押山淳 他，『【岩波講座】計算科学 計算と物質』（岩波書店，2012）．

[9] 例えば，高田康民，『多体問題特論—第一原理からの多電子問題』（朝倉書店，2009）．

[10] D. M. Ceperley and B. J. Alder, *Phys. Rev. Lett.* **45**, 566 (1980).

[11] K. Koizumi *et al.*, *Phys. Rev. B* **84**, 205203 (2011).

[12] J. P. Purdue, K. Burke, and M. Ernzerhof, *Phys. Rev. Lett.* **77**, 3865 および **78**, 1396E (1996).

[13] A. Oshiyama and J.-I. Iwata, *J. Phys.* **302**, 012030 (2011).

[14] M. S. Hybertsen and S. G. Louie, *Phys. Rev. Lett.* **55**, 1418 (1985); *Phys. Rev. B* **34**, 5390 (1986).

[15] G. Onida, L. Reining and A. Rubio, *Rev. Mod. Phys.* **74**, 601 (2002).

[16] 現時点で最も成功したハイブリッド近似としてHSE近似がある．J. Heyd, G. E. Scuseria and M. Ernzerhof, *J. Chem. Phys.* **118**, 8207 (2006); **124**, 21299906 E.

[17] Y.-i. Matsushita, K. Nakamura and A. Oshiyama, *Phys. Rev. B* **84**, 075205 (2011).

[18] J. Bernholc, N. Lipari and S. T. Pantelides, *Phys Rev. B* **21**, 3545 (1980).

[19] R. Car *et al.*, *Phys. Rev. Lett.* **52**, 1814 (1984).

[20] O. Sugino and A. Oshiyama, *Phys. Rev. Lett.* **68**, 1858 (1992).

[21] コンピューティクスによる物質デザイン：複合相関と非平衡ダイナミクス http://computics-material.jp/

[22] J.-I. Iwata *et al.*, *J. Comp. Phys.* **229**, 2339 (2010).

[23] Y. Hasegawa *et al.*, *Int. J. High Performance Computing Applications* **28**, 335 (2014).

[24] L.-W. Wang, *J. Appl. Phys.* **105**, 123712 (2009).

[25] T. Yamamoto *et al.*, *Phys. Lett. A* **373**, 3989 (2009).

[26] J. S. Smith *et al.*, *Sci. Rep.* **7**, 6010 (2017).

[27] M. W. Swift *et al.*, *npj Comp. Mat.* **6**, 181 (2020).

[28] Y.-i. Matsushita and A. Oshiyama, *Jpn. J. Appl. Phys.* **57**, 125701 (2018).

[29] F. Nanataki *et al.*, *Phys. Rev. B* **106**, 155201 (2022).

[30] G. D. Watkins and J. W. Corbett, *Phys. Rev.* **134**, A1359 (1964).

[31] Car *et al.*, *Phys. Rev. Lett.* **54**, 360 (1984).

[32] S. Jeong and A. Oshiyama, *Phys. Rev. Lett.* **81**, 5366 (1998).

[33] G. Henkelman and H. Jonsson, *J. Chem. Phys.* **113**, 9978 (2000).

[34] M. Boero *et al.*, *Appl. Phys. Lett.* **86**, 201910 (2005); *Physica B* **376-377**, 945 (2006).

[35] G. D. Watkins, *Lattice Defects in Semiconductors*, edited by F. A. Huntley, IOP Conference Series No. 23, p. 1 (1975).

[36] H. Sakurai *et al.*, *Appl. Phys. Lett.* **115**, 142104 (2019); *Appl. Phys. Exp.* **13,** 086501 (2020).

[37] Y. Zhao *et al.*, https://arxiv.org/abs/2402.06214; to be published in *Phys. Rev. B* **110**, L081201 (2024).

[38] S. T. Pantelides *et al.*, *Phys. Rev. B* **30**, 2260 (1984).

第5章

放射光を用いた光電子ホログラフィーによるシリコン中の高濃度ドーパントクラスターの3次元原子配列構造解析

5.1 はじめに

　半導体中にドープされたドーパントの高濃度・高効率での電気的活性化は，半導体の種類に関わらずしばしばそのデバイス・プロセス技術の大きな課題であった．ドーパントを高濃度でドープしてもその電気的活性化濃度には上限があり，過剰なドーパントは半導体中で不活性化してしまう．不活性化しているドーパントが種々の欠陥構造やクラスター構造を形成していることは，これまで多くの研究で議論されてきた．電気的活性化向上の課題解決には，このような構造形成をいかに制御するかという技術開発が必要と言える．そのためには，対象となるこれらの欠陥構造やクラスター構造の姿を明確に把握することが重要であるが，これは未だに必ずしも容易ではない．

　半導体結晶中で不活性化した状態のドーパント原子は，結晶の格子位置に入って正常に活性化したものとは異なり，格子位置から外れたサイトを占有する，ドーパント原子の周りを取り囲むべき結晶を構成する原子が脱離して空孔を生じている，さらには同種のドーパント原子が複数結合するなど，様々な近接原子の配列構造をとる．ドーパント原子を中心にしたこれらの異なる近接構造を識別して捉え，ドーパントの電気的な活性/不活性をこれらの構造と対応させることが必要である．

　これまで，半導体結晶中のドーパントの近接構造については，イオン散乱法 [1-4], XAFS（X線吸収微細構造）法 [5-9], STEM（走査透過電子顕微鏡）法 [10-13], アトムプローブ法 [14,15] などを用いた研究が進められ，多くの知見が得られてきた．しかし，対象とする3次元原子配列構造を明確に決めるには難しさが残る．また，これらの方法は，基本的に原子の物理的配置についての情報を得るにとどまり，観ているドーパントの電気的活性/不活性の情報とは直接結び付けることはできない．一方，ドーパントの電気的活性/不活性はドーパント原子の化学結合状態と関わっており，その観測には光電子分光法が有力である．これまでにも，Si 結晶中にドープされた B, P, As, Sb 等の化学結合状態を X 線光電子分光 (XPS) で観測し，同じ元素で混在する電気的に活性な成分と不活性な成分を分離観測できることが報告されている [16-20]．ただし，高濃度ドーピングとはいえその濃度はパーセントオーダー以下であるために高感度の測定が必要であり，また一般的に異なる近接構造に対するドーパントの化学シフトは 1 eV 以下であることも多いため，エネルギー分解能の高い測定も必要である．そのため，これらの測定は，放射光の軟 X 線を励起光に用いた軟 X 線光電子分光法で行われてきた．

　ドーパント周囲の3次元原子配列構造の情報と，その化学結合状態すなわち電気的活性/不活性の情報を同時に得られる手法が，光電子ホログラフィーである [21-25]．本章では，光電子ホログラフィーの概要を説明した後，これを Si 中にドープされた As の解析に適用し，電気的に活性化した As，クラスター化して電気的に不活性化した As とそのクラスター構造の3次元原子配列構造を明らかにした研究成果について述べる [19,20]．また，そこから派生した研究として，不活性化した As クラスター構造中の As を B との共ドープにより活性化できる可能性についても述べる [20]．

5.2 光電子ホログラフィーの原理

5.2.1 光電子ホログラム

図 5.1 に光電子ホログラフィーにおいて測定データとなる光電子ホログラムが得られる原理を示す [19]．結晶中のドーパント原子を X 線で励起して内殻光電子を放出させる．この光電子のエネルギー分光をすれば通常の X 線光電子分光 (XPS) である．図 5.1 のように，この光電子は波動性を有するので，放出された光電子の一部は，結晶内を伝播しながら周囲の近接原子で散乱されて散乱波となり，散乱されない直接波と散乱波が結晶内で干渉する．これらが試料表面から放出されると，干渉効果でその放出強度の方向依存性が現れる．この強度分布を広い立体角で取得し，放出強度の方位（球座標の 2 つの偏角で表される）依存性を 2 次元マッピングしたものが光電子ホログラムとなる．これが電子波でなく光のホログラフィーであれば，まさにこの位置に感光板等を置くことで写真としてのホログラムが撮れることになる．しかし，光電子の場合は，電子の放出角度と強度を同時に測定できる電子アナライザーを用いた測定システムで等価的にホログラムデータを取得する（5.4.2 項で後述）．

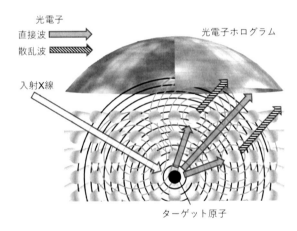

図 5.1 光電子ホログラフィーの原理的概念 [19]．

この素過程として，ターゲットになる原子（ここではドーパントの 1 原子）と近接するもう一つ別の原子（任意の種類）との 2 原子を考える．ターゲット原子から発生した内殻光電子は球面波として周囲に伝播し，これが隣接原子で散乱されると，ここから新たな散乱波としての球面波が発生し伝播する．そして両者が干渉することにより空間的な干渉パターンが生じる．これをシミュレーションで算出した例を図 5.2 に示す．ここでは，中心に置かれた As のターゲット原子ともう一つの隣接する Si 原子が置かれ，それらの 2 原子間の距離が Si 結晶での最近接になる 0.235 nm と Si 結晶の格子定数に相当する 0.543 nm の場合の結果を示している．

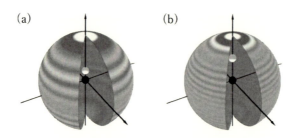

図 5.2　ターゲット原子の As に Si 原子が 1 個隣接している場合の As3d 光電子の干渉パターンのシミュレーション結果．光電子エネルギーは 600 eV．2 原子間の距離が (a)0.235 nm，(b)0.543 nm の場合．

　この結果から明確な 2 つの特徴が分かる．1 つは，ターゲット原子から見て隣接原子の方向の延長線上に前方収束ピークと呼ばれる強い回折が起こることである．もう一つは，前方収束ピークの周りに同心円状態の干渉縞が現れるが，2 原子間の距離が増大するとこの間隔が狭くなることである．すなわち，この干渉パターンには，2 つの原子間の方向と距離，すなわち 3 次元の位置関係情報が含まれている．実際の結晶内では，図 5.1 に示すように複数の周辺原子が存在するため，それぞれ個々の原子による干渉パターンが重畳した光電子ホログラムが観測される．そのため，この光電子ホログラムからターゲット原子の周辺に存在する原子の位置を 3 次元配列構造として再構成することができる．

　次に，実際の測定では，図 5.3 に示すように試料内の複数のターゲット原子（個々のターゲット原子から図 5.2 の干渉パターンで光電子が放出される）からの信号が重なったものを測定するので，これらの相互の位置関係や向きについての制限を考える．まず，光電子の結晶内での非弾性散乱平均自由行程（IMFP: Inelastic Mean Free Path）は 1 nm 程度であり，球面波の波源の距離，すなわち原子間の距離がこれより大きく離れると，もはや明瞭な干渉は起こらなくなる．したがって，ここで対象とするターゲット原子を中心にして半径約 1 nm 以内の近接原子がホログラムに反映される．この干渉プロセスは 1 電子波動関数によるものである．複数の光電子により，複数のターゲット原子からそれぞれ光電子が放出されるが，それは，独立の干渉プロセスであり，相互の影響は無く独立の存在となる．すなわち，これら複数のターゲット原子の位置関係は光電子ホログラムに何も影響しない．一方，ターゲット原子の周囲の配列構造が図 5.3(a) のように試料結晶内で同じ方向で存在する配向性を持つことは，有効な光電子ホログラムを得るために必要である．それぞれの構造から放出される光電子は，図中の「検出方向」にある検出器で捉えられるが，試料と検出器の距離は試料上の観察領域（検出器の視野）よりはるかに大きいので，「検出方向」の線は互いに完全に平行である．この「検出方向」を広範囲に変えながら光電子強度の分布を測定した結果が光電子ホログラムとなるわけである．このとき，図 5.3(a) のように配向性があれば各構造からの強度の方位依存性は全て同じで，これが重なることで明瞭な光電子ホログラムが得られる．しかし，図 5.3(b) のように構造毎の向きに揺らぎがあると，光電子強度の検出方向依存性にはそれぞれズレが生じてしまい，これを重ねると全体として平均化され干渉パターンは消失してしまう．したかって，アモルファスのような物質の観測には適さない．

　以上ではターゲット原子をドーパント原子にした場合を述べてきたが，結晶を構成する主成分元素の内殻光電子を捉えて同様の観測を行えば，全く同様に，その主成分元素の原子（今の場合

Si) の周辺構造 (観測対象の結晶で通常は既知の構造) を反映した光電子ホログラムが得られる. 実際の測定実験では, こちらもリファレンスとしてデータ取得が行われる.

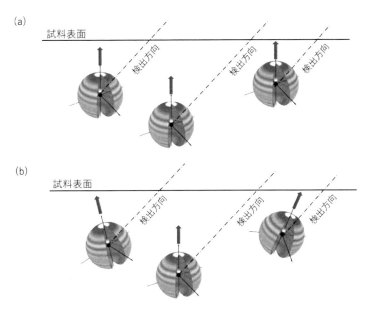

図 5.3 観測対象のドーパント周り近接原子配列構造の配向性有無の比較.「検出器方向」の延長遠方にある検出器で光電子強度を計測する. (a) 試料結晶内で一定方向に配向性を持つ状態, (b) 配向性を持たず揺らいでいる状態.

5.2.2 原子配列像の再構成

上述のように, 光電子ホログラムには実際の3次元原子配列構造の情報がほぼ全て含まれているので, 実験で得られた光電子ホログラムから実空間の3次元原子配列構造が, その目的のために開発された計算アルゴリズムを用いて再構成される. 開発の初期にはこの逆問題を高精度に解くのは非常に困難であったが, 種々の解析手法やアルゴリズムの導入で改良が重ねられ, 現在ではSPE-L1法 [26-31] と呼ばれる手法が開発され, 実用的で高い精度の再構成ができるようになっている. 再構成される原子配列像は, 結晶の単位格子内の3次元座標空間中におけるターゲット原子に近接する原子の存在確率分布として表される. すなわち, 高い確率分布の位置に近接原子が存在することを示すものとなる (5.4 節で具体例を詳述する).

光電子ホログラムの数値データからSPE-L1アルゴリズムをベースとした解析を行って原子配列像を再構築する計算プログラムが, "3D-AIR-IMAGE" と称してその開発者である松下から公開されており一般に利用できるようになっている [32].

5.2.3 光電子ホログラフィーで有効な評価結果を得るための測定対象試料とその測定環境の制約条件

光電子ホログラフィーでは試料の物質内での電子波の干渉を正確に捉えなければいけないので, 測定上の擾乱要因に敏感な要素もある (5.5 節で後述) が, 基本的には光電子分光法を基礎とした手法であるので, 測定上の制約も一般的な光電子分光法と同様に考えてよい.

まず，絶縁物の測定はチャージアップを起こしやすく正しい測定が困難になる場合が多い．また，試料内に意図しない電磁場があればその影響を受け得る．内部電場は何らかの固定電荷などから生じるが，それが生じるのは絶縁物内であり，やはり絶縁物の測定という点で困難になる．導電性のある試料であればこの影響は受けにくい．一方，磁場に関しては，試料物質内での光電子のIMFPが短い（5.2.1項参照）ために内部磁場の影響を受けにくい．ただし，測定系で試料と分析器の間に強い磁場があると影響が出る．これも通常の光電子分光測定と基本的に同様である．

5.3 Si結晶中のドーパントに対する光電子分光測定および電気的活性/不活性との対応づけ

5.3.1 実験試料作製方法 [16]

Si結晶中にドープされたBおよびAsに対して放射光を用いた軟X線光電子分光測定を実施し，異なる状態で混在するドーパントの成分を分離し，それぞれに対して電気的活性/不活性の対応付けを行った例を紹介する [16, 20]．Bドープに対してはn形，Asドープに対してはp形のそれぞれSi(100)ウエハを基板として用意し，プラズマドーピング法によってそれぞれのドーパントを浅くドーピングし，スパイクRTA法で活性化した．それぞれの条件を表5.1に示す[1]．

表 5.1　光電子分光実験用試料のドーピング条件

ドーパント	ドーズ	スパイクRTA温度
B	$1 \times 10^{15}\,\mathrm{cm}^{-2}$	1075 ℃
As	$2 \times 10^{15}\,\mathrm{cm}^{-2}$	1025 ℃

活性化処理を行った基板を分割し，ステップエッチング法により表面から異なる深さでエッチングした光電子分光測定用の試料を作製した．ここで用いたステップエッチング法は，まず試料表面を常温のオゾン雰囲気中で酸化し，続いて稀HF処理で酸化膜を剥離するプロセスを繰り返す方法である．これにより，1サイクル当たり約0.5～1 nm（ドーパント濃度等に依存して変化）のSiを剥離でき，試料のエッチング深さは繰り返しの回数で制御した．このエッチング法は，低ダメージでかつ低温プロセスであるため，エッチング過程でのドーパントの拡散や偏析も非常に少ないと期待できる．これにより，もとの基板の表面から異なる深さにおけるドーパントの状態を光電子分光測定できることになる．合わせて，別の試料において，同じステップエッチング法を用いて差分ホール効果測定を行い，キャリア（Bドープでは正孔，Asドープでは電子）濃度の深さ方向分布を評価した．また，エッチング前の基板に対して二次イオン質量分析(SIMS)測定を行い，それぞれのドーパント濃度の深さ方向分布も評価した．

---

[1] 本章では様々な実験結果を示しながら議論するが，引用する過去の実験データの存在や議論内容にわかりやすい結果が得られていることを優先して選んでいるので，それぞれの結果を得た個々の実験方法や実験条件はそのことに特に言及している場合を除いて特別な意味はない．例えばここではプラズマドーピング法を用いているが，後述の別の実験ではイオン注入法を用いている．これらのドーピング方法の違いが結果にどのように現れるかも興味深いところであるが，本章ではそのような議論は行わない．

5.3.2 光電子分光測定による異なる状態にあるドーパントの識別 [16, 19, 20]

放射光施設 SPring-8 において，入射光子エネルギー 500 eV の軟 X 線励起による光電子分光を行った．B ドープ試料および As ドープ試料の測定で得られた B1s 内殻スペクトルおよび As3d 内殻スペクトルの例を，それぞれ図 5.4(a) および同 (b) に示す [20]．これらの試料のエッチング深さは，B ドープで 2.5 nm，As ドープで 11 nm である（これらの深さの選択も脚注 1 の通り）．

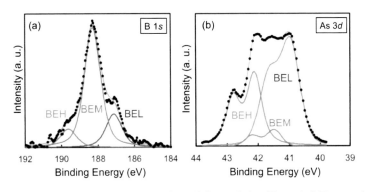

図 5.4　Si 中にドープされた B および As の軟 X 線光電子分光で得られた光電子スペクトル [20]．
(a) B1s 内殻光電子．(b) As3d 内殻光電子．

いずれの場合も結合エネルギーの異なる 3 種類の成分にピーク分離できた．それぞれ，結合エネルギーの低い方から高い方に向けて，BEL，BEM，および BEH とラベル付けしている．なお，B1s は s 軌道で 1 つの状態に対して単一ピークである．一方，As3d は d 軌道でスピン軌道相互作用により 1 つの状態に対して 2 ピーク（全角運動量子数：3/2 と 5/2）が重なった形となるがその強度比は一定であり，ここではこの重畳ピークを 1 つの状態に対応したピーク成分とする．同じドーパント元素でも結合エネルギーが異なる成分があることから，Si 結晶中で何らかの異なる構造をとるものが混在している状況が示唆される．そして，これらの異なる状態をとるドーパントの相対的な濃度比は，それぞれの分離されたピークの積分強度の比と考えてよい．さらに，全成分を合わせたピークの積分強度を，その試料のエッチング深さに対応する SIMS 測定によって得られたドーパント濃度プロファイルの位置から読み取れる全濃度でキャリブレーションすることによって，各状態の成分の絶対濃度を推定することができる．

5.3.3 異なる状態のドーパントと電気的活性/不活性の対応 [16, 20]

B ドープおよび As ドープそれぞれに対して，BEL，BEM，BEH の異なる成分の濃度の深さ方向分布を図 5.5(a) および同 (b) に示す [16, 30]．成分毎に濃度だけでなく深さ分布の形状もそれぞれ異なっているのが分かる．図 5.4 にはスペクトル例を示した試料のエッチング深さのところにマーカー線（破線）も入れてある．

そして，図 5.5 には，ホール効果測定から得られたキャリア濃度，および SIMS によるドーパントプロファイルも重ねてプロットしてある．なお，光電子スペクトル強度を SIMS の測定値でキャリブレーションして濃度の絶対値を求めるプロセスでは，ピーク分離前のドーパント全量

のピーク強度の深さプロファイルと SIMS の濃度プロファイルの 2 つのプロファイルをフィッティングすることで光電子ピーク強度を SIMS 測定濃度に変換する係数を決め，ピーク分離後の各ピーク強度を，全深さ領域においてこの係数で変換する方法で行った．一般的に，SIMS 測定では最表面の数 nm で精度が悪くなることがあり，また，この実験ではドーパント濃度が 10^{19} cm^{-3} より低くなると光電子スペクトル強度の精度が悪くなることがある．そのため，これらを考慮して，最表面および低濃度領域を外した中間領域を重視するフィッティングを行った．

図 5.5 から，キャリア濃度プロファイルが，B ドープでは BEL のプロファイルと，As ドープでは BEH のプロファイルとそれぞれよく一致しているのが分かる．B ドープでは BEL の成分が電気的に活性化している B であり，BEM と BEH の B は不活性化している．また As ドープでは BEH 成分が電気的に活性化している As であり，BEM と BEL の As は不活性化していると結論付けられる．これは，活性化している B はアクセプターとして負イオン化しているので光電子の脱出エネルギーに相当する結合エネルギーが低下し，活性化している As はドナーとして正イオン化して結合エネルギーが増大すると考えれば定性的に理解できる．

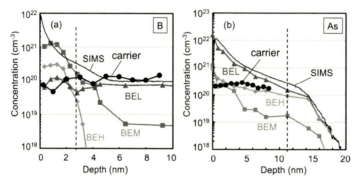

図 5.5 分離されたピークに対応するドーパント濃度，SIMS による全ドーパント濃度およびキャリア濃度の深さ方向プロファイル [20]．(a)Si 中の B，(b)Si 中の As．

5.4 Si 結晶中にドープされた As に対する光電子ホログラフィーによる 3 次元原子配列構造の再生 [19, 20]

5.4.1 実験試料作製

測定実験に用いた試料は 5.3.1 項で述べた光電子分光の実験用のものに準じた方法で作製した．p 形の Si(100) 基板に，ここではイオン注入法により As を 3 keV で 1.5×10^{15} cm^{-2} のドーズで注入後，1000 ℃のスパイク RTA で活性化した．ここまでは通常の浅い接合を形成する一般的なプロセスであるが，本実験では，浅いドーパント濃度プロファイルを実現することよりも，ドーパントの活性化率を高めることと，より熱平衡状態に近づけることを意図して，追加アニールを加えた．この追加アニールは，まず 10 nm 厚の SiO$_2$ 膜を原子層堆積（ALD）で堆積してから，1050 ℃で 1 分間のキャップアニールを Ar 雰囲気中で行い，その後に SiO$_2$ キャップ膜を除去した．その後は，5.3.1 項で述べたのと同様に，試料の分割，ステップエッチング，SIMS

測定，ホール効果測定を行った．

図 5.6(a) には追加アニール前後の SIMS による As 濃度プロファイルを比較して示してある．追加アニールにより As の拡散は顕著に起きているが，この後の光電子ホログラフィーの測定深さ (36 nm) 付近では 10^{20} cm^{-3} 台の高濃度で比較的フラットなプロファイルを維持していることが分かる．図 5.6(b) には試料のステップエッチング前（追加アニール後）の SIMS による As 濃度プロファイルおよびステップエッチングとホール効果測定から得たキャリア濃度プロファイルを示す [19, 20]．

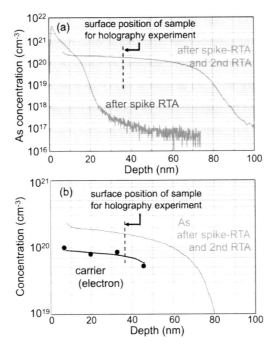

図 5.6　Si 中 As の濃度およびキャリア濃度の深さ方向プロファイル．(a)2nd RTA の前後での As 濃度比較，(b)2nd RTA 後の As 濃度とキャリア濃度の比較 [19, 20]．

5.4.2　光電子ホログラフィーの測定実験

測定は，放射光施設 SPring-8[33] のビームライン BL25SU に設備されている DA30 型アナライザーによる光電子分光測定システムを用いて行った（図 5.7(a)）．測定用試料は，エッチング深さが 36 nm のものを選んだ．この深さ位置は図 5.6 にも矢印と破線で示してある．図 5.7(b) に示すように，測定試料は 4 軸のゴニオメータに取り付け，入射光となる軟 X 線ビームは試料表面に 5° 程度の浅い角度で入射する [20]．この入射角は取得する光電子ホログラムのパターンには直接関係しないが，試料面からの光電子の収量を大きくとるために斜入射にしている．なお，本実験では入射 X 線の光子エネルギーを，後述の Si2p および As3d の測定に対してそれぞれ 690 eV と 641 eV に設定した．これは，表面の影響を少なくするために光電子の運動エネルギーを大きく，かつ，電子アナライザーの検出効率が最も良くなる条件を選んだためである．

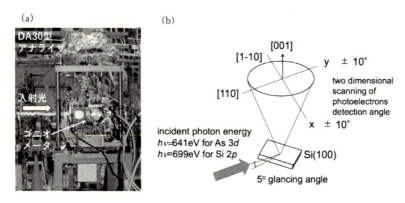

図 5.7　SPring-8 BL25SU における光電子ホログラフィー測定実験．(a)DA30 型分析器を用いた試料室周りの外観，(b) 試料への放射光の入射および光電子の検出方位のスキャン範囲 [20]．

　試料表面から放出された光電子は，上方に設置されたアナライザーに取り込まれてエネルギー分析される．このとき，取り込まれる光電子のアナライザーへの入射方向には選択性があり，その方位はアナライザーの光軸の回りに x-y 二次元的に ±10° 程度の範囲で電気的にスキャンできる．これは試料側から見れば，この角度範囲で放出される光電子の分析を放出方位の依存性を含めて行うことを可能にする．しかし，光電子ホログラムの解析から原子配列構造を導き出すには，もっと広範囲での方位依存性をとる必要がある．そのため，実際の測定では，試料固定でスキャン範囲の光電子ホログラムを取得した後にゴニオメータで試料の傾斜を変えて再び光電子ホログラムを取得し，さらに試料の傾斜を変えて測定というルーチンを繰り返し，それぞれで得られた光電子ホログラムをつなぎ合わせることで，広い方位角範囲での光電子ホログラムを構築する．

　なお，最近は，同じ BL25SU のビームラインに RFA(Retarding Field Analyzer) 型（阻止電場型）と呼ばれる分析装置が新しく設置されており，この装置では固定された試料に対して広い 2 次元方位角での光電子エネルギー分析ができるので，光電子ホログラムを一括取得できるようになっている（図 5.8）[34]．

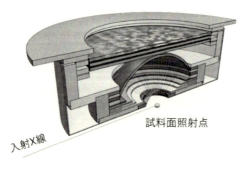

図 5.8　阻止電場型分析器 (RFA: Retarding Field Analyzer)[34]．

5.4.3 Siの原子像再生

ドーパントのAs原子周囲の構造観察に先立ち，まず基板のSi結晶の原子配列を観測した．観測対象のSi原子は単結晶の構成原子であり，原子密度が高いので得られる光電子強度が充分大きく，高品質の単結晶であるためその原子配列構造は決まっているはずで，解析で再生される原子像の妥当性の検証に有用である．典型的なSi2pスペクトルを図5.9に示す．ここではバックグラウンド成分の除去をしていないが，充分高いS/N比が得られている．結合エネルギー99 eV付近に強いピークが現れ，スピン軌道相互作用によるダブルピーク（全角運動量量子数：1/2および3/2）が観測されるが，これで1つの状態に対応する．メインピークより高結合エネルギー側に別のピーク成分が現れるが，これはSiの酸化物(SiO_x)からのものである．Siは表面が酸化しやすいため表面の自然酸化膜の成分がこのように現れるが，スペクトル上での分離は容易である．そのため，メインピークのみを包含する結合エネルギー領域の光電子強度を試料表面からの光電子放出方位毎に積算することで，Si単結晶中のSi原子からの光電子ホログラムが得られる．

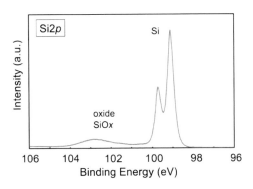

図5.9　軟X線光電子分光法で測定されたSi2p内殻スペクトルの例．

実験ではAsドープ試料からのSi2p内殻スペクトルを観測した．得られたSi2pの光電子ホログラムを図5.10に示す[19, 20]．これは，試料表面から垂直[001]方向を中心の0°とし，試料面のx-y方向を円内の半径方向に，垂直方向からの傾きを円の中心からの距離にそれぞれ対応させた投影図で，円内の濃淡がその方向の光電子強度を表している．パターンは，中心周りに4回対称性を持っていることが分かる．これは，Si単結晶が[001]軸の周りに1/4回転後，(1/4,

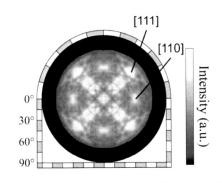

図5.10　Si(001)の光電子ホログラム[19, 20]．

1/4, 1/4) 並進する対称性を持つことと合致している．また，[111] と [110] の輝点はそれぞれの方向の第 1 近接原子と第 2 近接原子の前方収束ピークが現れているもので，[111] の方がやや明るいという特徴も見られる．

　この光電子ホログラムから 3 次元原子配列構造を再構成するために，5.2.2 項で述べたような手法を用いた解析を行う．その結果を検証するために，ここではまず Si のダイヤモンド構造での 3 次元原子配列構造を確認しておく．図 5.11 にダイヤモンド単位格子の原子配列を示す．ダイヤモンド構造は立方晶系であり，2 つの面心立方格子がその対角線上に平行にずれて重なった構造をとっている．ここで，この 2 つの面心立方格子を A 格子および B 格子と考え，A 格子の格子点を A サイト，B 格子の格子点を B サイトと呼ぶことにする．同じ Si 原子ではあるが，図 5.11 では A サイトと B サイトの Si 原子を区別して描いてある．x-y-z の直行 3 軸を同図のようにとり，その原点の格子点の原子を光電子の発生源となる原子とし，Emitter と表記してある．また，Si 結晶の格子定数 (a) が 0.54 nm であり，単位立方格子の 1 辺の長さに相当する．

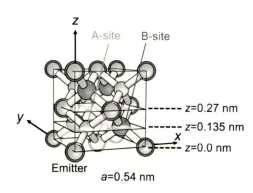

図 5.11　Si 結晶のダイヤモンド構造の原子配列．単位格子の範囲を座標軸とともに表示．2 つの面心立方格子が並進で重なっている構造で，それぞれの格子を A サイトと B サイトで区別．再生原子像を表示する (001) 断面の位置も示す．

　光電子ホログラム（図 5.10）のデータから，前述（5.2.2 項）の 3D-AIR-IMAGE を用いた解析によって Emitter の原子の周辺の 3 次元原子配列状態を原子像として再生した結果を図 5.12 に示す [19, 20]．ここでは，Emitter を中心とした 3 次元配列構造を z 方向の異なる高さにおける (001) の断面図で表している．その断面の位置は，図 5.11 にも示すように，z=0.0 nm（Emitter を含む），z=0.135 nm（$a/4$ 相当），z=0.27 nm（$a/2$ 相当）である．これらの断面図では，座標軸にも示したように Emitter の位置に相当する x-y 平面での原点を中心とし，原点の周りに 4 回対称性で拡張して表記している（図 5.11 の単位格子の範囲は図 5.12 の原子像では第一象限に対応する）．図 5.12 は光電子ホログラムから再生された原子の存在確率を断面図内での濃淡で示しており，解析結果は濃い部分に原子が存在することを意味している．一方，Si のダイヤモンド構造から原子が存在すべき格子サイトを ○ 囲みで示している．そこには，Emitter から見て第 1 近接，第 2 近接，第 3 近接……を 1st, 2nd, 3rd……でそれぞれ表示している．さらにそれぞれの位置の原子が A か B のどちらの格子の原子であるかも A あるいは B で示してある．なお，断面図上で A サイト原子と B サイト原子が同じ位置に重なって現れるところは，◎

囲みで "AB" として表示している．

この結果から，再生された原子像の位置は Si の結晶構造から予想される位置と全て一致しており，原子像によって原子位置を正しく再生できていると言える．一方，原子像の濃淡については，次のような議論ができる．まず，第 2 近接や第 4 近接（偶数次）では第 1 近接や第 3 近接（奇数次）より濃くなっているが，これは前者では A サイトと B サイトが重なって 2 原子分の強度で現れているためである．また，Emitter から遠い位置ほど強度が弱くなり，第 5 近接や第 6 近接では原子像が現れなくなっている．この理由は，Emitter からの光電子の球面波の振幅が距離とともに減少することと，ここで観測している 600 eV 程度の運動エネルギーを持つ電子の IMFP（前述の 5.2.1 項）が Si 結晶中では約 1 nm であるために Emitter から離れた位置では光電子強度が小さくなり，干渉縞の振幅が小さくなることによる．

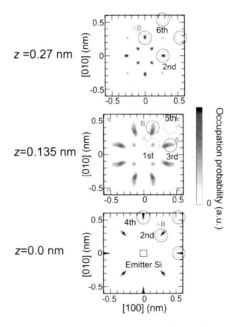

図 5.12 再生された Si の原子像．図 5.11 に示した 3 つの断面における原子の存在確率分布 [19, 20]．

5.4.4 As の原子像再生

As 原子をターゲットとした測定解析は，As3d 内殻光電子を捉えることで Si と同様に行った．図 5.13 に本実験で得られた As3d スペクトルとそこから分離取得した光電子ホログラムを示す [19, 20]．

まず，図 5.13(a) のスペクトルは，図 5.4(b) に示したのと同じく，BEL，BEM，BEH の 3 状態の存在を示している．これらピーク分離されたピーク毎にその強度から光電子ホログラムを構築した結果を図 5.13(b)〜(d) に示す．ここには，異なる 3 状態をとる As 原子の周囲の原子配列構造が反映されていることになる．それぞれの光電子ホログラムの特徴から分かることを見てゆく．まず，BEH に対応する光電子ホログラム（図 5.13(b)）は，図 5.10 に示した Si のものと

非常によく似ている．4回対称性を持ち，[110] と [111] の前方収束ピークも現れている．つまり，この状態の As 原子が Si 原子と同じく結晶の格子サイトを占有していることを示唆している．なお，前方収束ピークについて細かく比較すると，Si では明るく現れていた [111] ピークが BEH の As ではやや不明瞭になっていることも分かる．次に，BEM に対応する光電子ホログラム（図 5.13(c)）は BEH に比較して全体に不明瞭になっているが，基本的な特徴は BEH と同様である．菊池ラインと [111] ピークも認められる．これらの特徴から，BEM の状態の As 原子は BEH と同様に結晶の格子サイトを占有しているが，その周辺の原子配列状態に何らかの違いがあることが推定できる．これらに対し，BEL に対応する光電子ホログラム（図 5.13(d)）ではパターンに明瞭な特徴が現れておらず，As 原子の周辺原子の配列が特定の構造に定まらず混在しているか，あるいは図 5.3(b) で示したように特定構造を持ちながらもその配向性がない状況にあると考えらえる．

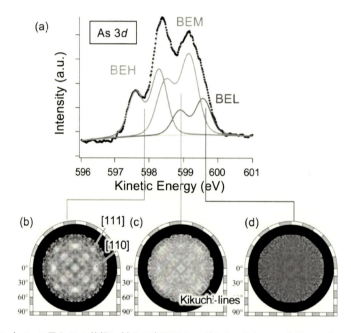

図 5.13　Si 中 As の異なる 3 状態に対する光電子ホログラム．(a)As3d 内殻スペクトルとピーク分離結果，(b)BEH によるホログラム，(c)BEM によるホログラム，(d)BEL によるホログラム．[19, 20].

明瞭な光電子ホログラムが得られた BEH および BEM について，原子像の再生を行った結果を図 5.14 に示す [19, 20]．Si の場合（図 5.12）と比較すると，BEH と BEM のいずれも Emitter の As 原子が格子サイトを占有していることが分かる．しかし，周辺原子の存在確率のパターンには明瞭な違いも認められる．

BEH（図 5.14(a)）では，$z = 0.135$ nm 断面に現れるはずの第 1 近接の原子が見えなくなっている．これに関して，第一原理計算による分子動力学シミュレーションで検討した．その結果，As 原子周りの結合の角度方向への熱的な格子振動が Si の場合より大きいことがわかった．そのため，As 原子から見た第 1 近接の Si 原子の揺らぎが大きくなり，これが第 1 近接のパター

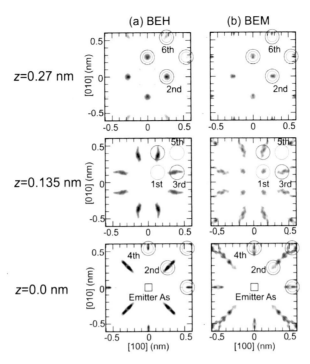

図 5.14　Si 中 As の再生された原子像 [19, 20]．各断面位置は図 5.11 を参照．(a)BEH に対応する As，(b)BEM に対応する As．

ンが消失した原因と考えらえる．BEH の光電子ホログラム（図 5.13(b)）で [111] の前方散乱ピークが Si の場合より弱くなったのも同じ理由と考えらえる．

　BEM（図 5.14(b)）では，$z = 0.0$ nm 断面で第 2 近接のパターンが非常に伸びている．一方で，第 1 近接では存在のパターンが現れている．これらの特徴から，As 原子は同じく格子サイトを占有していながら，その周辺の原子の揺らぎの状況が BEH とは異なり，それは何らかの周辺原子の配列構造の違いから生じているものと考えられる．しかし，その具体的な構造については，この実験からのみでは推定が難しい．そこで，第一原理計算により，その可能性を絞り込むことにした．まず，5.3.3 項で述べたように，BEM の As は電気的には不活性化していると考えてよい．すなわち，BEM では As が格子サイトを占有する何らかのクラスター構造を形成して不活性化している可能性が高い．一方，Si 中の As については，安定なクラスター構造が理論計算等から種々提案されてきた．それらの中で格子サイトを占有する As 原子を含む構造として，Si の空孔 (V) の周りの複数の第 1 近接のサイトに As 原子が入る $As_nV(n = 1〜4)$ 型 [3, 5-8, 35-37]，あるいは As 原子が第 2 近接あるいは第 4 近接にペアで入るドナーペア (DP) 型 [9] が可能性ある候補である．そこで，これらのクラスター構造で As3d の内殻電子の結合エネルギーを計算した結果，As が単独で格子サイトを占有する BEH の As に該当する場合の結合エネルギーを基準にすると，DP 型の場合は +0.01 eV であるのに対し，$As_nV(n = 1〜4)$ 型では −1.05 eV から −0.68 eV となった．一方，図 5.13 に示す実験結果では BEM は BEH に対して結合エネルギーで −0.8 eV（光電子運動エネルギーでは +0.8 eV）の化学シフトを持っていることから，BEM の As は $As_nV(n = 1〜4)$ 型のクラスター構造をとっていると推測され

る．さらに，$As_nV (n = 1〜4)$ 型クラスター構造の生成エネルギーを計算すると，$n = 1$ の生成エネルギーは $n = 2〜4$ の場合に比較して顕著に高く，この構造が生成されにくいと推測され，$As_nV (n = 2〜4)$ は BEM の As に対応する可能性が高い構造と結論した．

以上をまとめて BEH および BEM に対応する As 原子の周辺の 3 次元配列構造のイメージを図 5.15(a) および同 (b) に示す [19, 20]．BEH では，単独で格子サイトにある Emitter の As の周りの第 1 近接の 4 つの Si 原子が揺らいでいる．この状態で As は電気的に活性化している．一方，BEM について図 5.15(b) は $n = 2$ の As_2V の場合を示しているが，格子サイトにある Emitter の As から第 1 近接の Si の 1 つが抜けた空孔があり，その空孔から見てもう一つの第 1 近接サイトに 2 つめの As 原子（Emitter の As からは第 4 近接に当たる）が位置して As_2V クラスター構造を形成している．そしてこの構造が Si 結晶格子に入り込むことで周囲の原子の揺らぎも増えていることを示している．この状態の As 原子はいずれも格子サイトを占有しながら電気的には不活性化している．最後の BEL に関しては明確な原子配列構造を再現することはできなかった．As 原子周辺が非晶質のような揺らいだ構造になっている，あるいは As の析出物となって構造を持たない状況など考えられるが，クラスターとして特定の構造を持ちながら Si 結晶格子に対して特定方向への配向性がない状況も考えられる．

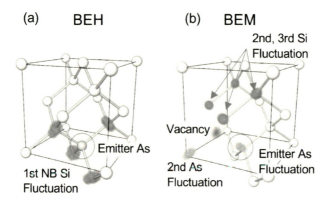

図 5.15　3 次元原子配列構造のイメージ [19, 20]．(a)BEH に対応する単独で格子置換した As，(b)BEM に対応する As_nV 型クラスター．

5.4.5　As の電気的活性化率の定量的検討 [20]

5.3.3 項で論じたように，Si 中の As の異なる状態に対しては，BEH に対応する As が電気的に活性，BEM および BEL に対応する As が電気的に不活性というアサインをしてきた．しかし，光電子分光とホール効果測定の結果に定量的なずれが見いだされており，これについて下記のように検討している．

図 5.6(b) の濃度プロファイルと図 5.13(a) の光電子スペクトルは，いずれも同一の試料から得たものであり，光電子分光/ホログラムの測定試料のエッチング深さは図 5.6(b) 中に矢印と破線で示したところ (36 nm) である．また光電子スペクトルでピーク分離されたピークの積分強度比は全 As に対する強度のそれぞれ，BEH: 37%，BEM: 39%，BEL: 24% である．すなわち，ここからは，As の電気的活性化率は 37% となる．一方，図 5.6(b) から光電子分光測定試料の

表面に相当する深さ (36 nm) における As の原子濃度に対するキャリア濃度として活性化率を求めると，50% である．実験誤差もかなり見込む必要はあるが，光電子分光の結果は電気的な評価結果よりも活性化率が低く見積もられる．この原因として参考になる実験結果があるので以下に紹介する．

作製条件は異なるが同じく Si 中に As をドープした同一試料に対して入射光子エネルギーを変えながら光電子分光測定すると，3 つのピーク強度比が変化することがわかった．この測定はあいちシンクロトロン光センターのビームライン BL7 で行ったものであるが，同様の軟 X 線光電子分光という点で違いはないはずである．結果を図 5.16 に示す [20]．試料が異なるので縦軸の絶対値を図 5.13(a) から算出した値と比較しても意味はないが，入射光子エネルギーの増大に対して，BEM と BEH の相対強度は増加するが BEL の相対強度は減少しているという特徴的な結果が得られる．入射光子エネルギーの増減はそのまま検出される光電子の運動エネルギーの増減となる一方で，光電子が試料内で非弾性散乱を受けずに表面から脱出できる深さが脱出深さであり，光電子分光が表面からどの程度の深さまで観測しているかに相当する．脱出深さは IMFP の 1~3 倍程度であり，光電子エネルギーが 100 eV から数十 keV の領域では高エネルギーほど脱出深さは深くなる [38] ので，図 5.16 の結果は，BEL の成分が BEM や BEH の成分に比べてより強く表面近傍に偏析するような深さ方向分布を持っていることを示唆している．ちなみに，図 5.13(a) のスペクトルを取得したときの入射光子エネルギーは 641 eV（5.4.2 項）であった（As3d の光電子エネルギーは 597〜600 eV：スペクトルの横軸）ので，図 5.16 の高エネルギー側に外挿した領域に相当する．そして，このあたりのエネルギー領域では，脱出深さは 1 nm 程度のオーダーである．

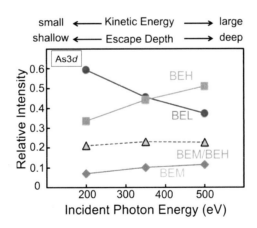

図 5.16　Si 中 As の As3d 内殻スペクトルにおける分離ピーク (BEH, BEM, BEL) 相対強度の入射光子エネルギー依存性 [20]．

光電子分光測定に対し，ホール効果測定では約 10 nm のステップで試料をエッチングしながら単位面積あたりのキャリア密度を測定し，その差分から表面近傍での単位体積あたりの密度を算出している．すなわち，表面から 10 nm 程度までのキャリア分布の平均値を求めている．一方，光電子分光はそれよりかなり浅い 1 nm 程度の領域のみを測定しており，その浅い領域で

BEL 成分の表面側への偏析で相対濃度が増加している．BEL 成分が電気的に不活性であるとするならば，この偏析した不活性成分の影響は光電子分光でより大きく現れることになり，ホール効果測定では深い領域を評価するために影響を受けにくいことになる．これにより，光電子分光からの活性化率の評価値がホール効果測定からの評価値より低く出る傾向が説明できる．

5.5 Si 中にドープされた B に対する光電子ホログラフィー適用への課題

5.5.1 B に対する光電子分光測定におけるバックグラウンド信号の問題

B 原子に対する光電子分光測定では B 原子特有の状況があり，これが光電子ホログラフィーの測定へ拡張してゆく際には問題になる．B 原子では内殻光電子の観測対象は B$1s$ に限られ，この結合エネルギーは図 5.4(a) に示すように 188 eV 付近である．しかし，この領域には大きなバックグラウンド信号が存在する．図 5.17 に，B ドープ Si の試料からの広いエネルギー範囲で光電子スペクトルを取得した例を示す [16]．このエネルギー範囲には Si$2s$ の高次のプラズモンロスピークが現れるが，その 1 つが B$1s$ の結合エネルギーと同じ領域で重なる．

B を高濃度でドープするとしても，不純物として Si 原子に対しては高々パーセントのオーダーである．この Si 由来のプラズモンロスピークのバックグラウンドは B$1s$ の光電子ピークの強度に比べて非常に大きい．図 5.3(a) のスペクトルは，このバックグラウンドを除去した後の

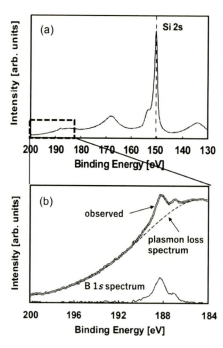

図 5.17　Si 中 B の B$1s$ 内殻光電子スペクトルの測定例 [16]．(a) 広範囲の結合エネルギー領域でのスペクトル（バックグラウンド除去前），(b) B$1s$ の結合エネルギー領域を拡大したスペクトル（バックグラウンド除去前と除去後）．

ものである．しかし，B 濃度が低い場合や信号蓄積の測定時間が充分取れない場合には，バックグラウンド除去の精度が確保できなくなる．

5.5.2 B に対する光電子ホログラフィーによる測定実験の状況

このバックグラウンドには，強度が大きいだけでなく，プラズモンロスピークに Si 結晶の情報が含まれているという問題がある．光電子分光法では全体の強度が評価できればよく，測定時間や B 濃度の下限に制限はあるものの，5.3 節で述べたような測定評価も充分妥当にできている．しかし，光電子ホログラフィーではプラズモンロスピークの特性が光電子ホログラムのパターンに敏感に影響するため，より高精度のバックグラウンド除去が求められる．

Si 中にドープされた B に対する光電子ホログラムの取得を試みた例を図 5.18 に示す [39]．B1s のスペクトル図は，プラズモンロスピークのバックグラウンドを通常の方法で可能な範囲で差し引いてからピーク分離したもので，3 種類のピーク成分は抽出できている．これらのピーク成分毎に観測された光電子回折像を合わせて示す．これらの像は光電子ホログラムとしてデータ処理を加える前段階のものであるが，基本的に光電子ホログラムと同じ情報が現れているものである．いずれも似たパターンが出ており，かつ Si2p で観測される光電子回折像との類似性も高い．

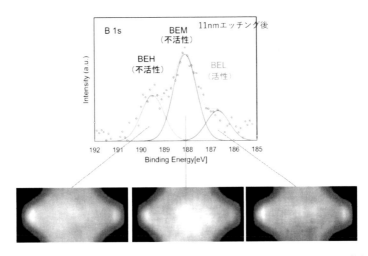

図 5.18　Si 中 B のピーク分離された異なる状態に対応した光電子回折像の観測例 [38]．

5.3 節で明らかにしたように，この 3 状態のうち BEL に対応する B のみが電気的に活性化しているものと考えられるので，BEL で Si と類似の回折パターンが得られるのは妥当である．一方，不活性な BEM や BEH に対応した B は格子間位置に入るか，何らかのクラスター構造をとっていると考えられる．Si 中の B のクラスター化もこれまで種々の研究がされてきた．例えば，特に高濃度のドーピング条件下で icosahedral B_{12} と呼ばれる B 原子が 12 個集まったクラスターが報告されており [40, 41]，光電子分光でこのクラスターが高結合エネルギー側に現れることも示されている．また，5.3 節で扱った実験での試料と類似の B ドープ Si の試料を，陽電子消滅法で観測評価したことがあり，そこでも icosahedral B_{12} を含む複数の空孔と複数の B 原

子によるコップレックス構造の B クラスターの存在が示唆された [42]．これらのクラスター化した B 原子により BEM や BEH のピーク成分が出現していれば，BEL に対するものとは異なる回折パターンが現れることが考えらえるが，この実験の段階ではそれを解明する精度の高い解析が難しいかった．

5.6　As と B の共ドーピングによる As_nV 型クラスターの電気的活性化の可能性 [20]

5.6.1　第一原理計算からの理論的予測

　As クラスターの構造決定に大きな役割を担った第一原理計算による検討を発展させる中で，As と B の両方のドーパントを組み合わせることにより，クラスター構造中で不活性化する As の活性を復活させる可能性を見出した [20]．As の原子半径は Si の原子半径より大きいため，Si の空孔と結びついた As_nV 型クラスターが構造上は安定な状態になっている．しかし，その結果 Si のバンドギャップ中にバンド間準位が形成され，As 原子のドナーとしての作用がキャンセルされて電気的には不活性化すると考えられる．

　そこで，原子半径が Si よりは小さい B と As の組み合わせについて，第一原理計算で安定性を検証してみた．その結果，As 原子と B 原子が第 1 近接の位置を占めると，それぞれが離れて単独で格子サイトに入る場合に比べて 0.90 eV 安定化することがわかった．理由として，As 原子からの電子と B 原子からの正孔による電気的な補償作用や，原子半径の大小，すなわち，Si の原子半径が 0.117 nm であるのに対して As 原子は 0.118 nm，B 原子は 0.083 nm であり，As 原子が Si と置換すると周りに圧縮的な歪みを生じるのに対し，B 原子が Si 原子と置換すると引張歪みを生じるが，両者が隣り合うサイトに入るとこれらの歪みが逆方向で打ち消しあって平均的な原子半径が Si 原子半径に近くなり，全体の歪みエネルギーが下がる効果が考えられる．さらに，As と B の原子半径の和が 0.201 nm であり，これは Si 原子半径の 2 倍である 0.234 nm よりも 14% も小さいので，As と B が 1 つずつ隣り合った場合は引張歪みが残ると考えられる．よって As 原子 2 個と B 原子 1 個をそれぞれ互いに第 1 近接の位置に配置すると，この歪みはさらに緩和され，安定化すると期待できる．事実，第一原理計算では 0.95 eV と安定化が高まることが示された．これは As_2V 型の空孔に B 原子が入った As_2B 型クラスターである．この構造は，先に As と B が第 1 近接にあるペアが存在すると，そこにもう一つの As が引き込まれて As_2B 構造が形成される駆動力があると見ることもでき，n が 3〜4 に増えても同様の安定化が起こることも期待できる．

　次に，この As_2B 構造が Si 結晶中に置かれた場合の電気的特性を，第一原理計算による状態密度の算出から検討した．図 5.19 に結果を示す [20]．ここで横軸の原点はフェルミレベルにとっている．まず，同図 (a) は何もドープしていない Si 結晶で，バンドギャップは両矢印で示した位置，フェルミレベルはその中程にあることが示されている．次に，As 原子を単独で格子置換でドープした場合を同図 (b) に示す．フェルミレベルが伝導帯下端まで移動し，伝導電子が供給されて n 形になっている．これはドープした As 原子が電気的に活性化されていることを示す．これに対し，同図 (c) では単独の As 原子の代わりに As_2V 型の空孔を伴うクラスターを導

入した場合を示している．ここでは，新たにバンドギャップ内にバンド間準位が形成され，フェルミレベルはバンドギャップの中央まで移動している．これは伝導帯の伝導電子が消滅し，As原子が存在していながら電気的には不活性化していることを示している．最後に，同図 (d) は，As_2V 型クラスタの代わりに B 原子で置換した As_2B 型クラスタをドープした場合の結果を示す．バンド間準位は消え，フェルミレベルは伝導帯端に戻って n 形化している．すなわち，B 原子が空孔を置換したクラスタ構造では，ドナーとしての電気的活性が復活することを示している．なお，ドナーからの伝導電子の放出という観点では，As_2B 型クラスタ内の 2 個の As が活性化して 2 個の伝導電子が生じる状況と，クラスタ内の B も活性化してこの 2 個の電子のうち 1 個を補償して残り 1 個の伝導電子が生じる状況が考えられるが，いずれにしても As_2V 型クラスタからは伝導電子が生じず As が 2 原子とも不活性化している状況に比べて，等価的に不活性であった As 原子が B 原子の取り込みにより一部でも活性化すると言える．

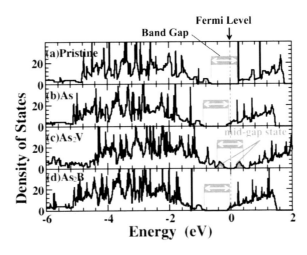

図 5.19　第一原理計算によって算出した Si の状態密度 [20]．(a) 無ドープの Si，(b) 単独 As 原子を格子置換で導入した状態，(c)As_2V クラスタを導入した状態，(d)As_2B クラスタを導入した状態．

5.6.2　実験からの検証

　前項の理論的予測は，Si 中への As と B の共ドーピングにより As の活性化濃度の上限を引き上げる新規のプロセス技術の可能性を示すもので，非常に興味深い．次の段階は，実際にこのような現象が観測できるかの実験的検証であるが，ここにはいくつかの困難性があり，現段階では明確な検証に至っていない．まず，電気的な測定評価からこの効果を直接調べようとする場合の難しさについて考える．通常の半導体デバイスのプロセス技術であるイオン注入法や成膜時の同時ドーピングでは As 原子と B 原子がそれぞれランダムに導入されるので，その大部分で As_nB 型のクラスタ構造を自然に形成させるのは容易ではないと思われる．つまり，クラスタ構造を取らずに単独原子で活性化する As と単独原子で活性化する B が必ずクラスタとともに存在するはずである．この単独で活性化した B は電子のアクセプターであり，ドナーである As 原子が供給する伝導電子を補償してしまうものに他ならない．単にオーバーオールの電気的特性として電子濃度を測定したとしても，このような新たな活性化により電子濃度を増大させる効果と単

独で活性なBの補償効果で電子濃度を減少させる効果の差し引きの結果しか分からず，活性化増大の物理現象のみを分離抽出するのは難しい．

最終目標は電気的特性の向上であるが，それ以前にこのようなAs_nB型のクラスター構造が実際に形成される状況を定量性も含めて確認することが必要かつ有効と考えた．そのため，光電子ホログラフィーによってAs_nB型のクラスター構造の形成状態を直接捉えることを目的とした試行を行っている．これまでのようにAsのみが対象の場合にはそのクラスター構造の解明に成功したが，As_nB型のクラスター構造ではAsだけでなくBからの情報も合わせて取る必要がある．5.5節で論じたようにB原子を対象とした光電子ホログラフィー解析は難易度が高く，ここが現時点ではハードルになっている．しかし，測定法とデータ解析法にそれぞれ新しい手法を取り入れながらこの難問へのチャレンジは続けており，最近はB原子周辺の原子配列構造の情報も得られる見通しが出てきている [43, 44]．

5.7 まとめ

半導体中にドープしたドーパントの電気的活性化率や活性化の上限濃度を高めることは，半導体プロセス技術では常に課題である．ドーパントが不活性化するのは高濃度状態でドーパント原子がクラスター構造をとることが原因である場合が多く，クラスター構造を把握してその形成を制御する技術の探索が求められる．そこで，対象とするドーパント原子の周囲の3次元原子配列構造を観測し，それを電気的活性/不活性と対応付けることが可能な光電子ホログラフィーに着目し，実際にSi中のドーパントに適用してこれまで直接観測が難しかった原子配列構造を明らかにすることによってこの手法の有用性を示した．

まず，Si中のドーパントとしてAsとBを対象に，放射光を用いた軟X線光電子分光により，これらのドーパントはSi中で複数の異なる化学結合状態のものが混在し，それぞれの状態についてその濃度の評価と電気的活性/不活性の対応付けができることを示した．次に，この情報を基に，Asドープの系に対して実際に光電子ホログラフィーによって，それぞれの化学結合状態を持つAs原子の周囲の3次原子配列構造を明らかにした．Si中のAsはAs3d内殻光電子スペクトル上で3つの異なる結合エネルギー状態として検出され，結合エネルギーの低い方から順にBEL，BEM，BEHとラベル付けした．そして，BEHの状態のAs原子は単独でSi結晶の格子を置換し電気的に活性化していること，BEMの状態のAs原子は空孔の周りにAs原子がn個集まったAs_nV ($n=2\sim4$)型クラスター構造をとり電気的に不活性化していること，BELの状態のAs原子では明確な光電子回折が現れず詳細は不明であるが，原子配列にあまり規則性のない揺らいだ構造で電気的には不活性化していることを明らかにした．なお，これらを結論するには第一原理計算，分子動力学シミュレーションとの組み合わせなしでは不可能であったことは強調しておかねばならない．

一方，光電子分光法での評価においてはAsと同様に明瞭な評価結果が得られたSi中のBに対してであるが，光電子ホログラフィーでの観測評価が難しいという現状を述べた．これは，$B1s$の内殻光電子スペクトルが$Si2s$由来のプラズモンロスピークの大きなバックグラウンドに重なり，この影響の除去が難しいことによる．この問題については，測定方法とデータ解析方法

に情報理論を取り入れることで可能になりつつある．

最後に，AsとBを共ドープすることにより$As_nV(n=2〜4)$型クラスター構造の空孔をB原子が占有するAs_nB型クラスターが形成できれば，その中の不活性化していたAs原子の活性化が回復できることを，第一原理計算から理論的に予測提案した．これが実際に起こる現象かどうかの実験的検証が必要であるが，光電子ホログラフィーによる構造解析の面からの検証を進めている段階である．この手法はドナーのAsとアクセプターのBが互いに補償しあう効果があるので，このままで実用的なプロセス技術にできるかどうかには難しさがありそうであるが，共ドープによるクラスター構造の活性化復活という現象に他の元素の組み合わせなどで一般的な有効性があれば，将来のプロセス技術開発に新しい可能性を与えるものになり得ると考えらえる．

謝辞

本章で紹介した研究の一部は，文科省科研費新学術領域研究「3D活性サイト科学」（26105010, 2610513, および 26105014）の補助を受けて行われた．

参考文献

[1] H. Kobayashi et al., *Nucl. Instrum. Methods Phys. Res., Sect. B* **190**, 547 (2002).

[2] A. Kamgar, F. A. Baiocchi and T. T. Sheng, *Appl. Phys. Lett.* **48**, 1090 (1986).

[3] A. Satta et al., *Nucl. Instrum. Methods Phys. Res., Sect. B* **230**, 112 (2005).

[4] A. Van den Berg et al., *J. Vac. Sci. Technol. B* **20**, 974 (2002).

[5] D. Giubertoni et al., *Nucl. Instrum. Methods Phys. Res., Sect. B* **253**, 9 (2006).

[6] D. Giubertoni et al., *J. Appl. Phys.* **104**, 103716 (2008).

[7] K. C. Pandey et al., *Phys. Rev. Lett.* **61**, 1282 (1988).

[8] D. Giubertoni et al., *J. Vac. Sci. Technol., B: Nanotechnol. Microelectron.: Mater., Process., Meas., Phenom.* **28**, C1B1 (2010).

[9] D. J. Chadi et al., *Phys. Rev. Lett.* **79**, 4835 (1997).

[10] F. Cristiano et al., *Appl. Phys. Lett.* **83**, 5407 (2003).

[11] P. M. Voyles et al., *Nature* **416**, 826 (2002).

[12] Y. Oshima et al., *Phys. Rev. B* **81**, 035317 (2010).

[13] R. Ishikawa et al., *Nano Lett.* **14**, 1903 (2014).

[14] S. Duguay et al., *J. Appl. Phys.* **106**, 106102 (2009).

[15] O. Cojocaru-Mirédin, D. Mangelinck and D. Blavette, *J. Appl. Phys.* **106**, 113525 (2009).

[16] K. Tsutsui et al., *J. Appl. Phys.* **104**, 093709 (2008).

[17] K. Tsutsui et al., *Ext. Abs. Int. Workshop Junction Technology* 5.6 (2010).

[18] J. Kanehara et al., *Ext. Abs. Solid State Devices and Materials* P-1-11, 28 (2011).

[19] K. Tsutsui et al., *Nano Lett.* **17**, 7533 (2017).

[20] K. Tsutsui and Y. Morikawa, *Jpn. J. Appl. Phys.* **59**, 010503 (2020).

[21] T. Luhr et al., *Nano Lett.* **16**, 3195 (2016).

[22] M. V. Kuznetsov et al., *Phys. Rev. B* **91**, 085402 (2015).

[23] J. Wider et al., *Phys. Rev. Lett.* **86**, 2337 (2001).

[24] S. Omori et al., *Phys. Rev. Lett.* **88**, 055504 (2002).

[25] S. Roth et al., *Nano Lett.* **13**, 2668 (2013).

[26] T. Matsushita et al., *Phys. Rev. B* **75**, 085419 (2007).
[27] T. Matsushita et al., *Phys. Rev. B* **78**, 144111 (2008).
[28] T. Matsushita, M. Matsui, H. Daimon and K. Hayashi, *J. Electron Spectrosc. Relat. Phenom.* **178-179**, 195 (2010).
[29] T. Matsushita et al., *J. Phys. Soc. Jpn.* **82**, 114005 (2013).
[30] T. Matsushita and F. Matsui, *J. Electron Spectrosc. Relat. Phenom.* **195**, 365 (2014).
[31] T. Matsushita, *e-J. Surf. Sci. Nanotechnol.* **14**, 158 (2016).
[32] 3D-AIR-IMAGE   https://sites.google.com/hyperordered.org/3d-air-image/home
[33] SPring-8   http://www.spring8.or.jp/ja/
[34] T. Muro, T. Matsushita, K. Sawamura and J. Mizuno, *J. Synchrotron Rad.* **28**, 1669 (2021).
[35] D. C. Mueller E. Alonso and W. Fichtner, *Phys. Rev. B* **68**, 045208 (2003).
[36] M. Ramamoorthy and S. T. Pantelides, *Phys. Rev. Lett.* **76**, 4753 (1996).
[37] M. A. Berding et al., *Appl. Phys. Lett.* **72**, 1492 (1998).
[38] 田沼,『表面科学』**27,** 657 (2006).
[39] 筒井 他,『文科省科研費 新学術領域研究「3D 活性サイト科学」2015 年度成果報告書』 p.63 (2016).
[40] I. Mizushima et al., *Appl. Phys. Lett.* **63**, 373 (1993).
[41] I. Mizushima et al., *Jpn. J. Appl. Phys.* **37**, 1171 (1998).
[42] A. Uedono et al., *Jpn. J. Appl. Phys.* **49**, 051301 (2010).
[43] 松下 他, 第 37 回日本放射光学会年会, 講演番号 11B3-1 (2024).
[44] 吉田 他, 日本物理学会春期大会, 講演番号 19aK1-9 (2024).

第2部
ナノシリコンデバイス

第6章

シリコンデバイスへの
ドーピング技術の事共

6.1　はじめに

　半導体 Si をデバイスに仕立て上げるためには，電気的に中性な Si に適切な物質（不純物）をドーピングして，ポジティブ型（P 型）とネガティブ型（N 型）の電気特性を付与する必要がある．この P 型と N 型の接合（PN 接合）を形成することによって初めて，現在皆様がお使いになっている電子機器を動かす半導体デバイスを構成するトランジスタや電荷を蓄積するメモリ，超微細なデバイスを電気的に分離する深いトレンチ分離などが実働し，高度な IT 社会が実現している．一方で，実際の不純物ドーピングの現場では，超猛毒のガスや物質を扱う研究開発が必要であった．本章では，実際にデバイスに用いられたドーピング技術の事共を歴史的背景に沿って記述したいと思う．本稿の元となった，2024 年 3 月末に開催された第 1 回名取研究会では，国内のドーピング分野に関わる研究者の方々によって深く議論できる内容が具体的に発表されたが，筆者は主に松下電器（現パナソニック）時代に，幸運にして最先端のトランジスタやトレンチ（キャパシタ用）などのデバイスを形成し，その性能を向上させ量産性をも考慮した場合に，どのようなドーピング技術を研究開発し提案していけばよいかということを，いろいろな先輩同僚後輩諸賢と交わりを持ちながら行ってきたので，その実際をお伝えしたいと思う．その間には，今から思い起こせば無駄だったこともあるし，非常に奏功したが結果的にあまり金儲けにならなかった（さほど実用的でもなかった場合を含めて）こともある．一方で，自分個人はあまりその応用面に関心を持たなかったが，（結果的に）原理的な特徴を見出し公表して特許も取得（既に存続期間（特許法 67 条第 1 項）満了のものが多いが）し，出願から 20 年が切れた直後に自由実施，実用化され，重宝されて産業の発展に寄与したものもある．

　また，深い協力関係にあったときには，自らの分野探求への欲求（焦り？）が深すぎる（客観的な深浅のことをいうのではなく，個人的な思い入れと言った方が適切か？）がゆえに，真意を理解する機会を得なかったが，時を経てその思い入れへの固着が解けてくると，「ああ，この方は，昔こういう予言を残していたのか！　今，そのときに戻れたら，自分もさらに高度な結果にたどり着けたのかもしれない」と思うことも 1，2 ではなく，無機質な研究開発対象ではあるが，それを動かす人間模様にも言及したい．例えば，松下での師匠である水野博之氏から教わった事共，学会の師匠である東工大名誉教授の岩井洋氏（現台湾国立陽明交通大）が膨大な時間を費やして調べまとめられた 1000 ページに近い資料や，PN 接合を中心とした半導体接合技術関係のレビュー論文 [1] の内容，そして，別の面での先達である元日経 BP・元東京理科大客員教授の高山和良氏を通じて教わった C. Miller 氏の *CHIP WAR*（翻訳書名『半導体戦争』，千葉敏生訳）[2] という著書に描かれた内外の半導体の偉人たちの生々しい息遣いなどである．また，岩井洋氏には，日本を中心にして米欧亜での関係分野の技術者研究者にお集まりいただいて IWJT (International Workshop on Junction Technology，主に PN 接合の専門学会) [3] という国際学会と，応用物理学会の Si 分科会に接合技術委員会を創設していただいた．IWJT 歴代の組織委員長には，応用物理学会 Si 分科会初代幹事長でもある服部健雄氏，次いで小柳光正氏，そして岩井洋氏，小生水野文二，筒井一生氏，若林整氏が歴任，2025 年の 25 周年記念の会では柴田聡氏がその任に就いて下さっている．この活動で当初から大変お世話になった元日新イオン機器の丹上正安氏や AMAT の伊藤裕之氏，鈴木良守氏，M. Current 氏，元 Varian の S. Felch 女史，角田功氏，元東芝の須黒恭一氏，水島一郎氏，元 NEC の獅子口清一氏，京大の松尾二郎氏，

UJT時代の金田久隆氏，佐々木雄一朗氏，松下時代の水野博之氏，佐野令而氏，竹本豊樹氏，三木弼一氏，古田征男氏，古池進氏，西嶋修氏，久保田正文氏，布施玄秀氏，小倉基次氏，秋山重信氏，米田忠央氏，中山一郎氏，堀敦氏，高瀬道彦氏などに絡んだ話も，全員の実名を挙げないまでも記していきたい．この方々からのご支援や交流がなければ種々の活動も実施できなかったし，夫々の成果もやや平凡なものに終始したのではないかと，ここでも技術を生み出す人間の力とその結集について思うところがある．筆者の研究開発は1982年頃にスタートし，かれこれ40年以上前である．トランジスタの御年77歳の半分以上は関係しているので，これらを総合はできないものの踏まえながら，前半は先輩たちのこと，後半は筆者らと同僚後輩諸賢のことを主に記すことになる．

本章の構成

本章は，PN接合の登場から始めたいと思う．人によっては単なる海外（主に米国）での他人事かもしれないが，上述したような人の気持ちの流れに思いをはせると，トランジスタの動作原理を発想していながら，当時の測定技術の非力さで結果を見るに至っていなかったW. Shockley氏のいぬ間に，よりによって実験の上手いW.H. Brattain氏と，理論屋には相談しなかったという（多分Shockley氏には相談しなかったということであろう）理論屋のJ. Bardeen氏の2人だけで1947年の12月に点接触トランジスタ動作に成功し，それに怒り狂ったW. Shockley氏がクリスマス休暇にシカゴのホテルに籠ってPN接合型トランジスタを発明した後，さらにプロセス技術としてShockley氏が発明したプラズマ・イオン照射技術が今のイオン注入やプラズマドーピングに繋がる事共．続いてShockley氏に怒られはしたものの意に介さず大学に移って研究に邁進するBardeen氏に呼ばれた松下電器の水野博之氏が，後年筆者の松下での師匠になっていただいたこと等から，筆者個人的にはとても他人事と思えず，書くこととする．

次いで，続々と提案されるドーピング技術と，その効果（できれば，現代的な物理解釈を誘起するようなものを含めて）について述べる．筆者自ら手掛けてきた超低エネルギーイオン注入やプラズマドーピングについては，従来主流であったイオン注入技術と比して，こんな結果が得られるのではないかとぼんやりと期待していたこと，そしてできたこと，できなかったこと，原理的に説明できたこと，できなかったこと，結果が出て実際に実用化されたこと，意外に実用化されなかったこと，その技術的・人間的要因なども交えて記述したいと思う．

以上のように既に散文的冗長性が感じられるが，実は社歴としても純粋に技術的に筆者自身が研究開発に携わっていた時期はかなり短く，記憶を辿れば松下電器に入社した1984年から1988年頃，1996年頃，のうちの5，6年くらいではなかったかと思う．若い頃は，半導体の現場から離れていたわけではないが，研究開発ではなく，イオン注入などの工程の責任を持ちながらRISC(Reduced Instruction Set Computer)チップの試作をしていた（このこと自体が相当画期的なのではあるが）ことがあって，所属していた半導体研究センターの試作クリーンルーム(CR)全般の管理プロジェクトを担当していたこともあり，クリーン化や，主に各工程の流れを管理して全体のスケジューリングをし，プロジェクトチームのCIM(Computer Integrated Manufacturing)開発メンバーにはスケジューラーや不良検知システムを自前で構築してもらっていた（米国の雑誌から取材を受けたこともあった）．その後は完全に現場を離れて松下電器内で「企画」という部門に長く所属した．「木こりのジレンマ」の寓話とは逆で，本来木こりの仕

事が好きで（自称）上手でもあったにもかかわらず，「森は俯瞰できるが実際の木をなかなか切り倒しに行くことのできない立場」となり，記念に永久保存しておこうと思っていたプラズマドーピング装置1号機（図 6.1）も，半導体研究センター解散時（1999 年頃）の膨大な廃棄決裁願いの中に埋もれて筆者自身で廃棄の合議印（事実上の決裁印）を押して，トンいくらの廃材として巷の業者に持っていかれたくらいである．

図 6.1　プラズマドーピング装置 1 号機 [7]

6.2　PN 接合の登場

　PN 接合の表記は，最初の点接触トランジスタの説明図面にも登場する．1947 年の 12 月の話である．積極的な活用ではないが，増幅を確認するための基板の恐らくバイアスの調整で PN 接合を用いている．しかし，この点接触トランジスタ基板の PN 接合に，既に 1 か月後に Shockley 氏によって発想される PNP 接合型バイポーラートランジスタの片鱗が忍ばされていることも，今となっては感慨深い．

6.2.1　PN 接合と人々

　トランジスタの発明者として著名なお三方，Shockley 氏，Bardeen 氏，Brattain 氏の中で，お二人が間接的に筆者と結構関係がある（ご本人たちは筆者をご存じない）．まず，最も有名な Shockley 氏は前述の通り製造方法の発明もされていて，半導体に PN 接合を形成するために所望の元素を含むガスをプラズマ化し，エネルギーを持った不純物が半導体表面から侵入するというようなプラズマ・イオン照射技術を発想された [4]．その発想は，後年 CMOS を実現するイオン注入技術に進化し，またプラズマはプラズマドーピングに進化した．著者にも，この Shockley 氏の発想がまわりまわって伝播して，1985 年頃から開発に携わることができた．その経緯には，Bardeen 氏にもまわりまわって間接的に関与していただいている．というのは，筆者の松下電器での師匠である水野博之氏（元本社の副社長兼 CTO）は京大時代に，筆者の恩師である名古屋大の伊藤憲明氏と同じような分野で「イオン結合性結晶の非弾性衝突に基づくエキシトンの挙動」等の研究を行っていて（筆者は時期的にその最後あたりのテーマで修士号を取得した [5]），水野博之氏は松下電器入社後も，その純粋物理的分野の研究もしておられた形跡があ

る．あの実利的な松下電器でそのようなことができていたのは実に興味深い[1]．

ご存じのように，松下電器の創業者・松下幸之助翁にはほとんど学歴といえるものはないが，経営的直観力はもの凄い．創業後「血の小便」を流しながらも松下電器を大会社にされて，戦後欧米を視察して帰国した幸之助翁は，1952年にオランダのフィリップスの協力を得て本体より資本金の厚い松下電子工業を発足し，当時の電子管（真空管やブラウン管）の製造を開始した．既述の通りトランジスタ動作は見つかっていたものの，1955年のSONYのトランジスタラジオ販売にはまだ至っていない過渡期ではあった．つまり，「トランジスタというものを使って今後電子産業は大いに発展する（社会のお役に立つ＝儲かる＝事業として成立する）」という予感は，幸之助翁の胸中にはあったはずである．しかし，一体何のことかは分からない．固体物理を基礎とするトランジスタは，勘や手先の器用さのみで端緒を掴める印象もなかったであろうから，人の勧めもあったかもしれないが，1949年にノーベル物理学賞を受賞された湯川先生のおられた京大物理の出身者を知恵袋として採用した．その代表的な一人が若き俊秀・水野博之氏であったのだろう．

水野博之氏は，ときに固体物理，トランジスタなどについて，幸之助翁をはじめ当時の経営陣に講義することを求められ，今のユーチューバーのようには易しく話せもしないだろうから難しい話をさらに難しく語ったらしい．当然予想されたように，重役連中は全く分からない難しい話に深く眠りについていたようであるが，その中でただ一人幸之助翁だけは，目覚めて腕も脚も組まず熱心に聴いていたそうである．そして経営的直観力に基づいて，一言「で，水野（博之）君，その技術は，儲かるんか？」当時の水野博之氏は，まさか自分が後年に名経営者になるとは思ってもおらず「そういう（次元の低い）ものではないのです」と大いに憤慨していたそうである．水野博之氏は，江崎玲於奈先生には及ばないのかもしれないが（ノーベル賞を受賞したかどうかという評価軸では），結構画期的なダイオードを発明したそうで，その手書きの論文をイリノイ大学へ移られたBardeen氏に送ったところ，「なかなか面白い内容である．英語は適切なものに修正してタイプ打ちさせた．恐らくこの状態で *Physical Review* レベルの雑誌に採択されて掲載され得るであろう．また，状況が許せばアメリカへ来て一緒に研究しないか？」という望外のお誘いをいただいたそうである．そのお誘いの手紙を幸之助翁に見せて報告したところ「ええ話やないか！　行ってきなはれ」ということになって，家族同伴でシカゴへ留学させてもらったそうである．

6.2.2　プラズマドーピングの登場

「関係者」の紹介が長くなったが，半導体研究センターのサブミクロン棟と称する当時最先端の研究ラインの立ち上げのため，筆者が修士課程修了後松下電器に入社（1984年）して数か月経過したころであったと思うが，水野博之氏が，フィリップスとの合弁会社・松下電子工業の常務兼CTOから本社の理事として来られ，その後すぐに本社の取締役として半導体研究開発の陣頭指揮を執られることとなった．水野博之氏は普段から半導体のことを熟慮されていたので，い

---

[1] 水野博之氏も，「水野君（筆者のこと），あんたの修士号のテーマは，伊藤先生の遊びの方の研究分野やね」と言われていた．ちなみに，水野博之氏は，筆者の岳父澤村敏昭（元三菱自動車常務取締役・CTO）の旧制廣島高校の同窓生で親友であった．両名海軍士官学校（水野氏），陸軍士官学校（澤村）が終戦で廃止されて，「転校」したものと伺っている．戦後の技術革新はこのような経歴の人々が担っていたのであろう．

かんせん決裁（稟議）が速かった．少々の決裁起案では内容も見ず（全部，情報網と見識でお見通しなので），いきなりバンっと承認印を押される．ここで度肝を抜かれた若手技術者が承認にほっとしているところに（それはそうである．数年に一度の頻度でしか，数億円もの高額の機械装置の購入決裁をいただくことはないので，会社人生を賭けて重役決裁に臨んでいる），「それで，今日は何の用や？」から始まる質問攻めで，2年後3年後のために温めているアイデアなども全て喋らせるという不思議な才覚の持ち主であった．いずれにしても数千万円程度の機械装置であれば，ばんばん決裁印を押されてゆく（しかも小さな印鑑で．筆者の直属の上司の印鑑が巨大だったので辟易されていた）ので，実は買って設置したはよいが手が回らずに放置されていたマシンも少なからずあった．筆者の近くにも社内の生産技術研究所から購入したプラズマ装置がCRの3階（まだ通常の試作には使わない実証前の装置を置くフロア．恐らく世界初のエキシマ・リソグラフィの開発装置もあった）に1台置いてあった．先輩が購入したもので，いろいろな付帯設備が付いており活用できそうなのだが，全く動いていなかった．1985年のとある夕暮れどきに，上司の主任から「水野君（君付けのときは筆者のこと．外国人は筆者をリトルMizuno，水野博之氏をビッグMizunoと呼んでいた）ちょっと，ええ（＝良い）？」と会議室に呼ばれて，SSDM発足委員でもあられる阪大難波進先生の研究室出身の課長とその主任から，「○○君が買ったプラズマ装置，全然動かせてなくてちょっとまずいことになってるんや．何か不純物注入に近いところでやって成果出せない？」「プラズマドーピングというような技術提案（[6]に詳しい）もあるみたいで，これが低温でできたら結構凄いのでは？」と業務指示を受けた．これは，特許法における「共同発明」の典型例で，上司から「新規な発想」を得た部下の筆者が「自明でない具体化」をして発明を完成させたというものである．そこから生まれた典型的な結果が，当時（1985年頃）DRAMに適用しようとしていたトレンチキャパシターセル垂直側壁への均等なドーピングであった（図6.2(a)）．

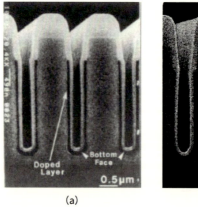

図6.2　トレンチキャパシターセル垂直側壁への均等なドーピングを示すSEM写真(a)と2°内側に傾斜したボーイングトレンチの場合，全くドーピングされないことを示すSEM写真(b)[7]．

この結果は1987年の発表（SSDM）[7]当時非常に評価が高く，筆者のプラズマドーピングの提案は，全査読者の全項目が満点であった（と聞いている）．発表前日には記者発表もして，朝刊

の記事掲載（この掲載で朝日新聞に対する印象が一気に良くなったことを記憶している）の影響か，発表当日は立ち見が出るほどであった．講演当日は，当時東芝にご所属の著名な柏木正弘氏に最初の質問をいただいた．時を経て，本稿の元になった第1回名取研究会へもご参加いただき，大変感謝している．また，この頃から既述の高山氏に，何かとお世話になっている．

> **PN 接合は美しいものから生まれる**
>
> 　図 6.2(a) の写真を得るために，プロセス条件をいろいろと変えて，トレンチを掘ってもらっては（垂直側壁が出る条件もなかなか難しく，先行エッチングと迅速な SEM 観察を行ってもらった後，プロセスを続行してもらう），ようやくでき上がった 0.5 ミクロンを切る溝幅のトレンチにプラズマドーピング (PD) のパラメータをいろいろ工夫してドーピングし，最後は 2〜3 晩ほど徹夜をして，結果的に，幅 0.45 ミクロン・深さ約 5 ミクロンの，当時としては理想的なトレンチ形状の垂直側壁に均等にドーピングできたことが，当時の観察方法により確認できた（図 6.2(a)）．うまくドーピングできた時の B_2H_6 と He の絶妙な混合比のプラズマは，エメラルド色に輝いて本当に美しかった．しかし，その中身は一息で即死するような超猛毒ガスのプラズマなのである（これが Si 不純物ドーピングの現場である）．
>
> 　技術は進化するもので，トレンチ側壁ドーピングのごく最近の実用例は，CMOS イメージセンサーへの応用として，三星のホームページには，超高解像度モバイルイメージセンサー向けのフォトダイオードの面積を小さくするために，DTI(Deep Trench Isolation) のサイズを縮小するとともにプラズマドーピング (PLAD, Plasma-assisted Doping) を最適化することで約 6,000e-レベルの最大飽和容量 (FWC, Full Well Capacity) を維持している，と詳しく記述されている[2]．
>
> 　非常に深い（アスペクト比 100 程度）トレンチ側壁に適切なドーピングを行う，このプラズマドーピングの実用例などは，筆者が前述の企画部門へ移り，ドーピング技術などの具体的な半導体プロセス技術開発から久しく遠のいていた時期に，各国のデバイスメーカーや装置メーカーの努力の末に実現に至ったものと感服している．また，DRAM のビットラインへの超高濃度のカウンタードーピングのために，プラズマドーピング（機械装置は，Varian–AMAT の PLAD 装置）は 2005 年以降くらいから既に活用されていたので，DRAM メーカーはそのときには既にプラズマドーピング技術を使いこなしていたとも聞いている．
>
> 2　https://semiconductor.samsung.com/jp/news-events/tech-blog/d-vtg-technology-of-isocell-image-sensor/

6.2.3　PN 接合の誕生に戻って

　時代は遡って 1940 年．ベル研でのトランジスタ実証の 7 年前のこと，P 型，N 型の半導体 (Ge 等) を構成するために，半導体結晶の引き上げ時に不純物の種や吹き付けるガス種を変え，同じくベル研の R. Ohl 氏によって PN の境目作成が実現されていた [8]．あまり高品質ではないだろうが PN 接合が実際に形成されて，太陽電池機能や整流機能が確認されている．1941 年には，同じくベル研の J. Scaff 氏の文書にも，P 型，N 型の記述が見られるようになっている [9]．以下は文献 [2]p.36 からの引用である（(　) 内は筆者による補足）．

> 　1945 年，ショックレーは 90 ボルトの電池に接続したシリコンの結晶をノートにスケッチし，初めて「ソリッドステート電子管（固体弁：英文では，Solid State Valve)」なる理論を提唱する．彼の立てた仮説とはこうだ．電場の存在する場所に，シリコンなどの半導体材料を置くと，内部の「自由電子」が一方に引きつけられ，半導体の端の近くに集まる．十分な量の電子が電場によって引きつけられると，半導体の端の部分は，常に大量の自由電子を持つ金属のような導体〔電気を通す物質〕へと変わるだろう．だ

> とすれば，それまでまったく電気を通さなかった物質にも，電流が流れるようになるはずだ．
> 　彼は，シリコンの結晶に電圧をかけたり止めたりすれば，シリコン上の電子の流れを開閉するバルブのように機能させられると考え，さっそくそういう装置をつくった．ところが，いざ実験を行なうと，なんの結果も検出できなかった．「測定可能なものはなし」と彼は説明した．「不可解というしかなかった」．実は，1940年代のシンプルな機器は，精度が低すぎて微弱な電流を測定できなかったのだ．

先述のように，W.H. Brattain 氏と J. Bardeen 氏の 2 人だけで点接触トランジスタ動作を実現した直後，Shockley 氏は激怒した．文献 [2]p.38 には以下のように記されている（（　）内は筆者による補足）．

> 　ショックレーは同僚たちが先に自身の理論を証明する実験を発見したことに激怒し，なんとしてもふたりを出し抜こうと決意する．クリスマス・シーズンに（1947年末のこと）2週間シカゴのホテルにこもった彼は，半導体物理学に関する並外れた知識を頼りに，別のトランジスタ構造を想像し始めた．1948年1月を迎えるころには，彼は3つの半導体材料で構成される新種のトランジスタを概念化していた．その構造とはこうだ．外側のふたつの半導体の層は電子が余っていて，真ん中は不足している．その真ん中の層に微弱な電流を流すと，全体にずっと大きな電流が流れる．この微弱な電流から巨大な電流への変換こそ，ブラッテンとバーディーンのトランジスタが実証したのと同じ増幅プロセスだ．

Shockley 氏は 1947 年のクリスマスに PN 接合型のバイポーラートランジスタを着想し，翌 1948 年には 3 つの半導体の切片を貼り合わせたような新しいトランジスタを構想した [10]．それは電子が欠損した切片が，電子が豊富な 2 つの切片にサンドイッチされたような構造であった（図 6.3）．挟まれた切片に小電流を流すと非常に大きな電流が流れ始めるという点では Brattain 氏と Bardeen 氏が実証した増幅のプロセスと同等のものであったが，次のような違いがあった．

> 　しかし，ショックレーは自身が以前に提唱した「ソリッドステート電子管」理論に沿った別の用途に気づき始めた．トランジスタの真ん中の層にかける微弱な電流を操ることで，より大きな電流のほうをオンやオフに切り替えることができるのだ．オン，オフ．オン，オフ．そう，彼が設計したのは，スイッチそのものだった．
> 　（文献 [2]p.38 より引用）．

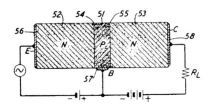

図 6.3　Shockley 氏が発明したバイポーラートランジスタの断面構造 [10]

さて，PN 接合形成の現場に戻ると，ベル研の PN 接合は最初はほとんど偶然の産物だっただろうが，これを用いて早くも TI からトランジスタが製造販売され（1954 年），SONY がトランジスタラジオを創り（1955 年），IBM が大型計算機を構築した（1955 年）．このようにあたかも偶然の産物のような PN 接合を用いてトランジスタが実用されるようになったのだが，きちんとした作り方（プロセス技術）と呼べるものはまだなかった．1954 年になると，Shockley 氏はプラズマ中のイオンを用いる着想で，イオン注入技術，プラズマドーピング技術に繋がるプラズマ・イオン照射技術を発明したことは既に述べた [4]．この特許技術は，同時期にパロアルトに創設された Shockley 半導体会社にて，H. Strack 氏によって実験的に確認され，論文も 1963 年に出版されていた [11]．しかし，この論文を筆者が知るのは，自らプラズマドーピングの発表などを盛んに行った後であったと記憶する．

6.3　各種ドーピング技術の発想

ベル研の C. Fuller 氏らによって，1952 年から 1954 年の 3 年間で毎年，生産に使うプロセス技術として各相のドーピング技術が発明された．液相，固相，気相の 3 つの相によるドーピングである [12-14]．

6.3.1　液相・固相・気相ドーピング

液相ドーピングは現在ほとんど使用されていないが，固相拡散は初歩的な状態から始まり（Grove 氏の著書 [15] に詳しい），現在の高度なエピドーピング [16] に繋がっている．岩井洋氏が前世紀末（1994 年）の東芝時代に応物誌に寄稿された記事 [17] では，「既にエピからの拡散技術はバイポーラートランジスタの薄いベース形成で確立していて，いずれ MOS の浅い接合形成にも進出してくる」であろうことが予言されている．これは日本語の記事であるから非日本語圏の研究者・技術者が当時読んだとは思えないが，エピドーピングそのものは，その後主に海外で発展し実用されている．一方で，筆者からのたっての希望で岩井洋氏を中心に創設していただき，2000 年から継続的に開催されている IWJT[3] という国際的な専門家会議では，積極的にセッションを組んだ記憶も提案の記録もない（別の会議では 2024 年に欧州の委員からスコープ立てする提案があって採択されている：IIT2024, Ion Implantation Technology）．かつて主に米国で開催されていた，USJ(Ultra Shallow Junction Conference) においてはどうだったのか？　筆者も時折参加していたが，特に強い印象や記憶はない．日本が停滞を余儀なくされた微

細化の最終段階あたりは，まだエピドーピングを使う世代ではなかったのだろうか？　本章末の6.5.2項に今分かっていることは記述したが，まだ調べなければならない事実関係も残されている．いずれにしても，固相拡散は1952年に発明されて現在のエピドーピングに至るまで，高性能トランジスタ実現の重要なキーテクノロジーとして生き続けている [16]．

気相ドーピングは，高温の石英管の中に半導体を挿入して所望の不純物を含むガスを導入し，表面からドーパントを導入する技術であり，古くから実用され今も基礎的技術として生き残っている．その間，第4の相と言うべきだろうか，プラズマを活用するプロセスがより発展して実用化された．Shockley氏のプラズマ・イオン照射の発想を受けて発展したイオン注入技術（6.3.5項で詳述する）と，トレンチ側壁ドーピングなど特定の目的を持って1987年に再登場したプラズマドーピングである [7]．富士電機がパワーデバイスを対象として高温下で行うプラズマドーピング方法を用い始め [6]，筆者がLSI向けに常温でフォトレジストを用いてPNの打ち分けができるようにしたものである．プラズマドーピングに関しても，6.4.2項以降で詳しく記述する．

6.3.2　PN打ち分けのための技術

1955年になると，ベル研のC. Frosch氏とL. Derick氏が，WaxのパターニングによってSiO_2をエッチングしてマスクとして活用し，Siに選択的にドーピングする技術を発明した [1]．さらにリソグラフィ技術が生まれたことによって，具体的なPN打ち分けの技術が発展した．その始まりを文献 [2] から引用する．ラスロップとジェームズ・ノールは，US Army Diamond Ordnance Fuze LaboratoryのJ. Lathrop氏，J. Nall氏である．

> しかし，ラスロップと，助手で化学者のジェームズ・ノールは，トランジスタを顕微鏡で眺めているうちにあるアイデアをひらめいた．顕微鏡のレンズを使うと，小さなモノが大きく見える．逆に顕微鏡を上下逆さまにすれば，レンズの効果で大きなモノが小さく見える．なら，レンズを使って大きなパターンをゲルマニウム上に"（小さく）プリント"し，ゲルマニウム結晶上にメサ型トランジスタの縮小版をつくれないか？　折しも，カメラ会社のイーストマン・コダックは，感光すると反応する「フォトレジスト」と呼ばれる化学薬品を販売していた．
>
> （……略……）
>
> ラスロップはこの工程を「フォトリソグラフィ」と名づけた．
>
> （……略……）
>
> 1957年，彼はこの手法に関する特許を申請する．
>
> （文献 [2] p.52-53より引用，（　）内は筆者による補足）

6.3.3　その頃の米国の働き方（改革前）そして，プレーナー技術による安定化

半導体開発の舞台として、米国西海岸のシリコンバレーにも拠点ができつつあった．引き続き，文献 [2] から引用する．

> （……略……）1955 年，彼（Shockley 氏）はカリフォルニア州サンフランシスコ郊外のマウンテンビューに Shockley 半導体研究所社を設立する．
> （文献 [2]p.39 より引用，（　）内は筆者による補足）

選りすぐりの俊秀が集められたが，

> なかでも最重要人物に挙げられるのが，（1957 年にショックレーのもとを去って，フェアチャイルド社を興した）この「通称 8 人の反逆者」のリーダー的存在であるロバート・ノイスだ．
> （文献 [2]p.42 より引用，（　）内は筆者による補足）

一方で，

> キルビーは，同社（テキサス・インスツルメンツ）の 7 月の夏期休暇期間にダラスへと着いたのだが，まだ有給休暇の日数が貯まっておらず，数週間，研究所にひとり残ることになった．試行錯誤の時間が十分にあった彼は，多くのトランジスタの接続に必要な配線の数を削減する方法について，考えを巡らせ始めた．それぞれのトランジスタをつくるのに，別々のシリコンやゲルマニウムの結晶を用いる代わりに，複数の要素を 1 つの半導体上にまとめてしまうのはどうだろう．
> 夏休みから戻った同僚たちは，キルビーのアイデアを耳にするなり，革命的だと思った．
> （文献 [2]p.41 より引用，（　）内は筆者による補足）

こうして IC が誕生しチップとして知られることとなる．1958 年のことである．

> MIT 器械工学研究所が初めてテキサス・インスツルメンツ製の集積回路を受け取ったのは，ジャック・キルビーの発明からわずか 1 年後の 1959 年のことだった．アメリカ海軍のミサイル計画の一環として，チップをテストするため，64 枚のチップを 1000 ドルという価格で購入したのだ．
> 結局 MIT のチームはそのミサイルではチップを使わなかったが，集積回路という概念に興味を持った．同時期に独自の「マイクロロジック」チップを発売したのがフェアチャイルドだ．MIT のある技術者は，1962 年 1 月，同僚にこう頼んだ「あいつ（マイクロロジック）を大量に買ってきてくれないか．本物かどうかを確かめたい」
> （文献 [2]p.46-47 より引用，（　）内は筆者による補足）

Fairchild 社は，先述の Noyce 氏をはじめとする 8 名の反逆者で創業した会社で，後述するプレーナー技術で IC 実現のための重要な形態を開発していた．以上から米国の昔の働き方が感得

できる．

　ところで Kilby 氏は技術面でももちろん著名で，2000 年にノーベル賞にも輝いているのだが，いわゆる Kilby 特許は日米であまり評判が良くない．TI が DRAM の特許侵害で富士通を提訴した訴訟があったが，東京地裁で抵触しない判決が下され（1994 年 8 月 31 日），高裁ではそもそも特許審査などの段階での「分割」に違法性があり無効になる蓋然性が高いとして「権利の濫用」つまり，権利侵害を主張できないとの判決があった（1997 年 9 月 10 日）．最高裁でも東京高裁の判決が支持されて，Kilby 特許は日の目を見ないまま消滅した（最高裁 2000 年 4 月 11 日）．特許自体の無効審決は 1997 年 11 月 19 日に出されている．

　これらの裁判や審判の結果によって，現在では特許法 104 条の 3 に「特許権又は専用実施権の侵害に係る訴訟において，当該特許が特許無効審判により無効にされるべきものと認められるときは，特許権者又は専用実施権者は，相手方に対しその権利を行使することができない．」と規定することで，紛争のより実効的な解決等を求める実務界のニーズを立法的に実現することとしている（工業所有権逐条解説 特許法 104 条の 3[18]）．

　Kilby 氏には申し訳ないが，世間の評価通り，Noyce 氏が Fairchild 社にて仲間と構築したプレーナー技術による IC は現在に続く優れた構造である．その特許は 1959 年に出願されている [19]．1927 年生まれの氏は，惜しいことに 1990 年に逝去した．筆者は直接お会いする機会を持たなかったが，享年 63 歳である．IC の発明なのだからアポロ 11 号に搭載されて少し経過した頃にノーベル賞を受賞しても全然おかしくないのだが，そうはならなかった．文献 [2] には、次のように記述されている．

> 　そこで，セマテック（1987 年に米国主要半導体メーカーと国防総省が官民共同出資により設立したコンソーシアム）の代表に名乗りを上げたのが，ノイスだった．
> 　（文献 [2]p.155 より引用，（ ）内は筆者による補足）
>
> 　1990 年，セマテックにおける GCA の最大パトロンだったノイスが，朝のひと泳ぎを終えたあと，心臓発作を起こして亡くなった．
> 　（文献 [2]p.158 より引用）

彼が 1990 年代を元気な 60 歳台で過ごしていたら，世界の半導体地図はどのように展開されただろうか．

> 　フェアチャイルドは，実績のない 30 歳前後の技術者たちが経営する真新しい会社だったが，同社のつくるチップは信頼性が高く，納期どおりに納品された．1962 年 11 月を迎えるころには，MIT 器械工学研究所を率いる著名な技術者，チャールズ・スターク・ドレイパーは，アポロ計画でフェアチャイルド製のチップに賭けてみようと腹をくくっていた．
> 　（文献 [2]p.47 より引用）

そして，上述のようにアポロ 11 号に搭載されたのであった．

この段階で実用化され，現代にまで通用している画期的な技術に「プレーナー技術」がある．従来のメサ技術を見た J. Hoerni 氏（Fairchild 社の Noyce 氏の友人でスイス人．登山家でもある）が，Si 表面をきれいに酸化してその Si 酸化膜で Si 表面をカバーして安定化させる方がよいと考えたことにより生み出された [20]．荒地でのメサ（周囲が急斜面で頂上が平らな場所）の急斜面は常に風雨にさらされ削られてゆく不安定な場所であるので，それに似たようなもの（そんなものを語源に持つ構造）よりもプレーナー技術は優れた構造であると考えたのである（アリゾナのメサの風景自体は色も綺麗で非常に美しいものではあるが）．さらに，文献 [2] より以下の通り引用する．

> フェアチャイルドが創設されるころには，トランジスタの科学的性質は広く解明されていたが，トランジスタを安定して製造するのは至難の業だった．初の商用トランジスタは，ゲルマニウムの結晶の上に，さまざまな物質をアリゾナ州の砂漠に見られるメサ〔周囲が急な崖になっている台形状の地形〕に似た形で何層も積み重ねた構造をしていた．
>
> その層のつくり方とは，まずゲルマニウムの一部を黒いワックスの小滴で覆い，次にワックスで覆われていないゲルマニウム部分を化学薬品で除去してから，ワックスを取り除く．すると，ゲルマニウムの上にメサ型の形状ができあがるという仕組みだ．
>
> このメサ構造の欠点は，埃やその他の粒子などの不純物がトランジスタ上に付着すると表面の物質と反応してしまう，という点だった．
>
> （……略……）
>
> （……略……）彼（前出の Hoerni 氏）は，シリコン基板の表面を二酸化ケイ素の被膜で保護し，必要に応じて穴を開け，さらに追加の物質で覆うことによって，トランジスタの全部品をつくる手法を思いついた．この保護膜で覆うという手法のおかげで，半導体の故障につながる外気や不純物にさらされずにすむようになった．信頼性が大きく向上したのだ．
>
> 数か月後，ノイスは「プレーナー型」〔プレーナーは「平面的な」という意味〕と呼ばれることになるハーニーの手法を使えば同一のシリコン結晶上に複数のトランジスタをつくれることに気づく．キルビーがノイスの知らないところでゲルマニウム基板上にメサ型トランジスタをつくり，それを針金と接続していた（IC と称した [21]）一方で，ノイスはハーニーのプレーナー・プロセスを用い，同一のチップ上に複数のトランジスタを構築していった．プレーナー・プロセスの場合，トランジスタを二酸化ケイ素の絶縁層で覆うため，チップ上に金属の薄膜をつくり，直接"配線"を施すことで，チップ上のトランジスタ間に電気を通すことができた．ノイスは 1 つの半導体材料の上に複数の電子部品をまとめることで，キルビーと同じく，集積回路を生み出していたのだ．
>
> （文献 [2]p.42-44 より引用，（ ）内は筆者による補足）

このように，Noyce 氏は今日の LSI の基盤となるプレーナー技術で IC を完成したのである．その後，Noyce 氏は MIT の同級生で当時 TI にてフォトリソグラフィを発明した前述の

Lathrop 氏を Fairchild 社に招き，フォトリソグラフィ技術で Si 酸化膜に穴を開けたりして，まさに現代に通じる技術のセットを整えた．文献 [2]p.57 によれば，Noyce 氏は「フォトリソグラフィを成功させない限り，会社の存続はない」と考えていたようだ．

6.3.4　セルフアラインと Moore の法則

これらの基幹技術が整うことによって，いよいよ，現代的なドーピングが可能となってきた．さらに，融点の低いアルミに替わって融点の高いポリ Si を MOS トランジスタのゲート電極に用い，このポリ Si ゲート電極をマスク材料としてソース・ドレイン部分にドーピングする，現代にも通じる「セルフアライン技術」が生まれた（1966 年）．最初は気相ドーピングで，例えばボロン蒸気を含む気体にウェーハを 1100 ℃で晒してボロンを導入した．

Fairchild 社の Moore 氏は，1965 年に依頼されて書いた記事で「少なくともここ 10 年，Fairchild 社は毎年毎年チップに搭載するトランジスタ数を倍増し続ける」と予言した．そうすると 10 年後の 1975 年には 65,000 個のトランジスタが入るという．これが「Moore の法則」である．

6.3.5　イオン注入技術の登場

ドーピング技術として精度高く Moore の法則を可能にする技術は，Shockley 氏が編み出したプラズマ・イオン照射技術から発展したイオン注入技術が代表である．イオン注入技術の半導体への応用発明は，1966 年に Hughes Aircraft Company から行われた特許出願に始まる [22]．そして，堰を切ったように 1971 年の IEDM のセッション 17 と 21 にて 10 件ものイオン注入にまつわる発表が行われた．Bell 研から 5 件，Hughes Aircraft Company から 2 件，Fairchild R&D Lab から 1 件，KEV Electronics Corp から 1 件 [23] である[3]．

時期を同じくして 1970 年の第 2 回 SSD(Conference on Solid State Devices) にて古川静二郎氏と石原宏氏により「イオン注入によって発生する格子欠陥の理論的考察 (Vacancy Distribution Theory for Ion-Implanted Target)」[24] が発表され，後年 SSDM Award を受賞されている．ちょうど筆者も Award 評価の担当者の一人であった時期でもあり，また分野も非常に近いので，推奨された論文を拝読して感銘を覚えた．古川氏は 1987 年の第 19 回 SSDM の組織委員長となられ，ちょうど筆者はその SSDM においてプラズマドーピングの発表を許され，査読のある学会にデビューさせていただけた [7]．

また，同時期（1969 年）の大阪工業試験場（大工試，現在の AIST）の記録によれば，通産省（当時）の補助金で関西家電 5 社（三菱電機，松下電器，シャープ，三洋電機，富士通）が共同してイオン注入機を関西に導入している．当初，阪大に置く予定であったものが，学園紛争の影響で国研としての大工試に設置されたとの由である．筆者も若い頃，大工試で見たことがあるが，ビームラインの長い，恐らくコールドソースでプラズマを起こすのが簡単ではないタイプであったのではないかと思う．このようにして，日本においても最先端の半導体製造の準備が整ってきた．時あたかも，前の大阪万博の頃であった．

---

[3] 長年 IEDM へご参加の方であれば，2004 年の 50 回記念の折に 1955 年から 2004 年までのアブストラクトが全て PDF で収納された DVD が頒布されている．1971 年当時のものは文字だけの短いまさにアブストラクトであるが，上述の 10 件全て収納されている．

6.4　ドーピングによるデバイスの微細化

　筆者が直接的に不純物ドーピング技術に対しての課題を感じるようになったのは，トランジスタの微細化がどんどん進んで，ドーピング技術として「微細化」に対して何もしなくてもすむとは言えなくなった頃である．デバイスの寸法から見た「ドーピングのサイズ」，例えばイオン注入機によって得られるイオンのエネルギーは，デバイス寸法の大きかった初期にはそもそも低すぎて（高エネルギーへの加速は難しいしコストがかかる），むしろ熱拡散によって寸法を拡大しなければデバイスとしてのバランスが取れなかった（「プリデポ」とも呼ばれた時代）．そこからトレンチなどの3次元構造や，いよいよ小さなトランジスタ向けに「浅い接合」が必要とされる時代が近づき，研究フェーズではより小さなトランジスタを動かせるかどうかが課題となっていった（IBMの微細化限界説もあった）．以上から，トレンチドーピングに課題を感じたのが1985年頃，トランジスタ作成に課題を感じ始めたのが1990年頃と思われる．そこから約15年が経過した頃，松下電器が出版・公開している2004年発行の『松下テクニカルジャーナル』に，社内ベンチャー会社UJTラボの同僚の佐々木雄一朗，伊藤裕之の両氏がその頃の課題意識をまとめてくれているので，以下に引用しておく[25]．

> 浅い接合形成の課題
>
> 　エクステンション電極の厚さ（すなわち接合の深さ，以下 X_j）は，不純物が導入された深さと熱処理時にシリコン基板の深さ方向に不純物が拡散した距離の和で決まる．よって，エクステンション電極を薄く微細化するためには，不純物をいかに浅く導入するか，またいかに拡散させずに活性化するかに注力することになる．まず前者について説明する．不純物を導入するイオン注入技術で不純物を浅く注入するためには，イオン源からイオンを引き出すエネルギーと加速エネルギーを小さくすればよい．しかし引き出しエネルギーを小さくすると引き出されるイオンの数が減少してしまう．さらに，加速エネルギーが小さくなると，イオンビームをイオン源からウェーハに輸送する間にイオン同士の電荷による反発力でビーム径が拡がってしまい，ビームライン内壁に衝突するなどして多数のイオンが失われてしまう．そのため注入処理のスループットが低下してしまう．例えば，B^+ イオンを注入する場合では加速エネルギーが 2 keV 以下になるとスループットが低下し始め（〈筆者追記〉[25]の第2図．本章には掲載していない），0.5 keV 以下になるとビームの輸送自体が困難になる．また，0.5 keVまで低エネルギー化しても 20 nm 程度の深さまで B が注入されてしまう．つまり，これよりも薄いエクステンション電極を作りたい場合には，生産性が極端に低下してしまうという課題がある．これに対してプラズマドーピングでは，スループットはエネルギーによらず一定であり，生産性の課題を解決できる．（〈筆者追記〉このあたりの詳細は，直接改めて伊藤裕之氏から伺ったので，6.4.1項に記載した.）
>
> 　次に，後者の拡散について説明する．不純物を拡散させずに熱処理しようとすると，不純物が電気的に活性化しにくくなる．その結果キャリアの数が少なくなるので，エクステンション電極の抵抗が高くなる課題がある．これを解決するには，熱処理の方法を

> 工夫するというやり方もあるが筆者らは不純物導入方法の改善に取り組んだ．低い活性化率を補うようにあらかじめ多くの不純物を導入しておいたり，アニール時に照射した光を不純物導入層で効率良く吸収することで，活性化率を高めたりする手段を追求した．

当時の共同研究者の方々の息遣いが感じられる懐かしい文面である．上記のように，筆者（たち）は，ドーピングによるデバイスの微細化への課題に基づいて，開発にいそしんでいたのである．

6.4.1 イオン注入技術と ITRS

ここでイオン注入機の基本構造（図 6.4）を説明しておく．左手のプラズマ源において，所望のドーパントを含むプラズマを発生させ，プラスのイオンをバイアス電圧 (extraction) にて引き出す．これを分析マグネット (analyzing magnet) を用いて曲げて（質量によって曲率半径が異なるので）所望のイオンのみを選別する．その後，加速管 (acceleration) にて必要なエネルギーまで加速させて，ウェーハに均一に到達するように機械式，電磁式のスキャンを加えてイオン注入する．

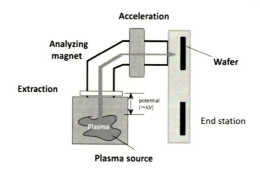

図 6.4　イオン注入機の基本構造模式図

ウェーハに到達する時点でのイオンビームを考えると，特に微細化するデバイスへ対応するために「浅い接合」を形成しようとしてイオンのエネルギーを低下させた場合，ビーム電流値が低下しスループット低下を招くことと，ビーム自体が発散して崩壊する弱さを含むようになることは既述の通りであり，前世紀末は，まだまだそのような脆弱な状態であった．

イオンソースの専門家でもある伊藤裕之氏によると，電界によって引き出すことのできる電流値 (J) は，下記のように，Child-Langmuir Law によって決定される．

$$J = (4/9)\,\varepsilon_0\,(2q/m)^{1/2}\,V^{3/2}/d^2 \tag{6.1}$$

ここで，V：引き出し電位，d：引き出し電極との距離である．微細化のためにイオンのエネルギーを低下させる，上式では V を低エネルギーにすると，電流 J の値は下がる．さらに，低エネルギーで引き出し電極方向の速度が下がると，相対的に横方向の速度が大きくなることにより発散角度が大きくなり，ビームの発散が大きくなる．また，低エネルギービームの周りを囲む

ビームプラズマは周囲の電位に影響されやすいため，横方向の速度自体も増加する傾向にあり，発散する傾向に拍車がかかる．このように，1970 年から特に MOS トランジスタの実用化に中心的な役割を果たしてきたイオン注入技術にも，課題が顕在化してきたのである．まだエピドーピングが主流になる前のことである．

ところで，上述の Child-Langmuir Law は真空管の 2 極管の電流，つまり「空間電荷制限電流」を説明する基本的な法則でもある．教科書に掲載されていると思うが，例えば筆者の書棚にある『半導体デバイス入門』[26] の p.7 と p.245 に掲載されている．また p.12 になぜ真空管が大電流を流せないかについてこう書かれている．

> 真空中を流れる電流を構成するのは電子だけである．このことは，大電流を流すためには，真空中に大量の電子の流れを作らねばならないことを意味するが，これは非常に困難である．電子自身が持つ負の電荷によって，電子は互いにクーロン反発力を感じて遠ざかろうとするからである．すなわち，真空の空間に電子の集団を形成することが出来ないのである．

一方で半導体はどうであるかというと，

> 半導体中には，電子だけではなく，ホールと呼ぶ正の電荷を持った粒子が同時に存在する．これらを同時に使うことにより，大量の電子を流しても，その空間電荷を符号が反対の正のホールの分布で打ち消すことができる．したがって，半導体デバイスの方が，はるかに大きな電流を流すことができる．

と説明されている．低電圧の低エネルギーの状態では，イオン電流を非常に取り出しにくくなることや，次の 6.4.2 項で詳述する「プラズマドーピング」では，逆にプラズマが電気的に中性であるため超低エネルギーでも大きな「電流」を流すことができるという技術的特長を，真空管 vs 半導体と同様のアナロジーで理解できるものと思い，ここで引用する．

ところで，「プロセス屋」の筆者は，東芝時代の岩井洋氏が推しておられた固相拡散に技術が向かうと，フォトレジストを使えなくなるなどプロセスの複雑さが増しコストアップにもなるので，本当に当時のイオン注入技術では微細なデバイスが造れないのか，逆にデバイスを造れることを実証すれば装置の改良開発も進むのかという命題に立ち，文献 [25] の 12 年前である 1992 年に AMAT に依頼して，できるだけ低エネルギーで大電流の出る仕様の PI9500 という機種を大阪の松下電器の半導体研究センター・試作ラインに導入した．最低エネルギーは当時 2 keV であったと記憶する．仕様確定するまで 2 年以上競合他社との比較テストを行い，選択したマシンはその後ベストセラーになって，選択が誤っていなかったことに安堵した．装置は，高瀬道彦氏に立ち上げてもらった．ビームが出るようになって，デバイスに詳しい堀敦氏に微細 MOS をイオン注入技術で作ってみないかと相談し，堀敦氏がいろいろな工夫をしてゲート長が 50 nm 程度の MOSFET を作成し，IEDM94[27] にて発表してもらった（IEDM1994 の Session19

Device technology-Advanced device design)[4].

　少々時代が下って 2005 年の ITRS(International Technology Roadmap of Semiconductor) に至っても，「2011 年くらいまでは固相拡散は Research が必要」と考えられており，低エネルギー・イオン注入は改良，プラズマドーピングは 2009 年までに評価を終えて改良段階に入るべし，とされていた．すなわち，Strained, SiGe junction 技術による In-Situ ドーピングのコメントは文献 [28] の p.41 にあるものの，2005 年段階でまだエピドーピングが確定的になっていたわけではないのである（図 6.5）．

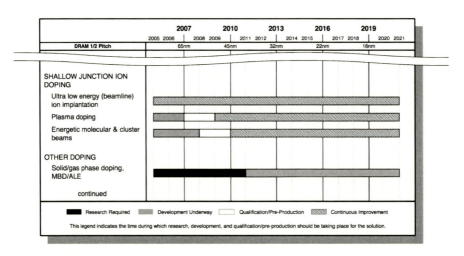

図 6.5　Doping Potential Solutions（文献 [28]p.40 Fig 59 より抜粋）

　イオン注入技術の専門的な詳細は，例えば丹上正安氏による解説，Ziegler 氏の著書など [29] を引用文献として挙げておくので，参照していただきたい．

6.4.2　プラズマドーピング技術の登場

　ここからプラズマドーピングについて詳しく記述する．基本的な構成は，真空チャンバーに所望の元素を含む物質（典型的にはガス状態）を導入して，プラズマを発生させ，Si 基板との間に発生する自己バイアスを利用してプラス荷電のイオンを Si 基板に引き込んでくるというものである．簡便な図を添えておく（図 6.6）．

　プラズマドーピング装置とは，イオン注入装置のイオンソースの中に Si 基板を没入させたようなもので，最も低いエネルギーを享受できる．かつイオンの輸送距離が至近なので効率良く Si 基板に到達し，製造のスループットに資する高い生産性を，エネルギーが低くなっても Si 基板が大きくなってもそれらに左右されることなくいかんなく発揮できるという基本的な特長を

---

[4]　これも既に 30 年前のことになるのかと，この原稿を書きながら人生を振り返るものであるし，そのときの座長を東芝時代の鳥海明氏にしていただいたと思うので，本書の元となった名取研二先生の記念事業を鳥海明氏が主宰されていることなどからも，人のご縁というものを感じるところである．

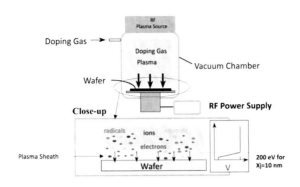

図 6.6　プラズマドーピング装置の模式図

持っている．300 mmSi 基板の仕様を検討していた当時[5]は，信越シリコンの高田氏が既に 400 mm の Si を引き上げており，将来的には 450 mm になっていくのが当然という風潮にあったので（[28]p.15 Fig 56 参照），いよいよ Si ウェーハの直径に依存せず高いスループットを発揮するプロセス技術が重要と考えて，プラズマドーピング技術の開発をしていた．

もう少し具体的に記述すると，ドーピング技術では，①ドーパント種類，②ドーパントのプロファイル，つまり深さ方向の分布と濃度を決める．そして，これらを直接的に実現するのが，a. ドーパントの種類，b. エネルギー，c. ドーズ量の制御である．プラズマドーピングの特長は，超低エネルギーの状況下において超高ドーズ量のドーピングを超高スループットで達成できることであり，これが，微細デバイスに対応できる経済的な先端プロセス技術の提供を実現する．これにより，まず DRAM のビットラインへの超高ドーズ量のボロンカウンタードーピングを実用できた．また，垂直で深いトレンチや穴の側壁への均等ドーピングが実現し，これにより，CMOS イメージセンサーの分離用極深垂直トレンチ側壁へのドーピングを実用可能とした．プラズマドーピングのプロセスに対し，上述の「仕様」を達成するための関連するプロセスパラメータとしては，次のようなものが挙げられる．

①**セルフバイアス（電源周波数，印加電力）**

主に深さ方向のプロファイルを決定するエネルギーの調整である．プラズマ中に電気的に浮遊させて，機械的には固定した Si ウェーハとプラズマの間には，高周波プラズマの場合，電子の流入とイオンの流入が交互に発生し，その質量の大きな差異によって，一定の電位をもって安定する．これをセルフバイアスと呼んでいるが，通常のサイズの半導体製造工程に用いるプラズマの場合，-500 V 前後（-1 kV から $-$ 数十 V）の値に落ち着く．そこで，-1 kV から $-$ 数十 V までの間で，電源の周波数を調整したり，印可電力を調整したりすることによって，所望のセルフバイアスになるよう設定を行う．これにより，従来のイオン注入技術では達成できない（適切なスループットを伴ってはという意味で）超低エネルギーのドーピングが実現できるわけである．

---

[5]　相当の頻度で機械振興会館での準備委員会が開催されており，筆者も大阪から毎回出張していた．委員長は東芝の松下氏であり，米国との連携をよくとられていたのが印象的であった．むしろ筆者などは若いときなので，なぜそれほど他国の指示を俟たなければならないのか，少々不満の気分もあったが，このような方が中心におられるといわゆる「摩擦」は発生せず，今も Si ウェーハの事業では，日本企業が世界の主流である．

②ドーピングガスの流量，プロセス中の真空度，プロセス時間

これらのパラメータはセルフバイアスの設定にも影響を与えるが，一定のセルフバイアス条件下においては，主にドーズ量の制御に関係する．比較的単純な話で，ガスの流量を増してプロセス中の真空度を低くする（悪くする）と，Si 表面とドーパントの衝突（接触）頻度が高くなるので，ドーズ量は高くなる．また，プロセスの時間を長くすれば，ドーズ量は増加する．しかし，これらを単純に実施しても，さらに高度な「均一性」「均等性」は得難い．これらを半導体製造レベルに向上させるため，後に詳述する SRPD(Self-Regulatory Plasma Doping) 技術が必要となったわけである．

以下に SRPD を簡単に説明する．超低エネルギーの領域では，プラズマと相互作用をする Si 表面の深さ方向の領域も，極めて狭い範囲に限定される．したがって，プロセス時間が十分短い間はドーパントが流入してくるわけであるが，次第に流入したドーパント自体も Si 表面から離脱するようになり，その入りと出が均衡する時間帯が発生する．この均衡する時間帯が工業利用上十分長かったことにより，300 mm のウェーハ全面や奥深いトレンチ側壁に対し「均一」「均等」に自律的にプラズマドーピングできることとなったわけである（6.5 節において詳述する）．

③ベース真空度，Si ウェーハの温度

これらもプラズマドーピングの結果に影響を与えるものの，プラズマドーピング特有の話ではない．既に確立しているプラズマエッチングの技術をフォトレジストを用いた P/N 打ち分けのために援用でき，十分な低温環境下でのプラズマドーピングが実現できている．

> **デバイスなどでの実証**
>
> 1994 年に，低エネルギーイオン注入による 50 nm の MOS デバイス動作を堀敦氏より報告していた [27] ので，それと比してはあまり先鋭的ではないが，筆者もプロセス屋として自ら作り得る，プラズマドーピングを用いた 170 nm の MOS トランジスタをイオン注入と比較しつつ作成してみた．なかなか良い性能を出していたようで，1996 年の VLSI シンポ（ホノルル）にて講演させていただくことができた [30]．講演要旨でもプロセス屋の筆者は，300 mm ウェーハ時代に約 400 倍のスループットを稼ぐことができると記述している．予定通りに 450 mm に進んでいれば 900 倍のスループットというわけである．イオン注入機メーカー各社も，さすがにそのまま低スループットで良いとはせず各段に性能向上したので，その差は数十倍くらいではないかと思うが，非常に低コストで極めて高濃度にドーピングしたい DRAM のビットラインへのカウンタードーピングに関しては，プラズマドーピング一択になった．DRAM メーカーの傑出したエンジニアに伺ったところ，関係プロセスコストが 1/5 にまで低下したそうである．あまり工程数の多くない DRAM であるから如実に効果があり，なぜか頑なに導入を拒んでいた 1 社のみ事業継続されないこととなった．会社の大小はあるが筆者も 1 つ会社を畳んでいるので，同じような「不要の拘り」「何とも言えない執着心」などがあったのではないかと，今また，この原稿を書きながら反省を交えて想起している．

6.5　プラズマドーピングの事共

これまで述べてきたようになかなか良い筋を持つプラズマドーピングなのであるが，2024 年に急逝された Ziegler 氏が面と向かって筆者に，人差し指をワイパーのように振りながら「No Plasma Doping !」と仰せであったように，既に完成の域に達していたイオン注入装置を用い

た技術と比していろいろと解決しなければならない課題を持っていた（これは1994年頃の記憶であるが，これらの課題は既に概ね解決されたと明示して，いつの日かZiegler氏にご理解をいただかなければならない）．プラズマドーピングは良い特長を持つが，プロセス技術としては不安定さを感じざるを得ない「構造」を有していた．そして，そもそもイオン注入装置は，その「不安定構造」を全て除去して，「精密」に作り上げられた装置であり技術であるという位置付けであった．つまり，①デバイスが要求する不純物のプロファイルを（イオン注入並みに）形成できるのか，②きちんと質量分離しているイオン注入技術と比して，不純物の純度や，そもそもドーズ量の計測はどうするのか，③Si基板全面に走査機能を用いて均一に注入できるイオン注入技術と比べて，プラズマ自体の均一性を色濃く反映するであろうプラズマドーピングでは均一性は本当にはどの程度達成されるのか[6]，④反復繰り返し性はどうなのか，⑤トレンチ側壁ドープが明確に分かるSEM写真（図6.2(a)）のように，実際に電気特性としてFinトランジスタやトレンチ分離の側壁に十分な性能でドーピングできるのか，⑥①～⑤の性能を発揮しつつ，スループットは本当に実現できるのか，がプラズマドーピングの課題であった．

6.5.1　プラズマドーピング開発のための社内ベンチャービジネス

ちょうど，このような性能への要請もしくは疑問が顕在化してきた2001年の晩秋に，筆者は松下電器の中で社内ベンチャー制度を活用すべく，プラズマドーピング技術の開発第3弾として起業提案をした．技術は人がお金を使って発明し開発するものであり，その後，工業的に量産されたものを顧客に適正価格で購入してもらって利益を得，また次の技術開発に貢献して行くものである．したがって，どうやって技術開発が行われてゆくのかということに関しても，記述しておけば後で誰かの役に立つかもしれないので，筆者としてはいったん書いておく．

筆者は，企業提案の少し前まで松下本社のR&D企画室で，水野博之氏以来途絶えていた，新任の全社常務取締役兼CTOの佐野令而氏の下（彼は「水野さん，日曜の夜であれば，技術研究してもいいですよ」と仰せであった），開発予算の7割程度を担当するハードウェア担当副参事に就いていた．社内ベンチャー制度は「社員を地獄へ導く」ようなものなので，制度設計した人たちは通常は自ら挙手しない（皆賢いし，そもそもネタを持っていない）．それに反して，筆者はネタを持っていたうえ，元いた半導体研究センターが既に瓦解しており，R&D企画室から戻る現場を失っていた．プラズマドーピングというITRSにも掲載されてきた技術（図6.6）を持っていたのが幸い（災い）して，手を挙げざるを得ない状況に立たされたのである（その後半導体開発本部の企画に移動した当時のボスで，後に全社副社長兼CTOにも昇格する古池進氏からも，「ITRSって，お前，そればっかりやな！」と，誇りを持っていじられていたが）．そもそも，最終合格率（起業提案後，いろいろな試験や面接を経て十分な資本金を得て開業するまで）が結果的に3％くらいだったので，もし合格したらプラズマドーピングの開発をまだ続けてよいというメッセージであるからと思って応募した．そして書類審査や面接試験合格後，主に東京にてコンサルタントの先生の指導を受けながら，プロの投資家とも相談しつつ，結果的に初期の創業6社に選定されて株式会社UJTラボの社長になった（2002年6月6日登記）．

---

[6]　後年，SRPD技術（後述）によって非常に均一にできるということが分かったが，当初の6インチ時代（1987年当時）もSiウェーハ全面の均一性で，$\sigma = 2$％くらいを出していたと思う．しかし，完成したイオン注入技術では$\sigma = 0.2$％くらいが出るので，相当悪い．

ということで，いよいよプラズマドーピングの再開発をすることとなった．東工大の岩井洋氏との共同研究契約を松下電器で締結していたので，その契約を UJT ラボとの契約に変更して再開発がスタートした．岩井洋氏のお陰で国内外の協力者にも恵まれて，いよいよ SRPD 技術に到達した．この概念は，当時 UJT ラボに来ていただいていた現 AMAT の伊藤裕之氏と現 Rapidus の佐々木雄一朗氏と 3 名で，某日本の電機メーカーとの打ち合わせが終わって最寄り駅で切符を買いながら，「何か，自発的な制御，例えばドーズ量とか均一性を測定して制御するのではなくて，自発的，自動的にできないかな〜」と，3 名夫々呟きつつ会話していたその夕刻以降に発想が生まれてきたと記憶する．シリコンバレーの紙ナプキンのような証拠物はないのだが，願望が解決技術に繋がっていったと感じる．

> **弁理士試験への挑戦**
>
> 　人間，「三つ子の魂百まで」とはよく言ったもので，今筆者は高齢者にとっては非常に合格率の低い弁理士試験の 2 次試験浪人で，法律の勉強をしている．弁理士の試験は司法試験や公認会計士試験とは異なり，現役世代の大半は専門の仕事をしながら試験勉強をして受験する（技術の専門性が高度でないと，到底発明の支援はできないので）．1 次試験では年齢による差はそれほどなく，30 歳台で 13.6 %，60 歳台で 7 %程度なのだが（それでも倍違うとも言える），2 次試験合格率の差が激しく，30 歳台の 36.5 %に対し，60 歳台はなんと 1 %にまで低下する．60 歳台の 1 次・2 次通しての合格率は 700 ppm！　3 次の面接（口述）試験も若手はほぼ全員合格だが，60 歳台は 50 %くらいで，1〜3 次通じて 350 ppm！　まるで化学の世界であるし，ベンチャー設立の確率よりもはるかに低いものに挑戦してしまっている（本稿執筆時の筆者は 66 歳）．2024 年 9 月 24 日に 2 次試験の合否発表があって，3 科目のうち，商標法が偏差値 60・意匠法が 56 で夫々合格点（54 以上が合格点）．特許・実用新案法が平均点に満たず不合格＝全体不合格で，2025 年初夏に再度全科目挑戦する予定である．
>
> 　ところで筆者の亡父は法律家で，筆者自身も法律の道へ進みたかった側面もあったのだが，医学ではない理科系の工学を亡父金治郎の勧めで選択し（もともとは原子核工学にいたが，その後）半導体分野に進むことができて，良い仕事人生を歩めたと感謝している．しかし，法律家というものにも大いに興味があったので，社内ベンチャー UJT ラボの会社登記時には司法書士の先生に頼まずに自分で全部手続きをした．あまりにも煩雑で途中で後悔したが先に立たず，最後まで行ったものである．

6.5.2　プラズマドーピング (SRPD: Self-Regulatory Plasma Doping) 技術による不純物プロファイル制御

これ以降は，主に 2008 年に IWJT で講演した内容を引用しつつ，課題提起した①適切なプロファイル，②ドーズ量制御，③均一性，④繰り返し制御性，⑤ 3 次元均等性，⑥スループット（①〜⑤を満たしたうえで）を SRPD 技術によりいかに解決したかに関して説明する [31]．

　まず，①デバイスが要求する不純物のプロファイルを形成できるのか，であるが，これは浅くて急峻なプロファイルとして従来のイオン注入技術と比しても良好な結果が得られた（図 6.7，[31] の Fig2）．良いプロファイルを保ちながら深さ方向の制御もできるようになり（図 6.8），急峻性も，他の PLAD やイオン注入と比べて相当良好なものが得られた（図 6.9）．プラズマドーピングやイオン注入をした後は，電気特性を得るために何らかのアニールが必要である．これはドーピング後，フォトレジストを綺麗に取り去ってから行うのだが，今世紀初頭にはフラッシュランプアニール（FLA）やレーザーアニール技術（LA）が台頭しており，業界の仲間の力を借りて両アニール技術共，素晴らしいアニール後のプロファイルを実現している（図 6.9，6.10）．

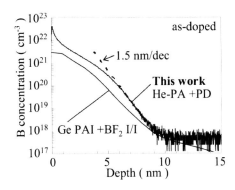

図 6.7　イオン注入と比較した，プラズマドーピングのプロファイル（[31] の Fig.2）

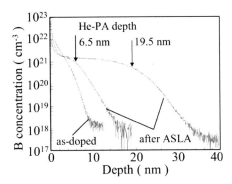

図 6.8　プラズマドーピングによる深さ制御（[31] の Fig.4）

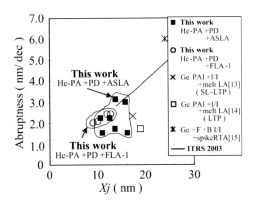

図 6.9　プラズマドーピングによる急峻性制御（[31] の Fig.5）

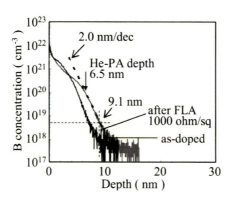

図 6.10　FLA とプラズマドーピングの組み合わせによる，アニール後の浅い接合実現（[31] の Fig.3）

ロードマップを見てみると，デバイスの微細化をある意味空理空論で進めていた ITRS1999 当時は，Xj を浅くしつつ電気抵抗（シート抵抗）もどんどん低抵抗にしていくという，どだい無理なグラフを描いていた．その後逆に 2003 年には，現実的目標として接合が浅くなるので抵抗はどんどん上がってよいという，開発指標にもならないグラフになった．筆者自身も，開発の目標を $Xj = 10$ nm でシート抵抗 100 Ω/□ と言っていたので，無理な目標設定の代表者であったかもしれないが，現実解は同じく $Xj = 10$ nm でシート抵抗 1000 Ω/□ を切るということになった．

2004 年になると，SRPD に加えて，開発の進んできたドーピング後の活性化のためのアニール技術として FLA や LA を駆使すると $Xj = 15$ nm 未満でシート抵抗 1000 Ω/□ 以下，従来型アニール技術である RTA を用いても $Xj = 20$ nm 付近でシート抵抗 1000 Ω/□ 程度という良質の PN 接合がプラズマドーピング (SRPD) で実現できるようになった（図 6.11）．このデータは，佐々木雄一朗氏が 2004 年の VLSI シンポジウムにて SRPD についての最初の発表をしたときのものである [32]．

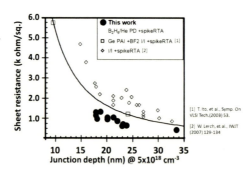

図 6.11　SRPD とスパイク RTA の組み合わせによる低抵抗の実現 [32]

6.5.3　プラズマドーピング (SRPD) によるドーズ量制御

②ドーズ量制御は，どうか．この点が最も狙っていた仕様かもしれないが，プロセス条件さえ

決めればほぼ同じドーズ量になるということが実現できると，プロセスウィンドーが非常に広くなって安定的にプラズマドーピングを使用することができる．結果的に，B_2H_6 の濃度を変化させることによってドーズ量を制御することができている（図 6.12）．

もう少し詳細に述べると，一定のエネルギーでプラズマドーピングすると，エネルギーで定まる深さプロファイルの範囲でドーパントが「充填」されてくる．時間軸に対してドーズ量が増えてくる Initial Stage である（図 6.12 左側）．その後，深さ範囲の中でこれ以上はドーパントが入らない状態になると，全くの平坦な状態ではないが，充填されるドーパントとスパッタされるドーパントがある程度均衡し，飽和状態 Saturation Stage が続く（図 6.12 中央）．実際に，この状態は 5〜15 秒ほど続き，その変化は 1.5 ％程度であるから，十分実用に耐える．その後，母材である Si 基板も次第にスパッタされてゆくので，残存できるドーパント量が次第に減少する End Stage に入ってゆく（図 6.12 右側）．これが SRPD 技術の肝心な点である．

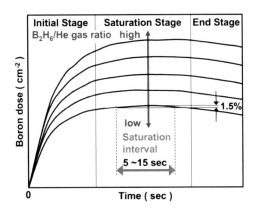

図 6.12　プラズマドーピングによるドーズ量制御（[31] の Fig.7）

実際のドーズ量制御の結果がどうだったかというと，B_2H_6 の濃度制御（2006 年当時もガスフローメーターによって高精度に可能）によって，ほぼリニアに制御できることが分かる（図 6.13）．佐々木雄一朗氏が綿密にプロットしてくれているが，若干の誤差を含め縦軸 Log スケールに対してリニアな関係と言ってよいだろう．

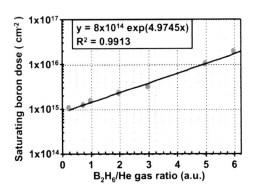

図 6.13　プラズマドーピングによるドーズ量制御（[31] の Fig.8）

6.5.4　プラズマドーピング (SRPD) による均一性確保

さて，③均一性はどうだろうか．ドライエッチングで汎用されてきたプラズマだから問題ないのでは？ と思われるかもしれないが，通常のプラズマプロセスでは5％くらいの均一性しか要請されていなかった．実際に，開発当時使用していたプラズマ装置も，エッチング装置に応用すれば世界トップの性能を誇るものであったが，プラズマ自体の均一性は $\sigma = 8.83$ ％であった（図 6.14，ここではプラズマ中のイオン電流値のばらつき）．これが Si 基板上での電気的評価では 1 ％レベルの均一性になるのである．そのコツは，先ほどの安定したドーズ量を達成できる Saturation Stage を活用して，面内で同量のドーズ量に到達する時間に差異があるものの，早く到達した領域が他の領域の到達を待って一定の時間内に 300 mm の面内全部がほぼ同じドーズ量に達するという特長を発揮できる点にある．つまり，適切な時間をかければ（スループットを犠牲にはしない適切な時間），Saturation Stage に到達し均一性もすーっと収まることが分かる（図 6.15）．これも SRPD の特長と言える．

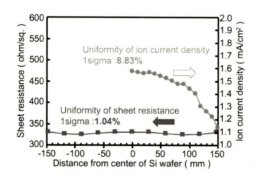

図 6.14　プラズマ自体の均一性と，SRPD 均一性の比較（[31] の Fig.10）

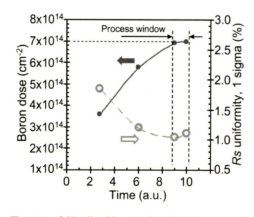

図 6.15　良好な均一性への収斂の様子 [31 の Fig.9]

面内均一性はシート抵抗で測定するが，最良の時には $\sigma = 0.73$％に到達している．一方でイオン注入技術はその基本構成からして極めて均一性が高く，$\sigma = 0.2$％ 程度に達することもあるが，2006 年時点の典型的な面内均一性：$\sigma = 1$ ％というのは十分な性能であった．

6.5.5　プラズマドーピング (SRPD) による繰り返し再現性確保

　工業的には④正確なデータが繰り返し安定的に得られることが肝要である．まず，面内の均一性が 2 ％弱くらいのレベルの初期の頃に，305 枚までのサンプルを抽出して繰り返し再現性を見たところ，σ = 0.56 ％に既に到達していた．この頃の 1 枚当たりの所要時間は 1 分と設定していた．2008 年の IEDM 発表に至ると，面内の均一性が 1 ％を下回る最高性能に近い状態で，ウェーハ約 2 万枚までの繰り返し再現性を見て σ = 0.83％ を実現しており，十分な量産性能と言える [33]．

6.5.6　プラズマドーピング (SRPD) による 3 次元ドーピングの実現

　⑤3 次元への対応はどうだったか．もちろんプラズマのパラメータやドープされる基板の表面構造，デバイス構造，側壁の構造などから影響を受けるものの，通常の半導体デバイス形成工程により作成された 3 次元構造には基本的に均等にドーピングできることが，プラズマドーピングの特長である．この特長は，1987 年・1988 年に発表した当時の典型的な DRAM 用トレンチキャパシターセル側壁への均等ドーピングによって，既に実証されていたと見られる [7, 34]．当時はアスペクト比 10 程度であったが，現在の 100 を超えるアスペクト比にあっても基本的にはプラズマは到達できるので，均等にドーピングできているものと思う．なぜトレンチ側壁へ均等にドーピングできるのかは，発明当初にも考察しているが (APL88[34])，考えるべきポイントは以下の通りである．

1) PD のプロセス真空度が 5×10^{-5} Torr 付近での平均自由工程

2) トレンチ側壁に形成される準位との相互作用による「付着」（APL88 にての考察より [34]）

3) プラズマ中に存在するラディカルの付着と，電子などの相互作用による吸着，拡散（結果的に，垂直やテーパーでないトレンチ側壁（ボーイングやオーバーハング）にはドーピングできない（図 6.2(b) 参照））

平均自由工程 λ は，下記の式で与えられる．

$$\lambda = (R_0 T / \sigma N_A) \cdot (m_1 / (m_1 + m_2))^{1/2} \cdot (1/p) \tag{6.2}$$

R_0 は一般気体定数 (8.314 J/mol・K)，T は絶対温度，σ は衝突断面積，m_1・m_2 は夫々注目粒子・標的粒子の質量，p は圧力である．

　代表的なドーパントとしてボロン (B) を取り上げると，その原子半径は 90 pm であるから衝突断面積 σ はこの値から計算することとして，例としてプロセス温度を室温 (300 K)，プロセス中の真空度を 5×10^{-4} Torr(6.7×10^{-2} Pa) とするとして，完全に単純化して B のみを想定すると，λ は 8.6 m 程度となる．ここでは B を含む分子の最大のものは B_2H_6 であるが，断面積が 10 倍増加しても λ は 86 cm，また後述するが，結局プラズマドーピングによる垂直側壁へのドーピングの主要因は，十分長い自由工程を持ち，基板表面に対して垂直（トレンチ側壁に対してはほぼ平行）に Si 基板に到達する B^+ イオンであると考えている（ボーイングトレンチ側壁にはドーピングされない事実（図 6.2(b) 参照）より [7, 33]）．したがって，上式の m_1 が B，m_2 が B_2H_6 だったとしても，B の自由工程は 3/4 程度の 6.4 m の値を持つので，Si 中に形成した

μm 程度のトレンチの寸法と比しても，またセルフバイアスがかかり B^+ イオンに電位が与えられる空間の大きさと比しても，B^+ イオンは，プラズマ中の物質とはほぼ無衝突で Si 表面に突入し，平面であればその突入地点付近に埋まりこみ，側壁であれば十分側壁近傍を進行するものが側壁表面と相互作用をしつつ減速して，側壁表面に付着し，照射促進拡散によって B^+ イオンが十分に供給される側壁表面から B が十分に不足している側壁奥部へ拡散し，トレンチ側壁ドーピングが完了するものと考えている．相互作用を受けた側壁は十分な刺激を受けているので，ランダムな方向に進むラジカルの付着も発生し，さらにドーピングが促進されるとも考えられる（ボーイングトレンチ側壁には，そもそも相互作用が発生していない）．

　この 3 次元構造への均等なドーピングの特徴は，トランジスタの 3 次元化にも追従できるものであった．この頃になると，SSRM(Scanning Spread Resistance Microscope) という測定技術が台頭してきて，図 6.2 のような SEM 写真のみならず電気的にドーパントの分布状態を測定できるようになった．プラズマドーピング，特に SRPD は基本的に 3 次元均等な Conformal ドーピングが可能であるが，STMicroelectoronics からパラメータの選択によってはやや不均等なドーピングになることも示された時期があったので，条件選択には留意すべきである [35]．

　3 次元構造への対応という意味で，プラズマドーピングに対してイオン注入技術の基本的な課題は，2006 年に STMicroelectoronics の D. Lenoble 氏からも提起されている．イオン注入の性質上，イオンビームが完全に直線的に 3 次元構造に到達するので，側面に比べて上面が濃くドーピングされる．この状態をトランジスタ動作のシミュレーションにかけて，均等ドーピングと比べて性能がいまひとつ出ないという予測をしている [35]．

　佐々木雄一朗氏も 2008 年 IEDM[32] にて，3 次元構造の側壁を覗く角度が Fin の背が高くなるにつれて浅くなるのに加えて，PN 打ち分けのためのフォトレジストの壁を設けるので，いよいよ角度が浅くなってほとんど側壁に入らないと報告しており，筆者も当時はそのような印象を持っていた．しかし筆者は，上述の通りもともとプラズマドーピングは熱平衡の気相ドーピングのように等方的にドーパントが立体形状を包み込むというものではなく，非常に浅い角度で側壁に到達するドーパントが連続的に側壁の電子（雲，状態）と相互作用をしつつエネルギーを失ってドーピングされるということが基本であると，1988 年から考えている [34]．[34] の Fig.3（図 6.2(b)）の例でも，少しオーバーハングというか弓なり（ボーイング）の側壁を持ったトレンチへは，当時の測定方法でほとんどドーピングされないということを観測していたので（図 6.2(b) 参照），上述のようなメカニズムを提案し，（一応）レビューにも通って，出版され特に異議も届かなかった [34, 36 の Fig.1]．届いたとして，当時の測定手法ではそれ以上は水掛け論であるし，弓なりのトレンチは実際には実用されないので，とりあえず，均等にドーピングできる．メカニズムの推測は，この通りというレベルで終わっている．

　したがって，たとえイオン注入であっても，側壁への垂直方向のエネルギーは入射イオンのエネルギーを sin（入射角）で除すると得られるから，例えば 0.2 keV を得るのに入射角 2° と浅く設定すればエネルギーは 5.7 keV でよいので，当時であっても楽に電流の出るエネルギー領域であり，Fin の背が高くなったときには Fin 上面は使用しないだろうから使い物になったのではないかと考える．逆にトレンチへの応用の場合は，イオン注入では深い底に非常に高濃度の部分ができて，その電気的影響を除去するのは簡単なことではないと考えるので，これが現在に至ってもプラズマドーピングが実用されている主要因ではないかと考えている．では，なぜ深いトレン

チの底にはさほど高濃度にプラズマドーピングされないのか，ある程度は高濃度であるものの，実用には問題ないのか．この点は，現時点では明確に述べることはできない．上述の通り，プラズマドーピングにはラジカルが関与できるので，それにより，ラジカルの関与がないイオン注入と比して，所定の時間内にドーピングできるドーズ量に圧倒的な差があったかもしれない．いずれにしても，将来必要があれば解明されるよう，宿題としておく．その後，SRPDはさらに進化を遂げ，イオン注入や他のプラズマドーピングと比べても均等性の良い条件が見つかっており，IWJT2009にてまとめている[36]．

6.5.7 プラズマドーピング (SRPD) によるスループット確保

今世紀初頭の低エネルギーイオン注入機は前世紀よりは相当性能向上していたが，まだ低エネルギーになるとビーム電流が激減して，スループットも低下するものであった．プラズマドーピングは，その原理から見て超低エネルギーでもビーム電流相当値が全く低下しないので，数百倍のスループットが得られる．また，ドーピングチャンバーを複数にしても，イオン注入機のコストにはまだ至らないので，コストパフォーマンスはさらに向上して1000倍くらいになっていたと考えられる．このことから，DRAMの重要工程にプラズマドーピングを採用したか否かによって，会社自体の経営すなわち存否に重大な影響を与えたことが如実に分かる．

6.5.8 プラズマドーピング (SRPD) が良好な特性を示す理由

なぜSRPDが良好な均一性やドーズ量制御性を生むのかを再度まとめてみると，以下のように考えることができる．プラズマのパラメータ調整によりプラズマから供給されるドーパントが時間経過とともに累積してゆく時間帯に続いて，蓄積されたドーパントも十分な量に達すると，次第にSi基板から失われるようになる（スパッタリング等）．そのIN-OUTが平衡状態になり，十分な時間にわたりその平衡状態が続く．そもそも経済的な理由により，PDのプラズマチャンバーは所定のSiウェーハ直径 (300 mm) に対して，必要最低限の大きさで作成する．つまり，その中で発生するプラズマはSiウェーハ直径に対しては十分な大きさではないから，上記IN-OUTが非平衡な状態では不均一である．

しかし，その平衡状態が続く時間帯にPDに「漬け込んで（immersion, プラズマドーピングのことをPlasma Immersion Ion Implantationと呼ぶこともある）」おくと，先に一定濃度に達した部分はIN = OUTの平衡状態で待ってくれて，他の部分はその間に同一の濃度に到達する．これにより，全面・全側面が一定の均一濃度になり，均一性と均等性を達成できるのである．

6.5.9 留意点とプラズマドーピング (SRPD) のまとめ

これまで述べてきたことに加えて，プラズマを用いる場合には，条件を選ばなければ，エネルギー粒子がSi表面に大量に到達する関係で形状が破壊される懸念がある．実際に，矩形断面のSi形状が丸くなることがあるので，そのような弊害が出ないように条件を整えている（[33]Fig.1(b) 参照）．

ここまでの検討によって，イオン注入に比べてプラズマドーピングでは到底達成できないであろうと言われていた事共がSRPDによって解決した．つまり，①適切なプロファイル，②ドーズ量制御，③均一性，④繰り返し制御性，⑤3次元均等性，⑥スループット（①～⑤を満たした

うえで）などの懸案が解決されたのである．この時代のプラズマドーピングは，自発的自律的に制御できるという意味で英語も達人の伊藤裕之氏に命名していただいたと思うが，既に何回も登場した通り SRPD(Self-Regulatory Plasma Doping) と称した．

6.6 エピドーピングとの関係

6.6.1 エピドーピングの台頭

　今から思い起こすと，PN の打ち分けもフォトレジストでできないし，当初はそれほど大した技術ではないと高を括っていたエピドーピング技術がその後台頭する [16]．筆者自身は，若い頃にエピ技術に関わりたいと思いながら，その予算獲得もままならず，UJT ラボ設立を任されてからもその限りあるリソースをエピへは向けることができず，また協働していたその当時のデバイス企業の錚々たる技術者の方々からもエピとの比較を一度も働きかけられなかった．筆者たちは，6.5.9 項の通りプラズマドーピング，就中 SRPD 技術の錬磨に集中していたのである．

　協働もしくは具体的に議論させていただいていた，世界中のデバイス企業・研究所の錚々たる技術者の方々は，恐らく，筆者自身が松下内部にてエピとの比較をし，SRPD がなお優位であることを確認していると思われていただろう．先方も，ご自分の組織内でエピとの比較もして当時は甲乙つけがたかったが，ストレスによるデバイス特性の良化などをも含めて，総合的にエピドーピングを選択したのだろうと思う．また，前述のようにイオン注入技術には課題があったので，エピドーピングとプラズマドーピングを比較検討されたものと思う．実際にはどうであったかまでは分からないが，長い年月の間に技術の取捨選択が発生して，3 次元的デバイスに関係するトランジスタ作成にはエピドーピング，トレンチ側壁へはプラズマドーピングとなっていったのであろう．その来し方の全てを見た神のような人はいなかったと思う．某米国企業からは，他のプラズマドーピング装置メーカーとの比較もしてこいと無理難題をもちかけられたことはあったが．

6.6.2 エピドーピング，イオン注入によるドーピング，プラズマドーピングの鼎立

　ところで平面的なトランジスタの性能も向上したのであろうか．筆者グループは，S/D のエクステンション部分をイオン注入と SRPD で形成して，その比較をした．2008 年の IEDM におけるデータでは，明らかに SRPD によってショートチャネル効果 (SCE) が改善している．筆者が SRPD に傾倒していったのは 66 歳になった今追想しても全く後悔はなく，宜なるかなという感想を抱く．しかも SCE のみの性能向上であれば，百歩譲ってそのとき目が曇っていたとも言えるが，トランジスタの電流駆動能力も 14 %向上していた [33 の Fig16] のであるから，これまた宜なるかなと言うべきであろう．

　しかし，エピを用いていたら，（自らは比較実験をしていないので不明瞭ではあるが）恐らく 30 %以上向上していたのではないかと想像する．もし筆者自らが全てを比較して技術選択をする立場であったならば条件にしたであろう事共，つまりコストパフォーマンスの観点で，恐らく若干の違いではあったものの，エピドーピングに伴うストレスによるトランジスタ性能向上を含めて，エピドーピングの性能の方が高いことが実証されたであろうと推測する．現時点では，そ

のエピ層の上にイオン注入やプラズマドーピングによってドーピングを重ね，さらに駆動能力を上げているものと推察している．

また，AMAT から PLAD（プラズマドーピングの Varian–AMAT でのペットネーム）に関する "PLAD implant mode offers a simplified, photoresist compatible process" という紹介文が，"A Plasma Doping Process for 3-dimensional FinFET Source/ Drain Extensions" という題目で 2014 年に公開されている [37] ことから見ても，エピドーピングとプラズマドーピングの比較は 10 年程前まで実務的にも行われていて，3 次元 FinFET の Source/ Drain Extensions という微細化の肝となる部分へのドーピングとしては，最終的にエピドーピングに軍配が上がったということである．このエピドーピングの代表的な論文は，先に挙げた IBM の IEDM2018 での発表であると聞いている [16]．

他の 3 次元構造向けとしては，既に述べたように分離用トレンチ (DTI) 側壁へのプラズマドーピングにて CMOS イメージセンサー (CIS) の暗電流を低減させることに成功している．従来技術に比べてダメージがなく，一発のプロセスで完了できるとしている．これも，AMAT(Varian) の 2014 年の発表だが [38]，2007 年の三星の発表でもプラズマドーピングによる CIS の暗電流低減に触れており [39]，6.2.2 項で紹介したように，現在のプラズマドーピングの実用に繋がっている．また，DRAM へのプラズマドーピングの実用化に大きく貢献した当時 Micron の S. Qin 氏も，3 次元トランジスタ向けのプラズマドーピングについて実績を残している [40]．

以上説明したように，現在の最先端のデバイス製造技術としてのドーピング技術は，順不同ではあるが，エピドーピング，イオン注入によるドーピング，プラズマドーピングの 3 つの技術が鼎立していると言える．

6.7 まとめ

1. 1940 年代に，ベル研で発想された，P 型，N 型半導体は，
2. 1947 年の最初のトランジスタ動作時に登場し，
3. その後，PN 接合型のトランジスタに発展．トランジスタラジオなどもできたが，
4. 現在の「ドーピング技術」と言えるものが，未だなかった．
5. 1950 年代に入って，またもベル研で固相・液相・気相と，3 つの相の「ドーピング技術」が提案された．
6. 固相のドーピング技術は，元東工大岩井洋氏が東芝時代に固相拡散により微細デバイスに展開し，氏の 1994 年の予言通り，現在主流のエピドーピングへ発展した．
7. 気相ドーピングは，第 4 の相であるプラズマ相に展開して，Shockley 氏のプラズマ・イオン照射，そして 1970 年から本格的に発展したイオン注入技術に昇華し現在に至る．また，DRAM への超高濃度ドーピングや，背の高い・アスペクト比の大きい垂直側壁に向けてのプラズマドーピング技術へと発展した．
8. 現在最先端のデバイス製造技術としてのドーピング技術は，エピドーピング，イオン注入によるドーピング，プラズマドーピングの 3 つの技術が鼎立していると言える．

付記

　半導体という摩訶不思議な世界で禄を食むようになったのが 1984 年なので，大先輩方から見れば途中参加のようにも思われるだろうが，松下電器の非常に良い時期に入社して，日本において自ら好きなだけ働いて研究開発しても構わない時代であったので，技術専門で働けたのはごく限られた時間帯（企画マン時代は日曜の夜だけとか）ではあったが，その時々で最大限の時間を掛けて半導体への不純物ドーピングの仕事をさせて貰い，Shockley 氏を源とするプラズマドーピングの本格的技術への立ち上げに関与できた．

　筆者は上述の若い時期に関西において上司に恵まれ潤沢な資金のもと，ネガティブに聞こえるといけないのだが，松下流で無茶振りをされた過重な責任のおかげで，当時主たる半導体製造（プロセス）工程に全く入っていなかったプラズマドーピングを本格的に開発するという経験を得た．これは，なかなか得がたい経験であったと今は会社に感謝している．半導体試作工程は，読者もご存じのように，試作とは名ばかりでクリーン度に気を遣い，要らざる不純物のコンタミを恐れて 24 時間工程を回していく．量産工場の大変さには及ばないが，工程装置にパラレルなルートがないので，1 工程でも閉鎖されると全てのロットがそこで止まるという恐ろしさがある（メンバーにハッパをかけながら，自分自身もイオン注入工程の責任を併任していたので，イオン注入機が止まるとさらに大変だった）．そのようなセンシティブなラインに実績のないプロセス方式を入れるのは，RISC 試作 LSI の歩留まりと納期に責任を持つ当時の筆者にとっては到底できない相談でもあった．しかし，一方で装置の新規更新は適時に行わなければ世界に後れをとるので，時期を決めて，例えば長期休み中に試作をいったん停めて，装置の入れ替え，汚染されやすい機器の洗浄を行う．概ね年末年始であったが，最後の熱処理工程に入れるロットは決まってプラズマドーピングのロットであった．依怙贔屓というか，身勝手かもしれないが，責任を押し付けられたおかげでロットの管理権限もいただいて，CR 汚染のリスク大と言われていたプラズマドーピングロットを処理することができたというわけである．実際には，大きな汚染などはなかった．しかし，その立場がなければ，恐らくプラズマドーピングでトランジスタ動作を確認するなどということはできなかったと思う．改めて松下電器は凄い会社であったと，感謝したくなってきた．

　さて，そのような「体験」はしてきたのであるが，本題の「物理」には既に結構縁遠い．しかし，大学 4 年とマスターの 2 年間は日本物理学会に所属して純粋物性物理を専攻しており，名大・阪大谷村克己先生のご助力により，物理学会誌にレターとフルペーパーが英文で掲載されたのは事実である [5]．工学部ではあったが，修了後，研究室が理学部物理へ異動したので，若い頃に物理をかじっていたとも言え，2024 年 3 月末の第 1 回名取研究会でも当時身近であった術語がたくさん出てきて懐かしい思いをした．筆者自身は本章にて物理は語れなかったが，実際にどうやってドーピングをしてきたかについては体験談的に記述することができたものと思う．どうやれば猛毒から身を守れるか，どうやればトランジスタの性能が上がるのか，いろいろ思いつつ研究開発してきたので，その一端を記述した．また，お世話になった方々についてもいろいろ思い出してみた．理論上 P 型，N 型をこう作ればよいとか，シミュレータが使えるようになったコンピュータ上で P・N ドーズ量やプロファイルはこのように入力するといった専門家も大変だろうが，こちらは猛毒の世界なので，それに由来する，一線を越えてしまいそうな，狂を発するような雰囲気も伝わったかもしれない．

しかし振り返ってみるに，Si に As, P, B 等を不純物として入れて適切な処理を施すと，大体格子位置に入って電気特性を発揮してくれたのは本当に良かった．これが再現性もなく狭い Window であったなら今日のスマート社会はなかっただろう．無機質な Si の中の世界なのだが，小さなトランジスタの中で動く電子たちも，デバイス内のポテンシャル曲面のどの経路を辿れば動きやすいかなどいろいろ考えているのではないか思っていたし（パリオリンピックで見たスケートボードのような感じだろうか），また，そのような心持ちで接しなければ，見たことも入り込んだこともないソース・ドレインやチャネルに滞在する電子たちを気持ちよく流すことはできないと思っていた．

別の観点では，新しく何かを使って何か新しいデバイス性能を引き出そうとするとき，最初の答えという意味での Window が見つかるかどうかは自明ではないし，努力してトライすれば自動的に与えられるものでももちろんない．しらみつぶしに探すとしても，有限の時間や予算の範囲では実現は難しい．的を絞り難くて大きな網をかけたくもなるが，小賢しく人智に頼れば網目が粗くなって答えは零れ落ちる．せっかく良い結果を得ても次の週の APL（Applied Physics Letters，著名な米国物理学会誌）にはライバルが掲載することもあったし，特許も非常に近い日にちで複数出願されることがある．そのような諦観というか，平らかな心持に至るとき，三日三晩電子顕微鏡の前で画像を見つつ，とうとう現れた画期的な影像に感激したり，その前にようやく安全性が確保されてチャンバーに火を入れた猛毒ガスプラズマのあまりの美しさに感動したりした夕暮れに出会える．

日本で本格的に半導体の開発活動が開始されている現在，本書・本章が諸賢の目に留まり何か参考となれば幸いであるし，本章に記した技術などの本質を解明され（不明点も多いので）進化させ活用して，画期的なデバイス開発を進めていただきたい．また，AI 時代になったとはいえ，全員が AI を使えるのであるから，いかに駆使するかなど，競争が激化する方向になるであろう．しかしそれらが良い社会を形成することに資すれば良いことだと思うし，その基礎となる半導体に関われるのは，ありがたいことであると思う．

最後に，法学ではなく工学に進むよう指導してくれた法律家の亡父，そして亡母に，加えて，今日では考えられないような働き方（改革前の）をしていた自分を支えてくれて，ときにぽっとアインシュタイン先生のような言葉を示唆してくれた家内に，そして，忙しくて小学校の入学式にも行けなかった（申し訳ない），これまた示唆に富む息子（2025 年 40 歳）に，心より感謝します．

参考文献

[1] H. Iwai, *Ext. Abst. The 21st IWJT (International Workshop on Junction Technology)*, (review) (2023).

[2] クリス・ミラー，『半導体戦争』（千葉敏生 訳）（ダイヤモンド社，2024）
（原著）C. Miller, *CHIP WAR*, (Simon & Schuster ebook, 2022).

[3] The 1st International Workshop on Junction Technology (IWJT), (2000).

[4] W. Shockley, US Patent 2,787,564 issued April 2, (1957).

[5] B. Mizuno et al., *J. Phys. Soc. Jpn.* **52**, 1901 (1983), and B. Mizuno et al., *J. Phys. Soc. Jpn.* **55**, 3258 (1986).

[6] 関康和 他, 『月刊セミコンダクターワールド』 **6(2)**, 90 (1987) .

[7] B. Mizuno et al., *Ext. Abst. The19th SSDM (Solid State Devices and Materials)*, 319 (1987). https://confit.atlas.jp/guide/organizer/ssdm/ssdm1987/top?searchType=only&initFlg=false&query=&title=&author=Bunji&affiliation=

[8] R. S. Ohl, US Patent 2402661, filed March 1 (1941).

[9] J. H. Scaff, *Metallurgical and Materials Trans. B* **1**, 561 (1970).

[10] W. Shockley, US Patent, 2,569,347, filed June 26, (1948); W. Shockley, *Bell System Technical Journal.* **28**, 435, (1949); W. Shockley, M. Sparks and G. K. Teal, *Phys. Rev.* **83**, 151 (1951).

[11] H. Strack, *J. Appl. Phys.* **34**, 2405 (1963).

[12] C. Fuller *et al.*, US Patent 2,725,316, filed on May 18, (1953) 液相

[13] C. Fuller *et al.*, US Patent 2,725,315, application on November 14, (1952) 固相

[14] C. Fuller *et al.*, US Patent 3,015,590, filed on March 5, (1954) 気相

[15] A. S. Grove, 『半導体デバイスの基礎』 3 章, p. 38 (オーム社, 1995).

[16] H. Wu *et al.*, *Tech. Dig. IEDM2018*, 819 (2018).

[17] 岩井洋, 『応用物理』 **63**, 1155 (1994).

[18] 工業所有権法逐条解説（特許庁編），特許法 104 条の 3.

[19] R. N. Noyce, U. S. Patent 2981877, filed July 30 (1959).

[20] M. Riordan, *IEEE Spectrum.* **44**, 51 (2007).

[21] T. H. Lee, *IEEE Solid-State Circuits Society Newsletter.* **12**, 16 (2007).

[22] R. W. Bower, US Patent 3,472,712 , filed October 27 (1966).

[23] IEDM 1971, Session 1 7: Integrated Electronics Technology- Ion Implantation 1 and Session 21: Integrated Electronics-Technology-Ion Implantation 2.

[24] 古川静二郎，石原宏, *The 2nd Conf. on Solid State Devices*, 1 (1970). https://confit.atlas.jp/guide/organizer/ssdm/ssdm1970/top?initFlg=true

[25] 佐々木雄一朗 他, 『松下テクニカルジャーナル』 **50**, 405 (2004).

[26] 柴田直, 『半導体デバイス入門』 (数理工学社, 2014) .

[27] A. Hori *et al.*, *Tech. Dig. IEDM1994*, 485 (1994).

[28] INTERNATIONAL TECHNOLOGY ROADMAP FOR SEMICONDUCTORS 2005 EDITION FRONT END PROCESSES https://semiconductors.org/wp-content/uploads/2018/08/2005FEP.pdf

[29] 丹上正安，内藤勝男, 『SEI テクニカルレビュー』 **25**, 179 (2011) ; J. F. Ziegler, J. P. Biersack and U. Littmark, The stopping and ranges of ions in solids, in: Ryssel, H., Glawischnig, H. (eds) *Ion Implantation Techniques*. Springer Series in Electrophysics, vol. 10 (Springer, 1985).

[30] B. Mizuno *et al.*, *Dig. Symp. VLSI Tech.*, 66, (1996).

[31] B. Mizuno, *et al.*, *Ext. Abst. The 8th IWJT*, 20, (2008).

[32] Y. Sasaki, *et al.*, *Dig. Symp. on VLSI Tech.*, 180 (2004).

[33] Y. Sasaki *et al.*, *Tech. Dig. IEDM 2008*, 917 (2008).

[34] B. Mizuno *et al.*, *Appl. Phys. Lett.* **53**, 2059 (1988).

[35] D. Lenoble, *et al.*, *Dig. Symp. on VLSI Tech.*, 212 (2006).

[36] B. Mizuno, *Ext. Abst. The 9th IWJT*, 91 (2009).

[37] C. Wang *et al.*, *Applied Materials External*, 1 (2014). https://nccavs-usergroups.avs.org/wp-content/uploads/JTG2014/2014_10wang.pdf

[38] D. Raj *et al.*, *Proc. 20th International Conference on Ion Implantation Technology (IIT)*, Portland, OR, USA, 1 (2014).

[39] C-R Moon *et al.*, *IEEE Elect. Dev. Lett.* **28**, 114 (2007).

[40] S. Qin, *Proc. 20th IIT*, 151 (2014).

第 **7** 章

シリコンナノ結晶への不純物ドーピング

7.1 はじめに

物質のサイズをフェルミ波長程度まで小さくすると，量子閉じ込め効果（量子サイズ効果）によりエネルギー準位が離散化し，電子物性・光物性が大きく変化する．半導体の光物性を研究対象とする場合は，励起子のボーア半径が量子サイズ効果の程度を見積もるよい指標となる．サイズが励起子のボーア半径の数倍程度の場合は，励起子の重心運動が空間的に閉じ込められる．このサイズ領域は一般に「弱い閉じ込めの領域」と呼ばれる [1]．一方，物質のサイズが励起子のボーア半径よりも小さくなると，電子と正孔が個別に閉じ込められる．このサイズ領域は「強い閉じ込めの領域」と呼ばれ，電子と正孔のそれぞれの準位が離散化する．シリコン結晶の場合，励起子のボーア半径が 5 nm 程度であるため，その程度のサイズ領域から量子サイズ効果が顕著に発現する．量子サイズ効果による伝導帯端と価電子帯端のシフトは，発光ピークエネルギーの高エネルギーシフトとして観測され，シリコン結晶のサイズを 10 nm 程度から 2nm 程度まで小さくすると，発光ピークエネルギーはバルクシリコン結晶のバンドギャップ (1.12 eV) 付近から 2.1 eV 付近までシフトする [2-5]．このように量子サイズ効果が顕著に発現するシングルナノメートル領域のサイズのシリコン結晶は，「シリコンナノ結晶」もしくは「シリコン量子ドット」と呼ばれており，発光ピークエネルギーとサイズの関係は，有効質量近似で比較的よく説明されている．

量子サイズ効果が顕著に発現するサイズのシリコンナノ結晶では，以下の理由により，不純物ドーピングによるキャリアの生成がバルクシリコン結晶に比べて困難であることが予想される．不純物準位のエネルギーがサイズに依存しないと仮定すると，サイズの減少に伴う伝導帯端，価電子帯端のシフトにより不純物のイオン化エネルギーが増加する．シリコンナノ結晶の周囲が空気やシリカなどの低誘電率材料の場合，ナノ結晶中の電子が感じる実効的な誘電率が結晶シリコンのものより低下する [6, 7]．誘電率の低下は，不純物原子の有効ボーア半径の減少とイオン化エネルギーの増加をもたらす．この効果は，誘電率閉じ込め効果 (dielectric confinement) と呼ばれている [8]．さらにサイズが減少し，バルク結晶中の不純物の有効ボーア半径（リンの場合は < 2 nm[9]）程度になると不純物原子に対する量子サイズ効果が発現しイオン化エネルギーが増加する．このような効果に関する理論研究は，1990 年代から活発に行われている [10-29]．一方，その実験研究は驚くほど少ない．その最大の原因は，1 次元構造のシリコンナノワイヤと異なり，ゼロ次元構造のナノ結晶に電極を取り付けて電気的測定を行うことが困難なことにある．そのため，多くの場合に膨大な数のナノ結晶を含む試料に対して電磁波をプローブとする物性測定を行うことになる．ところが，意図的に不純物をドーピングしない場合でも，シリコンナノ結晶試料にはサイズ，形状，表面終端状態等にばらつきがあり，物性測定結果はそれらのばらつきに起因する不均一広がりに大きく影響される．不純物ドープシリコンナノ結晶ではそれらに加えて不純物原子数と不純物サイトにばらつきがあるため，物性測定結果の不均一広がりがさらに深刻になる．特にナノ結晶中の不純物の原子位置（中心付近か表面付近かなど）に物性が強く依存すると予想されるが，その制御は困難である．不均一広がりを排除して本来の特性を測定するためには単一ナノ粒子に対する物性測定が不可欠であるが，直径数ナノメートルの単一ナノ粒子に対して可能な測定は走査型トンネル分光や顕微発光分光などに限られる．さらに根本的な問題として，果たしてシリコンナノ結晶の置換サイトに不純物をドーピングできるかという疑問があ

る．シリコン結晶の原子密度は 5×10^{22} cm^{-3} なので，直径 3 nm の球形シリコン結晶（体積：1.4×10^{-20} cm^3）は約 700 個のシリコン原子で構成されている．この中に不純物原子を 1 個ドーピングすると，濃度に換算して 7×10^{19} cm^{-3} 程度となる．直径 2 nm の場合は，1 個の不純物が濃度換算で 2.4×10^{20} cm^{-3} 程度となる．これはシリコン結晶中のリンやホウ素の固溶限界に近い値であり，ナノ結晶成長過程で不純物が外部に排除されることを示唆している．もしドーピングができたとしても評価の問題が残る．ナノ結晶中に不純物原子が何個ドーピングされているのか，そのうち何個が置換サイトにドーピングされているのか，それらはナノ結晶内のどこにあるのか等を個々の粒子について調べることはほぼ不可能である．

以上の理由により，不純物ドープシリコンナノ結晶について理論と定量的な比較が可能な実験をデザインすることは非常に困難であり，現実には不均一広がりを持つ物性測定値から物理的に意味のある情報を無理やり抽出するような少し荒っぽい研究が行われている．本章では，不純物ドープシリコンナノ結晶に対するそのようなスタンスの実験研究を中心に紹介する．7.2 節では，不純物ドープシリコンナノ結晶の作製方法と評価方法についてサマリーする．7.3 節では，不純物ドープシリコンナノ結晶中の電子状態について，電子スピン共鳴 (ESR) 法による研究を中心に紹介する．7.4 節では，不純物ドーピングによりシリコンナノ結晶の発光特性がどのように変化するかを示し，発光特性とドーピングの関係について議論する．7.5 節では，ホウ素とリンを同時ドーピングしたコロイド状のシリコンナノ結晶（コロイドシリコン量子ドット）の物性についてまとめ，そのエネルギー準位構造について議論する．

7.2 不純物ドープシリコンナノ結晶の作製と評価

7.2.1 不純物ドープシリコンナノ結晶の生成エネルギー

S. Ossicini らのグループは，不純物をドーピングしたシリコンナノ結晶の物性について広範な理論研究を行っている [26]．その中で彼らはナノ結晶の生成エネルギーとドーピングの関係について調べており，リンもしくはホウ素を 1 個ドーピングしたシリコンナノ結晶の生成エネルギーがドーピングしないものに比べて非常に大きいことを示している [30]．このことは，不純物をドーピングしたシリコンナノ結晶を活性化熱処理すると，不純物を吐き出しピュアになろうとする力が強く働くことを示唆している．もしくは，固相拡散で不純物をドーピングすることが非常に困難であることを示唆している．ただし，ここで注意しなければならないのは，彼らの計算は表面を水素終端した非常に小さいシリコンナノ結晶（$Si_{147}H_{100}$（直径約 1.8 nm）など）を対象にしていることである．このようなサイズのシリコンナノ結晶に不純物原子を 1 個ドーピングすると，濃度に換算して 1 ％ 程度となる．一方，本章で紹介する実験研究の多くは直径 3 nm 以上のシリコンナノ結晶を対象にしており，1 個の不純物を濃度換算した時の値は 1 桁以上小さい．そのため，ドーピングによる生成エネルギーの増加は彼らの予想よりも相当緩和されると考えられる．また，シリコンナノ結晶表面が水素終端ではなくナノ結晶が酸化膜に埋め込まれているような場合は，シリコン／シリコン酸化物界面の不純物の偏析を利用して効率的に不純物（例えばリン）をドーピングできる可能性がある．しかしながら，水素以外の分子により終端された比較的大きい不純物ドープシリコンナノ結晶の構造や電子状態を第一原理計算により網羅的に調

べることは現在でも計算負荷が大きすぎるため，実験により様々な形態のナノ結晶試料を作製し評価する必要がある．

S. Ossicini らのグループは，リンもしくはホウ素を単独にドーピングする場合に加えて，リンとホウ素を1個ずつ，もしくは2個ずつドーピングする場合の生成エネルギーも計算している [30]．計算によると，リンとホウ素を同数ドーピングすると生成エネルギーが大きく低下する．また，リンとホウ素が最近接サイトにドーピングされるときに生成エネルギーが最も低下する．このことは，シリコンナノ結晶の成長時にリンとホウ素を同時に十分量供給すると，自発的にリンとホウ素がペアでドーピングされることを示唆している．シリコンナノ結晶へのリンとホウ素の同時ドーピングについては 7.4.4 項および 7.5 節で議論する．

7.2.2 不純物ドープシリコンナノ結晶の作製方法

不純物ドープシリコンナノ結晶は，主に以下の3つの方法で作製されている．

(1) 酸素欠損シリカ（シリコンリッチシリカ）(SiO_x) および類似の物質の不均化反応：SiO_x を不活性ガス中で高温熱処理すると，不均化反応 ($2SiO_x = (2-x)Si + xSiO_2$) によりシリコンと SiO_2 に相分離する．この時，x が1より大きい領域では SiO_2 マトリックス中にシリコンナノ結晶が成長する．ナノ結晶のサイズは x の値と熱処理条件（温度と時間）により決まる．SiO_x は，蒸着，スパッタ，CVD，シリカ中へのシリコン注入などにより作製可能である．また，hydrogensilsesquioxane($H_8Si_8O_{12}$) のような無機化合物も前駆体として用いられている [31]．

シリコンナノ結晶成長の前駆体となる SiO_x にリンまたはホウ素（もしくはその両方）を添加すると，熱処理によるナノ結晶成長時にそれらの元素が内部に取り込まれる．例えば，シリコン，シリカ，リンケイ酸ガラス (PSG) を同時にスパッタリングすると，シリコンリッチ PSG(Si-rich PSG) が形成され，熱処理により PSG 中にリンドープシリコンナノ結晶が成長する [32, 33]．同様に，シリコンリッチホウケイ酸ガラス (BSG) を前駆体として用いると BSG 中にホウ素ドープシリコンナノ結晶が形成でき [34]，シリコンリッチホウリンケイ酸ガラス (BPSG) を用いると BPSG 中にホウ素，リン同時ドープシリコンナノ結晶が形成できる [35, 36]．不純物ソースとして BSG 等の酸化物ではなくホウ素を使う例もある [37, 38]．

CVD 法により前駆体（シリコンリッチ BSG，シリコンリッチ PSG）を形成する場合は，反応ガス (SiH_4, O_2(or N_2O), Ar) に B_2H_6 もしくは PH_3 を加える [39-41]．なお，反応ガスに N_2O を用いるとナノ結晶を埋め込むマトリックスは酸窒化膜になる．

以上のいずれの方法で前駆体を形成しても，高温熱処理による不均化反応により形成される不純物ドープシリコンナノ結晶の特性は大きくは変わらない．

(2) シリコンナノ結晶へのイオン注入によるドーピング：シリカ薄膜中にシリコンナノ結晶を成長した後，不純物原子のイオン注入と活性化熱処理により不純物ドープシリコンナノ結晶を形成する [42-44]．

(3) CVD による不純物ドープシリコンナノ結晶の成長：不純物ドープアモルファスシリコンの CVD 成長条件を薄膜形成のものから変化させることにより，不純物ドープシリコンナノ結

晶を形成することができる [45, 46]．この方法では，粉末状のシリコンナノ結晶試料が得られる．U. Kortshagen のグループは，非熱平衡プラズマ (non-thermal plasma) を用いたシリコンナノ結晶作製プロセスを開発している．彼らの方法ではサイズ分布が小さく発光量子効率が高い高品質なシリコンナノ結晶が作製されている [5, 47-49]．また，反応ガスに B_2H_6 もしくは PH_3 を加えることにより，ホウ素もしくはリンをドーピングした粉末状シリコンナノ結晶が作製されている [49-52]．同様の方法で，R. Limpens らは，リンとホウ素を同時ドーピングした粉末状シリコンナノ結晶を作製している [53]．

7.2.3 不純物ドープシリコンナノ結晶の構造評価

図 7.1(a) に (1) の方法で作製したホウ素とリンを同時ドーピングしたシリコンナノ結晶の TEM 像を示す．TEM 観察のために BPSG マトリックスをフッ酸で除去しナノ結晶を取り出した後，支持膜付き TEM メッシュ上に配置している．この方法ではマトリックスの影響がないため，FIB やイオンミリングにより薄片化した試料を観察する場合に比べて鮮明な像が得られる．図の格子像はシリコン結晶の {111} 面に対応しており，ナノ結晶が単結晶であることが分かる [54]．ナノ結晶は球形ではなくファセットを持つ．シリコンナノ結晶中の不純物を視覚的に観察する最も簡便な方法は，STEM-EELS もしくは STEM-EDS である．図 7.1(a) と同様の方法で作製したシリコンナノ結晶試料の STEM-HAADF 像とリンとホウ素の STEM-EELS 像を，それぞれ図 7.1(b) と図 7.1(c), (d) に示す．図 7.1(b) の STEM-HAADF 像の白い部分がシリコンナノ結晶である．その部分と図 7.1(c) のリン濃度が高い部分，図 7.1(d) のホウ素濃度が高い部分が完全にオーバーラップしていることから，それぞれのナノ結晶にリンとホウ素がドーピングされていることが分かる [54]．ただし，これらの方法ではナノ結晶内部の不純物分布を知ることは困難である．

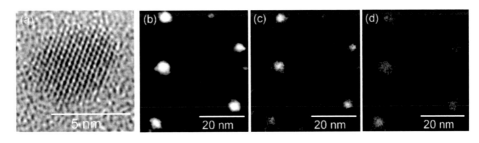

図 7.1　(a)BPSG マトリックス中に形成されたホウ素とリンを同時ドーピングしたシリコンナノ結晶をフッ酸エッチングにより取り出した試料の TEM 像．シリコンの {111} 面の格子像が明瞭に観察されており，結晶性の高いナノ結晶が形成されている．(b)〜(d) 同様の方法で作製した TEM 試料の (b)HAADF STEM 像と EELS 像 ((c) リン，(d) ホウ素) [54]．

シリコンナノ結晶中の不純物分布を評価する最も強力な方法は Atom Probe Tomography(APT) である [39, 40, 55, 56]．図 7.2(a), (b) は，それぞれ，ホウ素およびリンを単独でドーピングしたシリコンナノ結晶を埋め込んだシリカ薄膜の APT 測定結果である [55]．試料は，スパッタリングによりシリコンリッチ BSG もしくはシリコンリッチ PSG を作製した後，窒素雰囲気中で 1150 ℃，30 分間熱処理することにより作製した．各図の上部は FIB

で加工した針状試料の全体像であり，下部はその2次元スライス像である．左側がシリコン原子の分布，右側がホウ素もしくはリン原子の分布に対応する．膜中にシリコンナノ結晶が高密度に成長していることがわかる．ホウ素の分布については少し分かりにくいが，シリコンナノ結晶が成長している場所で濃度が高くなっており，ホウ素がナノ結晶にドーピングされている．リンについても同様である．図7.2(d), (e)に，図7.2(a), (b)の試料中の単一のシリコンナノ結晶のAPT像を示す．シリコンナノ結晶1個当たり，ホウ素が5原子程度，リンが10原子程度ドーピングされていることが分かる．

同様の測定を，シリコンリッチBPSGから作製したホウ素，リン同時ドープシリコンナノ結晶についても行った．図7.2(c)に結果を示す．単独ドーピングの場合と同様にシリカマトリッ

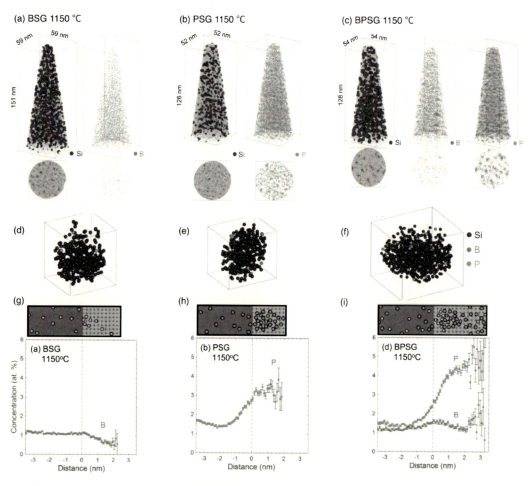

図7.2 シリカマトリックス中に埋め込まれた，(a) ホウ素ドープシリコンナノ結晶，(b) リンドープシリコンナノ結晶，(c) ホウ素，リン同時ドープシリコンナノ結晶のAPT像．いずれも，同時スパッタリング法で作製したシリコンナノ結晶試料であり，ナノ結晶の成長温度は1150 °Cである．3次元イメージの下に，2次元スライス像（ボックスサイズ：24 nm×24 nm×7 nm）を示す．(d)〜(f) (a)〜(c) の試料中の単一シリコンナノ結晶のAPT像．ナノ結晶の直径は，(d), (e) が約3nm，(f) が約4nmである．(g)〜(i) (a)〜(c) の試料のProxigram解析結果．各グラフの上に不純物分布のモデル図を示している．横軸の0 nmはシリコンナノ結晶とシリカマトリックスの界面に対応しており，正方向がシリコンナノ結晶の内部である [55].

クス中にシリコンナノ結晶が成長している．図 7.2(c) 下部のシリコン，ホウ素，リンの 2 次元スライス像を比較すると，ホウ素の信号が小さいため少し分かりにくいが，シリコンナノ結晶の場所でホウ素濃度とリン濃度が高くなっている．このことから，ナノ結晶中にホウ素とリンが同時にドーピングされていることが確認できる．図 7.2(f) は，試料中の単一のシリコンナノ結晶の APT 像である．単独ドーピングの場合に比べてホウ素原子，リン原子の数が多いことが見て取れる．

APT データを解析すると，シリコンナノ結晶とシリカマトリックスの界面付近のホウ素，リン濃度の統計分布を得ることができる（Proxigram 解析）[55]．図 7.2(g)〜(i) に成長温度が 1150 ℃の場合の結果を示す．図 7.2(g) より，ホウ素を単独にドーピングしたときは，大部分のホウ素はシリコン/シリカ界面のシリカ側（破線の左側）に存在しており，ナノ結晶へのドーピングの効率が低いことが分かる．一方，リンを単独にドーピングした場合はナノ結晶側（破線の右側）で濃度が増加し（図 7.2(h)），リンがナノ結晶内に効率的にドーピングされている．これは，シリコン/シリカ界面におけるホウ素とリンの平衡偏析係数の違いによるものである．同時ドーピングの場合も（図 7.2(i)），リンはナノ結晶に効率的に取り込まれているが，同時にホウ素濃度もナノ結晶表面で増加している．この結果は，リンを同時ドーピングすることによりホウ素が効率的にシリコンナノ結晶表面に取り込まれることを示しており，リンがシリコンナノ結晶表面にホウ素を固定するアンカーの役割をしていることを示唆している．この効果は，より高温で熱処理した試料（例えば 1250 ℃）において，より顕著に観測されている [55]．なおここでは余談になるが，7.4.3 項および 7.5 節で示すデータは，最表面のホウ素リッチ層が通常のシリコン表面に比べてフッ酸エッチングに対する耐性が高いことを示している．そのため，ホウ素，リン同時ドープシリコンナノ結晶をフッ酸エッチングにより溶液中に取り出すと，このホウ素リッチ層が最表面となり，高い酸化耐性や水分散性などの特異な化学的性質をナノ結晶に付与する．これについては 7.5 節で議論する．

7.3 電子スピン共鳴 (ESR) による不純物ドープシリコンナノ結晶の評価

7.3.1 リンドープシリコンナノ結晶

本節では，リンドープシリコンナノ結晶の電子スピン共鳴に現れる超微細構造の解析から，リンドナーの有効ボーア半径がナノ結晶のサイズに依存して変化することを示す．図 7.3(a) にシリカマトリックス中に埋め込まれたリンドープシリコンナノ結晶の低温 (40 K) における電子スピン共鳴スペクトルを示す [57]．ナノ結晶の直径は約 5.8 nm であり，リン濃度を変化させている．なお，図中のリン濃度は試料中の平均リン濃度であり，ナノ結晶中のリンの濃度ではない．リンをドーピングしない場合，g=2.002, 2.006 にシャープな吸収が現れる．これは，シリコン/シリカ界面の欠陥（Pb センター）に起因するものだと考えられている．試料にリンをドーピングすると欠陥由来の信号が減少し，最も高濃度の試料ではほぼ消滅する [57, 58]．リンドーピングによる欠陥の消失は，リンにより供給されたドナー電子が欠陥にトラップされ欠陥が不活性化したためであると考えられる．これは，低温でのみ観測される 0.9 eV 付近の欠陥由来の

発光が，リン濃度の増加とともに減少し消滅することにより実証されている（7.4.2 項）[59]．図 7.3(a) において，P 濃度が最も高い試料では，欠陥由来の ESR 信号が完全に消滅するとともに，g=1.998 にブロードな信号が現れる．これは伝導電子に由来する信号であり，リンがシリコンナノ結晶の置換サイトに活性な状態でドーピングされていることを示している [58]．高リン濃度領域の物性については，7.4.2 項で赤外吸収スペクトルおよび発光スペクトルと比較しながら議論する [60]．

リン濃度が少し低い試料では，g=1.998 の信号が 2 つに分裂した超微細構造が見られる．この信号はリンドナーの核スピンと電子スピンの相互作用によるものであり，分裂の幅はドナーの有効ボーア半径 (a) に対応している．図 7.3(b) に超微細構造の分裂幅とシリコンナノ結晶のサイズの関係を示す．サイズの減少に伴い，分裂幅がバルク結晶中のリンの値から増加している．このことは，サイズの減少とともにドナーの有効ボーア半径が減少していることを示している．ドナー電子の波動関数を ψ_e とすると，超微細構造による分裂の幅 (ΔHFS) はドナー原子の原子核の位置における電子密度 ($|\psi_e(r=0)|^2$) に比例する ($|\psi_e(r=0)|^2 \propto \Delta HFS$)[61]．ドナー電子の波動関数として球対称な関数を仮定すると，$a \propto \left(|\psi_e(r=0)|^2\right)^{-1/3}$ の関係より，ΔHFS は有効ボーア半径の 3 乗に反比例する [62]．非常に荒っぽい見積もりではあるが，直径 4～5 nm のナノ結晶では有効ボーア半径がバルク結晶の 1.67 nm から 1.3 nm 以下まで減少していることになる（図 7.3(c)）．

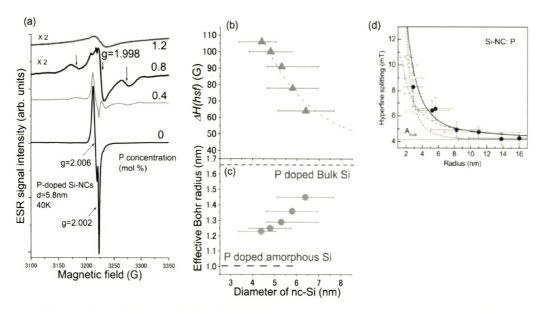

図 7.3　(a) シリカマトリックス中に埋め込まれたリンドープシリコンナノ結晶の電子スピン共鳴スペクトル．膜中のリン濃度を変化させている [57]．(b) 電子スピン共鳴スペクトルの超微細構造の分裂幅とシリコンナノ結晶直径の関係 [57]．(c)(b) のデータから見積もったドナーの有効ボーア半径とシリコンナノ結晶の直径の関係．(d) リンドープシリコンナノ結晶の超微細構造の分裂幅とナノ結晶半径の関係（(a～c) とは異なる論文から引用）[8]．CVD 法で作製した粉末状リンドープシリコンナノ結晶（●）とシリカマトリックス中に埋め込まれたリンドープシリコンナノ結晶（〇）のデータを載せている．また，誘電率閉じ込め効果（一点鎖線）および量子閉じ込め効果（点線）の計算結果と両者の和（実線）を線で示している．

N. Pereira らのグループは，同様の測定をより広いサイズ範囲（直径 6〜32 nm）について行った [8]．実験に用いた試料は，CVD 法で作製した粉末状のリンドープシリコンナノ結晶である．図 7.3(d) に超微細構造の分裂幅とサイズ（半径）の関係を示す（●）．前述のシリカマトリックス中のリンドープシリコンナノ結晶のデータ（○）も同時にプロットしている．ナノ結晶試料の形態は大きく異なるが，得られた結果は比較的よく一致している．彼らは，不純物原子に対する量子閉じ込め効果だけではなく，誘電率閉じ込め効果も考慮して解析を行った．シリコン結晶のサイズが減少すると静的誘電率が低下することが理論計算により示されている [6, 7]．不純物の水素原子モデルによると，誘電率が低下すると有効ボーア半径が小さくなる．有効ボーア半径の縮小は不純物の原子核の位置における電子密度（$|\psi_e(r=0)|^2$）を増加させ，その結果 ΔHFS が増加する．図 7.3(d) には，誘電率閉じ込め効果（一点鎖線）と量子閉じ込め効果（点線）で予想される分裂幅を線で示している．半径 5〜12 nm の領域では実験結果は誘電閉じ込めのモデルに概ね一致しており，4 nm 以下のサイズ領域では量子閉じ込め効果のモデルとよく一致している．

7.3.2　ホウ素ドープシリコンナノ結晶

ホウ素ドープシリコンナノ結晶ではキャリアに由来する ESR 信号は観測されておらず，欠陥に由来する信号のみが観測されている [63]．またリンドープシリコンナノ結晶の場合とは異なり，ホウ素をドーピングしても欠陥由来の信号の強度は変化しない [63]．そのため，ESR 測定からホウ素ドーピングに関する情報を得ることはできていない．一方，比較的サイズが大きい（≥10 nm）ホウ素ドープシリコンナノ結晶においては，シリカマトリックス中に埋め込まれた場合も CVD 法で作製された場合もシリコンナノ結晶のラマン散乱ピーク（520 cm^{-1}）がドーピングにより非対称な Fano 形状になることが観測されている [64, 65]．P 型シリコンのラマン散乱スペクトルにおける Fano 形状は，価電子帯内の電子遷移によるブロードな電子ラマン散乱と通常のフォノンラマン散乱の干渉により生じるものであり，ドーピングによりフェルミ準位が価電子帯内まで下がることにより発現する．つまり，ラマン散乱スペクトルにおける Fano 形状の観測は，ホウ素が置換サイトにドーピングされ，フェルミ準位が価電子帯内まで下がっていることを示している．なお，シリコンナノワイヤでは，Fano 形状の解析により不純物分布を評価することが可能である [66]．

CVD 法で作製したホウ素ドープシリコンナノ結晶において（直径 7.5 nm），自由正孔による局在表面プラズモン吸収が中赤外領域に観測されており，ナノ結晶中に活性なホウ素が存在することが実験的に示されている [67, 68]．一方，直径 5 nm 以下のシリコンナノ結晶において内部に活性な状態でホウ素がドープされていることを直接的に示す実験データは，筆者の知る限り存在しない．

7.3.3　不純物の活性化

N. Pereira らは，CVD 法で作製した粉末状のリンドープシリコンナノ結晶に対して ESR で見積もったドナー濃度と SIMS で測定したドナー濃度を比較することにより，シリコンナノ結晶中のドナーの活性化率のサイズ依存性を実験的に求めた [69]．図 7.4 にその結果を示す．直径 20 nm 以上の大きい粒子においても，ESR で求めたドナー濃度は SIMS で求めた濃度に比べて

1桁以上小さい．しかしながら，フッ酸エッチングにより表面酸化膜中のリンを除去し，さらにナノ結晶表面の欠陥へのドナー電子のトラップを考慮すると，直径 20 nm 以上の領域ではリン原子はほぼ 100 % 活性であるという結果が得られる．一方，直径 10 nm 以下の領域では，活性化率は 1 桁以上低下する．この原因については特に議論されていないが，サイズが減少するに伴い電気的に活性な状態でリンをドーピングすることが困難になることを実験事実として示している．なお，活性化率は試料の形態や作製方法に強く依存すると考えられるため，図 7.4 のデータはシリコンナノ結晶に普遍的なものではない可能性があることに注意が必要である．

　R. Gresback らは CVD 法でリンもしくはホウ素をドーピングしたシリコンナノ結晶を作製し，そのコロイド溶液の塗布により不純物ドープシリコンナノ結晶をチャネルとする薄膜トランジスタを作製した [70]．ナノ結晶のサイズは，大きいもので直径 8〜15 nm，小さいもので直径 4〜7 nm である．トランジスタ特性から不純物の活性化率を見積もったところ 10^{-2}〜10^{-4} までという値が得られており，図 7.4(e) のリンドープシリコンナノ結晶の結果と比較的よく一致する．

　不純物ドープシリコンナノ結晶中の不純物原子のイオン化率については，R. Limpens らによって定性的にではあるがフェムト秒〜ピコ秒の超高速過渡吸収分光によって調べられている [71]．試料はシリカマトリックス中に埋め込まれたシリコンナノ結晶であり，リンドーピングのみならずホウ素ドーピングおよびリン，ホウ素同時ドーピングの場合について研究されている [71]．彼らの結果は，直径 6 nm 付近にキャリアが不純物原子に局在するか，ナノ結晶内の自由キャリアとして存在するかの境界が存在することを示唆している．

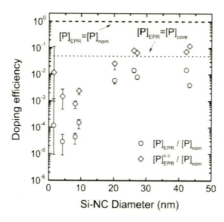

図 7.4　CVD 法で作製したリンドープシリコンナノ結晶のドーピング効率とナノ結晶直径の関係 [69]．

　V. Y. Timoshenko らは，シリコンナノ結晶中の不純物原子のイオン化における誘電率閉じ込めの影響に関して，直径 6〜10 nm のシリコンナノワイヤのネットワークで構成されるメゾポーラスシリコンを対象に研究を行っている [72]．メゾポーラスシリコンはホウ素ドープシリコンウエハ (15 mΩ cm) の陽極化成により作製されており，自由正孔による赤外吸収の強度から正孔濃度を見積もっている．空気中における正孔濃度が 10^{17} cm^{-3} の試料の細孔をエタノール

($\varepsilon_r = 24$) で満たすと，正孔濃度が 10^{18} cm^{-3} までに増加し，同時に直流電気伝導度も増加する．この効果はリバーシブルであり，細孔からエタノールを取り除くと正孔濃度は元の値に戻る．彼らはこの効果を他の液体（シクロヘキサン ($\varepsilon_r = 2.0$)，トリクロロエタン（被誘電 (ε_r) =3.4），メチルイソブチルケトン ($\varepsilon_r = 13.1$)）についても調べており，誘電率の増加に伴い正孔濃度と直流電気伝導度が増加することを観測している．この結果は，シリコンナノワイヤ周囲の誘電率が高くなることによる誘電率閉じ込め効果の減少で説明されている．つまり，シリコンナノワイヤ周囲の誘電率が高くなると不純物原子が感じる実効的な誘電率が高くなり，それにより不純物のイオン化エネルギーが低下し正孔濃度と電気伝導度が増加する．

7.4　フォトルミネッセンスによる不純物ドープシリコンナノ結晶の評価

　バルクシリコン結晶では，低温において不純物原子の種類および濃度に依存して特徴的な発光スペクトルが観測される．そのため，発光測定は不純物濃度が比較的低い領域において，不純物評価の強力なツールとなる．一方，シリコンナノ結晶の集合体においては，発光スペクトル線幅が極低温においても 150 meV 以上の不均一広がりを持つため，発光スペクトル形状から不純物ドーピングについて詳細な議論を行うことは困難である．とはいえ，発光スペクトル測定が不純物ドープシリコンナノ結晶の評価の重要な手段の一つであることは間違いない．特にラマン散乱や ESR の信号強度が非常に小さい直径 3 nm 以下のシリコンナノ結晶においては，最も強力な評価手法となる．本節では，7.4.1 項で不純物を意図的にドーピングしていないシリコンナノ結晶に共通に観測されている発光特性についてサマリーし，その後，不純物ドープシリコンナノ結晶の発光特性について議論する．

7.4.1　（不純物をドーピングしていない）シリコンナノ結晶

　図 7.5(a) にシリカ薄膜マトリックスに埋め込まれたシリコンナノ結晶の発光スペクトルを示す [2]．ナノ結晶の直径が 9 nm 程度の場合は，バルクシリコン結晶に比べてわずかに高エネルギーに発光ピークが現れる．サイズを小さくするとピークエネルギーは高エネルギーシフトし，1.6 eV 付近に達する．バルクバンドギャップ付近から 1.6 eV 付近における発光ピークエネルギーとサイズの関係は，異なる方法で作製した異なる形態のシリコンナノ結晶試料においても概ね一致しており [2-4]，シリコンナノ結晶本来の特性が観測されているものであると考えられる．なお，化学的手法によってボトムアップ的に作製したシリコンナノ結晶では青色発光が観測されているが，多くの場合明確なサイズ依存性が見られないため，青色発光は一般に欠陥や表面分子が関与したものであると考えられている．実際，同じサイズのシリコンナノ結晶の表面分子を制御することにより，赤色発光が青色発光に変化することが報告されている [73]．

　図 7.5(a) の発光スペクトルは，スペクトルの半値幅が 200 meV 程度と非常に広いものとなっている．この原因の一つはサイズ分布による不均一広がりであるが，それだけが原因ではない．顕微分光法による単一シリコンナノ結晶の発光スペクトルの測定においても，室温では半値幅が 120〜150 meV と非常に広いことが報告されている [74-76]．発光線幅の広がりの主な原因は運

動量保存フォノンの吸収，放出によるものであると考えられている．これについては以下でもう少し詳しく議論する．なお，低温ではゼロフォノン線とフォノンレプリカ線が分離して観測されており，半値幅は 2 meV 程度となる [77, 78]．

ナノ結晶内に電子と正孔が閉じ込められると，サイズの減少に伴い不確定性原理（$\Delta x \Delta p \geq \frac{\hbar}{2}$）によって結晶運動量の不確定性が増加する．間接遷移型半導体であるシリコン結晶では，結晶運動量の不確定性の増加はフォノンの吸収・放出を伴わないゼロフォノン遷移（疑似直接遷移）のレートの増加をもたらす．実際上述のように，低温における単一シリコンナノ結晶の発光スペクトルには，ゼロフォノン線とフォノンレプリカが同時に同程度の強度で観測されており，バルクシリコン結晶に比べて直接遷移のレートが増大していることが分かる．室温においては，ゼロフォノン線もフォノンレプリカ線も幅を持ち一体化するため，単一シリコンナノ結晶の発光スペクトルはブロードなものになる．

直接遷移のレートの増大（疑似直接遷移）は，サイズの減少に伴う発光再結合寿命の低下として観測されている．図 7.5(b) は，シリコンナノ結晶の励起子準位が 1 重項状態と 3 重項状態に分裂していると仮定して，発光寿命の温度依存性からそれぞれの寿命を見積もった結果である．横軸は発光エネルギーである．図 7.5(a) と同様のシリカマトリックスに埋め込んだシリコンナノ結晶の結果と表面を酸化したポーラスシリコンの結果を示している．室温における発光寿命を決める 1 重項状態の寿命を見ると，発光エネルギーの増加に伴い（サイズの減少に伴い）大きく減少している．一方，擬似直接遷移により発光再結合寿命が減少しているものの，発光ピークエネルギーが 1.6 eV 付近までシフトした場合でも発光寿命は数十 μ 秒程度であり，間接遷移型半導体の性質を強く残している．

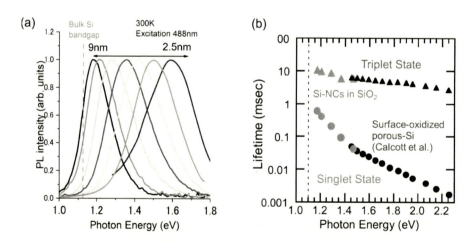

図 7.5　(a) シリコンナノ結晶の室温発光スペクトル．ナノ結晶の直径を 9 nm から 2.5 nm まで変化させている．(b) シリコンナノ結晶の発光寿命の発光エネルギー依存性．発光スペクトルのピークエネルギーで発光寿命の温度依存性を測定し，温度依存性から三重項励起子と 1 重項励起子の緩和時間を見積もっている [2]．

7.4.2　リンドープシリコンナノ結晶

図 7.6(a) にシリカマトリックス中に埋め込まれたリンドープシリコンナノ結晶の室温におけ

る発光スペクトルのリン濃度依存性を示す [60]．シリコンナノ結晶のサイズは直径約 4 nm である．発光スペクトル形状と発光エネルギーはドーピングにより大きくは変化していない．挿入図に，リン濃度と発光強度の関係を示す．リン濃度の増加とともに発光強度はいったん増加し，その後減少する．発光強度の増加は ESR スペクトルの欠陥由来の信号の減少と対応しており，ドナー電子による欠陥の不活性化によるものである．実際，図 7.6(b) に示す低温における発光スペクトルでは，リン濃度の増加に伴い 0.9 eV 付近の欠陥由来の発光が減少し，バンド間遷移による発光の強度が増加する [59]．なお，0.9 eV 付近の欠陥由来の発光は低温でのみ観測される．一方，高リン濃度領域における発光強度の減少は Auger 過程による非発光再結合によるものであると考えられる．発光強度の減少が始まる濃度で，図 7.6(c) に示すようにバンドギャップ付近から長波長側に単調に増加する吸収が現れる [60]．これは伝導帯内の電子遷移による吸収であり，ドーピングによりシリコンナノ結晶が縮退半導体となったことを示唆している．

　不純物ドープシリコンナノ結晶の Auger 過程については，C. Delerue らにより 1990 年代前半に理論研究がなされている [79]．彼らはシリコンナノ結晶中にドナー原子もしくはアクセプタ原子が 1 個存在する場合について，ドーピングによって生成された電子（正孔）と光励起された電子–正孔対との Auger 過程のレートを計算し，Auger 再結合寿命はナノ秒前後であるということを示した．これは，図 7.5(b) で示した一般的なシリコンナノ結晶の発光再結合寿命（数十 μ秒）に比べて 3 桁以上短い．このことはシリコンナノ結晶中に活性な不純物が 1 個あると発光量子効率が 3 桁以上低下することを示唆している．通常の発光測定では，非常に多数のナノ結晶の集合体を測定対象にしているため，ドーピング濃度を増加させるとドーピングされたナノ結晶の割合が増加し，その結果，観測される発光強度が徐々に減少する．そのため，高ドーピング濃度領域で観測される発光スペクトルが，リンドープシリコンナノ結晶からのものなのか，試料中に残留している不純物がドーピングされていないシリコンナノ結晶のものなのかは明確でない．この問題については，次節（ホウ素ドープシリコンナノ結晶）でもう一度触れる．

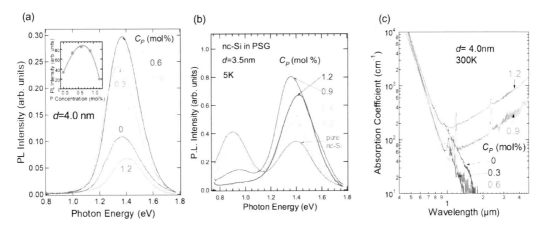

図 7.6　(a) シリカマトリックス中のリンドープシリコンナノ結晶の発光特性（室温）（リン濃度依存性）．挿入図に発光強度とリン濃度の関係を示す [60]．(b) 低温 (5 K) における，シリカマトリックス中のリンドープシリコンナノ結晶の発光特性（(a) のデータとは試料が異なる）．(c) シリカマトリックス中のリンドープシリコンナノ結晶の光吸収スペクトル（縦軸，横軸とも対数表示）（(a) と同一試料のデータである．）[60]．

7.4.3 ホウ素ドープシリコンナノ結晶

ホウ素ドープシリコンナノ結晶の発光特性は，リンドープのものとは異なりドーピング濃度の増加に伴う発光強度の増加は見られない．図 7.7(a) に BSG マトリックス中のホウ素ドープシリコンナノ結晶の発光スペクトルを示す [80]．ホウ素ドーピングにより発光強度は単調に減少する．これはホウ素をドーピングしても欠陥由来の信号が減らないという ESR の結果（7.3.2項）と矛盾しない．ホウ素ドーピングによる発光強度の減少は，リンドーピングの場合と同様，Auger 再結合によるものであると考えているが，その直接の証拠は得られていない．なお，ホウ素ドーピングの場合は，励起子の再結合による発光と低温でのみ観測される欠陥由来の発光の両方がドーピング濃度の増加とともに減少する（図 7.7(b)）[81]．このことは Auger 再結合が欠陥へのキャリアの捕捉よりも早いことを示唆している．

図 7.6，図 7.7 の発光スペクトルは，試料中の膨大な数のナノ結晶の発光特性を反映しており，サイズ分布や不純物濃度分布の影響が含まれている．試料中に不純物がドーピングされていないナノ結晶が存在すると，その発光効率は不純物がドーピングされたものよりも数桁高い．そのため観測される発光スペクトルは，試料中の不純物がドーピングされていないナノ結晶，もしくは不純物濃度が低いナノ結晶のものを主に反映している．これが，図 7.6(a)，図 7.7(a) においてドーピングにより発光スペクト形状があまり変化せず，強度のみが大きく変化している原因であると考えられている．この影響を排除し，ホウ素が高濃度にドーピングされたシリコンナノ結晶の発光スペクトルのみを測定するため，BSG マトリックスをフッ酸でエッチングしホウ素ドープシリコンナノ結晶を溶液中に取り出した [82]．ホウ素ドーピングによりシリコンナノ結晶のフッ酸に対するエッチング耐性が向上するため，フッ酸エッチングによりホウ素濃度が高いシリコンナノ結晶を選択的に取り出すことができる [52, 82]．図 7.7(c) に，フッ酸エッチング前の発光スペクトルとエッチング後の発光スペクトルを示す．エッチングにより発光スペクトルの強度は 10 分の 1 程度に低下するが，スペクトル形状を比較するために発光ピークで規格化している．エッチング後 1 日の発光スペクトル（赤）は，エッチング前に比べて大きく低エネルギーシフ

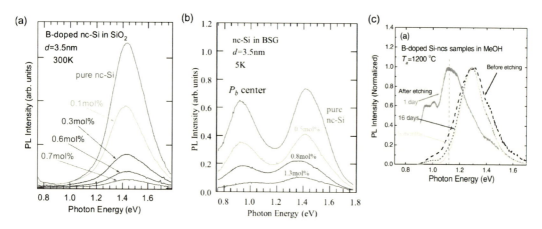

図 7.7 (a) シリカマトリックス中のホウ素ドープシリコンナノ結晶の発光特性（室温）（ホウ素濃度依存性）[80]．(b) 低温 (5 K) における，シリカマトリックス中のホウ素ドープシリコンナノ結晶の発光特性 [81]．(c) フッ酸エッチングによりホウ素ドープシリコンナノ結晶を取り出しメタノール中に分散したものの発光スペクトル．エッチング 1 日後，16 日後，3 カ月後 [82]．

トしている．これがホウ素ドープシリコンナノ結晶の本来の発光スペクトルだと考えられる．図 7.7(c) には，エッチングでマトリックスから取り出したナノ結晶試料を 16 日もしくは 3 カ月間メタノール中に保存した場合の発光スペクトルも示している．保存後のスペクトルはエッチング前のスペクトルと非常によく似ており，エッチング 1 日後に見られた低エネルギーの発光は見られない．これはメタノール中への保存中にシリコンナノ結晶表面に自然酸化膜が成長したことによりホウ素が酸化膜中に取り込まれ，ナノ結晶が intrinsic な状態に戻ったと解釈できる．この結果は，ホウ素がシリコンナノ結晶の表面付近にのみドーピングされているという図 7.2(g) の結果とよく一致する．なお，シリコンナノ結晶中のホウ素の分布については，ナノ結晶成長方法に強く依存し普遍的なものではない．例えば，CVD 法で作製したシリコンナノ結晶の場合はホウ素がナノ結晶の中心付近にドーピングされているという報告がなされている [50]．

同様の研究をシリカマトリックス中に埋め込まれたリンドープシリコンナノ結晶についても行ったが，リンが高濃度にドーピングされたシリコンナノ結晶を選択的に取り出すことはできなかった．具体的には，フッ酸エッチングにより図 7.6(c) の近赤外領域の吸収が消滅した．この結果は，リンが高濃度にドーピングされた表面層のフッ酸に対するエッチング耐性が，ドーピングされていないものと同等かもしくはそれ以下であることを示唆している．

7.4.4　ホウ素，リン同時ドープシリコンナノ結晶

図 7.8(a) にホウ素とリンを同時ドーピングしたシリコンナノ結晶の発光スペクトルを示す [35, 83]．試料はシリコンリッチ BPSG を熱処理して作製しており，ホウ素とリンをドーピングしたシリコンナノ結晶がシリカマトリックス中に埋め込まれている．ホウ素のみをドーピングした試料 (P conc. =0 mol%) では，前述の通り不純物をドーピングしないシリコンナノ結晶に比べて発光強度が大きく低下している．これに対して，ホウ素濃度をほぼ同じレベルに維持したままリン濃度を増加させていくと発光強度が回復する．このことは，ホウ素ドーピングにより Auger 過程により消光していたナノ結晶が，リンをカウンタードープすることにより中性化され発光が回復したと解釈することができる．リン濃度をさらに増やしていくと，発光強度は再び減少する [84]．これは，リン濃度を固定してホウ素濃度を変化させた場合も同様である [63, 83]．図 7.8(a) を見ると，ホウ素とリンを同時ドーピングしたシリコンナノ結晶の発光ピークは，バルクシリコン結晶のエネルギーギャップよりも 0.1 eV 以上低エネルギーに現れる．このことは，この発光の起源がドナー準位とアクセプタ準位間の光学遷移によるものであることを示唆している．発光の起源については，7.5 節でもう一度議論する．

図 7.8 のデータと不純物ドープバルクシリコン結晶の発光特性の大きな違いの一つは，測定温度である．不純物を高濃度にドーピングしたバルクシリコン結晶の場合，発光は極低温においてのみ観測されるが，7.5 節で示すようにホウ素，リン同時ドープシリコンナノ結晶は室温で比較的高い発光量子効率を示す．つまり，シリコナノ結晶にホウ素とリンを同時ドーピングすると，バルクバンドギャップよりも低エネルギーで比較的高効率の室温発光を示す新材料を作ることができる．図 7.8(b) は，発光ピークエネルギーとリンドーピング濃度の関係 [35] であり，2 つの異なるホウ素濃度に対する結果が示されている．この結果より，サイズをほぼ固定した状態で不純物ドーピングにより近赤外領域の広い範囲で発光エネルギーを制御可能であるといえる [84]．図 7.8(c) に不純物をドーピングしないシリコンナノ結晶とホウ素とリンを同時ドーピングした

シリコンナノ結晶の発光スペクトルのサイズ依存性を示す．ドーピングにより発光が全体的に低エネルギーにシフトするとともにブロードになっている．ドーピングによるスペクトルのブロードニングは，試料中のナノ結晶の不純物濃度分布と不純物サイト分布によるものであると考えられる．

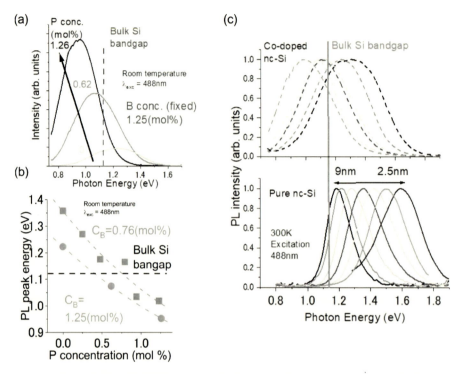

図 7.8 シリカマトリックス中に埋め込まれたホウ素，リン同時ドープシリコンナノ結晶の発光特性．(a) 発光スペクトル（室温）[35]．ホウ素濃度を固定し，リン濃度を変化させている．(b) 発光ピークエネルギーのリン濃度依存性．2 種類のホウ素濃度に対するデータを示している [35]．(c) ホウ素，リン同時ドープシリコンナノ結晶と不純物をドーピングしないシリコンナノ結晶の発光スペクトルの比較（室温）．

7.5 ホウ素，リン同時ドープコロイドシリコン量子ドット

シリコンナノ結晶を溶液に分散させたものを，一般にコロイドシリコン量子ドットと呼ぶ．コロイドシリコン量子ドットは，2023 年のノーベル化学賞の対象となった化合物半導体量子ドットと同様に蛍光材料としての利用が可能であり，シリコンが生体親和性の高い材料であることからバイオメディカル応用の可能性も含めて注目されている．一般に，コロイドシリコン量子ドットでは，溶液中でのシリコンナノ結晶の凝集を抑制するためにナノ結晶表面を長鎖のアルキル基で修飾する [31, 85, 86]．有機分子による表面修飾は立体障害により凝集を抑制するだけではなく，ナノ結晶表面の欠陥（ダングリングボンド）を終端するため，表面修飾シリコンナノ結晶は有機溶剤中で高効率に発光する [87]，またそれをポリマー中に埋め込んだものも高効率に発光する [88]．コロイドシリコン量子ドットは溶液中に分散して存在しているため，電気泳動法 [89]，

密度勾配遠心法 [90]，サイズ選択的沈殿法 [91] などによりサイズ選別を行うことが可能である．

次に述べるように，ホウ素とリンを同時ドーピングしたシリコンナノ結晶は，有機分子による表面修飾なしで極性溶媒（水，アルコール）に非常によく分散するという特異な性質を有する [92]．水中で凝集せず近赤外領域に安定した発光を示すため，バイオ分野における蛍光材料として魅力的である [93-95]．また，光電極材料 [96] や Li-ion 電池の負極材料 [97] としての応用も期待できる．さらに凝集が抑制されているため，単一ナノ結晶の物性測定が比較的容易であるという特徴がある．本節では，ホウ素，リン同時ドープコロイドシリコン量子ドットについて，応用には言及せずに物性（特にエネルギー準位構造）にのみフォーカスして議論する．

7.5.1 作製方法と構造評価

図 7.9(a) に，スパッタリングにより作製したホウ素，リン同時ドープシリコンナノ結晶と不純物をドーピングしないシリコンナノ結晶をフッ酸溶液でエッチングしマトリックスを除去した後，メタノールに分散したものの写真を示す．不純物をドーピングしないシリコンナノ結晶は凝集し沈殿するが，同時ドープシリコンナノ結晶はメタノール中に完全に分散しクリアな溶液が得られている．このクリアな状態は 5 年以上維持される．ホウ素とリンを同時ドーピングしたシリコンナノ結晶のゼータ電位は -50 mV 程度であり，静電反発により凝集が抑制されている [94]．さらに，同時ドープシリコンナノ結晶はドーピングしていないものと比べて酸化耐性が高い．図 7.9(a) に示すように，従来のシリコンナノ結晶はメタノール中で容易に酸化されるが，同時ドープシリコンナノ結晶では酸化はほとんど進行しない．

同時ドープシリコンナノ結晶の TEM 像を図 7.9(b) に示す [98, 99]．ナノ結晶表面のアモルファス層を詳しく観察するため，通常のカーボン支持膜ではなく酸化グラフェン支持膜を用いている．図より，シリコンナノ結晶の表面にアモルファス層が形成されていることが分かる．フッ酸エッチング直後のナノ結晶を観察していることから，これは自然酸化膜ではない．このことは赤外吸収スペクトルにおいて，Si-O の信号強度が Si-H の強度に比べて十分に小さいことから明らかである [99]．また，図 7.9(c) の XPS スペクトルにおいて，表面敏感であるにもかかわらず，シリコン，ホウ素，リンともに酸化状態の信号が非常に小さい [99]．図 7.9(d) のラマン散乱スペクトルには，650 cm^{-1} 付近にシリコン中のホウ素に由来する信号が強く表れている．これらのデータと図 7.2(i) の APT のデータを総合すると，このアモルファス層はホウ素とリンが 1 % 以上の高濃度にドーピングされたアモルファスシリコン層であることが分かる．表面アモルファス層に高濃度に存在するホウ素が負の表面電位と高い酸化耐性の起源であると考えられる [100]．なお，フッ酸エッチングによりマトリックスから取り出したホウ素，リン同時ドープシリコンナノ結晶についても APT 測定が行われており，エッチング後も不純物分布が維持されることが確認されている [101]．

図 7.9(e) にサイズ選択的沈殿法によりサイズ選別したシリコンナノ結晶の TEM 像を示す [91]．サイズ分布が非常に小さいナノ結晶試料が得られている．平均サイズに対するサイズ分布の標準偏差は 10 % 以下である．

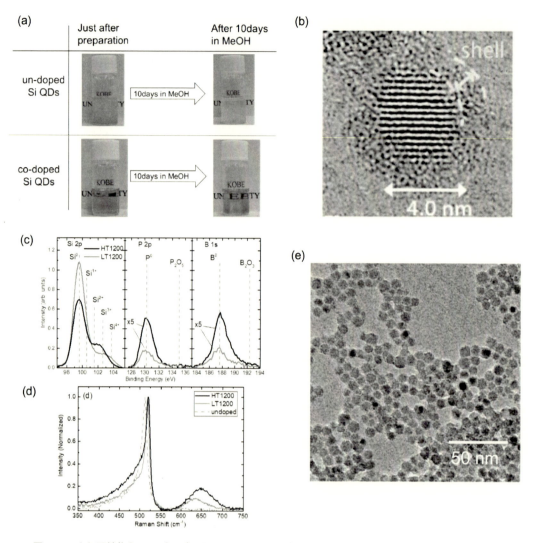

図 7.9　(a) 不純物をドーピングしないシリコンナノ結晶のメタノール溶液とホウ素とリンを同時ドーピングしたシリコンナノ結晶のメタノール溶液の写真．作製直後と作製から 10 日後の写真を載せている．(b) ホウ素とリンを同時ドーピングしたシリコンナノ結晶（フッ酸エッチング直後）の TEM 像．表面のアモルファス層を観察するため酸化グラフェン支持膜を用いている [102]．(c, d) ホウ素，リン同時ドープシリコンナノ結晶（フッ酸エッチング直後）の XPS スペクトル (c) とラマン散乱スペクトル (d)[99]．(e) サイズ選択的沈殿法によりサイズ選別したシリコンナノ結晶の TEM 像 [91]．

7.5.2　発光特性

図 7.10(a) にホウ素，リン同時ドープシリコンナノ結晶の発光スペクトル（サイズ依存性），図 7.10(b) に発光ピークエネルギーとサイズの関係を示す [91]．リファレンスとして，不純物をドーピングしないコロイドシリコン量子ドットのデータも示している．不純物同時ドーピングにより，発光ピークエネルギーが 200～300 meV 低下している．そのため，サイズ 5 nm 以上では発光ピークはバルクシリコン結晶のバンドギャップよりも低エネルギーにあり，4 nm 以下になってようやくバルクバンドギャップ以上のエネルギーで発光を示すようになる．図 7.10(c) にリファレンスとの発光エネルギーの差とサイズの関係を示す．発光エネルギー差は不純物濃度に

より異なり,不純物濃度が高い試料ほどエネルギー差が大きい.C. Derelueは,シリコンナノ結晶にホウ素とリンが複数ペアドーピングされた場合の発光エネルギーとサイズの関係について理論計算を行っている [28]. 彼の計算結果と図 7.10(c) のデータを比較すると,不純物濃度が低い試料ではホウ素とリンのペアが 2 個程度,濃度が高い試料では 5〜10 個程度ドーピングされていると予想される.

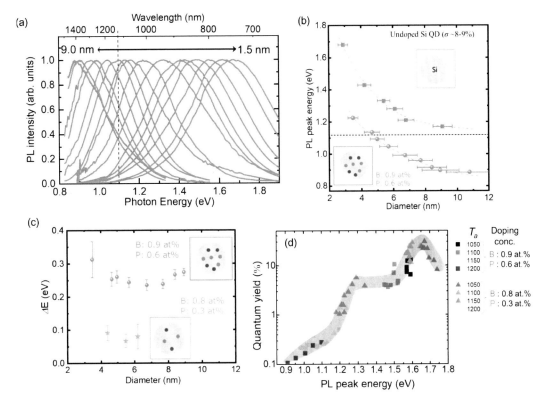

図 7.10 ホウ素,リン同時ドープシリコンナノ結晶(メタノール溶液)の発光特性.(a) 発光スペクトル(室温).サイズ分離を行っていない試料のデータを示している.(b) サイズ分離した試料の発光ピークエネルギーとサイズの関係.エラーバーはサイズ分布を表している [91]. 不純物をドーピングしないシリコンナノ結晶のデータは文献 [4] から読みとりプロットしたもの.(c) 同時ドープシリコンナノ結晶とドーピングしないシリコンナノ結晶の発光ピークエネルギーの差 [91]. ドーピング濃度の異なる 2 種類の試料群のデータを示している.(d) 発光量子効率の発光エネルギー依存性 [91]. サイズ分離した試料のデータを示している.シリコンナノ結晶の成長温度と不純物濃度が異なる試料のデータを異なるシンボルで示している.

図 7.10(d) に不純物を同時ドーピングしたシリコンナノ結晶の発光量子効率と発光エネルギーの関係を示す.シリコンナノ結晶の成長温度と不純物濃度が異なる試料のデータを異なるシンボルで示している.成長条件が異なっても,発光量子効率は概ね発光エネルギーで決まっているように見える.有機分子で表面修飾した不純物をドーピングしないコロイドシリコンナノ結晶の場合は量子効率は 80% に達するが,同時ドープシリコンナノ結晶の発光量子効率は最高で 30% 程度であり,発光エネルギーの減少に伴い低下する.発光量子効率が比較的低い原因の 1 つとして,有機分子による表面修飾を行っていないためナノ結晶の表面終端が不完全であることが考え

られる．さらに，低エネルギー側に向かって量子効率が急速に低下する原因として，サイズの増加もしくは不純物濃度の増加に伴いホウ素とリンのペアとしてではなく単独でドーピングされる不純物が増加し，それらが関与した Auger 再結合がより優勢になっていることが考えられる．

7.5.3 エネルギー準位構造

コロイド状シリコン量子ドットは，希薄溶液を基板上に滴下することにより，基板上に孤立したナノ結晶を容易に配置できる．金薄膜上にホウ素，リン同時ドープシリコンナノ結晶を配置し，走査型トンネル分光法により単一ナノ結晶の状態密度スペクトルを測定した [103]．図 7.11(a) にその結果を示す．リファレンスとして不純物をドーピングしないシリコンナノ結晶の結果も示している．ナノ結晶のサイズはおよそ 5 nm である．不純物をドーピングしない場合は価電子帯端と伝導帯端が明瞭に見られ，エネルギーギャップは 1.5 eV 程度となっている．これは発光測定の結果とほぼ一致している．一方，ホウ素とリンを同時ドーピングしたシリコンナノ結晶では，バンドギャップ内の価電子帯近傍と伝導帯近傍に状態密度のピークが見られる．これらはそれぞれ，アクセプタ準位，ドナー準位に対応すると考えられる．図 7.11(b) にサイズが異なる試料のデータを示す．サイズの減少とともに価電子帯端，伝導帯端がシフトし，同時にアクセプタ準位，ドナー準位に対応するピークもシフトする．図 7.11(c) にピーク間のエネルギー差とサイズの関係を示す．エネルギー差はサイズの減少とともに増加している．同じグラフ上に発光ピークエネルギーを示しているが，走査トンネル分光のピーク間エネルギー差と発光エネルギーはよく一致している．このことは，ホウ素，リン同時ドープシリコンナノ結晶に見られる低エネルギー発光にこれらの準位が関与していることを明確に示している．

置換型のドーピングに加えて，化学ドーピングによるシリコンナノ結晶のドーピングについても走査型トンネル分光法による研究が行われている [104]．シリコンナノ結晶表面を NH_4Br 等の分子で修飾すると，バンドエッジが高エネルギーシフトする．これは，p 型ドーピングを示唆しており，電荷移動および分子のダイポールモーメントの影響であると考えられている．

図 7.11(d) に光電子収量分光法により求めた最高被占軌道 (HOMO)（価電子帯上端）のエネルギーのサイズ依存性を示す [105]．直径 5 nm 以上では HOMO はバルクシリコン結晶の価電子帯端よりも高エネルギーにあるが，サイズの減少とともに低エネルギー側にシフトし，5 nm 以下ではバルクシリコン結晶の価電子帯端よりも低エネルギーにシフトする．図 7.11(d) には，HOMO のエネルギーに発光エネルギーを加えて求めた最低空軌道 (LUMO)（伝導帯下端）のエネルギーも示している．HOMO と同様に，LUMO もサイズが大きいときはバルクシリコン結晶の伝導帯端より低エネルギーだが，サイズの減少とともに高エネルギーシフトする．図 7.11(d) にはさらに，光電子分光により求めたフェルミエネルギーも示している．ホウ素，リン同時ドープシリコンナノ結晶はサイズが大きいときは P 型半導体であり，サイズが減少するとフェルミ準位がエネルギーギャップのまん中付近に近づく．これは，サイズが小さいシリコンナノ結晶ではキャリアが補償され真性半導体と同様の電子状態になっていることを示している．これが図 7.10(d) において，サイズが小さいナノ結晶が比較的高い発光量子効率を示す理由だと考えられる．一方，サイズが大きい場合は大部分のナノ結晶が p 型になっており，それらは Auger 過程によりほとんど光らず，わずかに存在する補償されたナノ結晶のみが発光に寄与するため，発光量子効率が低いと考えられる．ただし，サイズの増加に伴い表面や内部の欠陥が増加

する可能性もあるため，図 7.10(d) の発光量子効率のサイズ（発光エネルギー）依存性のメカニズムを完全に理解するのは困難である．なお，フェルミ準位については，ナノ結晶試料の形態，作製方法，作製条件，表面吸着分子等に強く依存すると考えられる．

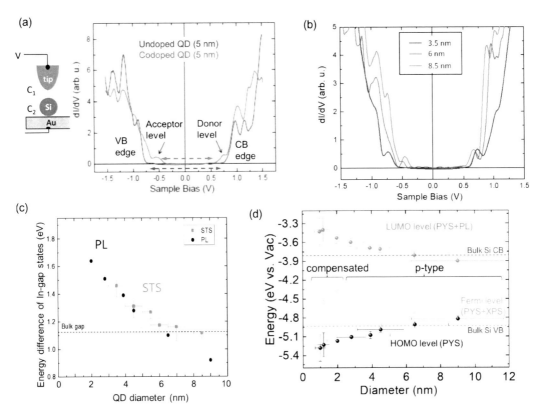

図 7.11 (a, b) 走査型トンネル分光法により測定した単一ホウ素，リン同時ドーピングシリコンナノ結晶の状態密度スペクトル [103]．(a) 不純物をドーピングしないシリコンナノ結晶との比較．サイズは約 5 nm である．(b) サイズの異なるホウ素，リン同時ドープシリコンナノ結晶の状態密度スペクトル．(c) ギャップ内準位間のエネルギー差とナノ結晶サイズの関係 [103]．(d) 電子収量分光法，XPS およびフォトルミネッセンスにより測定したホウ素，リン同時ドープシリコンナノ結晶のHOMO（価電子帯端），フェルミ準位，LUMO（伝導帯端）のナノ結晶サイズ依存性 [105]．

7.6 まとめ

本章では，ホウ素もしくはリン（もしくはその両方）をドーピングしたシリコンナノ結晶の物性について，実験研究の成果を中心に紹介した．リンドープシリコンナノ結晶に関しては，量子サイズ効果が発現するサイズ領域において，サイズの減少に伴う有効ボーア半径の減少を示すデータが ESR 測定から得られている．また，ドーピングした不純物の活性化率についても実験データが得られている．一方，ホウ素ドープシリコンナノ結晶については，ドーピングによるキャリア生成を示すデータは得られているが，バルク結晶との差異については十分な実験データが存在しない．ホウ素とリンを同時にドーピングすると，それぞれを単独でドーピングする場合

に比べて高濃度のドーピングが可能である．同時ドープシリコンナノ結晶は，室温においてバルクシリコン結晶のバンドギャップ以下に発光を示す．この発光にはドナー準位とアクセプタ準位が関わっていることが，走査型トンネル分光測定により明らかになっている．また，それぞれの準位のエネルギーのサイズ依存性も走査型トンネル分光測定により明らかになっている．

本章で示した実験データの大部分はサイズ分布等の様々な要因による不均一広がりを反映したものであり，そのことがデータの解釈を難しくしている．シリコンナノ結晶中の不純物の電子状態について完全に理解するためには，表面終端と不純物サイトを完全に制御した単一シリコンナノ結晶の物性測定を行う必要があるが，そのような研究は実現していない．半導体プロセスの微細化の進展と計測技術の発展により，将来そのような研究が可能になることを期待している．

参考文献

[1] S. V. Gaponenko, *Optical Properties of Semiconductor Nanocrystals* (Cambridge, 1998).
[2] S. Takeoka, M. Fujii, S. Hayashi, *Physical Review B* **62**, 16820 (2000).
[3] M. L. Mastronardi, *et al.*, *Nano Lett.* **12**, 337 (2012).
[4] Y. Yu, *et al.*, *The Journal of Physical Chemistry C* **121**, 23240 (2017).
[5] T. A. Pringle, *et al.*, *ACS Nano.* **14**, 3858 (2020).
[6] L.-W. Wang, A. Zunger, *Physical Review Letters.* **73**, 1039 (1994).
[7] M. Lannoo, C. Delerue, G. Allan, *Physical Review Letters.* **74**, 3415 (1995).
[8] R. N. Pereira, *et al.*, *Physical Review B* **79**, 161304 (2009).
[9] J. S. Smith, *et al.*, *Scientific reports.* **7**, 6010 (2017).
[10] G. Allan, *et al.*, *Physical Review B* **52**, 11982 (1995).
[11] M. I. Masao Iwamatsu, K. H. Kenju Horii, *Japanese Journal of Applied Physics.* **36**, 6416 (1997).
[12] Z. Zhou, R. A. Friesner, L. Brus, *J Am Chem Soc.* **125**, 15599 (2003).
[13] D. V. Melnikov, J. R. Chelikowsky, *Physical Review Letters.* **92**, 046802 (2004).
[14] G. Cantele, *et al.*, *Physical Review B* **72**, 113303 (2005).
[15] S. Ossicini, *et al.*, *Applied Physics Letters.* **87**, 173120 (2005).
[16] Z. Zhou, *et al.*, *Physical Review B* **71**, (2005).
[17] F. Iori, *et al.*, *Physical Review B* **76**, 085302 (2007).
[18] L. E. Ramos, *et al.*, *J Phys-Condens Mat.* **19**, 466211 (2007).
[19] S. Ossicini, *et al.*, *Surface Science.* **601**, 2724 (2007).
[20] Q. Xu, *et al.*, *Physical Review B* **75**, 235304 (2007).
[21] T. L. Chan, *et al.*, *Nano Letters.* **8**, 596 (2008).
[22] S. Ossicini, *et al.*, *Journal of nanoscience and nanotechnology.* **8**, 479 (2008).
[23] E. L. de Oliveira, *et al.*, *Applied Physics Letters.* **94**, 103114 (2009).
[24] J. R. Chelikowsky, *et al.*, *Reports on Progress in Physics.* **74**, 046501 (2011).
[25] X. Pi, C. Delerue, *Physical Review Letters.* **111**, (2013).
[26] R. Guerra, S. Ossicini, *Journal of the American Chemical Society.* **136**, 4404 (2014).
[27] B. Somogyi, *et al.*, *The Journal of Physical Chemistry C* **121**, 27741 (2017).
[28] C. Delerue, *Physical Review B* **98**, 045434 (2018).
[29] R. Turanský, *et al.*, *The Journal of Physical Chemistry C* **125**, 23267 (2021).
[30] F. Iori, S. Ossicini, *Physica E: Low-dimensional Systems and Nanostructures.* **41**, 939 (2009).

[31] J. G. Veinot, *Chemical communications.* **40**, 4160 (2006).

[32] M. Fujii, *et al.*, *Applied Physics Letters.* **75**, 184 (1999).

[33] S. Park, *et al.*, *Solar Energy Materials and Solar Cells.* **93**, 684 (2009).

[34] Y. Kanzawa, *et al.*, *Solid State Communications.* **102**, 533 (1997).

[35] M. Fujii, *et al.*, *Journal of Applied Physics.* **94**, 1990 (2003).

[36] H. Sugimoto, M. Fujii, K. Imakita, *Nanoscale.* **6**, 12354 (2014).

[37] X. J. Hao, *et al.*, *Nanotechnology.* **19**, 424019 (2008).

[38] X. J. Hao, *et al.*, *Solar Energy Materials and Solar Cells.* **93**, 273 (2009).

[39] H. Gnaser, *et al.*, *Journal of Applied Physics.* **115**, 034304 (2014).

[40] D. Hiller, *et al.*, *Scientific reports.* **7**, 863 (2017).

[41] D. Hiller, *et al.*, *Scientific reports.* **7**, 1 (2017).

[42] K. Murakami, *et al.*, *Journal of Applied Physics.* **105**, 054307 (2009).

[43] T. Nakamura, *et al.*, *Physical Review B* **85**, 045441 (2012).

[44] T. Nakamura, *et al.*, *Physical Review B* **91**, 165424 (2015).

[45] A. R. Stegner, *et al.*, *Physica B-Condensed Matter.* **401**, 541 (2007).

[46] R. N. Pereira, A. J. Almeida, *Journal of Physics D: Applied Physics.* **48**, 314005 (2015).

[47] L. Mangolini, E. Thimsen, U. Kortshagen, *Nano Letters.* **5**, 655 (2005).

[48] L. Mangolini, U. Kortshagen, *Advanced Materials.* **19**, 2513 (2007).

[49] U. R. Kortshagen, *et al.*, *Chemical reviews.* **116**, 11061 (2016).

[50] X. D. Pi, *et al.*, *Applied Physics Letters.* **92**, 123102 (2008).

[51] X. D. Pi, U. Kortshagen, *Nanotechnology.* **20**, 295602 (2009).

[52] L. M. Wheeler, *et al.*, *Nature communications.* **4**, 2197 (2013).

[53] R. Limpens, G. F. Pach, N. R. Neale, *Chemistry of Materials.* **31**, 4426 (2019).

[54] H. Sugimoto, *et al.*, *Journal of Physical Chemistry C* **116**, 17969 (2012).

[55] K. Nomoto, *et al.*, *Journal of Physical Chemistry C* **120**, 17845 (2016).

[56] K. Nomoto, *et al.*, *MRS Commun.* **6**, 469 (2016).

[57] M. Fujii, *et al.*, *Physical Review Letters.* **89**, 206805 (2002).

[58] K. Sumida, *et al.*, *Journal of Applied Physics.* **101**, (2007).

[59] M. Fujii, *et al.*, *Journal of Applied Physics.* **87**, 1855 (2000).

[60] A. Mimura, *et al.*, *Physical Review B* **62**, 12625 (2000).

[61] M. Stutzmann, D. K. Biegelsen, R. A. Street, *Physical Review B* **35**, 5666 (1987).

[62] J. Müller, *et al.*, *Physical Review B* **60**, 11666 (1999).

[63] K. Fujio, *et al.*, *Applied Physics Letters.* **93**, 021920 (2008).

[64] Y. Kanzawa, *et al.*, *Solid State Communications.* **100**, 227 (1996).

[65] S. Zhou, *et al.*, *Particle & Particle Systems Characterization.* **32**, 213 (2015).

[66] G. Imamura, *et al.*, *Nano Letters.* **8**, 2620 (2008).

[67] S. Zhou, *et al.*, *Acs Photonics.* **3**, 415 (2016).

[68] H. Zhang, *et al.*, *Acs Photonics.* **4**, 963 (2017).

[69] A. R. Stegner, *et al.*, *Physical Review B* **80**, 165326 (2009).

[70] R. Gresback, *et al.*, *ACS Nano.* **8**, 5650 (2014).

[71] R. Limpens, *et al.*, *Acs Photonics.* **5**, 4037 (2018).

[72] V. Y. Timoshenko, *et al.*, *Physical Review B* **64**, 085314 (2001).

[73] M. Dasog, *et al.*, *ACS Nano.* **7**, 2676 (2013).

[74] J. Valenta, R. Juhasz, J. Linnros, *Applied Physics Letters.* **80**, 1070 (2002).

[75] J. Valenta, N. Lalic, J. Linnros, *Applied Physics Letters.* **84**, 1459 (2004).

[76] K. Matsuhisa, *et al.*, *Journal of Luminescence.* **132**, 1157 (2012).
[77] I. Sychugov, *et al.*, *Optical Materials.* **27**, 973 (2005).
[78] I. Sychugov, *et al.*, *Physical Review Letters* **94**, 087405 (2005).
[79] C. Delerue, *et al.*, *Physical Review Letters.* **75**, 2228 (1995).
[80] A. Mimura, *et al.*, *Solid State Communications.* **109**, 561 (1999).
[81] M. Fujii, S. Hayashi, K. Yamamoto, *Journal of Applied Physics.* **83**, 7953 (1998).
[82] H. Sugimoto, *et al.*, *Journal of Applied Physics.* **110**, 063528 (2011).
[83] M. Fujii, *et al.*, *Applied Physics Letters.* **87**, 211919 (2005).
[84] M. Fujii, *et al.*, *Applied Physics Letters.* **85**, 1158 (2004).
[85] N. Shirahata, *Physical Chemistry Chemical Physics.* **13**, 7284 (2011).
[86] M. Dasog, *et al.*, *Angewandte Chemie.* **55**, 2322 (2016).
[87] H. Ueda, K.-i. Saitow, *ACS Applied Materials & Interfaces.* **16**, 985 (2024).
[88] A. Marinins, *et al.*, *ACS Appl Mater Interfaces.* **9**, 30267 (2017).
[89] M. Fujii, A. Minami, H. Sugimoto, *Nanoscale.* **12**, 9266 (2020).
[90] M. L. Mastronardi, *et al.*, *Journal of the American Chemical Society.* **133**, 11928 (2011).
[91] H. Sugimoto, *et al.*, *Nano Letters.* **18**, 7282 (2018).
[92] M. Fujii, H. Sugimoto, K. Imakita, *Nanotechnology.* **27**, 262001 (2016).
[93] H. Sugimoto, *et al.*, *Nanoscale.* **6**, 122 (2014).
[94] L. Ostrovska, *et al.*, *Rsc Advances.* **6**, 63403 (2016).
[95] T. Belinova, *et al.*, *physica status solidi (b).* **255**, 1700597 (2018).
[96] M. Takada, *et al.*, *Nanotechnology.* (2021).
[97] H. Yoshikawa, *et al.*, *ACS Applied Nano Materials.* (2023).
[98] M. Fujii, H. Sugimoto, S. Kano, *Chemical communications.* **54**, 4375 (2018).
[99] H. Sugimoto, *et al.*, *Nanoscale.* **10**, 7357 (2018).
[100] L. M. Wheeler, N. J. Kramer, U. R. Kortshagen, *Nano Lett.* **18**, 1888 (2018).
[101] K. Nomoto, *et al.*, *Acta Mater.* **178**, 186 (2019).
[102] M. Fujii, H. Sugimoto, S. Kano, *Chemical communications.* **54**, 4375 (2018).
[103] O. Ashkenazi, *et al.*, *Nanoscale.* **9**, 17884 (2017).
[104] I. Balberg, *et al.*, *Nano Letters.* **13**, 2516 (2013).
[105] Y. Hori, *et al.*, *Nano Letters.* **16**, 2615 (2016).

第8章

IV族半導体ナノワイヤへの不純物ドーピングと評価

8.1 はじめに

　半導体において，不純物ドーピングは p 型および n 型の電気的特性の制御を可能にし，キャリア濃度の制御により電気伝導度を向上させることができる重要なプロセスである．IV 族半導体であるシリコン (Si) では，p 型制御には III 族のボロン (B)，n 型制御には V 族のリン (P) がよく用いられており，イオン注入による導入法，その後の熱処理による活性化プロセス等，バルク結晶においては詳細な研究が行われており，これまで各種半導体デバイス，例えば，金属–酸化膜–半導体電界効果型トランジスタ (MOSFET) に応用されてきた．そのトランジスタのサイズはスケーリング則にしたがって縮小化が進んでいるが，従来通りの平面型構造を有する MOSFET の微細化による高機能・高集積化には限界が指摘されている．そこで，構造と材料の両面からトランジスタの特性を向上させる試みが行われている．前者の構造に関してはナノ構造の利用が着目されており，現在，ナノシート構造をスタックした構造や，ナノシートおよびナノワイヤ構造を縦型に形成し，縦方向にキャリアを輸送するデバイスが検討されている [1-4]．現状では，縦型構造を形成するためのリソグラフィパターンの精度に限界があるため，エピタキシャル技術で制御できるナノシートスタック構造が検討されている．これらの構造では，ナノシートおよびナノワイヤの周囲を絶縁膜とゲート電極が取り囲む構造となっており，ゲートオールアラウンドトランジスタ (Gate-All-Around-Transistor, GAA) と呼ばれている．このようにナノ構造であるナノワイヤやナノシートの研究が重要となってきている．

　ここで，本章のキーワードでもあるナノに関して少し補足しておく．一般的に，ナノスケールの構造に関してはナノと表現し，次元に応じてナノの後に構造の呼び名が付けられる．0 次元の場合にはナノ粒子，ナノ結晶，量子ドットのように表現され，それぞれの研究分野での慣例に従って呼び名が異なるが，特に大きな違いはない．1 次元の場合にはナノワイヤやナノ細線，2 次元の場合にはナノシートとなる．0 次元の場合はナノ粒子の直径，1 次元の場合は短軸方向の直径，ナノシートの場合には厚みがそれぞれナノスケールになっている．分野にもよるが，上述の長さが 100 nm 以下のものはナノ構造体として多くの研究対象になっているが，ナノスケールでもあまりに大きくなると特性はバルクと変わらず，内部で発現する現象もナノ構造に特有なものではなくなる．そこで，本章で取り上げるナノワイヤにおいては直径 100 nm 以下のものを中心に扱う．最も細いものでは 10 nm 以下になっている．また，ナノワイヤの直径のサイズに依存して，円筒状から表面にファセットが形成される場合があるが，この章で解説するドーピングに関してはあまり本質的な違いは発生しないと考えられるため，単に 1 次元構造のものを想定してもらうだけで十分である．

　これまでに，ナノワイヤに関しては数多くの研究が行われている．Si ナノワイヤの成長に関しては，1962 年の Wagner と Ellis の研究に遡り [5]，当時はナノワイヤではなくウィスカーと呼ばれており，金 (Au) 触媒を利用した気相–液相–固相 (VLS: Vapor-Liquid-Solid) 成長と呼ばれる成長機構を利用して行われた．この研究後，いったん研究は終息するが，1990 年代になって比留間らによる GaAs ナノワイヤの報告 [6]，1997 年には Westwater ら [7]，1998 年にはハーバード大学，香港大学，大阪大学のグループからも Si ナノワイヤの研究が報告され [8-10]，ナノワイヤの研究が再度活発に行われるようになる．図 8.1 に VLS 成長機構を利用して化学気相堆積 (CVD) 法およびレーザーアブレーション法により成長した Si ナノワイヤの例を示す．半導

体ナノワイヤは直径の減少に伴って，1次元構造という次元性，高い表面積の割合を特徴とする構造的利点とサイズに依存した新しい物性の発現が期待されることから，半導体電子・光素子，熱電素子，センサー等への様々な応用が期待されるようになった [11-15]．以上のデバイスを実現するためにはナノワイヤのサイズ・配列制御に加えてナノワイヤ中への不純物ドーピング制御が重要となる [16-18]．特に，トランジスタのチャネルとしてナノワイヤやナノシートといったナノ構造の利用が積極的に考えられるようになってきているが，このようなナノ構造チャネルへの不純物ドーピングでは，不純物ドーピングにより導入された不純物自体による不純物散乱の影響が大きくなり，単純にこれまでの不純物ドーピングを適用できない．また，従来法によるナノ構造体中への不純物ドーピングは可能か，不純物の電気的活性化とナノ構造のサイズとの関係，熱処理による電気的活性化を行う場合の不純物の安定性等，ナノ構造体中におけるドーパント不純物の状態と挙動に関しては不明な点が多く，研究の必要性が高い課題となっている．

本解説では，ナノ構造の中でも1次元のSiおよびGeナノワイヤへの不純物ドーピングに関して，ドーピング方法，不純物の状態評価法，熱処理によるナノ構造体内での挙動等について解説する．また，不純物散乱を防ぐ高電子移動度トランジスタ (HEMT) 型のSiおよびGeのヘテロ接合をナノワイヤ内部の直径方向に形成したコアシェルナノワイヤの結果についても解説する．

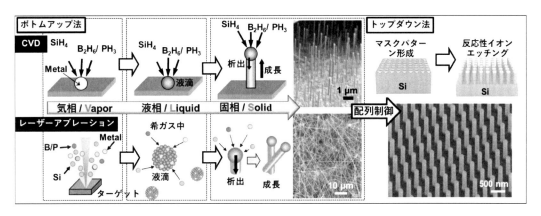

図 8.1　ボトムアップ法およびトップダウン法によるナノワイヤの形成およびドーピング方法と SEM 像観察の例．

8.2　形成およびドーピング手法

ナノワイヤへの不純物のドーピング法としてはいくつかの手法がある．ナノワイヤの成長時にドーピングする方法，ナノワイヤの成長・形成後にイオン注入によりドーピングを行う方法，分子終端を利用した表面ドーピングがある [16-19]．

8.2.1　成長時ドーピング

ウィスカーと呼ばれた最初のナノワイヤは，Auを成長触媒にした化学気相堆積 (CVD) 法により行われた．成長機構はVLS成長と呼ばれる．VLS成長機構によりSiナノワイヤを成長す

る場合，モノシラン (SiH$_4$) ガス，あるいはジシラン (Si$_2$H$_6$) ガスを利用する．これらのガスが Si 基板中に配置された触媒金属の表面で反応し，触媒金属中へ Si 原子が溶け込み共晶を形成する．この金属触媒中に継続的に Si 原子が溶け込むことで液滴となった金属触媒は，Si 原子で過飽和になり，Si 原子が液滴と Si 基板の界面に析出する．このプロセスが連続的に起こることで，Si 基板上から Si ナノワイヤが成長する（図 8.1）[18]．本プロセスでは，Au 触媒のサイズでナノワイヤの直径を制御できる．原料ガスである SiH$_4$ ガス，Si$_2$H$_6$ ガスに p 型ドーパントガスであるジボラン (B$_2$H$_6$) ガスあるいは n 型ドーパントガスであるホスフィン (PH$_3$) ガスを同時に導入すると，Si ナノワイヤの成長過程での不純物ドーピングが可能となる．原料ガスをモノゲルマン (GeH$_4$) あるいはジゲルマン (G$_2$H$_6$) ガスに変更することで，同じ IV 族半導体である Ge ナノワイヤの成長が可能になり，成長時にドーパントガスを供給することでドーピングも可能になる [20]．ドーパントガスの流量，分圧，そして成長温度を制御することで，ナノワイヤ中の不純物の濃度が制御できる．

　レーザーアブレーションという手法でもナノワイヤの成長とドーピングは可能である [21-25]．レーザーアブレーションとは高エネルギーのレーザーを材料に集光し，照射領域を高温に急速加熱することで材料表面が溶融し，最終的に材料表面の構成物質が蒸発する現象をいう．CVD ではガスを利用したが，レーザーアブレーションでは Si ターゲット内に成長の触媒となる金属（Fe, Ni 等）とドーパント不純物として B および P を含有させたものを利用する．成長機構は CVD の場合と同様の VLS 成長機構である．Si ターゲットを共晶温度以上の高温の希ガス雰囲気中でレーザーアブレーションすると（NdYAG レーザー，532 nm, 200 mJ/pulse, 7 ns, 10 Hz），Si，金属触媒，およびドーパント不純物が原子状でアブレーションされ，雰囲気ガスである希ガスとの衝突により冷却されることでナノ微粒子が形成される．電気炉内は Si と金属触媒の共晶温度以上に設定されているため，ナノ微粒子は液滴の状態になる．液滴のナノ微粒子中に Si 原子および不純物原子がさらに取り込まれ，Si 原子が過飽和となり，そこから Si の析出に加え，ドーパント不純物も析出されることになり，不純物がドーピングされた Si ナノワイヤが気相中で成長する（図 8.1）．Si ナノワイヤ中の不純物濃度は，アブレーションターゲット内の不純物原子の含有量を変化させることで制御可能である．金属触媒はナノワイヤの先端に存在し，酸によるエッチングにより取り除くことができる．

8.2.2　イオン注入によるドーピング

　ナノワイヤを利用してデバイスを実現する場合，ナノワイヤの位置，配列制御が重要になる．その場合，ナノワイヤの形成はリソグラフィとエッチングを組み合わせたトップダウン手法で行われることになり，p 型/n 型不純物のドーピングにはイオン注入の利用も考えられる．イオン注入法は，現在の半導体プロセスで用いられている主要な不純物ドーピング手法であり，ドーピングの濃度制御に優れた手法といえる．ただし，イオン注入を行った場合，注入領域の再結晶化と不純物の電気的活性化が必要であり，ナノ構造体中の再結晶化過程，不純物の熱的安定性，電気的活性化過程について調べる必要がある．

　イオン注入では，加速エネルギーを制御することでイオンの打ち込み深さおよび分布を制御できる．イオンの打ち込み深さおよび分布は，注入を行うイオンの質量にも依存する．以下に Si ナノワイヤ中に B および P イオンを注入した場合の結果を紹介する．両イオンでは質量が異な

るため，B イオンは 80keV，P イオンは 30 keV と加速エネルギーを調整して分布を同じにするようにした [26]．Si ナノワイヤへ B イオン注入を行った結果を，例として図 8.2 に示す．ナノワイヤへのイオン注入の特徴としては，バルクに比べてアモルファス化しやすいことが挙げられる．不純物イオン注入後に熱アニールを行い，Si ナノワイヤ内部の結晶性を調べた結果，B では 1×10^{16} cm^{-2} 以上のドーズ量で，P では 1×10^{14} cm^{-2} 以上のドーズ量でイオン注入を行った場合に，単結晶ではなく多結晶的になった [26]．高ドーズでイオン注入を行った場合，Si ナノワイヤ内部は完全にアモルファス化してしまう．内部が完全にアモルファス化したナノワイヤ内部では，イオン注入後に熱アニールを行うと核形成がランダムに起こってしまうため，元の結晶方位が維持されず，内部が多結晶化する．この傾向は，ナノワイヤの長さが長くなるほど顕著化する．一方，低ドーズ（5×10^{15}B$^+$ cm^{-2}）では単結晶化が確認されている．さらに，室温ではなく高温，例えば 300 ℃でイオン注入を行った場合にはより単結晶が得られやすいことも明らかになっている [26]．以上の結果から，イオン注入をナノワイヤへの不純物ドーピングとして利用する場合には，低ドーズでの長時間イオン注入，あるいは高温でのイオン注入が効果的であるといえる [26]．

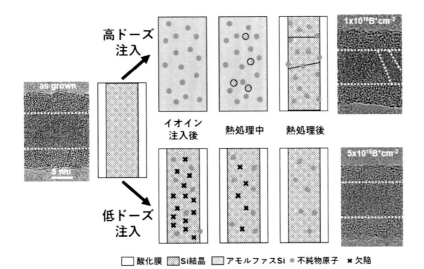

図 8.2　Si ナノワイヤへの B イオン注入 (30 keV) とその後の 900 ℃熱アニールによる結晶化の模式図と Si ナノワイヤ内部の結晶構造の TEM 観察結果．TEM 像は Si ナノワイヤの長軸方向の断面である．ナノワイヤの直径が 20 nm 程度であり，TEM 観察のための電子線が容易に透過するため，通常のバルク試料で行われている剥片化のような加工は必要なく，単一ナノワイヤの TEM 観測が可能である．(Reproduced from Ref. [26]. Copyright 2012, with permission from the American Chemical Society).

8.2.3　表面化学修飾による表面分子ドーピング

ナノワイヤの直径が小さくなると不純物散乱が顕著になり，ナノワイヤを用いた電子デバイスのキャリア移動度が低下する．ここでは，ナノワイヤ中にキャリアを導入する方法として，表面化学修飾によるドーピングを紹介する [27-29]．ナノワイヤは表面体積比が大きいため，表面分子ドーピングを有効に使用できる．図 8.3 に示すように，ナノワイヤ表面を終端した分子はナノ

ワイヤ中に電荷を伝達する．

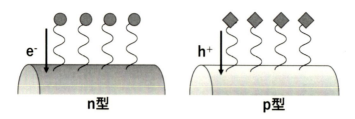

図 8.3　ナノワイヤ表面への分子終端による電荷移動のモデル図．

　NH_3 と NO_2 を利用した表面分子ドーピングの結果がこれまでに報告されている．高濃度 B ドープ Si ウエハの陽極酸化エッチングにより作製した多孔質 Si について，NH_3 および NO_2 ガス曝露によりそれぞれ生じる n 型および p 型伝導率の効果が観測されている [28, 30-32]．その後，NH_3 による Si ナノワイヤ表面終端でも同じ現象が観察され [33]，第一原理計算により Si ナノワイヤ試料における分子ドーピングの機構が明らかにされた [34]．第一原理計算の結果では，Si ナノワイヤの表面上の NH_3 分子による終端は伝導帯端に近い浅いドナー状態を導入し [34]，NO_2 は浅いアクセプタ準位を導入しなかった．これは多孔質 Si[28, 30-32] の以前の実験で報告された場合とは異なり，NO_2 の役割は表面でダングリングボンドを持つ B 原子の再活性化であることが理論的に明らかにされている．表面吸着法によるドーピングでは，吸着分子からの電荷移動によりキャリア濃度を増大させることができるので，ナノワイヤに限らず様々な構造，材料での報告があり，移動度の向上に関する報告もされている [35]．

8.3　不純物ドーピング評価

8.3.1　不純物の結合状態および電気的活性化

　ナノワイヤ中にドーピングされた不純物の状態評価法にはいくつかの手法がある．ここではラマン散乱法，低温 ESR 法，放射光を利用した赤外吸収分光法に関して，筆者がこれまでに行ってきた結果を利用してどのように不純物の結合・電子状態を明らかにできるかを紹介する．一般的に，ナノワイヤの場合はバルクに比べてサンプル密度が少なくなるため，本質的に S/N は低くなってしまう．そこで，各手法のところで個別に工夫した点も紹介する．

(1) ラマン散乱法

　まずはラマン散乱を利用した手法について紹介する．ナノ構造の分光のため，S/N を向上させる必要があり，暗電流の低い液体窒素冷却タイプの検出器を利用した．また，S/N を向上させるためには励起光のパワーを上げるのが通常効果的であるが，ナノ構造のため熱の影響を受けやすい．そこで S/N 向上には逆効果であるが，熱の効果を完全になくすために，励起光のパワーは 20μW 以下にして全ての測定を行った．図 8.4 にラマン散乱測定の概略図と p 型ドーパントである B をドーピングした Si ナノワイヤおよび未ドーピングの Si ナノワイヤのラマン散乱

の測定結果を示す．図 8.4(b) に示すように，B ドーピングを行った Si ナノワイヤの場合に約 618 cm^{-1} と 640 cm^{-1} の位置にピークが観測された．これらのピークは，バルク Si 結晶中において観測されている ^{11}B および ^{10}B の局在振動ピークの位置とほぼ一致していること [36]，2 つのピークのシフト量が B の同位体シフトに一致していること，およびその強度比が同位体 B の自然存在比 (^{11}B: ^{10}B = 4: 1) に一致していることから，Si ナノワイヤ中にドープされた B の局在振動ピークと同定される．この結果は，Si ナノワイヤ中において B が Si の置換位置を占有していることを示す．

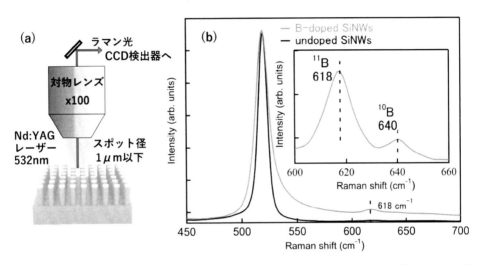

図 8.4　B ドープ Si ナノワイヤにおいてラマン散乱測定により観測された B 局在振動ピークと Si 光学フォノンピーク．比較のために B 未ドープの結果も示す (Reproduced from Ref. [16]. Copyright 2009, with permission from Wiley VCH).

さらに，B ドーピングを行った場合には Si 光学フォノンピークの高波数側への非対称なブロードニングも観測されている．これは，Fano 効果によるといえる [37]．Fano 効果（干渉）とは，固体において観測される量子的効果であり，離散的な準位におけるエネルギー遷移と連続的な準位間での遷移のエネルギーが近い場合に，それらの 2 つの異なる遷移が量子的な干渉を引き起こす現象をいう [23]．つまり，上述の条件を満たすような離散系と連続系が干渉を起こす様々な系で Fano 効果は観測されている．今回の B をドープした Si のラマン散乱測定の場合は，離散的な準位に対応する遷移は光学フォノンの遷移，連続的な準位間での遷移は高濃度 B ドーピングによる価電子帯内での連続的なレベル間での遷移に対応する．両者の遷移のエネルギーが近いため，量子的干渉を引き起こし，光学フォノンピークに非対称性と低波数シフトが現れることになる．観測された非対称ブロードニングが Fano 効果によることを実証するために，ラマン散乱測定に利用する励起光の波長依存性を調べた結果を図 8.5(a) に示す．励起光の波長が長波長になるにしたがって，Si フォノンピークに現れる非対称性ブロードニングが大きくなっており，Fano 効果特有の変化と一致している．さらに，水素導入後の Si フォノンピークの変化を図 8.5(b) に示す．水素処理後に Si フォノンピークの非対称ブロードニングが消失している．これは水素の導入により電気的に活性であった B が電気的に不活性化されたことによる．この現

象は水素パッシベーション効果と呼ばれ，BおよびPドープバルクSiにおいて多くの研究が行われている[38-47]．H原子がBドープSiに導入されるとH原子はBと隣接のSi原子間の結合中心 (BC) サイトに位置し，B-H-Si不動態化中心を形成してB原子が不活性化される．このHによるパッシベーション効果はBドープSiでは150〜180 ℃の温度範囲で効果的に起こる．Hによるパッシベーション効果により減少したSiフォノンピークの非対称ブロードニングは，300 ℃でアニールすると再び広がりを示した．この結果は，アニールにより，Hパッシベーションにより形成されたB-H-Si不動態化中心が分解され，Bが再活性化されたことによりFano効果が再出現したためといえる．以上の結果は，BドーピングによりSi光学フォノンピークに観測される非対称ブロードニングがFano効果によることを示している．

　B-H-Si不動態化中心の形成は，Siナノワイヤ中のB原子の局所振動ピークのシフトを引き起こす[36]．B-H-Si不動態化中心の形成は，Si結晶中のB原子の対称性をT_d点群対称性からC_{3v}点群対称性へと低下させる．この効果によりHパッシベーション後には，BドープバルクSiの試料において約652と680 cm^{-1}の位置に新たに2つのRamanピークが観測されることが報告されている[36]．図8.5(c)に示されているSiナノワイヤの結果では，180 ℃での水素処理後に650〜680 cm^{-1}付近に幅広のピークが観測され，この広いピークの位置は，BドープバルクSiで観測された位置とよく一致している．以上の結果は，BドープSiナノワイヤへの水素処理により導入されたH原子はB-H-Si不動態化中心を形成しており，BはSiナノワイヤ中でSiの置換位置に存在して電気的に活性化されており，水素によりバルクと同様にパッシベーションされることを示すとともに，非対称ブロードニングの期限がFano効果であることを示す結果といえる．

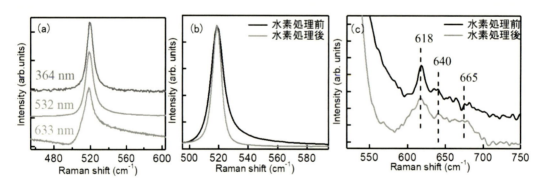

図8.5　(a) Si光学フォノンピークに観測されたFano効果の励起波長依存性．水素処理前後の (b) Si光学フォノンピークの変化および (c) B局在振動ピークの変化 (Reproduced from Ref. [23]. Copyright 2006, with permission from American Institute of Physics.).

　Fano効果によるピークシフトと非対称ブロードニングを解析することによって電気活性B濃度を推定することができる．Fano効果の式を (8.1) 式に示す．

$$I(\omega) = I_0 \frac{(q+\varepsilon)^2}{(1+\varepsilon^2)}, \tag{8.1}$$

q が非対称パラメータ，ε は $\varepsilon = (\omega - \omega_p)/\Gamma$ で記述でき，ω_p がフォノンの波数，Γ がスペクトル線幅に関係したパラメータである．図8.4に示した結果においてFano効果の式を利用した

ピークフィッティングから得られる q および Γ の値から電気的に活性な B 濃度を見積もると，10^{19}〜10^{20} cm^{-3} 台の高濃度ドーピングとなる．ここで，Si ナノワイヤの場合には，直径が 20 nm 以下になるとフォノンの閉じ込め効果により Fano 効果と同様の低波数シフトと低波数ブロードニングが発生するため [21, 22, 48, 49]，評価された B 濃度は正確な値ではなく，少し過大評価されていることになる．また，ナノワイヤの直径にばらつきがある場合には，ナノワイヤ内部での実効的なキャリア濃度が変化することにより Fano 干渉によるピークシフトとブロードニングが変化するのはもちろんのこと，フォノン閉じ込め効果による影響も変化する．フォノンピークにはこのようないろいろな効果が含まれていることに注意する必要がある．ここで，図 8.6 を用いてフォノン閉じ込め効果について説明する．Si の光学フォノンピークを考えた場合，通常ではラマン散乱の選択則により，フォノンの分散曲線の Γ 点での遷移のみ許容される．材料のサイズが小さくなると，このラマンの選択則が緩和され，Γ 点を中心に少し幅を持った領域が許容されるようになる．光学フォノンの分散曲線は上に凸の放物線であるため，Γ 点での波数の値が最も大きく，Γ 点から離れるにつれて波数の値が減少する．Γ 点を中心に少し幅を持った領域が許容されるということは，波数の値が小さくなる遷移，つまり波数の小さいピークが同時に観測されるということであり，図 8.6 のように許容されたピークを重ねると，ピークが低波数にシフトし，低波数側にブロードニングを引き起こす．

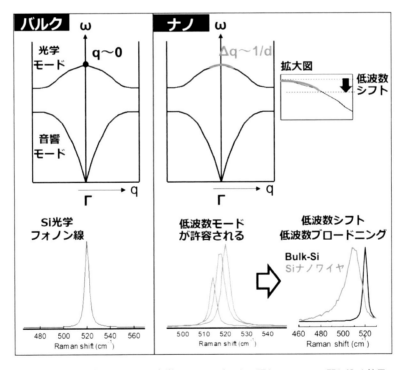

図 8.6　ナノ構造化により Si 光学フォノンピークに現れるフォノン閉じ込め効果．

Si 中の P に対してラマン散乱測定を適応する場合，P の質量が Si の質量に近いため，P の局在振動が Si の光学フォノンピークに埋もれてしまい観測できない．さらに，Fano 効果に関して

は，Si の価電子帯にある重いホールと軽いホールの準位のような明確な準位が伝導帯にはないため，n 型における Fano 効果は一般的に弱くなる．このことは次に紹介する Ge ナノワイヤの結果によく現れている．

B および P をドープした Ge ナノワイヤにおいてもラマン散乱法による上述の手法は適用可能である [20]．図 8.7 にラマン散乱測定の結果を示す．ラマン散乱測定の条件は図 8.4 の実験と同じである．試料としては，15 mm 角の Si 基板上に Ge ナノワイヤを成長したものを使用した．成長後に大気中に出されたナノワイヤ表面は酸化されるため，1〜2 nm の自然酸化膜に覆われているが，特にラマン散乱測定の結果には影響しない．B ドーピングを行った場合，^{11}B および ^{10}B の局在振動ピークが約 544 cm^{-1} および 565 cm^{-1} の位置にそれぞれ観測されている．一方，P ドーピングを行った場合には，P の局在振動ピークは約 342〜345 cm^{-1} の位置に観測されている（図 8.7(a), (c)）．300 cm^{-1} 付近に観測されているピークは Ge の光学フォノンピークであり，Ge ナノワイヤ中へのドーピング濃度の上昇に伴って低波数側へシフトし，低波数側にブロードニングを起こしている．この低波数ブロードニングは長波長励起で増大していることから（図 8.7(b), (d)），低波数シフトと低波数側へのブロードニングが Ge の場合の Fano 効果

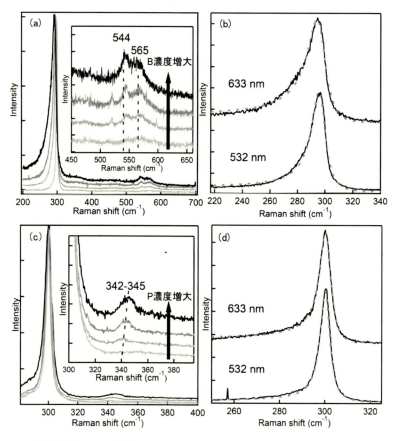

図 8.7　ラマン散乱測定により観測された Ge ナノワイヤへの (a)B ドーピング，(c)P ドーピングの結果．Ge 光学フォノンピークの励起波長依存性における (b)B ドーピング，(d)P ドーピングの結果 (Reproduced from Ref. [20]. Copyright 2010, with permission from the American Chemical Society).

である [20]．以上のように，ラマン散乱測定による結果から B および P 原子が Ge ナノワイヤ中の Ge の置換位置に存在していること，および電気的に活性な状態でドーピングされていることを評価できる．Si ナノワイヤの場合と同様にフォノン閉じ込め効果の影響もあるが，光学フォノンピークを Fano の式でフィッティングし，得られたパラメータからおおよその不純物濃度を評価することができる [20]．

次に以上の手法を i-Ge/p-Si コアシェルナノワイヤへ応用した例を紹介する．ここで，i は intrinsic で不純物がドーピングされていない真性状態であることを示す．ナノワイヤを含むナノ構造をチャネルに利用する新規トランジスタの実現には，不純物ドーピングと制御が重要な技術となる．しかしながら，極微小なナノワイヤ中に不純物ドーピングを行うと，ドーピングした不純物自体の散乱により移動度が低下してしまう．そこで，不純物のドーピング領域とキャリアの輸送領域を分離できるコアシェルヘテロ接合をナノワイヤ内部に構築し（図 8.8(a), (b)），不純物散乱の問題を解決する．この構造は異種化合物半導体のヘテロ接合を利用した HEMT デバイスのホールを利用するタイプである．特徴は，IV 族半導体を利用する点にある．コアシェルナノワイヤの場合，光学フォノンピークはナノスケールのサイズによるフォノン閉じ込め効果 [21, 22, 48, 49]，ヘテロ接合に起因した応力，ドーピング効果（Fano 効果）により影響を受ける．そこで，3 種の効果を区別して i-Ge 層にホールガス蓄積が生じたことを証明した結果を図 8.8(c) に示す．

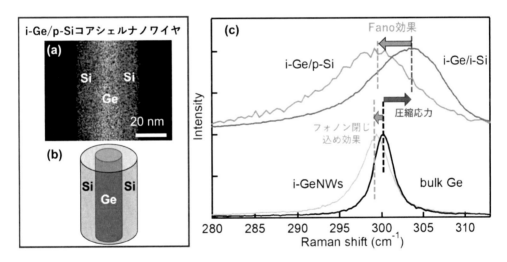

図 8.8　i-Ge/p-Si コアシェルナノワイヤの (a)EDX 像および (b) モデル図．(c)i-Ge/p-Si コアシェルナノワイヤ，i-Ge/i-Si コアシェルナノワイヤ，i-Ge ナノワイヤおよびバルク Ge 試料において観測された Ge 光学フォノンピークの変化．(Reproduced from Ref. [49]. Copyright 2015, with permission from the American Chemical Society).

まずは i-Ge コアナノワイヤにおけるフォノン閉じ込め効果の影響を調べるために，p-Si シェル層形成前の i-Ge コアナノワイヤとバルク Ge の光学フォノンピークを比べた．ナノワイヤ化することで，Ge の光学フォノンピークが低波数にシフトし，低波数側にブロードニングしている．この変化が，フォノン閉じ込め効果である．次に，シェル層形成による応力誘起効果を検証

するために，不純物のドーピングされていない i-Si シェル層を i-Ge ナノワイヤ表面にエピタキシャル成長し，同様にラマン散乱測定を行った．i-Si シェル層形成により，Ge 光学フォノンピークは高波数側にシフトしている．格子定数を比較すると，Ge に比べて Si の格子定数が小さいため，Ge ナノワイヤの表面に Si 層をエピタキシャル成長すると Ge 側は Si から圧縮応力を受けることになる．圧縮応力により Ge 格子が縮められると，Ge 光学フォノンピークは高波数側にシフトする．また，Si シェル層形成により Ge 光学フォノンピークのブロードニングが同時に観測されている．この効果は，i-Si シェル形成により既にホール蓄積が生じていることを示す結果と考えられる．この i-Ge 層へのホールガス蓄積をよりはっきりと実証するために Si シェル層への B ドーピングを行い，i-Ge 層へのホールガスの蓄積増大を行った．i-Ge/i-Si コアシェルナノワイヤの場合に比べて，i-Ge/p-Si コアシェルナノワイヤの Ge 光学フォノンピークはより低波数にシフトし，かつ低波数側へのブロードニングも増大した．この Ge 光学フォノンピークの変化は Fano 効果により説明でき，p-Si シェル層の形成により i-Ge コアナノワイヤへのホールガス蓄積が実現でき，不純物のドーピング領域とキャリアの輸送領域を分離できる構造をナノワイヤ内部に構築できたといえる [49]．i-Ge/p-Si コアシェルナノワイヤに加えて，その逆構造の p-Si/ i-Ge コアシェルナノワイヤおよびトップダウン法で形成した p-Si/i-Ge コアシェルナノワイヤにおいても，i-Ge 層へのホールガス蓄積を実証できている [50, 51]．

(2) 赤外吸収分光

　フーリエ変換赤外 (FT-IR) 分光法は，半導体材料中の不純物の分析にしばしば用いられてきた．しかしながら，ナノ構造を分析する場合，十分に大きな試料を調製することが困難なため，FT-IR 分光法をナノ構造中の不純物原子の分析に適用することは一般的に困難である．この困難を克服するためには，試料調製と新しいキャラクタリゼーション技術開発の両方が重要である．レーザーアブレーション法は比較的大量のナノワイヤ試料を生成でき，Si 基板上に堆積した Si ナノワイヤ層の厚さはレーザーアブレーションの時間を長くすることで数十 μm に達する [52]．ここで，ナノワイヤの平均直径は約 20 nm 程度であり，それぞれのナノワイヤの長さは数 μm になっている．これらの試料は，FT-IR 測定のためのナノ構造試料のキャラクタリゼーションを可能にする．試料調製に加えて FT-IR の高感度化が必要であり，本項では SPring-8 のシンクロトロン放射 (SR) 下での FT-IR 測定を紹介する．ここでは，本手法を IR-SR と呼ぶ．測定は放射光下に加えて，低温 4.2 K で顕微分光により行った．図 8.9(a) に示すように，B をドープした Si ナノワイヤにおいて約 625 cm^{-1} 付近に B の局在振動ピークが観測された．ラマン散乱測定の結果観測されたピーク位置よりも少し高波数になっているのは，室温ではなく低温の 4.2 K で観測を行ったためである．このピーク強度は B 濃度の増大に伴って増大した．さらに，水素導入を行った場合の結果が図 8.9(b) に示されている．ラマン散乱測定の場合と同様に約 669 cm^{-1} 付近に B-H-Si 不動態化中心における B-H の振動が観測されていることから，ナノワイヤ中の H パッシベーションの研究においても本手法を適用できるといえる．

　IR-SR 測定を利用すれば，Si 結晶中にドーピングされた不純物による電子遷移も検出でき，B をドーピングしたバルク Si において，B アクセプタ原子の水素様励起準位の電子遷移が，いくつかの研究者によって観測されている [53-57]．IR-SR 測定結果を図 8.9(c) に示す．B ドープ Si ナノワイヤの場合に，約 278 と 319 cm^{-1} の位置にピークが観測された．これらのピークは

Bがドーピングされていない Si ナノワイヤでは観察されず，B ドーピングに関連することを示している．バルク Si において，Si 中の B の水素様励起準位の 1s–2p および 1s–3p 遷移に帰属したピークは約 278 および 320 cm^{-1} に観測されており，ナノワイヤにおいて観測されたピーク位置はバルク Si 中のものとよく一致している．これらの結果は，IR-SR 測定により観測されたピークが Si ナノワイヤ中の B の電子遷移であり，Si ナノワイヤ中で B が電気的に活性化していることを示す．

　一般的に高濃度にドープされたバルク Si では，キャリアによる強い吸収により試料を IR 光が透過できないため，電子遷移ピークを観測することは困難である．そこで，10^{15} cm^{-3} 以下でドーピングされた Si 試料が IR での電子遷移観測実験に利用されてきた．B ドープ Si ナノワイヤの試料厚は数十 μm で，バルク Si 試料よりはるかに薄い．薄くした試料と高輝度 IR-SR ビームの使用により，高 B ドープ Si ナノワイヤ中の中性 B アクセプタ原子の電子遷移の評価が可能になったといえる．これは高 B ドープ Si 材料の中性 B アクセプタ原子の電子遷移の最初の観測である．B の 1s-3p 遷移の半値幅は Si 中の B 濃度に依存することから，本手法を活用すれば，線幅の値から Si 中で電気的に活性な B 濃度を評価できるといえ，IR-SR 法が Si ナノ構造中の不純物の評価に適用できることを示している（図 8.9(d)）．また不純物種の違いによりピーク位置がシフトするため，ドーピングされている不純物の同定にも活用することができる．

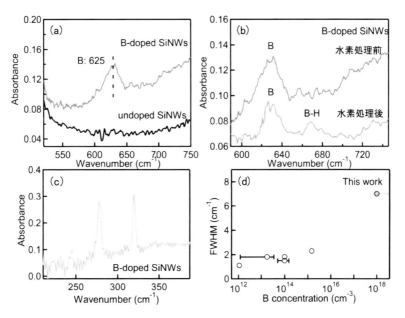

図 8.9　シンクロトロン放射 (SR) 下での FT-IR 測定 (IR-SR) により観測された (a)B 局在振動ピーク，(b) 水素処理効果，(c) B 電子遷移ピークおよび (d) その線幅の B 濃度依存性 (Reproduced from Ref. [52]. Copyright 2015, with permission from the Royal Society of Chemistry).

(3) 電子スピン共鳴

　電子スピン共鳴 (ESR) 法は，Si 中でドナーとなる P のドーピング評価に利用できる [16-18, 24]．電気的特性評価ではキャリア伝導を調べるのに対し，ESR 測定ではスピンを検出する．ス

ピンはPが電気的に活性化していないと存在しないため，ドナー/伝導電子シグナルの評価から活性化を評価できる．通常のバルクの試料に比べてS/Nが低くなってしまうため，石英製の微小試料管内に粉末状のナノワイヤを封じ込めた試料を作製した．図8.10(a)に，Pドーピングを行ったSiナノワイヤに対して4.2 KでESR測定を行った際に得られた結果を示す．観測されたESRシグナルは，少なくとも2種類のシグナルに分離することができ，高磁場側に観測されているもののg値は約1.998であり，バルクSi結晶中のPの伝導電子によるg値と一致している[58, 59]．Pがドーピングされていない場合には，g値1.998の位置にシグナルがなく，そのシグナルがPに関係することを示している．以上の結果は，g値1.998に観測されたシグナルはSiナノワイヤ中にドーピングされたPの伝導電子によるものであり，P原子がSiナノワイヤ中の結晶中のSi置換位置に存在し，電気的に活性な状態でドーピングされたことを示している．図8.10(b)に示すように，観測された伝導電子シグナルの線幅は電気的に活性なPの濃度に依存するため[58,59]，伝導電子シグナルの線幅から活性なP濃度を見積もることができる．一方，g値2.006の位置に観測されたシグナルは，Siナノワイヤ中の結晶と表面に形成される酸化膜との界面に形成されるダングリングボンド型の欠陥（バルクでは，P_b中心と呼ばれる）によるシグナルである．つまり，ESR測定ではスピンを持つ欠陥の観測も同時に行える点が利点といえる．一方，Si中のBに関しては，価電子帯のバンドの縮退が通常の状態でも結晶内部に存在する歪みによりランダムに解かれることになり，その結果としてESR線幅が大きく広がってしまう[60]．そのため，通常の状態では観測できない．観測には内部歪よりも十分に大きな一軸性の応力印加が必要となる[60]．

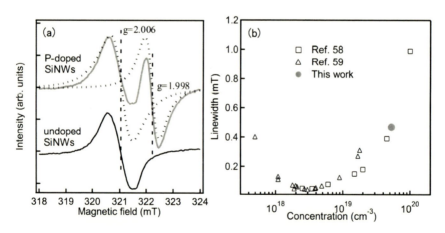

図8.10 電子スピン共鳴によりSiナノワイヤ試料において観測された(a)ESRシグナルと(b)伝導電子シグナルのP濃度依存性 (Reproduced from Ref. [24]. Copyright 2009, with permission from Wiley VCH).

8.3.2 ナノワイヤ中の不純物分布

ナノ構造体中に不純物を導入する場合，表面積の割合がバルクに比べて圧倒的に高くなるために，不純物分布に不均一性が生じやすいと考えられる．ナノワイヤの直径が小さくなると，不純物ドーピング自体が難しくなる．これはSelf-purificationと呼ばれ，歪の影響等で不純物（異

物）は導入されづらくなる．そのため，一般的には不純物は構造変化の影響を緩和しやすい表面に分布しやすいといえる．円筒状をした1次元構造のナノワイヤにおいて理論計算により不純物分布を調べた結果では，ナノワイヤの直径が小さくなるほど，不純物はナノワイヤの中心よりも表面側に分布しやすいという結果が報告されている [61]．表面付近の方が，不純物が入ったことによる構造変化の影響を緩和しやすいためということである．実験により Si ナノワイヤ中の P 原子の分布を調べるために，直径 20 nm の Si ナノワイヤの表面を繰り返しエッチングにより縮小化し，電子スピン共鳴で得られる伝導電子シグナルの強度変化から調べた結果を図 8.11 に示す．結果は，約半数の B および P 原子が表面から約 5 nm の領域に存在することを示している [62]．以上のように，一般的には不純物は構造変化の影響を緩和しやすい表面に分布しやすいというのが不純物に共通した傾向と思われるが，エッチングや熱処理等のプロセスにも依存して不純物分布は変化すると思われる．

　ナノワイヤの直径方向の成長を促す気相–液相 (VS) 成長機構がナノワイヤの成長に関与した場合には，不純物原子は VS 機構で堆積した表面層により多く取り込まれることになる．ナノワイヤ中の不純物原子の3次元分布をアトムプローブ法により評価した結果では，表面堆積層に高濃度の不純物原子がドーピングされている結果も得られている [63]．

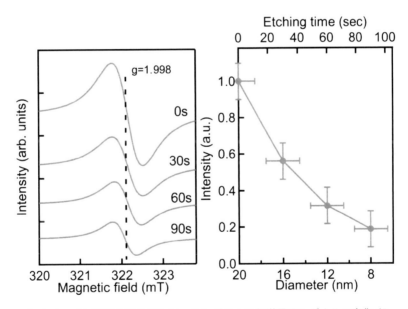

図 8.11　Si ナノワイヤ表面の繰り返しエッチングによる伝導電子シグナルの変化 (Reproduced from Ref. [62]. Copyright 2011, with permission from the American Chemical Society).

8.3.3　ナノワイヤ中の不純物挙動

　ナノワイヤ中にドーピングされた不純物の挙動の理解も，デバイス応用の上で重要である．例えば，Si ナノワイヤをチャネルに利用したトランジスタを考えた場合，その周りはゲート酸化膜や High-k 絶縁膜で覆われた構造をとる．したがって，酸化膜等の絶縁膜形成過程での Si ナノワイヤ中のドーパント不純物の挙動を明らかにすることは重要である．ナノワイヤのようなナノ構

造では，少し拡散すると表面に出てしまうため，表面の影響を受けやすい状況にあるといえる．ここでは，Siナノワイヤ中にドーピングされたBおよびPの熱酸化過程での挙動について調べた結果を示す．具体的には，BおよびPをドープしたSiナノワイヤにおいて，900 ℃の酸素雰囲気中での熱酸化実験を行い，BおよびP原子の偏析挙動について調べた．比較のために，Arガス雰囲気中でも熱処理を900 ℃で行った．B原子の挙動についてはESR法で観測される伝導電子シグナル強度の変化を利用した．

図8.12(a)および(b)に示されるように，Ar中アニールではB局在振動ピーク強度および伝導電子シグナル強度は緩やかに減少した．この結果から，900 ℃の熱処理ではSiナノワイヤ中においてBおよびPの表面への拡散はそれほど速くないといえる．次に熱酸化過程での挙動と比較する．Bの局在振動ピーク強度は30分の熱酸化でも急激に減少しているのに対して，伝導電子シグナルの強度は最初の60分まではそれほど変化がなく，その後減少している．以上の結果は，熱酸化過程において，BはPに比べて圧倒的に酸化膜中へ偏析しやすいことを示している [62]．図8.12(c)のモデル図にも示されているように，Pではナノワイヤ中での最大固溶度を超えるまでは酸化膜側でなくSi側にパイルアップする傾向にあり (P-1)，ナノワイヤの径が減少し最大固溶度を超えたところでようやく酸化膜側へ析出を開始する (P-2)．90分以降の熱酸化では，BおよびPともに変化が見られなくなっている（図8.12(a), (b), (c)のB-3, P-3）．これは，酸化の進行でナノワイヤ周りに形成された厚い酸化膜が中心の結晶領域に対して圧縮歪を与えるようになることで酸化の進行が抑制され，それとともにBおよびPの偏析も停止したためである．この効果は酸化の自己停止と呼ばれており [22]，酸化が停止するとナノワイヤ中の不純物の偏析も停止することを示している [62]．

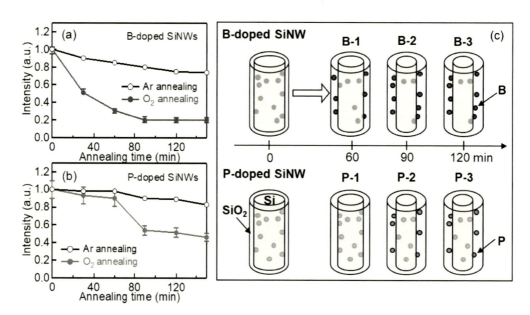

図8.12　Siナノワイヤ中の(a)Bおよび(b)Pの偏析挙動のアニール雰囲気ガス依存性と(c) 偏析挙動のモデル (Reproduced from Ref. [62]. Copyright 2011, with permission from the American Chemical Society).

8.4 まとめ

本章では，IV族半導体であるSiおよびGeナノワイヤへの不純物ドーピングに関するドーピング手法および不純物の状態・挙動等の評価法について解説した．ナノ構造を利用した次世代デバイスにおいて，本章で紹介した不純物ドーピングとその評価法は有益な情報を与えるといえる．具体的には，コアシェル構造を利用した次世代トランジスタチャネルにおける位置制御選択ドーピングとホールガスの評価において重要になるといえる．また，新構造太陽電池にもナノワイヤ構造の利用が期待されており，Siナノワイヤ内部に不純物ドーピングを制御してコアシェル構造からなるpn接合を形成する．ナノ構造の機能化には不純物ドーピングがキーテクノロジーとなっている．しかしながら，デバイス応用の上で課題も数多く存在する．まず，ナノスケール特有の問題として，サイズの縮小に伴う統計的揺らぎの発現，ドーパント原子自体によるキャリア散乱の顕在化等が挙げられる．本章でも紹介したように，金属触媒を利用したVLS成長機構でナノワイヤを成長する場合，金属触媒による汚染も懸念される．そのため，金属触媒フリーでの形成を行う必要があり，集積化に対応できる新しい成長プロセス，形成プロセスの開発が求められる．また，従来のデバイスに比べて表面・界面の割合が増大するため，その制御が現状よりもより一層重要になると考えられる．

参考文献

[1] J. Goldberger *et al.*, *Nano Lett.* **6**, 973 (2006).
[2] Y. Song *et al.*, *IEEE Electron Device Lett.* **31**, 1377 (2010).
[3] M. Li *et al.*, *IEEE Electron Device Lett.* **38**, 1653 (2017).
[4] C. Chu *et al.*, *IEEE Electron Device Lett.* **39**, 1133 (2018).
[5] R. S. Wagner and W. C. Ellis, *Appl. Phys. Lett.* **4**, 89 (1964).
[6] K. Hiruma *et al.*, *J. Appl. Phys.* **74**, 3162 (1993).
[7] J. Westwater *et al.*, *J. Vacuum Sci. & Tech.* **B15**, 554 (1997).
[8] A. M. Morales and C. M. Lieber, *Science.* **279**, 208 (1998).
[9] Y. F. Zhang *et al.*, *Appl. Phys. Lett.* **72**, 1835 (1998).
[10] N. Ozaki, Y. Ohno, and S. Takeda, *Appl. Phys. Lett.* **73**, 3700 (1998).
[11] Y. Li, F. Qian and C. M Lieber, *Materials Today.* **9**, 18 (2006).
[12] C. Thelander *et al.*, *Materials Today.* **9**, 28 (2006).
[13] P. J. Pauzauskie and P. Yang, *Materials Today.* **9**, 36 (2006).
[14] H. J. Fan, P. Werner, and M. Zacharias, *Small.* **2**, 700 (2006).
[15] R. Rurali, *Rev. Mod. Phys.* **82**, 427 (2010).
[16] N. Fukata, *Adv. Mater.* **21**, 2829 (2009).
[17] *Fundamental Properties of Semiconductor Nanowires*, edited by Naoki Fukata and Riccardo Rurali (Springer Nature Singapore Pte Ltd. 2021).
[18] N. Fukata and W. Jevasuwan, *Nanotechnology.* **35**, 122001 (2023).
[19] N. Fukata *et al.*, *ACS Nano.* **6**, 8887 (2012).
[20] N. Fukata *et al.*, *ACS Nano.* **4** 3807 (2010).
[21] N. Fukata *et al.*, *Appl. Phys. Lett.* **86**, 213112 (2005).

[22] N. Fukata et al., *J. Appl. Phys.* **100**, 024311 (2006).
[23] N. Fukata et al., *Appl. Phys. Lett.* **89** 203109 (2006).
[24] N. Fukata et al., *Appl. Phys. Lett.* **90** 153117 (2007).
[25] N. Fukata et al., *Appl. Phys. Lett.* **93** 203106 (2008).
[26] N. Fukata et al., *ACS Nano.* **6**, 3278 (2012).
[27] C. S. Guo et al., *Angew. Chem. Int. Ed.* **48**, 9896 (2009).
[28] V. Y. Timoshenko et al., *Phys. Rev. B* **64**, 085314 (2001).
[29] L. Boarino et al., *Phys. Rev. B* **64**, 205308 (2001).
[30] M. Chiesa et al., *Angew. Chem., Int. Ed.* **42**, 5032 (2003).
[31] Z. Gaburro et al., *Appl. Phys. Lett.* **84**, 4388 (2004).
[32] E. Garrone et al., *Adv. Mater.* **17**, 528–531 (2005).
[33] A. Miranda-Duran et al., *Nano Lett.* **10**, 3590 (2010).
[34] G. D. Yuan et al., *ACS Nano.* **4**, 3045 (2010).
[35] K. Pei and T. Zhai, *Cell Rep. Phys. Sci.* **1**, 100166 (2020).
[36] C. P. Herrero and M. Stutzmann, *Phys. Rev. B* **38**, 12668 (1988).
[37] U. Fano, *Phys. Rev.* **124**, 1866 (1961).
[38] J. I. Pankove et al., *Phys. Rev. Lett.* **51**, 2224 (1983).
[39] K. J. Chang and D. J. Chadi, *Phys. Rev. Lett.* **60**, 1422 (1988).
[40] M. Stavola et al., *Phys. Rev. Lett.* **61**, 2786 (1988).
[41] P. J. H. Denteneer, C. G. Van de Walle and S. T. Pantelides, *Phys. Rev. B* **39**, 10809 (1989).
[42] M. Suezawa et al., *Phys. Rev. B* **65**, 075214 (2002).
[43] N. Fukata et al., *Phys. Rev. B* **72**, 245209 (2005).
[44] N. M. Johnson, C. Herring and D. J. Chadi, *Phys. Rev. Lett.* **56**, 769 (1986).
[45] C. H. Seager, R. A. Anderson and D. K. Brice, *J. Appl. Phys.* **68**, 2268 (1990).
[46] K. Murakami et al., *Phys. Rev. B* **44**, 3409 (1991).
[47] N. Fukata et al., *Jpn. J. Appl. Phys.* **35**, 3937 (1996).
[48] S. Piscanec et al. *Phys. Rev. B* **68**, 241312 (2003).
[49] N. Fukata et al., *ACS Nano.* **9**, 12182 (2015).
[50] X. Zhang et al.,*Nanoscale.* **10**, 21062 (2018).
[51] X. Zhang et al., *ACS Nano.* **13**, 13403 (2019).
[52] N. Fukata et al., *Nanoscale.* **7**, 7246 (2015).
[53] E. Burstein et al., *J. Phys. Chem. Solids.* **1**, 65 (1956).
[54] H. J. Hrostowski and R. H. J., Kaiser, *J. Phys. Chem. Solids.* **4**, 148 (1958).
[55] B. Pajot, *J. Phys. Chem. Solids.* **25**, 613 (1964).
[56] B. O. Kolbesen, *Appl. Phys. Lett.* **27**, 353 (1975).
[57] S. C. Baber, *Thin Solid Films.* **72**, 201 (1980).
[58] S. Maekawa and N. Kinoshita, *J. Phys. Soc. Jpn.* **20**, 1447 (1965).
[59] J. D. Quirt and J. R. Marko, *Phys. Rev. B* **5**, 1716 (1972).
[60] G. Feher, J. C. Hensel and E. A. Gere, *Phys. Rev. Lett.* **5**, 309 (1960).
[61] H. Peelaers, B. Partoens, and F. M. Peeters, *Nano Lett.* **6**, 2781, (2006).
[62] N. Fukata et al., *Nano Lett.* **11**, 651, (2011).
[63] B. Han, et al.,*Nanoscale.* **8**, 19811 (2016).

第9章

シリコンへの高濃度ドーピングにおける活性化と不活性化

9.1 はじめに

単結晶シリコンにおいて,そのキャリア濃度を制御できる範囲は 10^{14} cm^{-3} から 10^{21} cm^{-3} までと極めて広い.このようにキャリア濃度を幅広い範囲で変化させられることが,シリコンを使った半導体デバイスを大きく発展してきた要因の一つとなっている [1].キャリア濃度を大きく変化させることができる中で,特に高いキャリア濃度を有する領域の形成は,微細トランジスタにおいて寄生抵抗となるソース/ドレイン領域の低抵抗化,あるいは金属電極との界面付近を高キャリア濃度化することによる低抵抗コンタクトの実現に不可欠な,非常に重要な技術である [2].

ボロンやリン,あるいはヒ素などのIII属やV属の元素は,シリコン中における濃度が低ければ,その全ての元素がシリコン原子の置換位置を取り,ドーパント濃度と等しいキャリア濃度を得ることができる.しかしながらドーパント濃度が高い場合には,全てのドーパントをシリコン原子に置換することができなくなる.一例として,ボロンを高濃度にイオン注入し,様々な温度で熱処理したときの,ボロン濃度の深さ方向分布を図9.1に示す [3].いずれの熱処理温度においても,ボロン濃度が高い領域では拡散が起こっていないこと,またボロンの拡散が見られている濃度の上限は,熱処理温度が高いほど高くなっていることが分かる.この結果は,ある濃度以上のボロンの状態が,低濃度で存在するボロンと異なっていることを示している.また図9.2に,図9.1にボロンの濃度分布を示した内の 850 ℃,950 ℃,1050 ℃の各温度で熱処理を行った試料について,キャリア濃度の深さ方向分布を測定した結果を,同一グラフ上に示した.いずれの試料でも,拡散が見られた最大濃度とキャリア濃度のピークとが一致していることが分かる.このことは,イオン注入された深さに拡散せずに留まっているボロン原子が,電気的に活性化していないことを示している.このようなドーパントの活性化挙動は,シリコン単結晶中でシリコン原子に置換することのできるドーパント濃度に,それぞれのドーパントごとに異なる,温度に依存した上限値があることによる [4-8].これを固溶限という.図9.3に,代表的なドーパントであるヒ素,リン,ボロンの各元素の,固溶限の温度依存性を示した.また図9.2に,各温

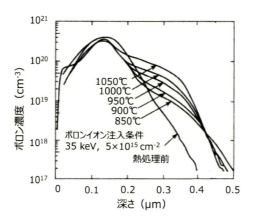

図9.1 ボロンを高濃度にイオン注入し,様々な温度で熱処理したときの,SIMSによって測定したボロン濃度の深さ方向分布 [3].それぞれの熱処理温度で,拡散深さがほぼ同じになるように熱処理時間を設定している.

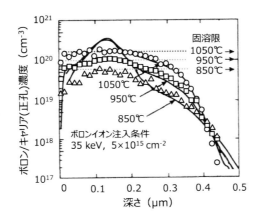

図 9.2　図 9.1 に示した試料のうち，1050 ℃，950 ℃，850 ℃の各温度で熱処理を行った試料の，ボロンとキャリアの深さ方向分布．実線がボロン濃度，○，□，△ のそれぞれが 1050 ℃，950 ℃，850 ℃で熱処理したときのキャリア（正孔）濃度に対応している．キャリア濃度の深さ方向分布は，ホール測定と陽極酸化を繰り返し，その差分を求めることで測定している．

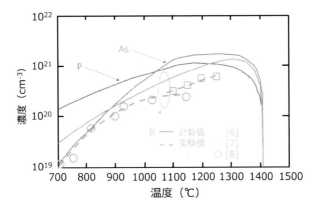

図 9.3　シリコン中におけるヒ素，リン，ボロンの固溶限 [6-8]．ボロンについては計算値に合わせて実験値を示した．計算値と実験値との違いは，計算がボロンとシリコンとの安定な化合物との平衡状態から求めているのに対し，実際には様々な状態が存在すことによるためと考えている．

度での熱処理後にキャリア濃度がピークとなっている濃度に合わせて破線を記したが，この濃度は図 9.3 で示されている固溶限と一致していることが分かる．固溶限は温度が高いほど高くなるので，高温での熱処理が，高キャリア濃度を得るための最も基本的な手法となる．微細デバイスの製造工程では熱処理に伴う拡散を抑えるため，高温かつ短時間の熱処理を用いることになる [9, 10]．

図 9.2 で見られたキャリアの発生に寄与しないボロンのような，固溶限を超える濃度のドーパントは，シリコン原子にドーパント原子が置換するのとは異なった様々な状態を取る．例えばヒ素であればヒ素原子からなるクラスタを形成し [11-13]，またリンであれば SiP の形で析出物を作るとされている [13]．ボロンについては SiB_6 などのようなシリコンとボロンとで構成される安定な化合物が形成され，電気的に不活性な状態を取るとされている [15-18]．しかしながらこのように報告されている高濃度ドーピングにおける状態は，一定温度で長時間保持された場合，すなわち熱平衡状態においてどのような状態になるかを示したものであって，高濃度にドーピン

グされた元素が必ずしもある決まった状態を取るわけではない．どのような方法でドーピングを行うか，またどのような条件で熱処理を行うかによって，シリコン中で高濃度のドーパントが取る状態は様々に変化する．

本章では，シリコン半導体デバイスで広く用いられる n 形のドーパントであるヒ素，および p 形のドーパントであるボロンについて，イオン注入法・エピタキシャル成長法を利用して高濃度にドーピングした試料の熱処理によって得られる結果，特にシリコン中における高濃度ドーパントの活性化/不活性化の挙動に関連した結果を紹介したい．

9.2 固相エピタキシャル成長による活性化状態の形成と不活性化

9.2.1 イオン注入法によるアモルファス層の形成と固相エピタキシャル成長による単結晶化

単結晶シリコン基板中，あるいは基板上に高濃度にドーパントを含有する領域を形成する一般的な方法としては，イオン注入を用いる方法と，気相エピタキシャル成長中にドーパントとなる元素を同時に供給する in-situ ドーピングによる方法とがある [18]．イオン注入法は，ドーピングしたい元素をイオン化し，電界によって加速して，シリコン基板の表面近傍の領域に導入する方法である．In-situ ドーピングによる方法は，シリコン基板上にシリコンエピタキシャル成長させる際に，導入したい元素を含有させることでドーピングする．

イオン注入法の場合，ドーパントは注入イオン種/エネルギーによって決まる深さにドーピングされる．イオンの状態で注入された元素は，シリコン基板中のシリコン原子と繰り返し衝突してその運動エネルギーを失いながら，最終的な位置に落ち着く．そのため注入直後の状態では，注入イオンはシリコンの格子位置を取ることはない．また注入イオンはシリコン基板中のシリコン原子の位置を変位させるため，点欠陥を含む結晶欠陥が形成される．比較的深い領域には，注入されたイオンによってノックオンされたシリコン原子が格子間シリコンを生成する．より浅い，注入されたイオンが存在する領域には，シリコン原子がノックオンされた結果として空孔が生成される．そのため，導入された元素をシリコン原子に置換して活性化させるためには，イオン注入後に熱処理を行って，結晶状態を回復させることが不可欠である．

そしてイオン注入の際のドーパントの濃度が高い場合は，個々の注入原子によって形成される損傷が相互に連結し，注入された領域がアモルファス化されることがある [19, 20]．アモルファス化された場合の結晶回復は，固相エピタキシャル成長過程によって行われることになる．図 9.4 に，単結晶シリコン上のアモルファス層が固相エピタキシャル成長によって単結晶化される際の模式図を示した．単結晶/アモルファス界面のアモルファス側に位置する原子が，下地単結晶と格子を形成する位置に移動することで，アモルファス層の単結晶化が進む．

シリコンプロセスにおいて，イオン注入は通常，基板を室温程度の温度に維持しながら行われる．注入された領域がアモルファス化されるか否かは，元素の種類，またイオン注入時の基板温度に依存するが，ヒ素を室温でイオン注入した場合には，そのドーピング量が概略 1×10^{15} cm^{-2} を超えるとアモルファス化される [19, 20]．そのためヒ素が高濃度に注入された領域は，

その後の熱処理で，固相エピタキシャル成長により単結晶化されることになる．

　このようにアモルファス層が固相エピタキシャル成長によって単結晶化される際，シリコンの置換位置を取り得る元素がドーピングされていた場合には，図 9.5 のように，その元素はシリコン原子と同様に格子位置に移動して，シリコン原子と区別されることなく単結晶化されることになる．このとき仮にドーパントが熱処理温度における固溶限よりも高い濃度に含まれていた場合には，固溶限以上の濃度のキャリア濃度が得られる [20]．ボロンにおいては室温のイオン注入でアモルファス化されることはないが，ボロン原子に加えてシリコン原子を 1×10^{15} cm^{-2} 程度以上に高濃度にイオン注入することで，ボロンの存在する領域をアモルファス化することができ，ヒ素の場合と同様にアモルファス層内に高濃度にドーパントが含まれた状態を作ることができる．この方法によりボロンについても図 9.3 のように，3×10^{20} cm^{-3} 程度の，固溶限よりも高いキャリア濃度を得ることができる [16, 17]．

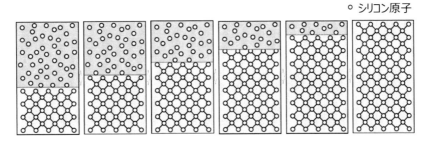

図 9.4　アモルファスシリコンが，固相エピタキシャル成長によって単結晶化する過程の模式図．

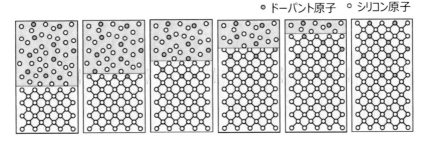

図 9.5　ドーパントを含んだアモルファスシリコンが，固相エピタキシャル成長によって単結晶化する過程の模式図．

9.2.2　シリコン中に高濃度にドーピングされたヒ素の活性化と不活性化

(1) 固相エピタキシャル成長による高濃度ヒ素の活性化と不活性化

　9.2.1 項で述べたような固相エピタキシャル成長方法を利用して，シリコン基板中に高濃度にヒ素をイオン注入した試料を用いて，その活性化および不活性化挙動を調べた [22]．実験条件はヒ素のドーズ量を $1\times10^{15}\sim3\times10^{16}$ cm^{-3}，熱処理温度を 550〜800 ℃，熱処理時間を 15 分〜90 時間とした．図 9.6 に熱処理後のシート抵抗を示した．図 9.6(a) に熱処理時間，図 9.6(b) に注入量依存性を示す．シート抵抗は，ドーズ量，熱処理温度，時間に対して複雑な挙動を示しており，これは活性化・不活性化等に関わる複数の現象が同時に起きていることによる．

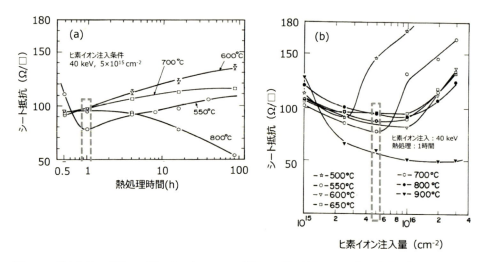

図 9.6 様々なドーズ量で p 形の (001) シリコン基板にヒ素を注入し，温度，時間を変化させて熱処理したときの，シート抵抗の測定結果．高温で熱処理した場合を除き，ドーズ量 5×10^{15} cm^{-2}，熱処理時間 1 時間で最も低いシート抵抗が得られた．

そこで図 9.6 で，低温で熱処理を行った中で最も低い抵抗率が得られたドーズ量が 5×10^{15} cm^{-3} の試料について，550 ℃で 1 時間を中心に様々な時間の熱処理を行ったときのキャリア濃度の深さ方向プロファイルを調べた．この結果を図 9.7 に示す．

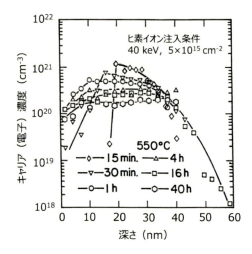

図 9.7 ヒ素のドーズ量を 5×10^{15} cm^{-2} として，550 ℃で熱処理したときの，キャリア濃度の深さ方向分布．一時的に 1×10^{21} cm^{-3} 以上の高キャリア濃度領域が形成されるが，その後の熱処理で不活性化が進む．

最も短い熱処理時間の 15 分の試料では，キャリアの発生している領域は基板表面から 20 nm よりも深い領域のみで，それよりも浅い領域ではヒ素原子は活性化していない．これはアモルファス化された領域よりも深い領域に存在する基板の単結晶からの固相エピタキシャル成長により，基板表面から 20 nm よりも深い領域が，まず単結晶化されたことによる．またこのときヒ

素原子の濃度がピークとなる深さで，1×10^{21} cm^{-3} 以上のキャリア濃度が得られている．このキャリア濃度の深さ方向プロファイルは，ヒ素濃度の深さ方向プロファイルとほぼ重なっている．このことは，15 分の熱処理を行った段階でこの 20 nm よりも深い領域でヒ素原子は全て活性化していることを示している．

　熱処理時間を増加させると，20 nm の深さよりも浅い表面側のキャリア濃度が増加していることが分かる．これは熱処理時間が延びることで，アモルファス化した領域が単結晶化し，その結晶格子の置換位置を，ヒ素原子が取ることによるものである．図 9.7 で，1 時間以上の熱処理の場合に最表面までキャリアが存在していることから，固相エピタキシャル成長によるアモルファス層の単結晶化は，1 時間で完了していることが分かる．一方，キャリア濃度状態となっていた 20 nm よりも深い領域でのキャリア濃度は低下している．またより表面側も，得られた高いキャリア濃度が，熱処理時間を増やすことで減少していることが分かる．これは，いったんシリコン原子の格子位置に取り込まれたヒ素原子が不活性化したことによる．すなわち図 9.7 で見られたキャリア濃度の変化は，

1) アモルファス状態から固相エピタキシャル成長で単結晶化する際に，ヒ素原子がシリコン原子の格子位置に取り込まれる過程

2) いったんシリコン原子の格子位置に取り込まれたヒ素原子が，不活性化していく過程

の，異なる 2 つの現象が同時に起きている結果と考えることができる．さらに図 9.6 で見られたシート抵抗の挙動は，上記に加えて，

3) 550 °C という低温の熱処理では観測されない，ヒ素原子の基板内方への拡散

4) ヒ素ドーズ量が 5×10^{15} cm^{-2} では見られなかった，ヒ素濃度が極めて高い場合には単結晶化されない現象

も起きていると考えることで説明することができる．具体的には，

● 図 9.6(a) で，最も低い温度である 550 °C で熱処理を行った場合，シート抵抗がいったん低下し，その後上昇するという結果が得られている．これは，ヒ素のイオン注入によってアモルファス化された領域の結晶化が進むことでヒ素原子はいったん活性化されるが，その後はヒ素原子の不活性化が進んだことによる結果と考えられる．

● 熱処理温度が 600 °C 以上の場合にいったんシート抵抗が下がる現象が見られないのは，シート抵抗を測定した時間よりも短い時間でアモルファス領域の結晶化が完了したことによる．また 550 °C よりも高い温度で熱処理を行った場合の方がシート抵抗が高いのは，温度が高いほど不活性化が促進されたためと考えられる．

● 熱処理温度を 800 °C まで高くすると，ヒ素原子が基板の内方に拡散して広く分布することで活性化したヒ素原子の割合が増加する結果として，シート抵抗が低下する．

● 図 9.6(b) で，ドーズ量が 1×10^{16} cm^{-2} を超えると，熱処理温度が最も高い 900 °C のときを除き，ヒ素注入量が多いほどシート抵抗は高くなっている．ヒ素の注入量が 1×10^{16} cm^{-2} のとき，ヒ素濃度はピークで約 4×10^{21} cm^{-3} と極めて高くなるため，固相エピタキシャル成長

時にヒ素原子をシリコン原子に置換することができず，低温熱処理での活性化がなされなくなった結果と考えられる．ただし 900 ℃のような高温での熱処理を行った場合には，熱処理時間が 1 時間であってもヒ素原子が基板内方に拡散することにより，シート抵抗は低下する．

(2) 固相エピタキシャル成長による高活性化

上記 1) の過程で，固相エピタキシャル成長の温度における固溶限よりもはるかに高いキャリア濃度が得られる理由は，以下のように考えられる．

シリコンにおいてアモルファスは単結晶よりもエネルギー的に高い状態であり，したがって十分な熱エネルギーがあればアモルファスは結晶化する．アモルファス状態のシリコン原子は，単結晶内のシリコン原子が取る配置と同じではないが準安定な状態であるため，アモルファス領域内での結晶化は容易には起こらない [23-25]．アモルファスシリコンの結晶化は，アモルファス内部の不均一核生成が起点となって始まるが，その不均一核生成の起きる温度は，シリコンが固相エピタキシャル成長で単結晶化できる温度よりも高い．これはすなわち，結晶化の起点となる種（シード）があれば，アモルファスは固相エピタキシャル成長により結晶化されるということである．

図 9.4 のようにアモルファス層が単結晶基板上に存在している場合には，結晶化の起点となる種結晶がアモルファス層の下層に全面にわたって存在するような状況となっている．このため，この単結晶シリコンと接している領域からアモルファス層の単結晶化が進む．このような単結晶と接している界面でのみ結晶化が進むのは，単結晶領域との界面に存在する原子であれば，わずかに位置を変えるだけで下地単結晶と格子を作ることができ，より安定な状態を取ることができることによる．このわずかな原子位置の移動が繰り返されることで，アモルファス層全体が，より安定な状態である単結晶となる．

図 9.5 のように，このアモルファス領域内部にドーパントが存在した場合には，その原子がシリコンに置換することができる元素であった場合には，その原子が上述のシリコン原子と同様に下地結晶の格子位置に移動することで，その原子周辺はより安定な状態となる．このとき，そのドーパントの濃度が熱処理温度における固溶限よりも高かったとしても，アモルファス状態よりも単結晶化した方が，その原子の周辺ではエネルギー的に低い状態となるため，結果的に固溶限を超えた濃度のドーパントがシリコンの格子位置を取ることができたと考えられる．

(3) 固相エピタキシャル成長と気相エピタキシャル成長の違い

エピタキシャル成長を用いた成膜としては，気相エピタキシャル成長が広く用いられている．しかしながら気相エピタキシャルで高濃度のドーピングを行った報告はなされていないのに対し，固相エピタキシャル成長を利用することでドーパントを高濃度に活性化させた高キャリア濃度層を形成できるのは，気相エピタキシャル成長と固相エピタキシャル成長との間に次のような違いがあることが要因となっていると考えられる．

一般に，エピタキシャル成長の速度は，その成長する方向（基板上の縦方向エピタキシャル成長であれば基板の面方位）に依存する．固相エピタキシャル成長の場合，(001) 基板上での [001] 方向へのエピタキシャル成長の速度が最も速く，(111) 面上で [111] 方向にはほとんど進まない [26, 27]．図 9.8 のように，[001] 方向への固相エピタキシャル成長においては，単結晶／アモル

ファス界面における単結晶側（1層目）で，[110]方向で隣り合った2個の原子の位置から一意に決まる位置に，アモルファス側に位置する2層目の原子が移動することで結晶化が進む．固相エピタキシャル成長における結晶化において，<100>方向への成長速度が速いのは，<100>方向に結晶化が進む場合には，移動する原子に隣り合う2つの原子が既に格子位置に存在するためであるとされている [27]．3層目への成長は，図9.8における2層目への成長と同様に，[1̄10]方向で隣り合った2個の原子が格子位置に存在する場合に，その2つの原子の位置から一意に決まる3層目の位置に，アモルファス側の原子が移動することで進む．

[001]方向への固相成長ではその上層への成長も同様に進むため，図9.8で第4層目として示した位置に原子が移動して局所的な結晶化が進むことで，島状成長が起きる可能性もある．しかしながら図9.8で第4層目として示した原子の隣には，その下層で[110]方向で隣り合って格子位置を占める原子が存在しないので，この島状成長がさらに進むことはできない．すなわち(001)面上での成長では，上層の原子が格子位置に移動することができるのは，下層のより広い領域で欠けることなく原子が格子位置を取っている場合だけとなる．したがって，仮に島状成長が起きたとしても，下層が広く単結晶化しない限りその島状成長が進むことはない．この結果として(001)面上の固相エピタキシャル成長では，その成長界面で大きなラフネスが形成されることはなく，常にほぼ平坦な状態が維持されることになる．

このように固相エピタキシャル成長で成長面が常にほぼ平坦であることは，アモルファス/単結晶界面で結晶成長が進む際に，特定の箇所で成長が遅くなるなどの特異点が発生しないことを示している．そしてこのことは，単結晶/アモルファス界面全面にわたって同様の機構，すなわち下層で<110>方向に隣り合った原子によって一意に決まる位置に，上層の原子が移動することで単結晶化が進むことを意味している．ドーパント元素はシリコン結晶中で，熱平衡状態では固溶限で制限される以上の濃度に格子位置を取ることができない．しかしながら固相エピタキシャル成長を利用したアモルファス状態からの単結晶化であれば，ドーパント元素をシリコンの格子位置に取り込みながら結晶化することで，ドーパント元素の周辺で局所的にエネルギーの低い状態となることができるため，高キャリア濃度層を形成することができたと考えられる．

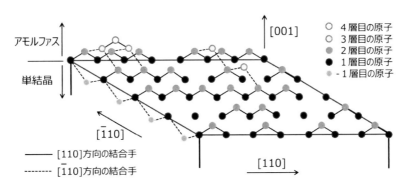

図 9.8　{100}面上における固相成長の模式図

これに対して気相エピタキシャル成長では，成長速度の面方位依存性は，固相成長の場合に見られるような大きな違いはない [28]．気相成長は，図9.9のように，一般的には気相中から表面

に到達した原子が原子的に平滑なテラス上を拡散して段差のあるステップに到達し，そこで安定化することで，結晶成長が進むとされている．またドーパント原子も同様の挙動で結晶内に取り込まれると考えられる [29]．すなわち気相エピタキシャル成長の成長温度は，表面拡散が起きる温度以上にする必要がある．しかしながら高温になると，表面上の2次元拡散でステップに原子が到達したとしても，大きな歪みを生じさせるような原子の付着は起こりにくくなり，結果的に高濃度のドーピングがなされないことになる．

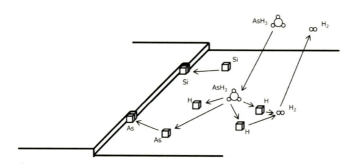

図9.9 気相成長中の表面の状態の模式図 [29]

このように，固相エピタキシャル成長と気相エピタキシャル成長とで，界面（表面）における成長様式が全く違っている．固相成長の場合には，アモルファス層内にあらかじめ高濃度でドーピングしておくことで，その層の単結晶化がなされる限りそのドーピングした濃度までの活性化が可能となる．そして固相成長においてのみ不活性化の進みにくい低温での結晶化が可能であることが，固溶限を超える濃度にドーピング/活性化することができる要因であると言える．

なお図9.6(b)でヒ素原子の注入量が 5×10^{15} cm^{-3} よりも高いときにシート抵抗が高くなったのは，ヒ素濃度が 1×10^{21} cm^{-3} よりも高くなると，単結晶化しようとした場合に結晶中のひずみが大きくなる，すなわち局所的であってもエネルギー的な利得がなく，ドーピングした全てのヒ素原子が，一時的にも格子位置を取ることができなかったためと考えられる．この挙動が，固相成長でドーピングできる濃度の上限を決めているものと考えらえる．

9.2.3 高活性化/不活性化領域中に存在する点欠陥の挙動のPN接合を用いた評価

固相エピタキシャル成長により高濃度のヒ素原子の活性化が可能であるが，熱処理を継続すると，図9.6(a)や図9.7から分かるように熱処理時間の増加とともにキャリア濃度が低下しており，いったん活性化したヒ素が不活性化するという結果となっている．この不活性化したヒ素の構造については様々な検討がなされており，複数のヒ素原子，また空孔も含めて形成される複合欠陥が，不活性化した場合の形態として提案されている [11-13, 30, 31]．

ヒ素を注入し，その後の熱処理による結晶回復の状態を把握する手段として，PN接合の電気特性を評価する方法がある [19, 32]．P型の基板を用いて，基板表面近傍にヒ素を注入して拡散層を形成すればPN接合が形成できるので，PN接合の作製および評価は難しいわけではない．しかしながら図9.10(a)のような構造のPN接合の逆方向電流は，PN接合を形成する周辺部分でのリーク電流に大きく支配され，注入欠陥に着目した評価が困難である．またこの構造の素子

では，ヒ素のイオン注入後に，その領域を保護する絶縁膜を形成するため等の目的での熱工程が必要であり，その熱工程によって結晶状態が変わってしまうことの影響も避けられない．そこで図 9.10(b) に示したような形状の PN 接合を作成した．P 型基板上に素子分離領域を形成し，ヒ素をイオン注入した後，注入欠陥を回復させるための熱処理を行い n 型領域を作成することで，PN 接合を形成する．その後 n 型領域上に絶縁膜を形成し，素子分離領域との境界に近い領域を残すように開口する．この開口部を通してヒ素をイオン注入した後，様々な条件で熱処理を行った．

　図 9.10(b) に，ヒ素イオン注入によって基板内部に形成される空孔/格子間シリコンなどの点欠陥が存在する領域を × で示した．PN 接合は n 型拡散層と p 型基板によって形成されているため，同一条件で形成された PN 接合の下で，ヒ素イオン注入およびその後の熱処理による点欠陥の変化の様子を電気的に評価することが可能となる．

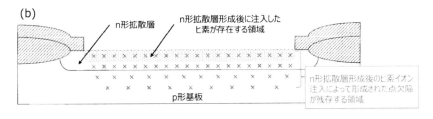

図 9.10　ヒ素のイオン注入により n 形拡散層を形成して作製した PN 接合の概略図．(a) 通常の PN 接合，(b) ヒ素イオン注入後の低温熱処理による電気特性を評価するための PN 接合．ヒ素注入領域上への電極の形成も加熱することなく行うことで，ヒ素イオン注入後の熱工程の影響を正確に把握できるようにしている．またそれぞれの構造で面積と周辺長を変えた PN 接合を複数製作し，面積項と周辺項成分とに分離することにより，単位面積当たりの逆方向電流を算出している．

　図 9.11(a), (b) に，図 9.10 の構造で形成した PN 接合の逆方向リーク電流の一例を示した．N 形の拡散層中に絶縁膜を開孔した領域へのヒ素イオン注入を行うことで，そのヒ素が注入された領域はあらかじめ形成してある拡散層内部に含まれているにも関わらず，リーク電流が 3 桁以上増加していることが分かる．また図 9.11(a) から，その逆方向電流は絶縁膜を開孔した領域へのヒ素イオン注入後の熱処理で，熱処理温度が 550 ℃と低温であるにも関わらず，大きく減少していることが分かる．そのリーク電流は，図 9.11(b) から分かるように，あらかじめ形成した拡散層の形成条件にも大きく依存している．

　N 形側が高濃度の階段接合の，PN 接合の逆方向電流密度は，

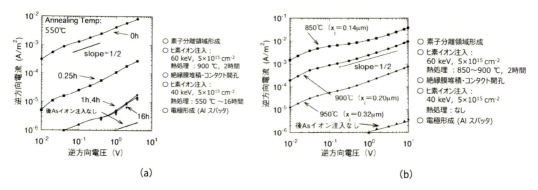

図 9.11 (a) 逆方向電流の後熱処理時間依存性．逆方向電流は，拡散層形成後のヒ素のイオン注入で3桁以上増加するが，550 ℃の熱処理を行うことで大きく減少する．(b) 逆方向電流の拡散層形成温度依存性．拡散層の形成温度が低いほど，ヒ素イオン注入後の逆方向電流の増加が大きい．

$$J_R = q\sqrt{\frac{D_n}{\tau_n}}\frac{n_i^2}{N_A} + \frac{qn_iW}{\tau_g}$$

と表現することができる [2]．ここで D_n は電子の拡散定数，τ_n は p 領域中における電子の寿命，τ_g は発生寿命である．逆方向電流がこの式の第 1 項の拡散電流成分であれば逆方向への印加電圧依存性はなく，第 2 項の発生電流成分であれば空乏層幅 W が逆方向電圧のルートに比例することによる印加電圧依存性が見られることになる．図 9.8(a), (b) から分かるように，両対数プロットをした場合の傾きは 1/2 となっている．このことは，逆方向電流の増加が，空乏層内に発生中心が形成されたことによる，発生電流であることを示している．

また逆方向電流の温度特性は，図 9.12(a), (b) の通りとなった．n_i の活性化エネルギーは $E_g/2$ なので，拡散電流成分であればその活性化エネルギーは E_g，発生電流であれば $1/2E_g$ と

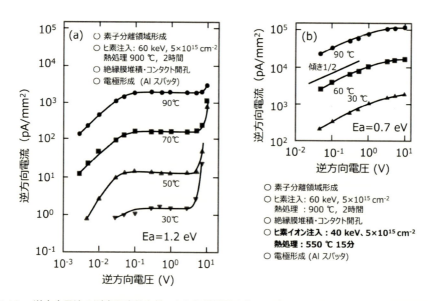

図 9.12 逆方向電流の測定温度依存性．(a) 絶縁膜開孔後のヒ素イオン注入なし．(b) 絶縁膜開孔後のヒ素イオン注入あり．

なる.開口部を形成した後のヒ素イオン注入を行っていない試料では,図9.12(a)のように活性化エネルギーが1.2 eVでほぼE_gに一致している.これに対し,開口部形成後にヒ素イオン注入を行った試料では図9.12(b)のように0.7 eVとなり,ほぼ$1/2E_g$に近い値であることから,絶縁膜を開孔した領域へのヒ素イオン注入に起因して増加した逆方向電流は,温度特性からも発生電流であることが示される.

τ_gは発生中心濃度(N_t)と反比例の関係にあることから,このようなPN接合の逆方向リーク電流の測定で発生電流を求めることにより,PN接合の空乏層内に存在する発生中心の密度を求めることができる.PN接合によって形成される空乏層の深さは,p形基板のボロン濃度と,あらかじめ形成しておいたPN接合の位置によって決まる.すなわち,拡散層を形成する際の熱処理条件によってあらかじめ形成する拡散層の深さを変えることで,PN接合によって形成される空乏層の位置を変えることができる.本評価で拡散層形成温度を850 ℃から950 ℃まで変化させたときの空乏層の位置は,図9.13(a)でヒ素のプロファイルと用いたp基板の濃度である10^{16} cm^{-3}とが交差する深さとなる.これらの結果から,絶縁膜開孔後のヒ素イオン注入後の,熱処理を行わない状態での発生中心の深さ方向濃度分布は,図9.13(b)に示した通りに得られた.このような発生中心は,ヒ素イオン注入によって生成されているものであること,ヒ素が注入された領域よりも深い領域に存在していることから,ヒ素イオン注入によって生成された格子間シリコンであろうと考えられる.

図9.14(a)に,逆方向電流のヒ素イオン注入後の低温熱処理条件依存性を示した.逆方向電流がヒ素イオン注入後の低温熱処理によって減少したのは,空乏層内に存在した格子間シリコ

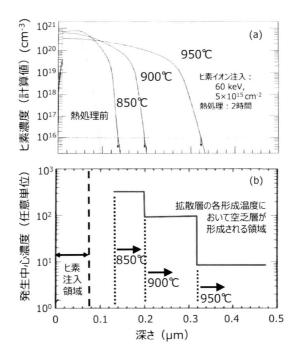

図9.13　(a) ヒ素拡散層中のヒ素の深さ方向分布プロファイル,(b) 拡散層のプロファイルと基板濃度から計算される,発生中心の深さ方向濃度分布.絶縁膜開孔後に注入されたヒ素が,あらかじめ形成された拡散層中に存在するように拡散層を形成している.

ンの濃度が，拡散，あるいは再結合により減少した結果と考えられる．そしてその減少していく過程の活性化エネルギーは，図 9.14 に示した結果から，0.8 eV と得られた．また図 9.11(a)，図 9.14 から，低温後熱処理ではその熱処理時間を伸ばしても，ヒ素イオン注入前に形成された PN 接合と同程度までリーク電流が下がることはないことが分かる．格子間シリコンの拡散係数については様々な値が提示されているが [33]，これは，リーク電流の要因となる格子間シリコンの濃度が低下する活性化エネルギーが 0.8 eV あり，この実験で行ったような 550 ℃という低温の熱処理では，格子間シリコンの濃度を十分に低減することができなかったためと考えられる．

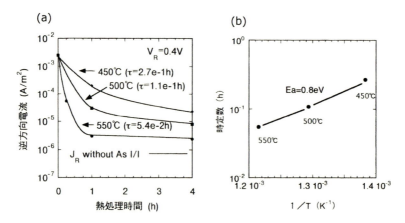

図 9.14　(a) 逆方向電流の低温熱処理による変化，(b) 逆方向電流減少量の熱処理温度依存性．この結果から，発生中心の消滅する活性化エネルギーは 0.8 eV と見積もられる．

またこの結果は，高ドーズ量のイオン注入でアモルファス化された領域の固相エピタキシャル成長による単結晶化で，導入されたドーパントをシリコンに置換するという点では結晶性は回復していると言えるものの，格子間シリコンが残存しているということは，イオン注入で格子間シリコンとともに形成された空孔も低温熱処理後に残存していることを示唆している．

9.2.4　不活性化したヒ素原子の状態

不活性化したヒ素が空孔と結合して不活性な状態を作った場合の形態については，いろいろな構造が提案されている [11-13, 30, 31, 34]．いずれの構造も，ヒ素と空孔からなる複合欠陥であり，単一，あるいは複数の，ヒ素原子と空孔とが近接する位置を取っている．これらの構造の内のいくつかは，複数のヒ素原子が近接した位置にある構造となっている．図 9.6 から分かるようにヒ素の濃度は高くとも 1×10^{21} cm^{-3} 程度であり，これはシリコン単結晶中の原子数密度である 5×10^{22} cm^{-3} と比較すると，高濃度といっても 2 ％にすぎない．したがって，イオン注入直後の状態で，形成されたアモルファス層中にランダムに存在するヒ素原子同士が近接した位置を取るためには，拡散等によるヒ素原子の移動が必要となる．しかしながら図 9.6 で観察された不活性化は，550 ℃というヒ素原子がほとんど長距離拡散できない温度領域で起きている．したがって，ヒ素原子同士が近接したような形態での不活性化は，少なくとも図 9.6 で観測されたような低温での熱処理では，極めて起きにくいと考えられる．

一方 9.2.3 項に記した 550 ℃での熱処理で逆方向電流が大きく変化したという結果は，生成さ

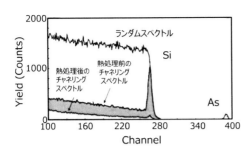 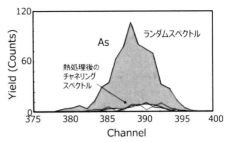

図 9.15　ヒ素イオン注入直後，および熱処理後の RBS スペクトル．(a) シリコン原子およびヒ素原子による反跳イオン，(b) ヒ素原子による反跳イオンの，それぞれのエネルギー領域でのランダムスペクトルとチャネリングスペクトル．評価に用いた試料は，図 9.7 に示したヒ素の注入量を 5×10^{15} cm^{-2} として 550 ℃で熱処理を行ったもの．熱処理時間は 1, 16, 40 時間．

れた格子間シリコンが 550 ℃での熱処理中に拡散し，かつ残っていることを示している．このことは，550 ℃での熱処理後も，ヒ素が高濃度に存在する領域に空孔も高濃度に残存していて，また拡散も可能であることを示唆している．また空孔の拡散速度は，格子間シリコンのように，ドーパントとなる元素よりも速い [33]．このことは，ヒ素原子に近接する位置に空孔が拡散し，不活性な状態を作ることのできる可能性を示している．

実際，不活性化したと考えられる状態の試料について RBS チャネリングスペクトルを測定したところ，図 9.15(a), (b) のような結果が得られている．1 時間の熱処理で，ヒ素イオン注入によってアモルファス化した領域は，固相エピタキシャル成長により単結晶化されていること，またヒ素原子はシリコン原子に置換していることが分かる．その後，16 時間，40 時間の熱処理を行った試料，すなわち図 9.7 で電気的な不活性化が進行していることが確認された試料であっても，反跳原子数 (Yield) は増えておらず，ヒ素原子はシリコン原子の置換位置から外れていないことを示している．少なくともヒ素原子は，<100>方向へのチャネリングを妨げるような位置へは移動していない．この結果は，ヒ素原子がシリコンの格子位置を取ったまま，空孔がヒ素原子の近接位置に移動したことによってヒ素が不活性化したと考えることで説明できる．

例えば図 9.16 に示した AsV のような構造であれば，空孔がヒ素原子と隣り合うサイトまで拡散することで，容易に形成できる．またこの構造は，シリコン単結晶中でヒ素原子が不活性化し

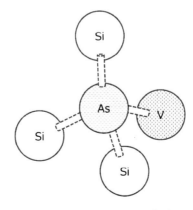

図 9.16　AsV 構造の複合欠陥

た状態として取ることのできる構造であることが，第一原理計算から示されている [34]．これらの結果は，固相エピタキシャル成長を利用して形成されたヒ素の高キャリア濃度層が低温で不活性化したときの形態が，これまでに提案されてきた構造の一つである，ヒ素原子と空孔との複合欠陥であることを示している．

9.3 固相エピタキシャル成長法以外の方法による高キャリア濃度層の形成

9.3.1 ボロンの高ドーズイオン注入による活性なボロンクラスタの形成

シリコン基板中にドーパントとなる元素をイオン注入した場合，その基板がアモルファス化するか否かは，9.2.1 項に記したようにそのドーパントの種類に依存する．P 形のドーパントとして最も広く用いられているボロンは，基板温度を室温付近でイオン注入する限り，基板がアモルファス化されることはない [19, 20]．したがってイオン注入後の熱処理で，ヒ素のイオン注入後に見られたような，アモルファスからの固相エピタキシャル成長による活性化は起こらない．しかしながら熱処理を行わなければボロン原子がシリコンの格子位置を取ることはないので，ボロンをイオン注入した後の活性化のためには，熱処理が不可欠なものと認識されていた．

ところがボロンを様々な濃度でイオン注入し，熱処理したときのシート抵抗の熱処理温度依存性を調べたところ，図 9.17 に示したように，イオン注入量が 3×10^{16} cm^{-2} 以上のときは，熱処理を行っていない場合でも低いシート抵抗が得られることが分かった．またホール濃度の深さ方向分布を調べた結果を図 9.18 に示した．この結果は，ボロンが高い濃度で注入された領域で，高ホール濃度領域が形成されたことを示している [35-37]．

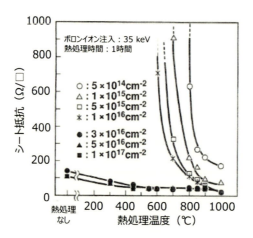

図 9.17　ボロンを様々なドーズ量で (001) シリコン基板にイオン注入し，熱処理したときのシート抵抗の熱処理温度依存性．通常であれば N 型基板を用いることでボロン注入層のシート抵抗を評価することができるが，熱処理を行わない場合，接合界面になるはず付近の深さの欠陥により PN 接合が形成できず，基板にも電流が流れてしまうため，ボロン注入層のシート抵抗やキャリア濃度を正確に評価できない．そこで基板として，抵抗率が高く，PN 接合を作らなくともシート抵抗が測定できる FZ 基板を用いている [36]．

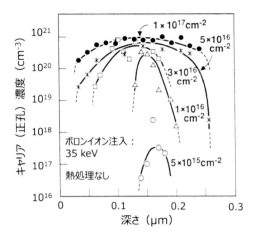

図 9.18　正孔濃度のボロンドーズ量依存性．ボロン濃度が 10^{21} cm^{-3} を程度以上の場合に，熱処理を行わない状態でも高キャリア濃度層が形成されている [37].

このようなホールの発生は，イオン注入後に熱処理を全く行わない状態で観察されていること，またこのような結果が得られたときのボロン濃度は 1×10^{22} cm^{-3} に近く，シリコン中のボロン固溶限よりもはるかに高いことから，ボロンはシリコン中で何らかの異なった構造を取っていることが考えられる．そこでその構造を同定するため，XPS による評価を行った．図 9.19 にボロンを 1×10^{17} cm^{-2} イオン注入した試料の XPS スペクトルを示す．3 つに分離されたピークのうち高エネルギー側の 188.1 eV に位置するピークが，クラスタ構造を有するボロンの存在を示している [38]．低エネルギー側の 187.5 eV のピークは，4 配位でシリコン原子と結合したボロンによるものと，また 186.8 eV のピークは 3 配位のボロンによるものと同定される [39]．この結果から，高濃度にボロンを注入した試料においては，ボロン同士がクラスタを結合した状態で存在していることが確認される．

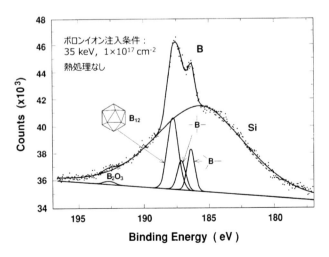

図 9.19　ボロンのイオン注入後，熱処理を行っていない試料におけるボロンの XPS スペクトル．ボロンが高濃度に存在する領域での評価を行うため，XPS スペクトル測定前に，陽極酸化法を用いて基板表面から約 0.15 μm の深さまでエッチングを行っている [35, 36].

ボロン原子同士が結合した安定な状態としては，12個のボロン原子が正二十面体構造を取った構造のB_{12}が知られている [40, 41]．このような構造がシリコン結晶中で存在するためには，シリコン結晶中で周囲のシリコン原子と安定な結合を形成できる必要がある．B_{12}正二十面体に外接する球は，外側への結合手も含めると，直径0.518 nmとなる．一方，シリコン結晶は1個のシリコン原子に対して周囲に4個のシリコン原子が配位した正四面体構造を取っているが，この5個のシリコン原子が構成する正四面体の外接球の直径は0.533 nmであり，B_{12}正二十面体に外接する球とほぼ同じ大きさとなっている．またB_{12}は12個のボロン原子がそれぞれ外側に向かって一本ずつの結合手を持つため，合計で12本の結合手を持つ．一方，正四面体構造を形成する5個のシリコン原子も，4つの頂点に存在する各原子がそれぞれ正四面体の外側に向かって3本ずつの結合手を持つため，全体の結合手は同じく12本となる．すなわちB_{12}を5個のシリコン原子に置き換えることは，大きさの点からも，また結合手の数の点からも，取り得る構造であると言える．

そして電気的には，12個のボロン原子に12個の水素原子が結合した$B_{12}H_{12}$が2価の陰イオン状態で安定であるように，B_{12}自体は2個の電子不足状態であり，安定状態を作るためには，余計に2個の電子を必要とする [39, 40]．したがってシリコン結晶中において，上記のようにB_{12}が周囲の12個のシリコン原子と結合できれば，B_{12}はシリコン結晶中から2個の電子を奪った状態，すなわち2価のアクセプタとなって安定化できる．実際，様々な濃度にボロンを注入した試料でホール濃度とBドーズ量の関係を調べたところ，図9.20のようにホール濃度はボロンの注入量の約2/12となっており，1つのクラスタが2個のホールを生成しているというモデルと整合する結果となっている．

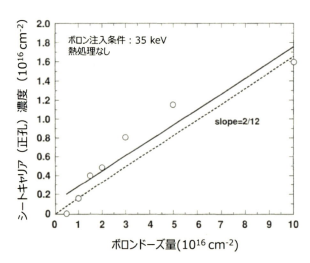

図9.20　シートキャリア（正孔）濃度とのボロンドーズ量依存性．シートキャリア濃度はボロンドーズ量の約2/12となっている [35, 36]．

このような構造が実際に安定に存在することについては，第一原理計算からも裏付けられている [42]．またこの構造を取ることでシリコンのバンドギャップ内の価電子帯付近に新たなレベルが形成されることから，このB_{12}構造が2価のアクセプタとして機能することも確認されてい

る．また第一原理計算による XPS スペクトルの計算により，図 9.19 に示した XPS スペクトルのうちの高エネルギー側のピークが，B_{12} 構造を有するボロンクラスタによるものであることが示されている [43, 44]．図 9.21 に，第一原理計算の結果に基づいて，B_{12} を 5 個のシリコン原子に置換した構造を示した．この構造が安定に存在するという計算結果は，この構造の生成が，イオン注入直後の熱処理をしない状態で高キャリア濃度の領域が形成できる要因であるというモデルを裏付けている．

図 9.21　シリコン結晶中において，二十面体の B_{12} を 5 個のシリコン原子に置換した構造．

9.3.2　電気的に不活性なボロンクラスタの形成

　B_{12} が 5 個のシリコン原子に置換した構造が安定であるといっても，ボロン濃度が固溶限を超えている以上，後熱処理による不活性化は避けられない．図 9.22 は，ボロンの注入量を 1×10^{16} cm^{-2} あるいは 1×10^{17} cm^{-2} とした場合について，熱処理を行った後のキャリア濃度プロファイルである．注入量が少ない場合は，図 9.22(a) のように，熱処理温度が高いほどボロン原子のシリコン原子への置換の促進，また結晶性の回復によるキャリア濃度の増加が見られる．これに対して注入量が多い場合は，図 9.22(b) のように，逆に熱処理温度が高いほどキャリア濃度は低下している．これらはいずれも，キャリア濃度が図 9.2 や図 9.3 で示した固溶限に近づいている結果である．図 9.22(b) のようなキャリア濃度の低下は，シリコン結晶中で 5 個のシリコン原子に B_{12} が置換した構造から別の構造に変わっていくことで，不活性なボロン原子が増えたことによる．

　高濃度のボロンの不活性化は，シリコン原子とボロン原子とからなる安定な化合物の形成によるとされているが，高ドーズ量のイオン注入後はイオン注入に起因した欠陥が残存してしまい，その状態を同定するのは困難である [17, 18]．そこで「ボロンを高濃度に含んでいながら，結晶欠陥がない状態」を実現するため，高濃度にボロンを添加したアモルファスシリコンをシリコン基板上に堆積し，それを固相エピタキシャル成長させることで，活性化と不活性化の過程を調べた [45]．

　図 9.23 に，1×10^{21} cm^{-3} の濃度でボロンを含有するアモルファスシリコンをシリコン基板上に 200 nm の厚さで堆積し，600～1000 ℃ の各温度で 1 時間の熱処理を行った後，キャリア濃度

を調べた結果を示した．この結果から，低温での熱処理で 4×10^{20} cm^{-3} 程度のキャリア濃度が得られていたものが，その後の熱処理で 1.5×10^{20} cm^{-3} 程度に低下していることが分かる．

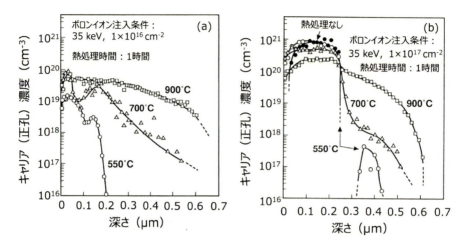

図 9.22 ボロンイオン注入試料の熱処理後のキャリアプロファイルの熱処理温度依存性．ボロンドーズ量：(a) 1×10^{16} cm^{-2}，(b) 1×10^{17} cm^{-2} [36]．

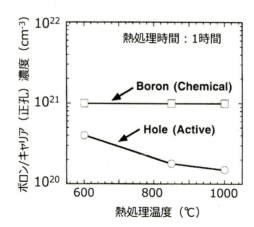

図 9.23 1×10^{21} cm^{-3} の濃度でロンを含有するアモルファスシリコンを n 形基板上に堆積し，600～1000 ℃の範囲の温度で 1 時間の熱処理を行った後の，ボロン濃度およびキャリア（正孔）濃度．キャリア濃度は，ホール測定で得られるシートキャリア濃度を膜厚で割ることによって求めている [46]．

これらの試料のうち，600 ℃と 1000 ℃のそれぞれの温度で熱処理を行った試料の TEM 観察像を，図 9.24 および図 9.25 に示した．キャリア濃度の高い 600 ℃で熱処理を行った試料では特に欠陥は見られていないが，1000 ℃の熱処理を行った試料には 10 nm 程度の大きさの析出物が観察された．この領域を拡大したところ，図 9.26 のように析出物の領域には明瞭な結晶性は観察されていない．この領域に存在する元素を同定するため TEM-EELS による評価を行ったところ，図 9.27 のように，析出物の存在する領域でその周辺の領域よりもボロンの濃度が高くなっていることが確認された [41]．この結果から，固溶限以上の濃度にボロンを含有する領域の

不活性化は，固溶限に等しい濃度のボロンを含むシリコン単結晶の領域と，ボロン原子とシリコン原子とで構成される化合物の領域とに分かれていく過程であると考えられる．

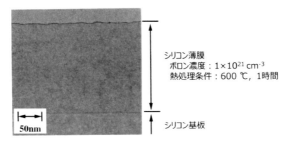

図 9.24　ボロン添加アモルファスシリコンを 600 ℃で熱処理を行った試料の TEM 観察像．アモルファス層は単結晶化しており，欠陥等は全く観測されない [46]．

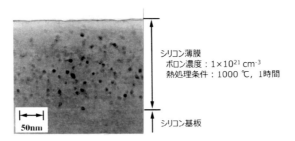

図 9.25　ボロン添加アモルファスシリコンを 1000 ℃で熱処理を行った試料の TEM 観察像．析出物が観測された [46]．

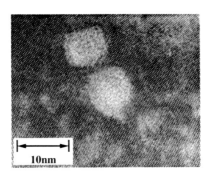

図 9.26　ボロン添加アモルファスシリコンを 1000 ℃で熱処理を行った試料の高分解能 TEM 観察像．析出物からは明瞭な結晶状態は観測されない．

またこれらの熱処理温度を変えた試料で SIMS による二次イオンの収率を比較したところ，高温で熱処理した試料では，複数のボロンが結合したことを示す質量数の二次イオンが多く含まれることが確認されている [45]．また XPS 測定を行った結果からも，図 9.27 のように，高温熱処理を行うことでクラスタ状のボロンが形成されていることが示されている [46]．

なお図 9.27 で 600 ℃で熱処理を行った試料の XPS スペクトルに着目すると，ほとんどのボロンが，ボロン原子がシリコン原子に置換した場合に見られる 4 配位のエネルギーとなっている

ことが分かる．この 600 °Cで熱処理を行った試料は，図 9.24 の断面 TEM 観察像を示されるように全く欠陥が見られておらず，4×10^{20} cm^{-3} という高いキャリア濃度が得られているが，この堆積した薄膜中には 1×10^{21} cm^{-3} ボロンが含まれていることから，50% 以上のボロンが不活性な状態となっていることになる．XPS は，この試料ではボロンはクラスタ化していないことを示す一方，ほとんどのボロンが 4 配位であるとしてしまうと，これはボロンの活性化率が低いというキャリア濃度の測定結果とは整合しない．

この結果については，ボロンがシリコン中で取り得る状態である<001>B-Si（Si を 1 個抜いて<001>方向に並んだ 2 つ B を入れた構造 (<001>B2 split))，あるいはシリコン原子を取り除き B-Si の 2 原子分子を<100>方向に挿入した構造で，Si がイオン化した状態 (<001>B-Si$^+$) であれば，XPS で観察されるエネルギーは 4 配位のボロンとほとんど同じとなる [44]．これらを含めて図 9.27 の 4 配位のボロンのピークと重なっている可能性が考えられる．

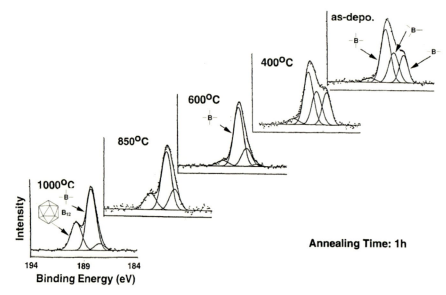

図 9.27　ボロン濃度：1×10^{21} cm^{-3} のボロン添加アモルファスシリコンを様々な温度で熱処理したときの XPS スペクトル [46]．

図 9.28 に，シリコン結晶中へのボロンの導入方法と，高濃度のボロンが存在する形態との関係を模式的に示した．シリコン中への高濃度のボロンのドーピングにおいては，そのドーピング手法によって全く違った機構によって高キャリア濃度層が形成される．この図の中で，高濃度に注入されたボロン原子が B_{12} を形成し，5 個のシリコン原子に置換する構造を取ることができた理由については，図 9.29 に示したモデルを考えている．

シリコン結晶中で高濃度にボロンが含有されたときの最も安定な状態は，図 9.21 に見られたような大きな析出物の形成された状態である．ボロンのイオン注入を行っただけで，熱処理などのエネルギーを何も加えていない状態では，ボロン原子が長距離を拡散することができず，図 9.21 で見られたような電気的に不活性な析出物は形成されない．しかしながら，ボロンの注入量が極めて高い場合には，注入直後の状態で近接したボロン原子同士が結合して安定な構造で

ある B_{12} を形成し，イオン注入のエネルギーによる結晶回復過程の中で周囲のシリコン結晶と結合することで，準安定な状態を作ることができたのではないかと考えている．実際図 9.13 で，ボロンの注入量 1×10^{17} cm^{-2} の場合にはボロンのピーク濃度は約 1×10^{22} cm^{-3} となり，シリコン原子に対して約 20 % のボロン原子が存在することになる．このように，室温でのシリコン中への高濃度のボロンイオン注入の結果として，ボロンが長距離の拡散をすることなく B_{12} を形成できるような状態になったことが，イオン注入後に熱処理を行わなくとも高キャリア層が形成されるという，ボロンに特有の現象が発現した要因であると考えている．

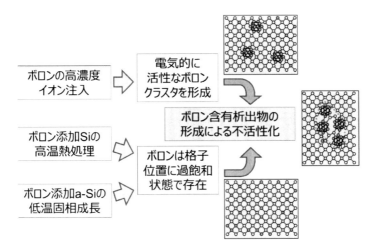

図 9.28　シリコン中における高濃度ボロンの状態．

図 9.29　シリコン結晶中における電気的に活性な B_{12} クラスタの形成過程．

9.4 まとめ

シリコン単結晶中にヒ素やボロンを高濃度にドーピングした際の活性化・不活性化の過程は，ドーパント種だけに依存せず，どのようなプロセスで活性化がなされるかによっても大きく異なる．図 9.30 に，本章で紹介した高濃度のヒ素やボロンの挙動の概略を示した．ただしドーパントごとに異なるクラスタの構造，そのクラスタがシリコン結晶中に存在するときの電気的な状態，また点欠陥との結合により形成される複合欠陥の構造・電気特性の違いにより，高濃度にドーピングされたときの活性化・不活性化の挙動は，元素ごとに大きく異なっている．本章で紹介した内容が，単結晶シリコン中への高濃度ドーピングの挙動の理解の一助となれば幸いである．

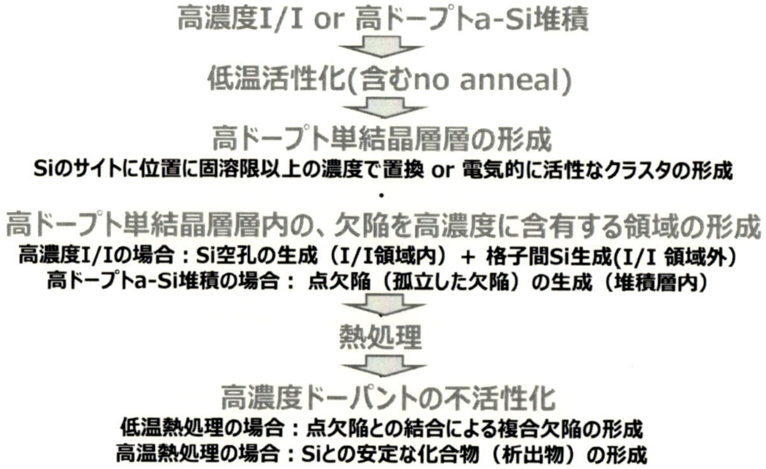

高濃度I/I or 高ドープta-Si堆積
⇓
低温活性化(含むno anneal)
⇓
高ドープト単結晶層層の形成
Siのサイトに位置に固溶限以上の濃度で置換 or 電気的に活性なクラスタの形成
・
高ドープト単結晶層層内の、欠陥を高濃度に含有する領域の形成
高濃度I/Iの場合：Si空孔の生成（I/I領域内）＋ 格子間Si生成(I/I 領域外)
高ドープta-Si堆積の場合：点欠陥（孤立した欠陥）の生成（堆積層内）
⇓
熱処理
⇓
高濃度ドーパントの不活性化
低温熱処理の場合：点欠陥との結合による複合欠陥の形成
高温熱処理の場合：Siとの安定な化合物（析出物）の形成

図 9.30　シリコン中における高濃度のヒ素やボロンの挙動の概略．

参考文献

[1] J. C. Irvin, *Bell System Tech. J.* **41**, 387 (1962).
[2] S. M. Sze, *Semiconductor Devices. Physics and Technology* (John Wiley & Sons, 1985).
[3] 水島一郎, 拡散技術, 『ULSI プロセス技術』（原央 編）, p. 120（培風館, 1997）.
[4] F. A. Trumbore, *Bell System Tech. J.* **39**, 205 (1960).
[5] K. Tang et al., *A Thermochemical Database for the Solar Cell Silicon Materials. Mater. Trans.* 2009, 50, 1978–1984.
[6] A. Mostafa and M. Medraj, *Materials.* **10**, 676 (2017).
[7] S. Maekawa and T. Oshida, *J. Phys. Soc. Jap.* **19**, 253 (1964).
[8] G. L. Vick and K. M. Whittle, *J. Electrochem. Soc.* **116**, 1142 (1969).
[9] H. Niimi et al., *IEEE Electron Dev. Lett.* **37**, 1371 (2016).
[10] S. Mochizuki et al., *2018 IEDM Tech. Dig.*, 811 (2018).
[11] R. B. Fair and G. R. Weber, *J. Appl. Phys.* **44**, 273 (1973).
[12] M. Y. Tsai et al., *J. Appl. Phys.* **51**, 3230 (1980).

[13] K. C. Pandey et al., *Phys. Rev. Lett.* **61**, 1282 (1988).

[14] D. Nobili et al., *J. Appl. Phys.* **53**, 1484 (1982).

[15] *A. Armigliato et al., in Semiconductor Silicon* 1977, edited by H. R. Huff and E. Sirtl, p.638 (Electrochem. Soc. Pennington, NJ).

[16] H. Ryssel et al., *Appl. Phys.* **22**, 35 (1980).

[17] E. Landi et al., *Appl. Phys. A* **47**, 359 (1988).

[18] S. Solmi, E. Landi, and F. Baruffaldi, *J. Appl. Phys.* **68**, 3250 (1990).

[19] *VLSI Technology*, ed. S. M. Sze (McGraw-Hill international book company, 1983).

[20] F. F. Morehead, B. L. Crowder and R. S. Title, *J. Appl. Phys.* **43**, 1112 (1972).

[21] H. Nishi, T. Sakurai and T. Furuya, *J. Electrochem. Soc.* **125**, 461 (1978).

[22] 水島一郎, 村越篤, 柏木正弘, 第38回応用物理学会連合講演会, 30a-X-7 (1991年3月)

[23] K. Zellama et al., *J. Appl. Phys.* **50**, 6995 (1979).

[24] R. B. Iverson and R. Reif, *J. Appl. Phys.* **62**, 1675 (1987).

[25] 水島一郎他, (社) 電子情報通信学会, シリコン材料・デバイス研究会, SDM88-167 (1989年3月17日)

[26] L. Csepregi, E. F. Kennedy and J. M. Mayer, *J. Appl., Phys.* **49**, 3906 (1978).

[27] R. Drosd and J. Washburn, *J. Appl., Phys.* **53**, 397 (1982).

[28] S. K. Tung, *J. Elec. Society.* **112**, 436 (1965).

[29] R. Reif, T. I. Kamins and K. C. Saraswat, *J. Electrochem. Soc. Solid Sci. Tech.* **126**, 644 (1979).

[30] K. Tsutsui et al., *18th international Workshop on Junction Technology* (IWJT), 1, Shanghai (IEEE 2018).

[31] K. Tsutsui and Y. Morikawa, *Jpn. J. Appl. Phys.* **59**, 101503 (2020).

[32] 水島一郎, 柏木正弘, 第42回応用物理学会連合講演会, 28a-Q-7 (1995年3月).

[33] M. Suezawa, Y. Iijima and I. Yonenaga, *Jpn. J. Appl. Phys.* **61**, 075504 (2022).

[34] J. Yamauchi, Y. Yoshimoto and Y. Suwa, *AIP Advances.* **10**, 115301 (2020).

[35] I. Mizushima et al., *Appl. Phys. Lett.* **63**, 373 (1993).

[36] I. Mizushima et al., *Jpn. J. Appl. Phys.* **33**, 404 (1994).

[37] 水島一郎 他,『応用物理』**63**, 386 (1994).

[38] L. Chen et al., *J. Mater. Sci. Lett.* **9**, 997 (1990).

[39] T. Kazahaya and M. Hirose, *Jpn. J. Appl. Phys.* **25**, L75 (1986).

[40] V. H. J. Becher, *Z. Anorg Allg Chemie.* **321**, 217 (1987).

[41] D. W. Bullet, *Conf. Proc. Boron-Rich*, Vol.140, Solids. 21 (AIP1986).

[42] J. Yamauchi, N. Aoki and I. Mizushima, *Phys. Rev. B* **55**, R10245 (1997).

[43] J. Yamauchi, Y. Yoshimoto and Y. Suwa, *Appl. Phys. Lett.* **99**, 191901 (2011).

[44] J. Yamauchi, Y. Yoshimoto and Y. Suwa, *J. Appl. Phys.* **119**, 175704 (2016).

[45] M. Tomita, F. Takahgashi and Y. Homma, *Nucl. Inst. Methsods Phys. Res. B* **85**, 399 (1994).

[46] I. Mizushima et al., *Jpn. J. Appl. Phys.* **37**, 1171 (1998).

第3部
パワー半導体

第10章

パワー半導体とドーピング技術

10.1　はじめに

電力の積極的な利用は1880年頃から始まり，電力は現代社会と我々の生活において欠かせないものとなっている．IEA(International Energy Agency) によれば，2022年の全世界の総発電量29,033 TWh（人口1人当たり3.65 MWh）は，2050年にはNet Zero Emissions Scenarioの場合で76,838 TWh（人口1人当たり7.94 MWh）と約2.6倍（人口1人当たりは約2.2倍）に増え，総エネルギー消費量の約80 %（2022年実績は23.6%）を占めるに至ると予測されており [1]，今後その重要性はますます高まる．ちなみに，省電力化や電力損失低減によって2050年の総発電量を1%削減できた場合に期待されるCO_2削減効果は，石炭火力発電削減換算で860 $MtCO_2$，天然ガス火力発電削減換算で356 $MtCO_2$程度に値する．

電力の利用のためには，電力を作り（発電），運びやすい状態に変え（電力変換），利用する場所まで運び（送配電），利用しやすい状態に変え（電力変換），その利用量を制御（電力制御）する必要がある．このように電力を自由自在に操る（発電，送配電，電力変換，電力制御）技術，つまり電力の変換や制御を行う技術を総称してパワーエレクトロニクスと呼んでいる．パワー（電力）を扱うエレクトロニクスという意味である．パワーエレクトロニクスの装置，つまり電力の変換制御を行う装置において電力の流れ（電流の流れや電圧の印加）を制御するスイッチとして使用される半導体を，パワー半導体もしくはパワー半導体素子，パワー半導体デバイス，パワーデバイス等と呼んでおり，本書では主にパワー半導体と呼ぶ．

本章では，電力の変換制御に不可欠なキーデバイスであるパワー半導体に関して，電力の変換制御においてパワー半導体が果たす役割と，その役割を果たす上でのパワー半導体の重要機能と重要特性について，10.2節と10.3節でまず説明する．次に，電力を変換制御する装置である電力変換装置の進化の歴史と，その進化の各段階においてパワー半導体の登場や進化がどう貢献したかを，いくつかの事例について10.4節で確認する．そして，10.5節では，進化の各段階で主流となったパワー半導体に関して，パワー半導体の何が変わることによってどのように電力変換装置の進化に貢献したかを説明する．10.6節では，パワー半導体の最も重要な問題である損失と，損失を決める重要特性であるオン抵抗もしくはオン電圧，ターンオン損失，ターンオフ損失との関係について理解する．続く10.7節では，電力変換装置の容量，電圧，電流，キャリア周波数の間の大まかなスケーリング則的な関係について把握する．そして，10.8節では，パワー半導体の損失低減の限界を決めている，オン抵抗と耐圧の間のトレードオフ関係について少し詳しく説明する．というのは，10.5節で説明するパワー半導体の進化と10.8節で説明するこのトレードオフ関係の改善（具体的な改善技術を10.9節と10.10節で説明する）が，電力変換装置の進化と改善に直結してきているからである．10.9節ではバイポーラ型パワー半導体によるオン抵抗と耐圧の間のトレードオフの改善について，10.10節でスーパージャンクションによる同トレードオフの改善について説明する．そして，10.5節で説明するパワー半導体の進化の各段階と10.9節と10.10節で説明するパワー半導体の2つの技術革新に代表される大幅な改善の各段階を可能とした重要なSiのドーピング技術はそれぞれ何であったかを，10.11節で詳細に説明する．最後に，将来も主力のパワー半導体として継続的に使用されると考えられるパワー半導体と，そのさらなる改善のために重要と考えられるSiのドーピング技術と，そこに残されている課題について10.12節で説明し，10.13節を本章のまとめとする．

本書では，パワー半導体におけるドーピング技術に関するエンジニアリングの重要な部分を各章で解説しているので，参考としていただければ本望である．

10.2 パワー半導体の役割

パワー半導体は電力を変換制御するためのスイッチであり，太陽光発電や風力発電等の発電，直流送電や 50/60 Hz 間の送電周波数変換等の送配電，そしてプラント・工場から家庭に至るまでの各種電気施設・設備・装置・器具等の運転制御など，電力をつくり，配送し，利用する全ての段階で使用される．設備・装置や運転制御の条件にも依存するが，パワー半導体を使用しないで電力を制御する場合には大まかに 20〜30 %程度以上の電力損失が発生することが多いのに対して，パワー半導体を利用して電力制御を行う場合の電力損失はほとんどの条件で 10 %以下へ低減することが可能であり，近年では多くの施設・設備・装置・器具の電力の変換制御にパワー半導体が利用されるようになってきている．例えば，家庭を例にとると，電子レンジ，電磁調理器，電気炊飯ジャー，エコキュート，エアコン，冷蔵庫，洗濯機，食洗器，TV，録画機，PC，プリンタ，LED 照明器具，スマホ，各種 AC アダプタや充電器等にはパワー半導体が利用されている．パワー半導体が利用されていないのはトースター，湯沸かしポット，ヘアドライヤ，オン・オフ式の電気ストーブ，点灯管式の蛍光灯や白熱灯などに限られている．

電力の変換制御におけるパワー半導体の役割を，図 10.1 と図 10.2 を用いて説明する．図 10.1 は，コンデンサ C_H と C_L で表現した DC（直流）電源とスイッチ Q_{UH}, Q_{UL} で表現した 2 素子のパワー半導体を使って単相 AC（交流）電力を作り，単相 AC モータ M の動作を制御する回路を表している．2 素子のパワー半導体の制御方法（オンさせるかオフさせるか）と，それによってモータ M へ出力する電圧 v_U と電流 i_U がどう変化するかの大まかなイメージを，図 10.2 に示した．なお，図 10.2 ではモータ M の電気特性を純粋なインダクタと仮定して単純化している．これらの事例は三角波比較方式 PWM(Pulse Width Modulation) と呼ばれ [2]，現在のパワーエレクトロニクス・電力の変換制御で広く標準的に用いられている制御方式を簡略化して表したものである．図 10.2(a) に示すようにキャリア周波数 f_C で上下する三角波キャリア v_{CAR} とここでは正弦波とした電圧指令値 v_{TU} を比較して，電圧指令値 v_{TU} ＞三角波キャリア v_{CAR} の期間は Q_{UH} をオンとし，Q_{UL} をオフとして U 端子へ $+V_{DC}$ を出力する．逆に三角波キャリア v_{CAR} ＞電圧指令値 v_{TU} の期間は Q_{UH} をオフとし，Q_{UL} をオンとして U 端子へ $-V_{DC}$ を出力する．そうすると，U 端子がモータ M の端子間へ出力する電圧 v_U は $+V_{DC}$ と $-V_{DC}$ の間を図 10.2(b) に示すように変化する．その仮想的な平均値（実際には存在しない電圧であるが，三角波キャリア v_{CAR} の 1 周期の期間 $1/f_C$ の電圧 v_U を平均化した値）$\bar{v}_U$ は図 10.2(c) に示すように変化するので，三角波キャリアと電圧指令値を用いた演算で概ね正弦波に近い仮想的な平均値 AC 電圧 $\bar{v}_U$ を生成できることが分かる．また，この概ね正弦波に近い仮想的な平均値 AC 電圧 $\bar{v}_U$ の周波数 f_U は電圧指令値 v_{TU} の周波数に等しく，振幅 $\bar{v}_{0U}$ は電圧指令値 v_{TU} の振幅に比例する．U 端子からモータ M へ流れる電流 i_U，スイッチ Q_{UH} を流れる電流 i_{UH}，スイッチ Q_{UL} を流れる電流 i_{UL} を，それぞれ図 10.2(d)，図 10.2(e)，図 10.2(f) に示した．電流 $i_U = i_{UH} - i_{UL}$ も概ね正弦波となることが分かる．つまり，2 素子のパワー半導体を利用して，

三角波比較方式 PWM 等の適切な制御を行えば，DC 電源から周波数と振幅を制御した単相 AC を出力することができる訳である．詳しい説明は省略するが，一般にモータの動作は逆変換が可能であり，AC(DC) モータは端子間へ AC(DC) 電力を入力すれば軸から回転を出力するが，逆に軸へ回転を入力すれば端子間から AC(DC) 電力を出力できる（モータは発電機になる）[3]．そして，2 素子のパワー半導体からなる 1 相のブリッジも，PN 端子間へ DC 電力を入力して適切な制御を行えば，U 端子から周波数と振幅を制御した仮想的な平均値 AC 電力を出力でき（説明済み），逆に U 端子へ AC 電力を入力して適切な制御を行えば，PN 端子間へ電圧を制御した平均的な DC 電力を出力できる（詳しい説明は省略）[2]．これがパワーエレクトロニクス，パワー半導体を利用した電力の変換制御の原理であり，その中でパワー半導体が果たす役割である．なお，実際のパワーエレクトロニクス，電力の変換制御においては，ある程度以上の大きさの AC 電力は単相ではなく 3 相の AC で取り扱われる．したがって，パワー半導体を利用した電力変換回路の多くは図 10.3 のように U, V, W の 3 相のパワー半導体ブリッジから構成され，電力は AC 側の電圧もしくは電流で見た場合に U, V, W 相間の位相を 120° ずらした形で取り扱われる．それぞれ逆変換も可能であるが，主に DC を AC へ変換する部分をインバータ，主に AC を DC へ変換する部分をコンバータと呼んでいる．

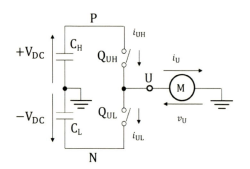

図 10.1　パワー半導体の役割を説明するための電力変換の基本回路．

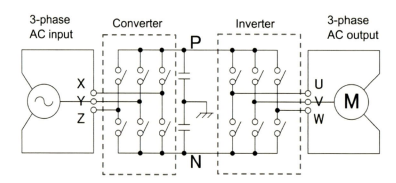

図 10.3　典型的な電力変換回路の例：3 相コンバータ＋ 3 相インバータ．

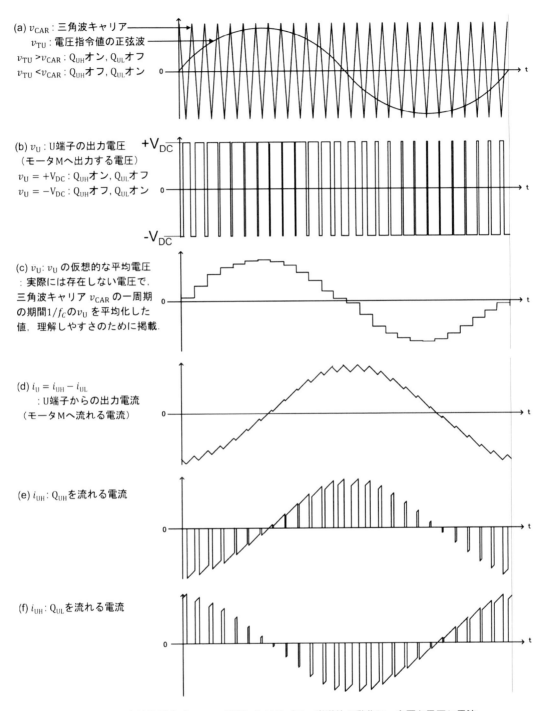

図 10.2 三角波比較方式 PWM 制御におけるパワー半導体の動作と，主要な電圧と電流．

10.3 パワー半導体の重要機能と重要特性

パワー半導体の前に,まずパワーエレクトロニクス機器の重要機能と重要特性を確認しておく.パワーエレクトロニクス機器の重要機能は,電力の変換 (AC-DC, DC-AC, AC-AC, DC-DC) と制御（AC電圧もしくは電流の周波数と振幅,DCの電圧もしくは電流）[2],そして仕事の自動化である.その機能を効果的・効率的に発揮するために求められる重要特性は,電力変換効率もしくはその逆の電力損失,制御精度,コスト(生産,運搬,設置,運転,メンテナンス,撤去やリサイクル等の後処理全般まで含めたライフサイクルコスト),大きさ(質量,体積),仕事の自動化率,稼働率などである.これらパワーエレクトロニクス機器の重要機能を高め,重要特性をより良くするためにパワー半導体に求められる重要機能は大きく 4 機能,すなわちオフ維持,オン維持,ターンオン,ターンオフとなる.それぞれの機能を効果的に発揮するために求められるパワー半導体の主要な重要特性は表 10.1 のようにまとめられる.本章では簡単のため,その中でも特に重要な,電力損失に深く関わる重要特性,耐圧 V_B,オン抵抗 R_{ON}（通電面積 A で規格化する場合は $R_{ON} \cdot A$）もしくはオン電圧 V_{ON},ターンオン損失 E_{ON},ターンオフ損失 E_{OFF} に絞った説明とする.

表 10.1 パワー半導体の主要な重要特性.

Functions	Important characteristics, symbol, and (unit)
Keep off-state	Breakdown voltage V_B (V)
	Leakage current I_R (A)
	Threshold voltage V_{th} (V)
Keep on-state	On resistance R_{ON} (Ω), $R_{ON} \cdot A$ (Ω·cm²)
	On-state voltage V_{ON} (V)
Turn-on	Turn-on loss energy E_{ON} (J) and power P_{ON} (W)
	Turn-on time t_{ON} (s)
	Noise
Turn-off	Turn-off loss energy E_{OFF} (J) and power P_{OFF} (W)
	Turn-off time t_{OFF} (s)
	Noise
Regarding all of the functions above	Cost
	Volume and Mass
	Lifetime
	Failure rate
	Heat dissipation

10.4 電力変換装置とパワー半導体の進化の歴史

パワー半導体が開発される以前から電力変換装置は存在した.変圧器（トランス）[4] は 19 世紀後半から現在に至るまで主力電力変換機器の一つとして AC-AC 変換に使用されている.19 世紀の終盤にはモータ・ジェネレータ [3] を使用した電力変換が実用化され,AC-DC, DC-AC, DC-DC,その後 AC-AC 周波数変換も実用化されている.20 世紀の初めには水銀整流器 [5] が,

1920年代にはサイラトロン[6]も登場し，AC-DC変換やDC-AC変換の出力制御やある程度の自動運転もその後可能となっている．しかしながら，問題は電力変換効率，大きさ，コスト，制御精度，自動化率，稼働率と，重要機能全般にわたっていた．それが，パワー半導体と制御のための信号処理・演算をする半導体の登場と進化によって劇的に改善されてきている．その事例を以下に紹介する．

図10.4は，UPS（無停電電源装置：50/60 Hzの商用AC電源から同じ周波数の安定したACを出力し，瞬時電圧低下や短時間の停電時にも安定したACの給電を継続する装置）の進化の歴史を，主に使用されたパワーデバイスの違いで説明している．図10.4(a)は，モータ・ジェネレータを使用した1964年のUPSであり[7]，系統からのACをACモータによって大きな質量の回転に変換して，質量の回転でエネルギーを蓄積している．回転は常時AC発電機の出力として安定したACを給電するとともに，停電時には回転する質量に蓄積したエネルギーを使ってAC給電を継続する．この場合の100 kVA当たりの質量は19 t，電力変換効率は78%未満であった．図10.4(b)は，1971年のサイリスタ[8]を使用したCVCF(Constant Voltage Constant Frequency)インバータ[2]方式のUPSであり[9]，100 kVA当たりの質量は3.2 t，電力変換効率は88%であった．図10.4(c)は，1975年のパワーバイポーラ接合トランジスタ（Power Bipolar Junction Transistor，以下BJTと略する）[10]を使用したPWMインバータ方式のUPSであり[9]，100 kVA当たりの質量は1.7 t，電力変換効率は92%であった．図10.4(d)は，1990年のIGBT (Insulated-Gate Bipolar Transistor)[11]を使用したPWMインバータ方式のUPSであり[9]，100 kVA品の質量は1.2 t，電力変換効率は92%であった．図には載せていないが，2012年にリリースされたRB(Reverse Blocking)-IGBT[12]を用いたT型3レベル方式のUPSは，100 kVA当たりの質量が0.61 tで電力変換効率が95%となっている[9]．

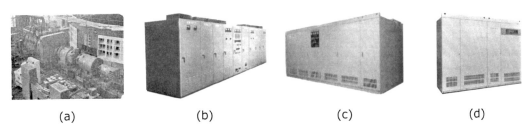

(a)　　　　　　　(b)　　　　　　　(c)　　　　　　　(d)

図10.4　UPSの進化の歴史と使用されたパワー半導体．(a)Motor-Generator UPS, in 1964, mass 19 t/100 kVA, efficiency < 78% for 100 kVA [7]. (b)Thyristor UPS, in 1971, 3.2 t/100 kVA, 88% for 100 kVA [9]. (c)Power Transistor UPS, in 1975, 1.7 t/100 kVA, 92% for 100 kVA [9]. (d)IGBT UPS, in 1990, 1.2 t/100 kVA, 92% for 100 kVA [9].

図10.5は，インバータ装置（50/60 Hzの商用AC電源を一度DCに変換してから目的の周波数のACへ変換する装置）の進化の歴史を主に使用されたパワーデバイスの違いで説明している．図10.5(a)は，1952年の格子制御付き水銀整流器を使用した周波数変換装置であり[13]，非常に大きく重たい．また，一定の目標周波数と振幅に対しては概ね無人運転も可能であったが，目標周波数や振幅を変更する場合には人手による操作とその時間を必要とした．図10.5(b)は，1967年のサイリスタを使用したPAM(Pulse Amplitude Modulation)方式[14]のインバー

タ装置であり [9]，水銀整流器の装置と比較すれば小さく軽くなっているが，BJT 以降の装置との比較では大きく重たい．この頃には信号制御のトランジスタが普及しロジック IC も発売されていたので，制御にトランジスタやロジック IC を用いれば自動運転が可能であり，制御の時定数も 50 Hz の場合で 3.3 ms と速くなった．図 10.5(c) は，1976/79 年の BJT を使用した PAM/PWM 制御の汎用インバータ装置であり [9]，サイリスタの装置との比較で大幅な小型化・軽量化が進んだ．制御にはアナログ IC やデジタル IC が使用されており，制御の時定数は 200 μs 以下で，PLC(Programmable Logic Controller)[15] との組み合わせによって完全な自動運転が容易に可能となった．図 10.5(d) は，1989 年の IGBT を使用した PWM 制御の汎用インバータ装置であり [16]，BJT の汎用インバータよりさらに小型・軽量化されている．制御にはアナログおよびデジタル IC とマイコンが使用され，制御の時定数は 67 μs 以下で，PLC やコンピュータとの組み合わせによって完全な自動運転が容易に行えた．

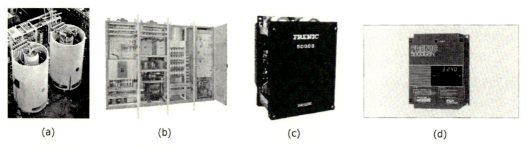

図 10.5　インバータ装置の進化の歴史と使用されたパワー半導体．(a)Mercury-Arc Frequency Converter, in 1952, 1500 kW, 1500 V. Control time constant = order of second [13]. (b)Thyristor Frequency Converter, in 1967, 30 kVA. Control time constant = 3.3 msec. Automation possible with transistor controller [9]. (c)BJT (Power Bipolar Junction Transistor) PAM, in 1976, and PWM, in 1979, General Purpose Inverter. Time constant < 200 μsec. Automation possible [9]. (d) IGBT PWM General Purpose Inverter, in 1989. Time constant = 67 μsec. Automation possible. Ultra low-noise fc=非可聴 [16].

表 10.2 は，新幹線電車の駆動用電源（0 系と 100 系は整流器，300 系からは CI(Converter Inverter)）の進化の歴史を，使用されたパワー半導体の違いで説明している [17]．1964 年に営業運転を開始した新幹線 0 系電車は駆動に DC モータを使用し，パワー半導体は Si（シリコン）整流素子 [18]，制御は変圧器 2 次側の低圧タップ制御，ブレーキにはモータが発電するエネルギーを抵抗器で消費する発電ブレーキを付加していた．最高速度は 210 km/h で，世代間の比較のために新幹線 0 系電車のエネルギー消費量を 100% としておく．世界で初めて 200 km/h を超える営業運転を達成するために当時の最先端の技術が多数盛り込まれたが，整流器に関して言えば，水銀整流器やセレン整流器 [19] ではなく，Si 整流器でなければ新幹線は実現できなかったであろう．1985 年に営業運転を開始した新幹線 100 系電車では，整流器がサイリスタと Si 整流素子の混合ブリッジ 4 段となりサイリスタ位相制御が適用された [20]．最高速度は 220 km/h で，エネルギー消費量は 0 系の 79 % に低減された．1992 年に営業運転を開始した新幹線 300 系電車では，DC モータと発電ブレーキに替わって AC モータと回生ブレーキが適用された．CI には PWM 式 GTO(Gate Turn-Off Thyristor)[21] コンバータと PWM 式 GTO VVVF (Variable Voltage Variable Frequency) インバータ [22] が採用された．最高速度は 270 km/h となり，エ

ネルギー消費量は0系の73％に低減された．コンバータとインバータの2段の電力変換を行うので電力変換による損失が1回から2回へ増えていて，エネルギー消費量の削減は大きくはないが，それによってACモータの適用が可能となり，モータの大幅な出力向上と軽量化と省メンテナンス化が進んだ．また，回生ブレーキ採用による無駄なエネルギー消費の削減も進んだ．1999年に営業運転を開始した新幹線700系電車では，IGBTを使用したPWM式コンバータとPWM式VVVFインバータが採用された[22]．最高速度は285 km/hとなり，エネルギー消費量は0系の66％に低減された．IGBTの採用によってキャリア周波数をGTOより高くでき，300系や500系では気になった発車・停車時のモータ音が小さくなっている．2007年に営業運転を開始した新幹線N700系電車と2013年に営業運転を開始した新幹線N700A電車では改良型IGBTを使用して損失を低減し，一部車両のCIのパワー半導体の冷却を走行風冷却として冷却用の送風機を廃止し，CIの体積と質量を減らしている[23]．2020年に営業運転を開始した新幹線N700S電車ではSiCを使用して損失をさらに低減し，全車両のCIのパワー半導体の冷却を走行風冷却としてCIの体積と質量を大幅に低減した[24]．これにより，主変圧器とCIを同じ車両に搭載することで，柔軟な編成組み換えを可能としている．また，SiCの特性を生かすことによってモータが小型化され，モータ全体での質量も70 kg削減されている．CIを始めとする床下機器類の小型化は，高速鉄道で初めてのバッテリー自走システムの搭載も可能とした[25]．

表10.2　歴代新幹線電車の主変換装置と主電動機，関連する特徴，利用されたパワー半導体[17]．

Year	Series	Max. speed (km/h)	Energy consumption (a.u.)	Converter/inverter system	Motor	Brake	Cooling system
1964	0	210	100	**Diode** rectifier	DC motor	Rheostatic brake	Forced ventilation
1985	100	220	79	**Thyristor** rectifier	DC motor	Rheostatic brake	Forced ventilation
1992	300	270	73	**GTO** converter **GTO** inverter	**AC motor**	**Regenerative brake**	Forced ventilation
1999	700	285	66	**IGBT** converter **IGBT** inverter	**AC motor**	**Regenerative brake**	Forced ventilation
2007 2013	N700 N700A	300	51	**IGBT** converter **IGBT** inverter	**AC motor**	**Regenerative brake**	Forced ventilation **Blowerless cooling**
2020	N700S	300	47	**SiC** converter **SiC** inverter	**AC motor**	**Regenerative brake**	**Blowerless cooling**

10.5　パワー半導体の進化のポイント

10.4節ではパワー半導体の登場や進化（新たなパワー半導体素子の登場や素子の大幅な改善）によって電力変換装置の重要機能や重要特性が大きく進展し，それが電力変換装置とパワーエレクトロニクスの発展を支えてきたことを説明した．本節では，パワー半導体の何が変わることによってどのように電力変換装置の進化・発展に貢献したのかを説明する．

表10.3は，パワー半導体以前の電力変換デバイスと各種のパワー半導体が量産レベルで利用され始めた大まかな年代と，そのパワー半導体が備えた重要機能や格段に優れた重要特性，それ

らが電力の変換制御，パワーエレクトロニクスに与えたインパクトをまとめている．前節でも述べたが，パワー半導体の登場以前から，変圧器，モータ・ジェネレータ，水銀整流器，サイラトロン等により電力変換やある程度の制御自体は可能であった．問題は，電力変換効率，大きさ（体積，質量），コスト，制御精度，自動化率，稼働率等，電力の変換制御の重要機能の全てが不十分なことであった．最初に登場したパワー半導体は整流素子であり，1920年代にCu_2O（亜酸化銅）整流体[26]，1930年代にSe（セレン）整流体，1952年にGe（ゲルマニウム）整流素子[27]，1955年にSi整流素子[27]が米国で実用化され，整流装置のコスト，体積，質量を劇的に改善して，AC-DC変換に利用される従来型電力変換デバイスを特殊な用途を除いてほぼ全て置き換えた．実用化された4種類の半導体材料の中でもSiは，パワー半導体の重要特性である耐圧V_Bが高く，オン電圧V_{ON}が（同じ耐圧で比較した場合に）低いことに加えて，大容量化しやすく高温にも強いことから，短期間で他の半導体材料を駆逐した．1958年に米国でSCR（Silicon Controlled Rectifier, Si制御整流素子[28]）という商品名でサイリスタが商用化された．サイリスタは，逆方向電圧に対しては整流素子と同じくオフ維持しかできないが，順方向電圧下ではオフ維持から自由なタイミングでターンオンできるので，位相制御やレオナード制御によって出力を制御するAC-DC変換が容易となり[29]，そのコスト，体積，質量が劇的に下がった．また，ターンオンをトランジスタで制御できるので，出力を制御したAC-DC変換の自動化が進み稼働率も上がった．1960年代前半には，各素子に強制転流回路（インパルス転流ともいう）[2]を付けて順方向電圧下でサイリスタをターンオフする技術も開発され，VVVFインバータ等にも利用されたが，強制転流回路のコスト，体積，質量が問題で，それほど広くは利用されなかった．順方向電圧下で自由なタイミングで誘導性負荷をターンオン・ターンオフできる素子として，1960年代にGTO[30]，1975年にプレーナ型高圧BJT[10]，1979年にパワーMOSFET（Power Metal-Oxide-Semiconductor Filed Effect Transistor, 以下MOSFETと略する）[31, 32]，1985年にIGBT[11]が量産化された．これらの素子は，使用できる容量やキャリア周波数に違いはあるが，いずれの素子も現在主流となっている制御方式であるPWM制御でVVVFインバータ（DC-AC変換），コンバータ（AC-DC変換），昇降圧チョッパ（DC-DC変換）[2]，マトリクスコンバータ（AC-AC変換）[33]を容易に実現可能とした．つまり，自由自在な電力の変換制御を合理的なコスト，大きさ，効率で，自動運転で，究極の稼働率（例えば，年間365日24時間運転を数年のメンテナンス周期で継続するなど）で継続できるようになった．そして，このような技術群を表す総称として，パワーエレクトロニクスという概念が1973年に提案されている[34]．以上に説明したようなパワー半導体の進化は，パワーエレクトロニクスという概念と技術の成立を支えた重要な進化であった．

その後，トレンチゲート技術[35]，SJ(Superjunction)技術[36]，FS(Field Stop)技術[37, 38]等によってコスト低減，損失低減，容量拡大が進んだMOSFETとIGBTがパワー半導体の主流を占めるようになった．また，一部の領域ではSiC（炭化ケイ素）[39]やGaN（窒化ガリウム）[40]等のWBG(Wide Band-Gap)半導体材料によるパワー半導体素子が，主にはMOSFETの形で使われ始めている．いずれにしても，自由自在な電力の変換制御というパワーエレクトロニクスの概念と100%近い稼働率での自動運転という機能的には理想に近い電力変換が，1970年代に基本的には可能となった．以降はその改善，つまりコスト低減，大きさ低減（による省資源化とトータルコストの低減），損失低減（による省エネルギー化とトータルコスト

の低減), 端的に言えば「コスト低減」と「環境負荷の低減」が続けられてきており, パワー半導体の進化と改善はパワーエレクトロニクスの「コスト低減」と地球「環境負荷の低減」に大きく貢献してきている.

表 10.3　電力変換デバイスとパワー半導体の量産開始年代と重要機能, パワーエレクトロニクスへのインパクト.

	Devices	Keep on state		Keep off state		Turn on		Turn off		Conversion	Control	Capacity or Power	Cost / Volume (mass)	Control speed
		Forward	Reverse	Forward	Reverse	Forward	Reverse	Forward	Reverse					
1880s	Transformer									AC-AC	Tap Fixed f	High	L / H	Slow
1880s	Motor Generator									Any	Tap Limited	Medium	H / H	Slow
1900s	Mercury-arc valve	✓		✓		✓		✓		AC-DC	Tap	High	H / H	Slow
						✓		✓		Any	Limited			
1920s	Thyratron	✓		✓		✓		✓		AC-DC	Tap	Low	H / H	Fast
						✓		✓		Any	limited			
1920s	Cu$_2$O Rectifier	✓		✓								Low		
1930s	Se Rectifier	✓		✓						AC-DC	Tap	Medium	L / L	Slow
1955	Si Rectifier	✓		✓								High		
1958	SCR	✓		✓	✓	✓				AC-DC	Easy	High	L / L	<3.3ms
1960+α	Thyristor					✓		✓		Any	Limited		M / M	
1975	Power BJT	✓		✓		✓		✓		Any	Easy	Medium	L / L	<0.2ms
1960	GTO	✓		✓		✓		✓		Any	Easy	High	L / L	<1ms
1979	Power MOSFET	✓	✓	✓		✓		✓		Any	Very Easy	Low	L / L	<33μs
1985	IGBT	✓		✓		✓		✓		Any	Very Easy	Medium	L / L	<67μs

10.6　パワー半導体の損失

10.2 節でパワーエレクトロニクスにおける電力変換の基本回路とその動作, その中でのパワー半導体の役割について説明し, 10.3 節でパワー半導体の重要機能と代表的な重要特性について簡単に説明した. 本節では, パワー半導体にとって最も重要な問題である損失と, 損失を決めるパワー半導体の重要特性, オン抵抗 R_{ON}（通電面積 A で規格化する場合は $R_{ON} \cdot A$）もしくはオン電圧 V_{ON}, ターンオン損失 E_{ON}, ターンオフ損失 E_{OFF}, 耐圧 V_B との関係について説明する.

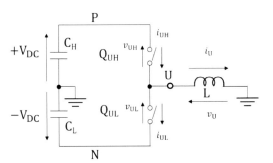

C_H, C_L: コンデンサ
$+V_{DC}, -V_{DC}$: 電源電圧
Q_{UH}, Q_{UL}: パワー半導体（スイッチ）
i_{UH}, i_{UL}: パワー半導体を流れる電流
v_{UH}, v_{UL}: パワー半導体の両端にかかる電圧
P, N, U: 端子名
L: インダクタ
i_U: U端子からインダクタLへ流れる電流
v_U: U端子がインダクタLへ出力する電圧

図 10.6　パワー半導体の動作と損失を説明するための電力変換の基本回路.（図 10.1 を少し変形して再掲）

電力変換の基本回路図 10.1 を若干変えて，図 10.6 に再掲した．負荷を DC モータ M から単純化してインダクタ L に置き換えた．また，Q_{UH} の両端にかかる電圧を v_{UH}，Q_{UL} の両端にかかる電圧を v_{UL} とする．この U 相ブリッジを PWM 制御して負荷 L へ概ね正弦波に近い仮想的な平均値 AC 電圧 $\bar{v}_U$ を出力する場合の，実際の出力電圧 v_U（図 10.2(b) の再掲），概ね正弦波の電流 i_U（図 10.2(d) の再掲）とともに，Q_{UH} の電圧 v_{UH} と電流 i_{UH} を図 10.7 に示した．その中の Q_{UH} に関するオフ維持 → ターンオン → オン維持 → ターンオフ → オフ維持に戻るまでの n 番目の 1 周期の動作（三角波キャリア 1 周期の期間の動作）を拡大して図 10.8 に示した．損失を説明するうえで単純化のために，この周期の Q_{UH} オン維持期間の電圧と電流をその平均値 $\bar{v}_{UHn}$ および $\bar{i}_{UHn}$ なる一定値と仮定し，オフ維持期間のリーク電流は無視できるものとする．この周期の導通損失 E_{Condn}，ターンオン損失 E_{ONn}，ターンオフ損失 E_{OFFn}，トータル損失 E_{TTLn} はエネルギーの単位で以下のように表される．

$$E_{Condn} = \bar{v}_{UHn} \cdot \bar{i}_{UHn} \cdot t_{Condn} = R_{ON} \cdot (\bar{i}_{UHn})^2 \cdot t_{Condn} \tag{10.1}$$

$$E_{ONn} = V_{DC} \cdot \bar{i}_{UHn} \cdot t_{ONn} \tag{10.2}$$

$$E_{OFFn} = V_{DC} \cdot \bar{i}_{UHn} \cdot t_{OFFn} \tag{10.3}$$

$$E_{TTLn} = R_{ON} \cdot (\bar{i}_{UHn})^2 \cdot t_{Condn} + V_{DC} \cdot \bar{i}_{UHn} \cdot (t_{ONn} + t_{OFFn}) \tag{10.4}$$

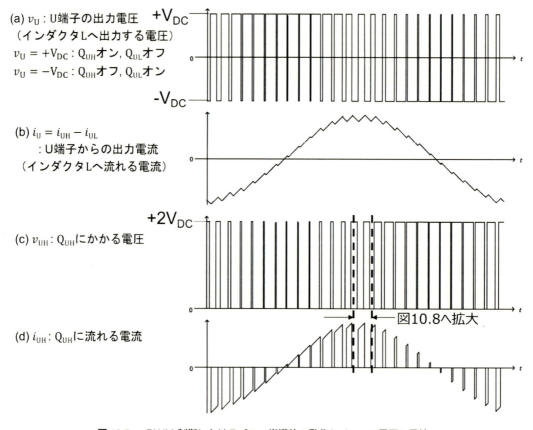

図 10.7　PWM 制御におけるパワー半導体の動作と Q_{UH} の電圧と電流．

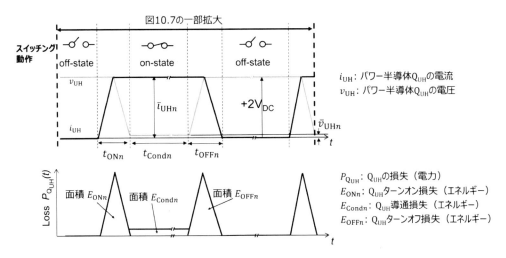

図 10.8 パワー半導体の動作と損失（上段は図 10.7(c), (d) の一部の拡大）．

(10.1)〜(10.4) 式の 1 秒間の総和を取って電力単位へ変換すると以下のようになる．

$$P_{Cond} = R_{ON} \cdot \Sigma\,[n=1, f_C]\,(\bar{i}_{UHn})^2 \cdot t_{Condn} \tag{10.5}$$

$$P_{ON} = V_{DC} \cdot \Sigma\,[n=1, f_C]\,\bar{i}_{UHn} \cdot t_{ONn} \tag{10.6}$$

$$P_{OFF} = V_{DC} \cdot \Sigma\,[n=1, f_C]\,\bar{i}_{UHn} \cdot t_{OFFn} \tag{10.7}$$

$$P_{TTL} = R_{ON} \cdot \Sigma\,[n=1, f_C]\,(\bar{i}_{UHn})^2 \cdot t_{Condn} + V_{DC} \cdot \Sigma\,[n=1, f_C]\,\bar{i}_{UHn} \cdot (t_{ONn} + t_{OFFn}) \tag{10.8}$$

電圧指令値 v_{TU} と三角波キャリア v_{CAR} がそれぞれ正負対称形で，t_{Condn} が t_{ONn}, t_{OFFn} に対して十分大きいと仮定すると，t_{Condn} は大まかには f_C に反比例し，t_{ONn} と t_{OFFn} は f_C に依存しないので，

① P_{Cond} はキャリア周波数 f_C には依存せず，R_{ON} に比例し，電流の 2 乗に比例する
② P_{ON}, P_{OFF} はキャリア周波数 f_C に比例し，電圧と電流とスイッチング時間に比例する

ということが大まかに把握できる．これらの中でパワー半導体の特性により変えられる変数は R_{ON}, t_{ONn}, t_{OFFn} である．したがって，パワー半導体の損失を低減して電力変換の効率を上げるためには，パワー半導体のオン抵抗 R_{ON} を小さくするか，スイッチング時間 t_{ONn}, t_{OFFn} を短くすることが求められる．

10.7 パワーエレクトロニクスのスケーリング則

デジタル LSI にはデナードのスケーリング則があり，集積度を 4 倍にする場合には，MOSFET の寸法を 1/2，面積は 1/4，電源電圧は 1/2，動作電流は 1/2，動作周波数は 2 倍，消費電流は 1/4 にするのが理にかなった設計と考えられている [41]．パワーエレクトロニクスの電力変換装置にも大まかなスケーリング則がある．装置容量を 100 倍にするには電源電圧を 10 倍で電流を 10 倍，キャリア周波数は 1/10，特別な理由がない場合は大まかにはこのような方針

で，概ね 1 桁以内程度の違いの範囲に収まる．装置容量の範囲は数十 W から数百 MW まであり，これに対応してパワー半導体も耐圧で 30 V 程度から 12 kV，定格電流で 1 A 程度から数 kA 程度までと幅広い製品群が販売されている．電力変換装置のスケーリング則を決めているのは，主には配線の抵抗と絶縁である．配線には主に Cu（銅）のワイヤ，板，棒などが用いられるが，Cu の抵抗率は室温で 2×10^{-8} Ωm，比重は 8.93 g/cm^3 なので，例えば幅 1 cm，厚さ 1 mm，長さ 1 m の Cu の配線は抵抗が 2 mΩ，質量が 89 g となる．電流を 1 kA 流すと電圧降下が 2 V，電力損失が 2 kW となってしまうが，電力損失を抑えるために配線の断面積を 10 倍にすると，損失は 200 W に減らせるものの配線質量が 893 g と大きくなり，コストも上がる．つまり，電流だけ大きくして装置容量を稼ごうとすると，損失，質量，コストが問題となる．それに対して，電圧を上げる場合には絶縁距離が問題となる．例えば，IEC(International Electrotechnical Commission) により装置群ごとに導体間の空間距離と沿面距離の規格が制定されており [42]，電圧を上げるほど導体間の空間距離と沿面距離を大きくしなければならないので，体積，質量，コストが問題となる．主にはこれらの制約から，電力変換装置の容量を大きくするときには電圧と電流の両方を大きくして損失，質量，体積，コストのバランスを取る大まかな傾向となる．

キャリア周波数と容量の関係は，主にノイズに依存している．例えば，IEC によれば装置群ごとに伝導ノイズと放射ノイズの規格が定められており [43]，この規格を守る必要がある．規格によってノイズの大きさに制限がかけられている周波数帯の中でも，数 M〜数 10 MHz 近辺のノイズ成分は主にパワー半導体のスイッチングによって発生している [44]．パワー半導体のターンオン時とターンオフ時の電圧の変化速度 dv/dt が大きくなるとこの領域のノイズ成分が大きくなるので，図 10.8 において電源電圧 $2V_{DC}$ を上げても，電圧の変化速度 dv/dt を一定のままとしてノイズの増大を避けると，スイッチング時間 t_{ON}, t_{OFF} が電源電圧に比例して長くなる．電圧と電流のスケーリング則により，電流 $\bar{i}_{UHn}$ が電圧に比例して大きくなって装置容量が電圧の 2 乗に比例して大きくなるとすると，電力変換効率を保つためには損失を電圧の 2 乗に比例以内の増加に抑制する必要がある．t_{ON}, t_{OFF} が電源電圧に比例して大きくなると，(10.6), (10.7) 式と把握②によりスイッチング損失 P_{ON}, P_{OFF} が電源電圧の 3 乗に比例して大きくなってしまうので，f_C を電源電圧に反比例させて小さくしてバランスを取る必要があることが分かる．また，(10.5) 式から，R_{ON} は同じ値にすれば，P_{Cond} は電流の 2 乗もしくは電圧の 2 乗に比例する装置容量に比例して，電力変換効率を同等に保つことができると分かる．以上が，パワーエレクトロニクスの電力変換装置の大まかなスケーリング則である．

10.8 パワー半導体の損失と耐圧の関係

最も代表的なパワー半導体は MOSFET であり，Si で耐圧 30〜1000 V 程度，SiC で耐圧 600 V〜3.3 kV 程度，GaN はまだ横型素子しかないが耐圧 100〜800 V 程度の AlGaN/GaN HEMT(High Electron Mobility Transistor) が販売されている．SiC のさらなる高耐圧素子 [45, 46]，GaN の縦型素子 [47, 48]，Ga$_2$O$_3$ 素子 [49, 50]，AlN（窒化アルミニウム）素子 [51, 52]，C（ダイヤモンド）素子 [53, 54] 等が開発もしくは研究されている．ここでは，Si の Nch

（Nチャネル）MOSFETに絞って説明を進める．図10.9にSi MOSFETの断面構造の例を示した．図中のn⁻と表示された領域はドリフト領域と呼ばれ，MOSFETのオン状態では電流経路の中で主要な抵抗成分を占め，オフ状態ではその上に設けられているpベース領域との間のpn接合の逆バイアスで耐圧を支える働きをする．

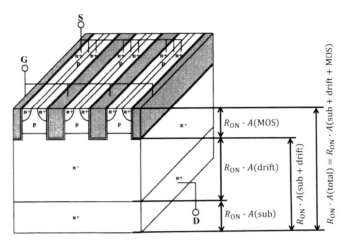

図10.9　Si MOSFETの断面構造の例と，固有オン抵抗の成分分解．

オン状態での電流経路は，高濃度にドープされたpoly-Si（多結晶Si）からなるゲート電極Gに正電圧が印加されることによって，ゲート絶縁膜を介してゲート電極と向かい合っているpベース領域の表面が反転して電子のチャネルとなり形成される．n⁺ソース領域（S）からチャネルへ供給された電子が，n⁻ドリフト領域とn⁺基板を経て素子の裏面（ドレインD）へ流れる．また，その固有オン抵抗は，表面側のMOS部分の固有オン抵抗を $R_{ON} \cdot A(\text{MOS})$，裏面側の基板部分の固有オン抵抗を $R_{ON} \cdot A(\text{sub})$，ドリフト領域の固有オン抵抗を $R_{ON} \cdot A(\text{drift})$ として，次のように表される．

$$R_{ON} \cdot A = R_{ON} \cdot A(\text{sub} + \text{drift} + \text{MOS}) = R_{ON} \cdot A(\text{sub}) + R_{ON} \cdot A(\text{drift}) + R_{ON} \cdot A(\text{MOS}) \tag{10.9}$$

理想的なMOSFETを想定して，トレンチゲート構造とSiにおけるチャネルの高い電子移動度を考えると，$R_{ON} \cdot A(\text{MOS})$ は $0.2 \text{ m}\Omega\text{cm}^2$ 程度へ下げることができる．$R_{ON} \cdot A(\text{sub})$ はSiへの固溶限が高いAs（ヒ素）かP（リン）を高濃度にドープして抵抗率を下げた基板を数 10 μm まで薄く削り込むと，$0.05 \text{ m}\Omega\text{cm}^2$ 程度へ下げることができる．$R_{ON} \cdot A(\text{drift})$ は，必要とされる耐圧に依存して定まるドーピング濃度 N_D と上下方向の厚さ l_{drift} に依存し，以下の式で表される．ただし，μ_e は電子の移動度，ρ はn⁻ドリフト領域の抵抗率とする．

$$R_{ON} \cdot A(\text{drift}) = l_{\text{drift}} \cdot \rho = \frac{l_{\text{drift}}}{q \cdot \mu_e \cdot N_D} \tag{10.10}$$

$$\rho = \frac{1}{q \cdot \mu_e \cdot N_D} \tag{10.11}$$

次に，耐圧 V_B であるが，n^- ドリフト領域のドーピング濃度に対して p ベース領域と n^+ 基板のドーピング濃度が十分高く，p ベース領域と n^- ドリフト領域の pn 接合への逆バイアス電圧は全て n^- ドリフト領域の空乏化で支えられると仮定する．ポアソン方程式

$$-\frac{d^2v}{dx^2} = \frac{q \cdot N_D}{\varepsilon_s} \tag{10.12}$$

にしたがって図 10.10 に示すパンチスルー型 pn 接合の耐圧を求めると，

$$V_B(N_D, l_{\text{drift}}) = \left(\frac{2E_C - q \cdot N_D \cdot l_{\text{drift}}}{\varepsilon_s}\right) \cdot \left(\frac{l_{\text{drift}}}{2}\right) \tag{10.13}$$

が得られる．ただし，q は電荷素量，ε_S は半導体（ここでは Si）の誘電率，E_C は半導体（ここでは Si）の臨界電界強度を表す．なお，パンチスルー (punch-through) 型とは空乏層が n^- ドリフト領域を超えて n^+ 領域まで達する図 10.10 に示したような構造（n^- ドリフト領域が薄め）を指し，その対極となるノンパンチスルー (non-punch-through) 型とは空乏層が n^- ドリフト領域にとどまり n^+ 領域まで達しない構造（n^- ドリフト領域が厚め）を指す．同じ耐圧で比較するとほとんどの場合にパンチスルー型の方がノンパンチスルー型より損失が小さくなるので，ほとんどのパワー半導体製品がパンチスルー型で設計されている．

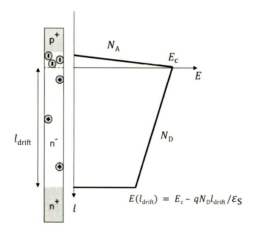

図 10.10　パンチスルー型 pn 接合の例と，オフ維持状態下で pn 接合に逆電圧が印加されている状態での通電方向の電界分布．

大きな範囲で変化する $R_{\text{ON}} \cdot A, l_{\text{drift}}, N_D, V_B$ だけを変数と仮定して，(10.10) 式と (10.13) 式を用いて $R_{\text{ON}} \cdot A$ を最小化する l_{drift} と N_D を求めると，

$$l_{\text{drift}} = \frac{2}{3} \cdot \varepsilon_S \cdot \frac{E_C}{q \cdot N_D} \tag{10.14}$$

$$N_D = \frac{4}{9} \cdot \varepsilon_S \cdot \frac{E_C^2}{q \cdot V_B} \tag{10.15}$$

$$R_{\text{ON}} \cdot A = \frac{27}{8} \cdot \frac{V_B^2}{\mu_e \cdot \varepsilon_s \cdot E_C^3} \tag{10.16}$$

が得られる [55]．この (10.16) 式が，均一濃度にドーピングされた n⁻ ドリフト領域を有する縦型半導体多数キャリア素子のオン抵抗の理論限界（例えば Si リミット (Si Limit)）を表す式となる．(10.16) 式では $R_{ON} \cdot A$ は V_B の 2 乗に比例するように見えるが，実際には E_C と μ_e には若干の N_D 依存性がある．それを Si に関して

$$E_C = \frac{8.2}{5} \times 10^5 \cdot V_B^{-0.2} \text{ (V/cm)} \tag{10.17}$$

$$\mu_e = 710 \cdot V_B^{0.1} \text{ (cm}^2/\text{s)} \tag{10.18}$$

の 2 式で近似し，$\varepsilon_S/\varepsilon_0 = 11.7$ として計算すると次のようになる [55]．ただし，ε_0 は真空の誘電率を表す．

$$R_{ON} \cdot A = 8.3 \times 10^{-9} \cdot V_B^{\frac{5}{2}} \text{ (}\Omega\text{cm}^2\text{)} \tag{10.19}$$

他に，Si における衝撃イオン化係数の電界依存性の近似式 [56](10.20) 式を使った計算もある．

$$\alpha = 1.8 \times 10^{-35} \cdot E^7 \text{ (cm}^{-1}\text{)} \tag{10.20}$$

l_{drift}, V_B, E_C の N_D 依存性として

$$l_{\text{drift}} = 2.67 \times 10^{10} \cdot N_D^{-\frac{7}{8}} \left(= 2.58 \times 10^{-6} \cdot V_B^{\frac{7}{6}} \right) \text{ (cm)} \tag{10.21}$$

$$V_B = 5.34 \times 10^{13} \cdot N_D^{-\frac{3}{4}} \text{ (V)}, \text{もしくは} N_D = 2.01 \times 10^{18} \cdot V_B^{-\frac{4}{3}} \text{ (cm}^{-3}\text{)} \tag{10.22}$$

$$E_C = 4.01 \times 10^3 \cdot N_D^{\frac{1}{8}} \text{ (V/cm)} \tag{10.23}$$

を求め，μ_e=1358 V/cm 一定値，$\varepsilon_S/\varepsilon_0$=12.0 として計算した下記の結果が報告されている [57]．

$$R_{ON} \cdot A = 5.93 \times 10^{-9} \cdot V_B^{\frac{5}{2}} \text{ (}\Omega\text{cm}^2\text{)} \tag{10.24}$$

いずれの場合も $R_{ON} \cdot A$ は V_B の 5/2 乗に比例し，係数だけが異なる．2001 年に (10.19) 式を下回る $R_{ON} \cdot A$ の MOSFET が発売されたことから [58]，(10.19) 式より (10.24) 式の方が精度の高い計算になっていると考えられている．図 10.11 に概ね理想的な Si MOSFET の固有オン抵抗 $R_{ON} \cdot A$ と耐圧 V_B の関係をプロットした．$R_{ON} \cdot A$ (MOS)=0.2 mΩcm²，$R_{ON} \cdot A$ (sub)=0.05 mΩcm²，$R_{ON} \cdot A$ (drift) には (10.24) 式を用いている．200 V 以上の耐圧で，$R_{ON} \cdot A$ は $R_{ON} \cdot A$ (drift) とほぼ同じであり，耐圧 V_B の 5/2 乗に比例して大きくなっている．電力変換装置のスケーリング則に沿って容量を大きくしようとすると，電流が大きくなることに対しては，電流に比例して素子の（チップの並列使用も含めた）活性面積 A を大きくすれば装置容量に対して素子コストと素子の導通損失は比例するので，合理的な設計となる．一方，電圧が高くなることに対しては，$R_{ON} \cdot A$ が耐圧の 5/2 乗に比例すると，素子の活性面積を電圧に比例して大きくしても導通損失 P_{Cond} は電圧の 3/2 乗に比例して大きくなり，その分の電力変換効率の低下と，損失増（イコール発熱増）を招くので，冷却系のコストアップとなってしまう．これがパワー半導体の大きな悩みである．望ましくは，$R_{ON} \cdot A$ が耐圧の 2 乗に比例で収まれば，耐圧 n 倍に対して活性面積 A を n 倍して R_{ON} と P_{Cond} を n 倍に収めて，電力変換効率を維持したまま素子コストも冷却系コストも n 倍に収める合理的な設計が成立するのだが……．

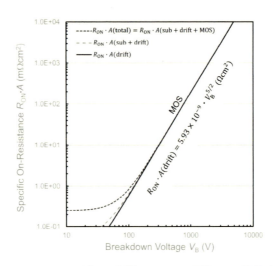

図 10.11　理想的な Si MOSFET の固有オン抵抗 $R_{ON} \cdot A$ と耐圧 V_B の関係（$R_{ON} \cdot A(\mathrm{drift})$ と V_B の関係式は [57]）．

10.9　バイポーラ型パワー半導体

上記の 5/2 乗問題を緩和する技術の一つがバイポーラ型（もしくは伝導度変調型）パワー半導体である．耐圧 600 V～6.5 kV 程度の範囲の中容量帯から大容量帯で IGBT が，耐圧 2～10 kV 程度の範囲の大容量帯でサイリスタ（GTO や GCT(Gate Commutated Turn-off Thyristor)[59] を含める）が販売されている．IGBT が中容量帯を席巻する以前は，耐圧 1 kV 程度までの BJT が使われていた．耐圧 30～1000V 程度の範囲の小容量帯から中容量帯には，多数キャリア型（もしくはユニポーラ型）パワー半導体である MOSFET が使われている．バイポーラ型パワー半導体では，伝導度変調によってキャリア濃度を高めた電子と正孔を電流を運ぶキャリアとして利用して，オン抵抗を低くする．多数キャリア型パワー半導体は多数キャリアである（Nch の場合は）電子（キャリア濃度は n$^-$ ドリフト領域のドーピング濃度に等しい）だけを電流を運ぶキャリアとして利用する．それゆえに，(10.11) 式が制約して，(10.24) 式や図 10.11 に示したような多数キャリア型パワー半導体の理論限界（Si リミット）が生じていた．バイポーラ型パワー半導体では，導通（オン維持）時にドリフト領域へドーピング濃度に対して 1 桁以上高い濃度 n_h の少数キャリア（Nch の場合は正孔）を注入し，(10.25) 式に示す電荷中性の原理にしたがってほぼ同じ濃度 n_e の多数キャリア（Nch の場合は電子）を引き込んで，ポアソン方程式 (10.12) による電界や電圧ドロップの発生を (10.26) 式によることで回避しながら，1 桁以上も高めたキャリア濃度の恩恵を (10.27) 式の形で享受し ρ を下げて $R_{ON} \cdot A$ や V_{ON} を下げる．ここで，n_h は正孔濃度，n_e は電子濃度，N_A はアクセプタ濃度，μ_e は電子の移動度，μ_h は正孔の移動度を表す．なお，このようにして導通（オン維持）時の n_h と n_e を同時に高めて ρ を下げる動作を伝導度変調と呼んでいる．

$$N_D + n_h = N_A + n_e \tag{10.25}$$

$$-\frac{d^2v}{dx^2} = \frac{q \cdot (N_\mathrm{D} + n_\mathrm{h} - N_\mathrm{A} - n_\mathrm{e})}{\varepsilon_\mathrm{s}} = 0 \tag{10.26}$$

$$\rho = \frac{1}{q \cdot (\mu_\mathrm{e} \cdot n_\mathrm{e} + \mu_\mathrm{h} \cdot n_\mathrm{h})} \tag{10.27}$$

オフ維持状態のバイポーラ型素子は，過剰な正孔や電子は存在させずに (10.12) 式のポアソン方程式以下オフ維持状態の多数キャリア型素子と同じ動作原理に従ってドリフト領域の空乏化で耐圧を保持する．したがって，バイポーラ型素子は同じ耐圧 V_B に対して，多数キャリア型素子の数分の1から1/10以下の $R_\mathrm{ON} \cdot A \mathrm{(drift)}$ を実現することができる．量産されている IGBT とサイリスタについて，データシートに記載されている V_ON および I_C とヒアリングもしくは推定した A から計算した $R_\mathrm{ON} \cdot A = V_\mathrm{ON}/I_\mathrm{C} \cdot A$ と定格電圧を1.2倍した V_B のおおまかな範囲を図 10.12 に示した．伝導度変調を使うことによってバイポーラ型素子の $R_\mathrm{ON} \cdot A \mathrm{(drift)}$ は多数キャリア型素子の1/10以下に低減されており，またその V_B 依存性は2乗以下に低減されている．Si MOSFET は耐圧 1000 V 以上ではオン抵抗が高くなり過ぎて使えないが，IGBT なら十分許容可能なオン電圧が実現できるので耐圧数 kV まで使うことができる．さらに高耐圧の 10 kV に近い耐圧の領域には，伝導度変調の度合いをより高めてキャリア濃度をさらに上げてオン電圧を下げるサイリスタが使われている．

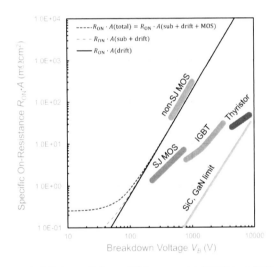

図 10.12 　各種 Si パワー半導体素子の固有オン抵抗 $R_\mathrm{ON} \cdot A$ と耐圧 V_B の関係を理想的な Si non-SJ MOSFET と比較（実線の $R_\mathrm{ON} \cdot A\mathrm{(drift)}$ 対 V_B は [57]）．

一方でバイポーラ型素子は，ターンオン時にドリフト領域へ正孔と電子を注入して，N_D に対して1桁以上高濃度の n_h および $n_\mathrm{e} = n_\mathrm{h} + N_\mathrm{D} \approx n_\mathrm{h}$ までドリフト領域の正孔濃度と電子濃度を高める必要があり，これに必要な時間分 t_ON が大きくなる．ターンオフ時も同様で，ドリフト領域にためた過剰濃度 n_h および $n_\mathrm{e} = n_\mathrm{h} + N_\mathrm{D} \approx n_\mathrm{h}$ の正孔と電子を全て対消滅および掃き出して空乏化する必要があり，これに必要な時間分 t_OFF が大きくなる．$t_\mathrm{ON}, t_\mathrm{OFF}$ が大きくなると，その分 (10.2) 式および (10.3) 式にしたがってスイッチング損失 $E_{\mathrm{ON}n}, E_{\mathrm{OFF}n}$ も大きくなるので，これがバイポーラ型素子の大きな欠点となっている．特にサイリスタは，伝導度変調

度合いを IGBT よりさらに高めて高耐圧領域でのオン電圧を低くしているので，スイッチング損失 $E_{\text{ON}n}$, $E_{\text{OFF}n}$ の増加も IGBT よりさらに大きい．ここで一度，10.7 節で説明したパワーエレクトロニクスのおおまかなスケーリング則を振り返っておきたい．装置容量を 100 倍にするときには，おおまかに電圧を 10 倍，電流を 10 倍，スイッチング時間を 10 倍，キャリア周波数を 1/10 にする傾向になるという法則である．Si リミットで制限された多数キャリア型素子は V_B で 1000 V 程度以上の領域ではオン抵抗が高くなり過ぎて大容量化が成立しなくなるが，伝導度変調を用いたバイポーラ型素子は耐圧 1 kV から 10 kV 程度の領域でオン電圧の上昇をスケーリング則の要求以内に抑制できる．その欠点であるスイッチング時間とスイッチングエネルギー損失の増大は，キャリア周波数を 1/10 にすることでスイッチング電力損失としてはおおまかにスケーリング則程度に収まり，バイポーラ型素子を使うことによって素子耐圧 10 kV 程度まではパワーエレクトロニクスのおおまかなスケーリング則を成立させることができる．さらなる大容量化には，高電圧化は素子直列，マルチレベル [60]，変換器直列，大電流化は素子並列，変換器並列，複数装置化などが行われる．

代表的なバイポーラ型素子である IGBT，サイリスタ，ダイオード（整流素子，FWD (Free Wheeling Diode)，FRD (Fast Recovery Diode) 等の総称）のもう一つの欠点は，低電流でのオン電圧が高いために軽負荷での損失を十分に下げることができないことである．通電経路に pn 接合の順方向を 1 つ持っているので，その分の電圧降下（Si の場合で 0.5～1 V 程度）が避けられない．

10.10　スーパージャンクション (SJ)

Si リミットで制限された多数キャリア素子の理論限界を超えてオン抵抗を下げ，損失を低減し，10.8 節の最後で述べた 5/2 乗問題を緩和する技術の 2 つ目が SJ 技術である [36]．図 10.9 と図 10.11 で説明した Si リミットは，均一にドーピングされたドリフト領域を仮定したものであるが，3 次元的に自由なドーピングを許容すると図 10.13(b) に示す SJ MOSFET によって Si リミットより 1 桁以上も $R_{\text{ON}} \cdot A$ を低減することが可能となる．

図 10.13(b) の SJ MOSFET は図 10.13(a) の non-SJ MOSFET（従来型の非 SJ の MOSFET）の n$^-$ ドリフト領域を厚さ d_A の層状の p 領域と厚さ d_D の層状の n 領域を交互に配置した SJ 構造で置き換えたものである．この SJ 構造の層厚とドーピング濃度の関係が次の (10.28) 式を満たすように設定すると，オフ維持状態で空乏化されているときの p 領域 1 層の負電荷量（空乏化した p 領域の負イオン化したアクセプタの量）と n 領域 1 層の正電荷量（空乏化した n 領域の正イオン化したドナーの量）が等しくなるので，SJ 領域全体として電荷中性となる．オン維持状態では p 領域のアクセプタも n 領域のドナーもイオン化していないので，SJ 構造はどこを見ても電荷中性である．したがって，(10.28) 式を満たす SJ 構造全体をマクロに見ると，(10.25) 式で示した電荷中性の原理がオン維持状態でもオフ維持状態でも守られる．

$$d_A \cdot N_A \approx d_D \cdot N_D \tag{10.28}$$

図 10.13(b) において，鏡面対称の繰り返しで多数が並列接続されている pn 接合の一番手前の 1

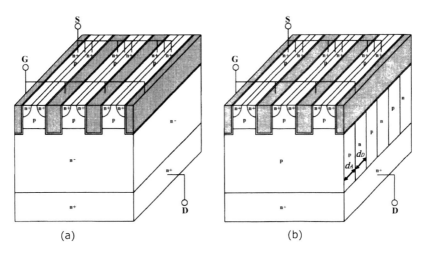

図 10.13　(a)non-SJ MOSFET と (b)SJ MOSFET の構造の比較 [36].

ユニット (p 層の中心面から n 層の中心面の間の領域) における p 層側と n 層側のポアソン方程式は

$$\frac{d^2v}{dx^2} = \frac{dE}{dx} = \frac{q \cdot N_A}{\varepsilon_s}, -\frac{d^2v}{dx^2} = -\frac{dE}{dx} = \frac{q \cdot N_D}{\varepsilon_s} \tag{10.29}$$

となる.ただし,x は図 10.13(b) の多数の pn 接合面に垂直な方向の奥行き向きとする.(10.29) 式において,各層の中心面まで空乏層が到達するとき $(x = -d_A/2, d_D/2)$ の pn 接合面の電界強度 E^* と pn 接合にかかる電圧 V^* を求めると以下の式が得られる.

$$E^* = \frac{q \cdot N_A}{\varepsilon_s} \cdot \frac{d_A}{2}, E^* = \frac{q \cdot N_D}{\varepsilon_s} \cdot \frac{d_D}{2} \tag{10.30}$$

$$V^* = \frac{1}{8}\frac{q}{\varepsilon_s} \cdot \left(N_A \cdot d_A^2 + N_D \cdot d_D^2\right) \tag{10.31}$$

この (10.30) 式の E^* の値を E_C より小さく保てば,SJ 領域の pn 接合をブレークダウンさせずに印加電圧 V^* で SJ 領域全体を空乏化することができる.その条件を (10.28) 式と合わせて式で表すと (10.32) 式となる.

$$d_A \cdot N_A \approx d_D \cdot N_D < 2 \cdot \varepsilon_s \cdot E_C/q \tag{10.32}$$

つまり,SJ 領域の p 層と n 層のドーピング濃度と厚さの関係が (10.32) 式を満たすように設定すると,ポアソン方程式に従ってオフ維持状態下で臨界電界強度 E_C が生じるより低い印加電圧 (ブレークダウンが生じない電圧) V^* で SJ 領域全体を空乏化することができる.V^* を超えてブレークダウンまでに印加する電圧 $V_B - V^*$ は,平行平板を形成している p ベース領域と n^+ 基板の間のマクロでは電荷中性となっている SJ 領域の厚さ方向 (図 10.13(b) の上下方向) に概ね均一に電界を増加させる.したがって,SJ 構造の上下方向の距離 l_{drift} に見あった (10.33) 式で表される高耐圧が実現される.

$$V_B = (E_C - E^*) \cdot l_{\text{drift}} + V^* \tag{10.33}$$

一方，各 n 層の抵抗率は (10.11) 式より $1/(q\cdot\mu_e\cdot N_D)$ なので，各 n 層のシート抵抗 R_{Sn} は下記の (10.34) 式の等式側で表され，(10.32) 式により不等式側の制約がかかる．よって，(10.32) 式を満たしながら層厚 d_A および d_D を薄くして並列に多数の層を配置した場合の SJ ドリフト領域の $R_{ON}\cdot A$ は，通電方向の n 層長さ l_{drift} と単位面積当たりの並列数 $1/(d_A+d_D)$ を用いて (10.35) 式で表される．

$$R_{Sn} = 1/(q\cdot\mu_e\cdot N_D\cdot d_D) > 1/(2\cdot\mu_e\cdot\varepsilon_S\cdot E_C) \tag{10.34}$$

$$R_{ON}\cdot A = R_{Sn}\cdot l_{drift}\cdot(d_A+d_D) = \frac{l_{drift}\cdot(d_A+d_D)}{q\cdot\mu_e\cdot N_D\cdot d_D} > \frac{l_{drift}\cdot(d_A+d_D)}{2\cdot\mu_e\cdot\varepsilon_S\cdot E_C} \tag{10.35}$$

つまり，層厚 (d_A+d_D) を小さくして n 層のドーピング濃度を上げ並列数を増やせば，高耐圧素子でも $R_{ON}\cdot A$(SJ) をどんどん小さくする余地ができるということを (10.35) 式は示している（実際に Si の SJ MOSFET では Si リミットの 1/10 以下の $R_{ON}\cdot A$ が量産で実現されている）．これが SJ の原理であり，3 次元モデルを仮定して解析的に最適値を求めると，表 10.4 に示す解析的な一般式と Si の物性値を代入した Si に関する定量的な式が，縦型と横型の素子に関して得られる [36]．ただし，各変数の単位は R_{ON} が Ω，A が cm^2，d が cm，V_B が V である．Si の物性値を代入して定量化した式をグラフ化して従来型の Si リミット（図中では破線で表示している）と比較したのが図 10.14 である．右側の図 10.14(b) に関して説明すると，V_B が 500〜1000 V ぐらいの範囲で $d \leq 5$ μm 程度の SJ MOSFET を製造できれば，従来型の Si リミットの 1/10 以下となる $R_{ON}\cdot A$(SJ) を実現できることが分かる．

表 10.4　SJ 素子と non-SJ 素子の $R_{ON}\cdot A$ と V_B の関係の比較，上段は理論式，下段は Si の物性値を入れた式 [36].

Type of device	SJ devices	Conventional devices	Ratio
Lateral	$R_{ON}\cdot A_z = \frac{27}{4}\cdot\frac{d}{l_z}\cdot\frac{V_B^2}{\mu\cdot\varepsilon_S\cdot E_C^3}$	Double RESURF devices	$\frac{2\cdot d}{l_z}$
	$R_{ON}\cdot A_z = \frac{27}{4}\cdot\frac{d}{l_z}\cdot\frac{V_B^2}{\mu\cdot\varepsilon_S\cdot E_C^3}$	$R_{ON}\cdot A_L = \frac{27}{8}\cdot\frac{V_B^2}{\mu\cdot\varepsilon_S\cdot E_C^3}$	$\frac{2\cdot d}{l_z}$
Vertical	$R_{ON}\cdot A_y = 4\cdot d\cdot\frac{V_B}{\mu\cdot\varepsilon_S\cdot E_C^2}$	$R_{ON}\cdot A_V = \frac{27}{8}\cdot\frac{V_B^2}{\mu\cdot\varepsilon_S\cdot E_C^3}$	$\frac{32}{27}\cdot\frac{d\cdot E_C}{V_B}$

Type of device	Si SJ devices ($\Omega\cdot$cm^2)	Si Conventional devices ($\Omega\cdot$cm^2)	Ratio
Lateral	$R_{ON}\cdot A_z = 4.08\times 10^{-6}\cdot d^{\frac{17}{12}}\cdot l_z^{-1}\cdot V_B^2$	Double RESURF devices	$\frac{2\cdot d}{l_z}$
	$R_{ON}\cdot A_z = 4.08\times 10^{-6}\cdot d^{\frac{17}{12}}\cdot l_z^{-1}\cdot V_B^2$	$R_{ON}\cdot A_L = \frac{4.08\times 10^{-6}}{2}\cdot d^{\frac{5}{12}}\cdot V_B^2$	$\frac{2\cdot d}{l_z}$
Vertical	$R_{ON}\cdot A_y = 1.98\times 10^{-1}\cdot d^{\frac{5}{4}}\cdot V_B$	$R_{ON}\cdot A_V = 8.3\times 10^{-9}\cdot V_B^{\frac{5}{2}}$	$2.4\times 10^7\cdot\frac{d^{\frac{5}{4}}}{V_B^{\frac{3}{2}}}$

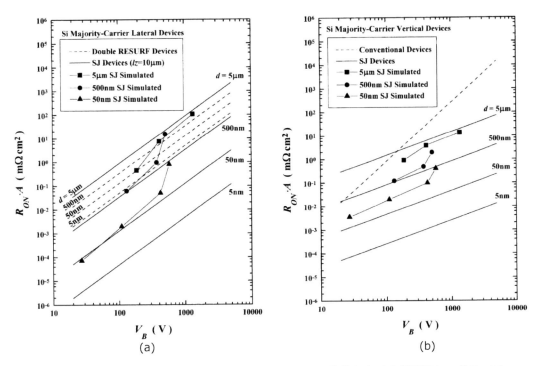

図 10.14　SJ 素子と non-SJ 素子の $R_{\mathrm{ON}} \cdot A$ と V_{B} の関係の比較 [36]．(a) 横型素子での比較，(b) 縦型素子での比較．

図 10.12 に戻ると，Si non-SJ MOSFET, IGBT, サイリスタに加えて Si SJ MOSFET 量産製品のデータのおおまかな範囲を示しているが，耐圧 500〜700 V 程度の素子で Si リミットの 1/10 程度の $R_{\mathrm{ON}} \cdot A$ (SJ) を実現できていることが分かる．伝導度変調を使うバイポーラ型素子の場合には，過剰なキャリアを注入するためと掃きだすためにターンオン時間・ターンオン損失とターンオフ時間・ターンオフ損失が大きくなるという欠点があった．SJ 技術によれば，過剰なキャリアは使わないので，その注入や掃き出しのための時間は必要ない．単位素子面積当たりの pn 接合面積が増えるので，ターンオフ時に空乏化すべき単位素子面積当たりのドーパント量，つまりスイッチング毎に充放電すべき単位素子面積当たりの pn 接合電荷量 Q_{SW}/A は増える．その値を V_{DS} が 0 V から V_{B} まで上がる間に充電する電荷量と仮定して計算すると，non-SJ MOSFET が (10.36) 式，SJ MOSFET が (10.37) 式となる [61]．ただし，[61] における (10.37) 式の計算に誤りがあったので，ここでは再計算して修正した (10.37) 式を載せている．

$$Q_{\mathrm{SW}}/A = \varepsilon_{\mathrm{S}} \cdot E_{\mathrm{C}} \tag{10.36}$$

$$Q_{\mathrm{SW}}/A = \left[\frac{2 \cdot V_{\mathrm{B}}}{E_{\mathrm{C}} \cdot (d_{\mathrm{A}} + d_{\mathrm{D}})} + \frac{1}{2}\right] \cdot \varepsilon_{\mathrm{S}} \cdot E_{\mathrm{C}} \tag{10.37}$$

これをオン抵抗で規格化した性能指数 $R_{\mathrm{ON}} \cdot Q_{\mathrm{SW}}$ で比較すると non-SJ MOSFET は (10.38) 式，SJ MOSFET は (10.39) 式となる [61]．ただし，(10.39) 式は [61] の誤りを修正した式である．

$$R_{\mathrm{ON}} \cdot Q_{\mathrm{SW}} = \frac{27}{8} \cdot \frac{V_{\mathrm{B}}^2}{\mu_{\mathrm{e}} \cdot E_{\mathrm{C}}^2} \tag{10.38}$$

$$R_{\mathrm{ON}} \cdot Q_{\mathrm{SW}} = \left[4 + \frac{E_{\mathrm{C}} \cdot (d_{\mathrm{A}} + d_{\mathrm{D}})}{V_{\mathrm{B}}} \right] \cdot \frac{V_{\mathrm{B}}^2}{\mu_{\mathrm{e}} \cdot E_{\mathrm{C}}^2} \approx 4 \cdot \frac{V_{\mathrm{B}}^2}{\mu_{\mathrm{e}} \cdot E_{\mathrm{C}}^2} \; (d_{\mathrm{A}} + d_{\mathrm{D}} \ll 1 \, \text{のとき})$$

(10.39)

したがって，Q_{SW} が支配的となる使い方の場合には，同じオン抵抗の non-SJ MOSFET との比較ではターンオン時間・ターンオン損失もターンオフ時間・ターンオフ損失も SJ MOSFET の方が若干大きくなる．しかしながら，その影響はバイポーラ型素子の過剰濃度キャリアの影響と比べると大幅に小さく，10.7 節で述べたノイズ抑制のための dv/dt 制限で決まるスイッチング損失に対しても通常は大幅に小さい．多くの使い方では，pn 接合電荷量 Q_{SW} よりゲート・ドレイン間電荷量 Q_{GD} がスイッチング時間に対して支配的である．Q_{GD} は $R_{\mathrm{ON}} \cdot A$ が小さい SJ MOSFET の方がチップ面積に概ね比例して non-SJ MOSFET より小さくなるので，Q_{GD} が支配的な使い方では，ターンオン時間・ターンオン損失もターンオフ時間・ターンオフ損失も SJ MOSFET の方が小さくなる．

図 10.12 には，参考のため SiC と GaN の non-SJ の理論限界 (SiC, GaN limit) も記載してある．Si 多数キャリア素子における 5/2 乗問題を緩和する技術の 3 つ目が WBG(Wide Band Gap) 半導体材料である．バンドギャップが大きい半導体材料は，臨界電界強度 E_{C} も大きくなるので，(10.16) 式や (10.35) 式もしくは表 10.4 中に記載されている式によれば，多数キャリア素子でも $R_{\mathrm{ON}} \cdot A$ (drift) を大幅に低減することができる．1〜10 kV 程度の範囲で Si サイリスタや IGBT を大幅に下回る $R_{\mathrm{ON}} \cdot A$ (drift) を non-SJ MOSFET でも実現可能であり，伝導度変調を用いなくてもよいので，スイッチング時間やスイッチング損失も回路の工夫次第で大幅に減らせる可能性がある．本書の対象範囲ではないので深入りはしないが，現状ではかなり高いコストが将来大幅に下がって Si に近づいてくれば，耐圧 500 V 程度以上の範囲で Si を全面的に置き換える可能性もあり得る．

10.11　パワー半導体の進化を支えたドーピング技術

1955 年にメサ型の Si 整流素子（商用 50/60 Hz の交流を直流へ変換するための Si pn 接合ダイオード）がパワー半導体として使われ始めてから約 70 年になるが，その間に多くの種類の素子が登場し淘汰されて現在に至っている．この節では，その中でも当時の主流となったパワー半導体素子について，その素子の実現を可能とした重要なドーピング技術について説明する．要点は，表 10.5 にまとめてある．

10.8 節から 10.10 節の説明を通して，パワー半導体にとって最も重要な部分はドリフト領域だということを理解したと思う．ドリフト領域は，オフ維持状態では電源電圧のほぼ全てを支え，そのための通電方向の長さと抵抗率がオン維持状態の抵抗となり，導通損失の大部分を占める．その抵抗率を下げるために，バイポーラ型素子では伝導度変調を用いてドリフト領域に過剰なキャリアを導入したり，SJ では複雑な SJ 構造を用いて導電経路のドーピング濃度を上げたりという工夫もされてきた．Si non-SJ パワー半導体のドリフト領域は，ほぼ例外なく n⁻ 領域で構成される．Si における電子の移動度が正孔の移動度より 3 倍程度高いので，その分オン抵抗を下げることができるからである．設計した耐圧とオン抵抗を量産的に得るためには，n⁻ 領域

表 10.5　歴代の主流となったパワー半導体素子とその実現を支えた重要なドーピング技術.

Year	Device or process	Doping process
'1953	Siemens method	ultrapure poly-Si grown by SiHCl3 or SiCl4 (CVD)
'1955	FZ (floating zone) method	dislocation-free Si doped by PH3 or B2H6 gas
'1955	Si mesa power Rect.	diffusion with thermal oxide protected Si surface
'1958	mesa SCR/Thyristor	oxide masked selective n+diffusion
'1959	CZ (Czochralski) method	dislocation-free Si doped by P, Sb, As, B
'1960	epitaxial growth	doped by PH3, B2H6
'1963	I/I (ion-implantation)	precise control of B and P dose, also of other dopants later
'1960s	Thyristor/FWD	Au diffusion for carrier lifetime control
'1960s	planer power Diode	epiraxial growth on n+CZ, also to MOSFET later
1970s	FWD/FRD	Pt diffusion for carrier lifetime control
'1975	planer power BJT	>100µm P diffused wafer (DW) at high temperature
'1977	neutron irradiation	for uniform doping of FZ wafer for high-voltage and -power
'1979	MOSFET	poly-Si gate and self-aligned I/I of B and As
'1985	IGBT	heavily B doped p+ CZ wafer and P doped n+/n- epi.
late 80s	MOSFET, IGBT, FWD	high-energy electron irrad. for carrier lifetime control
'1996	IGBT	back-side I/I of B to thin wafer, and activation
'1990s	FWD	high-energy I/I of He for carrier lifetime control
mid. 90s	MOSFET, IGBT	trench gate filled with heavily P doped poly-Si
'1998	superjunction	patterned I/I of P and B, and buried epi.
'2000	IGBT	back-side I/I of Se to thin wafer and drive-in
'2000	FWD	back-side high-dose I/I of P and back-side laser anneal to thin wafer
'2010	IGBT	patterned >100µm B diffusion at high temperature
'2015	IGBT, FWD	back-side high-energy I/I of H to thin wafer for donor
'2015	IGBT, FWD	back-side channeling I/I of P to thin wafer
'2015	IGBT, FWD	back-side patterned I/I of B and high-dose P to thin wafer
'2015	IGBT	front-side patterned high-energy I/I of B and P
'2015	IGBT	200mm MCZ wafer applied to IGBT, and FWD later
'2016	superjunction	patterned high-energy I/I of P and B, and buried epi.
'2018	IGBT, FWD	back-side high-energy I/I of He to thin wafer
'2018	IGBT	300mm MCZ wafer applied to IGBT
'2021	IGBT	back-side high-energy I/I of P to thin wafer

のドーピング濃度 N_D と通電方向の長さ l_drift は $\pm 15\%$ 程度以内のばらつきに制御される必要がある．オフ維持状態における局所的発熱やそれによる劣化と故障の防止のためには，n⁻ 領域全体と p 領域の空乏化される領域近辺と n⁺ 領域の n⁻ 領域近辺には結晶欠陥があってはならない．バイポーラ型素子の過剰キャリア濃度を適正な範囲に制御してオン電圧を設計値の範囲に制御し，ターンオン時間・ターンオン損失とターンオフ時間・ターンオフ損失を設計値の範囲に制御するためには，n⁺ 領域の n⁻ 領域近辺，p 領域と n⁻ 領域全体の通電方向のドーピングプロファイル，通電方向の少数キャリアライフタイムのプロファイル，を特定の設計値の範囲に制御する必要がある．また，局所的な電流集中や電界集中による発熱や劣化や故障を抑制するためには，前述の各領域のドーピングや少数キャリアライフタイムは，通電方向と垂直な面内で一定のばらつき以内に制御する必要がある．ドーピングに関連しては，以上のような条件が揃って初めてパワー半導体の量産が可能となる．

初代の Si パワー半導体はメサ型整流素子であり，AC200～240 V±10% の整流のためには耐圧 600 V 以上でドリフト領域の $N_D \leq 2 \times 10^{14}$ cm^{-3}, $l_{\text{drift}} \geq 50$ μm 程度，AC400～480 V±10% の整流のためには耐圧 1200 V 以上でドリフト領域の $N_D \leq 1 \times 10^{14}$ cm^{-3}, $l_{\text{drift}} \geq 100$ μm 程度が必要となる．より大電力高電圧には，耐圧 2.5 kV 以上でドリフト領域の $N_D \leq 5 \times 10^{13}$ cm^{-3}, $l_{drift} \geq 200$ μm 程度，耐圧 4.5 kV 以上でドリフト領域の $N_D \leq 2 \times 10^{13}$ cm^{-3}, $l_{\text{drift}} \geq 400$ μm 程度が必要であり，大電流を扱うためには Si の通電面積で cm^2 のオーダーが求められた．つまり，不純物濃度が 10^{12} cm^{-3} オーダー以下の超高純度 Si 材料で，欠陥密度が 10^0 cm^{-3} オーダー以下（ほぼ無欠陥）かつ上述のドーピング濃度 ±15% 以内程度で直径が 1 cm を超えるような単結晶 Si が必要であった．また，スイッチング周波数が 50/60 Hz と低いのでスイッチング時間・スイッチング損失を低減する必要はなく，できる限り低いオン電圧が望ましいので過剰キャリア濃度プロファイルをドリフト領域全体にわたって高く保ちたいことから，少数キャリアライフタイム $\tau \geq 100$ μs 程度も求められた．これを可能としたのが，1953 年の超高純度 poly-Si 成長技術（シーメンス法）と 1955 年の FZ(Floating Zone) 法単結晶成長技術であった．シーメンス法による超高純度 poly-Si を材料として FZ 法で成長およびドーピングした n$^-$ 型無欠陥単結晶 Si を用いて，1954 年に開発された熱酸化膜による Si 表面を保護しながらの不純物拡散によって B (ホウ素), Al (アルミニウム), Ga (ガリウム) 等の深い p 型拡散層領域を形成し，メサ技術による Si メサ型整流素子が 1955 年に生産開始された．小型, 高効率, 低コストで, 高電圧大容量までできる整流素子として, 小中容量帯で Cu$_2$O 整流素子, Se 整流素子, Ge 整流素子を駆逐し, 大容量帯でもグリッド制御なしの水銀整流器を置き換えた．ただし, ターンオン機能やターンオフ機能はなかったので, 出力制御はタップ式やスライド式であった．図 10.15 にメサ型整流素子 [62] とサイリスタの断面構造 [63] の例を示した．次に説明する SCR の断面構造も基本的にサイリスタと同じである．

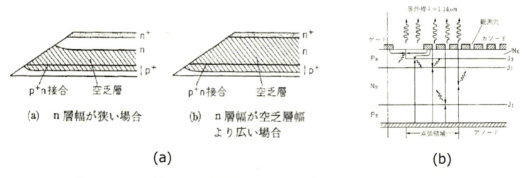

図 10.15 メサ型素子の断面構造の例．(a) Si 整流素子 [62], (b) サイリスタ [63].

第 2 世代の Si パワー半導体素子は 1958 年に発売された SCR であった．構造や機能はサイリスタそのものであるが，ターンオフさせることはまだできなかった．整流素子としての順方向オン維持機能と逆方向オフ維持機能に加えて，順方向に任意のタイミングまでオフを維持できる順方向オフ維持機能と，ゲート電流を与えて順方向に任意のタイミングでターンオンすることができる順方向ターンオン機能とを備え，位相制御やレオナード制御によって出力を制御可能な整流

素子として使用された（10.5 節の表 10.3 を参照されたい）．小さなゲート電流の制御によって順方向のオフ維持とターンオンを制御可能とした SCR は，小型，高効率，低コストで，高電圧大容量までできる制御可能な整流素子として，中容量帯でまだ使用されていたグリッド制御機能付きサイラトロンの大部分と大容量帯のグリッド制御機能付き水銀整流器のほとんどを置き換えた．SCR のゲート制御は，制御系素子として使われ始めたトランジスタで直接制御することが可能で，トランジスタで構成した制御回路で SCR を制御する整流装置は自動運転，無人運転，メンテナンスフリーの連続運転を可能とし，生産性の大幅な向上をもたらした．Si 整流素子を SCR へ進化させたドーピング技術は，1957 年に開発されたパターニング酸化膜マスクによる選択拡散技術であった．

第 3 世代の Si パワー半導体素子は，1960 年代序盤に強制転流回路が開発されると同時に，それに合わせて強制転流によってターンオフしやすい特性に調整されたサイリスタと，強制転流先となる FWD であった．AC 半周期の順方向電圧下で複数回のターンオンとターンオフを行う，つまり数百 Hz のキャリア周波数でも完全にオフさせる（ドリフト領域の過剰キャリアを完全に消し去る）ためには，サイリスタと FWD の少数キャリアライフタイムを $\tau \cong 1 \sim 10$ μs 程度に制御する必要があり，Au（金）拡散 [64] によるライフタイム制御技術が開発された．サイリスタは構造的には SCR と同じではあるが，強制転流回路の追加によって順方向電圧下のオン維持状態から概ね任意のタイミングでターンオフできる順方向ターンオフ機能を備えたことは，極めて大きな進化であった．つまり，順方向ターンオフ機能の追加によってサイリスタは PAM 制御や PWM 制御によるインバータを構成することが可能となったのである．強制転流回路を利用したサイリスタ式インバータは，水銀整流器式やモータ・ジェネレータ式のインバータ，周波数変換器，UPS を置き換え，大幅な小型化，高効率化，低コスト化と自動運転，無人運転，メンテナンスフリーの連続運転を可能とし，生産性の大幅な向上をもたらした．さらには，それまでサイリスタ式レオナード制御整流装置で駆動していた DC モータを強制転流回路によるサイリスタ式インバータで駆動する AC モータへ置き換えることも可能となり，DC モータのブラシ交換メンテナンスが負担となっていた用途ではモータのメンテナンスフリー化も可能となった．とはいえ，強制転流回路のコスト，体積，質量，損失は決して小さなものではなく，サイリスタ式レオナード制御電源＋DC モータの組み合わせも多く残り，市場は強制転流回路に頼らずゲート駆動だけで自己ターンオフできるパワー半導体を待ち望んだ．

第 4 世代の Si パワー半導体素子は，BJT であった．ゲート駆動だけで自己ターンオフできるパワー半導体としては，1960 年代前半から GTO が，1960 年代中頃からメサ型の BJT やその 2 チップダーリントン接続品が，1970 年代から MOSFET が改善を重ねながら提案されていたが，広く市場に受け入れられたのは 1975 年に発売された高耐圧プレーナ型 BJT であった [10]．プレーナ型はモノリシックで 3 段ダーリントン接続程度までは容易に実現できたので [65]，高耐圧大電流を小さなベース電流でほぼ自在にターンオン・ターンオフすることが可能となった．キャリア周波数はモータ駆動で数 kHz，スイッチング電源で数十 kHz まで高めることができた．図 10.16 に高耐圧プレーナ型 BJT チップの例を示す [66, 67]．高耐圧プレーナ型 BJT を可能としたドーピング技術は，1959 年に開発されたプレーナ技術（酸化膜マスクパターンを用いて Si ウェハ上の任意の位置に任意の平面形状で p 型と n 型の不純物をドーピングする技術），1963 年に開発されたイオン注入技術による高精度な不純物ドーピング量の制御，そして拡散

ウェハによる $l_{drift} \cong 50\sim100$ µm 程度の当時のパワー半導体としては比較的薄い n⁻ ドリフト領域の厚さの高精度制御である．Au 拡散や Pt 拡散 [68] 等によるライフタイム制御も，モータ駆動用 BJT の FWD には $\tau \cong 0.3\sim1$ µs 程度，スイッチング電源用 BJT の FWD や二次側整流用 FRD には $\tau \cong 100\sim300$ ns 程度と，より高強度のライフタイム制御が適用された．また，スイッチング電源二次側整流用の低圧 SBD(Schottky Barrier Diode) や低圧 FRD には，1959 年に開発された CZ(Czochralski) 法単結晶 Si 成長技術による高濃度ドープ n⁺ 基板と 1960 年に開発されたエピ成長 (Epitaxial Growth) 技術が適用され，$l_{drift} \cong 5\sim20$ µm 程度のパワー半導体としては最も薄い n⁻ ドリフト領域の厚さの高精度制御を可能とした．1977 年には高耐圧の GTO にも PWM 制御が使われ始めたが，耐圧 1.2 kV 程度までの範囲ではより小型，高効率，低コストな BJT がカバーした．小中容量帯の BJT と大容量帯の GTO は，強制転流回路なしでの自己ターンオフを可能とし，インバータ装置の主流の素子となった．誘導性負荷で自在に自己ターンオフ可能な BJT と GTO は，単にサイリスタ式インバータを置き換えただけでなく，強制転流回路のコスト，体積，質量，損失を嫌ってレオナード式サイリスタ整流器 +DC モータやリニア電源にとどまっていた各種用途の電力変換のほとんど全てを，小型，高効率，低コストなインバータ +AC モータやスイッチング電源に置き換えた．AC モータによるメンテナンスフリー化の嬉しさは先に述べた通りであるが，50/60 Hz 商用電源を変圧器で降圧して整流するリニア電源がキャリア周波数数十 kHz のスイッチング電源に変わることによる変圧器とコンデンサの小型化，低コスト化も，桁落ちレベルでインパクトがあった．

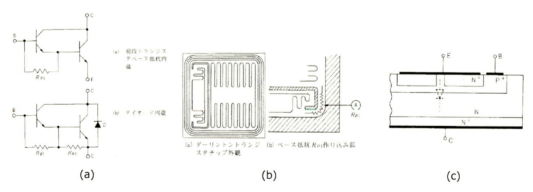

図 10.16　高耐圧プレーナ型 BJT チップの例．(a) モノリシック回路構成例 [66]，(b) チップレイアウト例 [66]，(c) チップ断面構造例 [67]．

第 5 世代の Si パワー半導体素子は，MOSFET と IGBT である．MOSFET は 1979 年に市場要求を満たす性能と価格の製品が発売され [31, 32]，小容量帯で特にスイッチング電源用途には一気に広がった．IGBT は 1985 年にラッチアップフリー [11] の製品が発売されてまず電子レンジに採用され，さらに損失が低減された第 2 世代 IGBT から中容量帯のモータ駆動インバータや UPS 用途等に一気に広がった．両素子とも MOS ゲートなので，BJT や GTO より駆動電力が大幅に小さくなって IC での駆動が可能となった．MOSFET や IGBT を駆動するためのスイッチング電源制御用 IC や 3 相ブリッジ駆動用 IC や駆動用 HyIC(Hybrid IC) も発売された．MOSFET はスイッチング電源で 100 kHz 以上まで，モータ駆動では 20～30 kHz 程度までキャ

リア周波数を上げることができ，IGBT はスイッチング電源では数十 kHz だが，モータ駆動では非可聴領域の 15 kHz までキャリア周波数を上げることができた．キャリア周波数を上げることによる変圧器，コンデンサ，インダクタ等の小型化，低コスト化と制御精度の向上，素子の損失低減，駆動回路の小型化，低コスト化，損失低減等の嬉しさで，小容量帯は MOSFET が，中容量帯は IGBT が BJT をほとんど置き換えた．BJT は耐圧 1200 V を大幅に超えての大容量化が難しかったが，IGBT は高耐圧化大容量化も可能であり，その後 1.7 kV, 2.0 kV, 2.5 kV, 3.3 kV, 4.5 kV, 6.5 kV 等の高耐圧素子が数 kA 程度の容量まで製品化されており，大容量帯でもサイリスタ，GTO，GCT を少しずつ置き換えてきている．初期の MOSFET と IGBT の断面構造の例を図 10.17 に示す [69]．これらの素子を可能としたドーピング技術は，CZ 法による高濃度ドーピング n$^+$ および p$^+$ 基板，$l_{\mathrm{drift}} \cong 50 \sim 200 \mu$m の厚膜エピ成長技術（n$^-$/n, n$^-$/n$^+$ 等の多層エピ成長を含む），大面積高品質ゲート酸化膜形成技術，ゲート電極用 poly-Si 高濃度ドーピング技術，EI(Electron Irradiation)[70-72] や He I/I (Helium Ion Implantation)[73] による高精度ライフタイム制御技術などである．

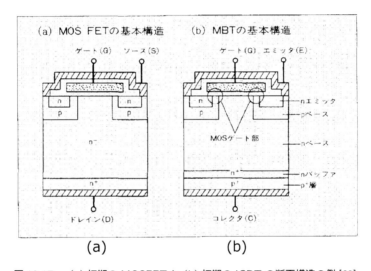

図 10.17　(a) 初期の MOSFET と (b) 初期の IGBT の断面構造の例 [69]．

MOSFET は，その後いくつかの技術革新を経て現在も小容量帯の主力パワー半導体素子として使用されている．MOSFET 商用化後の技術革新の 1 つ目はトレンチゲート技術である [35]．10.8 節で説明し図 10.11 に示した理想的な MOSFET の $R_{\mathrm{ON}} \cdot A$ においても，耐圧 200 V 以下の範囲では $R_{\mathrm{ON}} \cdot A (\mathrm{MOS}) = 0.2 \, \mathrm{m\Omega cm^2}$ がある程度の割合を占めているが，これは理想的に近いトレンチゲート技術を適用した場合の試算であって，チャネル密度を大幅に向上させたトレンチゲート技術適用以前においてはさらに大きな $R_{\mathrm{ON}} \cdot A (\mathrm{MOS}) \geq 1 \, \mathrm{m\Omega cm^2}$ が問題となっていた．量産的には 1990 年代の中頃から耐圧 200 V 以下の MOSFET にトレンチゲート技術が適用され，耐圧 200 V 以下の MOSFET のオン抵抗が大幅に改善された．図 10.18(a) にトレンチゲートの断面構造例を示す [74]．トレンチゲートは，その後 IGBT へも全面的に適用が広がり，現在では SiC MOSFET へも適用が始まっている．技術革新の 2 つ目は FP(Field Plate) 技術

である [75]．図 10.18(b) に FP MOSFET の断面構造例を示す [76]．トレンチゲート技術を適用した耐圧 200 V 以下程度の MOSFET においてさらに $R_{ON} \cdot A$ (drift) を低減するために，ドリフト領域と FP 間の厚い酸化膜に電圧の一部を負担させ，また FP がドリフト領域の空乏化を助けることと併せてドリフト領域のドーピング濃度 N_D を高めて (10.24) 式の Si limit を下回る $R_{ON} \cdot A$ を実現することができる．トレンチゲート技術と FP 技術を可能としたドーピング技術は，高濃度にドーピングした poly-Si をトレンチ内へ埋め込んでゲート電極や FP 電極を形成する d-poly(doped poly-Si) 技術である．

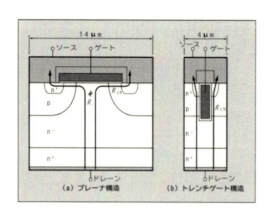
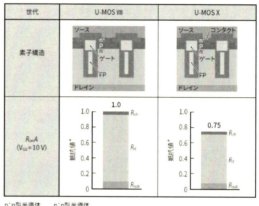

(a)   (b)

図 10.18 (a) プレーナゲート（左）と比較したトレンチゲートの断面構造例（右）[74]，(b) フィールドプレート MOSFET の断面構造例 [76]．

技術革新の 3 つ目は擬平面接合技術 [58, 77] である．図 10.19 に従来構造との比較で断面構造例を示すが [77]，P 領域と n⁻ ドリフト領域間の pn 接合を微小な曲面で形成してかつ高密度に並べることによって，pn 接合の耐圧を平面接合の理論耐圧の 99% 程度まで高めながら高破壊耐量と両立させている．擬平面接合技術の適用によって，耐圧 500～1000 V 程度の MOSFET の $R_{ON} \cdot A$ は従来 MOSFET の 60% 程度まで一気に低減し，(10.24) 式の Si limit に対して +10% まで近づいた [58]．擬平面接合技術は IGBT へも適用されているが，その適用には，新たなドーピング技術は必要なかった．

技術革新の 4 つ目が 10.10 節で説明した SJ 技術である [36]．SJ 技術の適用によって，耐圧 500～1000 V 程度の MOSFET の $R_{ON} \cdot A$ は Si limit の 1/10 程度まで低減されてきている．図 10.20 に SJ MOSFET の製造方法が分かる断面構造の例を示す [78]．高耐圧素子に多いプレーナゲート型でも低耐圧素子に多いトレンチゲート型でも，p と n の多段埋め込みエピ成長がほとんどの製品に適用されている．n⁻ エピ成長はドーピング濃度の許容範囲は広いが高いスループットが求められ，p と n の埋め込みイオン注入は高精度かつ低ばらつきが求められる．埋め込みエピ成長の段数を低減するために，MeV レベルの高エネルギーイオン注入も使われている．

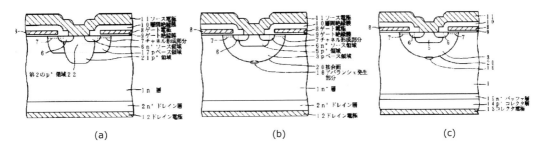

図 10.19 断面構造例の比較 [77]．(a) 従来 MOSFET，(b) 擬平面接合 MOSFET，(c) 擬平面接合 IGBT．

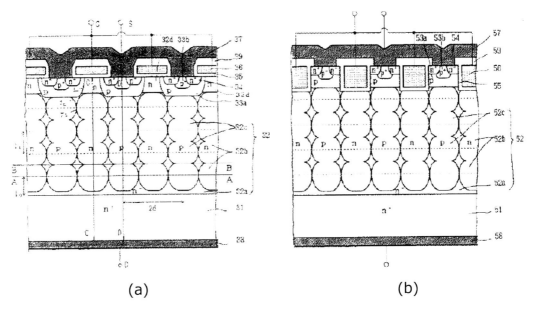

図 10.20 SJ MOSFET の製造方法が分かる断面構造例 [78]．(a) プレーナゲート型，(b) トレンチゲート型．

IGBT もいくかの技術革新を経て，現在も中大容量帯の主力パワー半導体素子として使用されている．IGBT 商用化後の技術革新の 1 つ目は MOSFET と同じくトレンチゲート技術 [35]，技術革新の 2 つ目は FS 技術であった [37, 38]．図 10.21 に FS-IGBT の 1 世代前の NPT(Non-Punch-Through)-IGBT[79] との断面構造の比較を示す [80]．同図には，トレンチゲートと従来型のプレーナゲートの断面構造の比較も示した．図 10.17(b) で示した初期のころのエピ成長を利用した PT(Punch-Through)-IGBT の 1200 V 品の厚さ方向寸法を，同じ耐圧の NPT-IGBT と比較して図 10.22(a) に示す．1200 V の PT-IGBT はチップの厚さが 350 μm 程度あったのに対し，NPT-IGBT は耐圧 650 V で 100 μm，1200 V で 180 μm 程度に，FS-IGBT では耐圧 650 V で 70 μm，1200 V で 130 μm 程度と，世代が進むにつれて薄くなっている．NPT-IGBT や FS-IGBT は製造工程の途中でウェハを薄く削って裏面からも加工を行う必要があり，製造の難易度が格段に上がったが，それを上回る嬉しさがあった．PT-IGBT では，ドーピング濃度が高くばらつきが大きい CZ 法 p^+ 基板とその上にエピ成長した n バッファ領域との

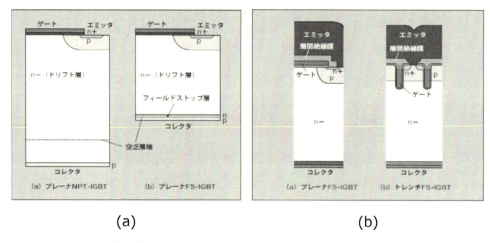

図 10.21　IGBT の断面構造の比較 [80]．(a) プレーナゲートにおける左 NPT-IGBT と右 FS-IGBT，(b)FS-IGBT における左プレーナゲートと右トレンチゲート．

間の p⁺n 接合から少数キャリアを注入するので，注入量が大幅に過剰となり，n⁻ ドリフト領域中の過剰キャリア濃度を望ましい値へ下げるためにライフタイム制御を適用することが不可欠であった．ライフタイム制御を適用すると，n⁻ ドリフト領域の通電方向の過剰キャリア濃度プロファイルが図 10.22(b) に破線で示すようなたるみの大きい懸垂線状となり，懸垂線の両端近傍では大幅に過剰で中央付近では不足するようなキャリア濃度プロファイルとなる．両端近傍の大幅に過剰となったキャリアは，ターンオフ時に電流の切れが遅くなる裾となってターンオフ損失を増加させる，中央付近のキャリア濃度が不足する領域は，抵抗率が高くなるのでオン抵抗を増大させる．これらのメカニズムによって，ライフタイム制御の適用は IGBT の損失低減を阻害していた．NPT-IGBT では，薄く研削したウェハの裏面からイオン注入で形成する低濃度な p

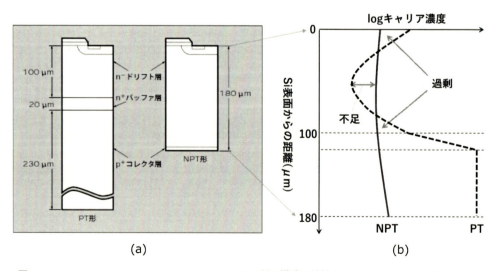

図 10.22　1200 V PT-IGBT と NPT-IGBT の (a) 断面構造の比較 [81] と (b) キャリア濃度分布プロファイルの比較．

コレクタ領域と n^- ドリフト領域の間の pn 接合で少数キャリアの注入を低くかつ高精度に制御する．これによりライフタイム制御が不要となり，図 10.22(b) に実線で示すような懸垂線のたるみが小さい望ましい過剰キャリアプロファイルが高精度低ばらつきで実現され，低損失化が可能となった．しかもそれは，n^- ドリフト領域の厚さを耐圧 650 V で PT の 60 µm 程度から NPT の 100 µm 程度へ，1200 V では PT の 100 µm 程度から NPT の 180 µm 程度へ増加させながらの低損失化であった．

FS-IGBT では，NPT の低注入高精度低ばらつきな過剰キャリア濃度プロファイルという嬉しさはそのままに，nFS 領域を追加することによって n^- ドリフト領域の厚さを PT 同等もしくはそれ以下へ薄くし，さらに大幅な低損失化を実現している．FS-IGBT の実現を可能としたドーピング技術は，最薄で 60 µm 程度と極めて薄く表面には厚膜メタルと厚膜パッシベーションが形成済みの薄ウェハへの，裏面からの B（ホウ素）イオン注入，裏面からの数 MeV の高エネルギー H（水素）イオン注入と，低温アニールによる B の活性化と H イオン注入ダメージのドナー化である [82-85]．また，IGBT と逆並列に並べて使用する FWD も薄ウェハによる FS-FWD 化されている．IGBT と同様に最薄で 60 µm 程度と極めて薄く表面には厚膜メタルと厚膜パッシベーションが形成済みの薄ウェハへの，裏面からの高ドーズ P（リン）もしくは As（ヒ素）イオン注入と，裏面からのレーザーアニールによる活性化が重要なドーピング技術として実施されている [82]．これら技術はいずれも LSI の技術とは異なり，IGBT のために開発された独特な技術である．

IGBT の技術革新の 3 つ目と 4 つ目は，RB-IGBT[12] と RC(Reverse Conducting)-IGBT[86] である．RB-IGBT の断面構造 [87] と，RC-IGBT の断面構造および平面レイアウト [88] を図 10.23 に示す．RB-IGBT は逆方向オフ維持機能をモノリシックに追加した IGBT で，それまで同機能の付加が必要な場合には IGBT と直列に FWD チップを追加接続していたものを RB-IGBT ワンチップで置き換えた．これによりチップ数が半減して Si 面積が減りパワーモジュールや装置が大幅に小型化されるだけでなく，素子の損失も大幅に低減された．大容量の

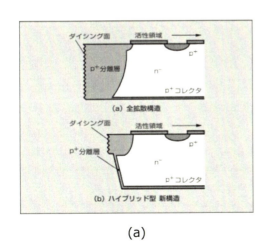
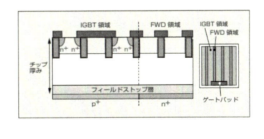

(a) (b)

図 10.23　RB-IGBT と RC-IGBT の例．(a) 上全拡散型分離構造と下ハイブリッド型分離構造による RB-IGBT の断面比較 [87]，(b) RC-IGBT の断面構造と平面レイアウト [88]．

UPSや大容量の太陽光発電PCS(Power Conditioning System)用の低損失なT型3レベルインバータ[89, 90]や低損失なAC-AC変換装置マトリクスコンバータ[33]の実現に貢献した．

RC-IGBTは，通常IGBTとは別チップでIGBTと逆並列に接続されて横に配置されているFWDをIGBTへモノリシックに集積化した素子である．チップ数が半減してSi面積が減りパワーモジュールや装置が大幅に小型化されるだけでなく，放熱性も改善される．IGBT部分発熱時の放熱をFWD部分が助け，FWD部分発熱時の放熱をIGBT部分が助けるからである．インバータの小型化，低質量化，低コスト化に効果を発揮するRC-IGBTは，2016年に一部HEV(Hybrid Electric Vehicle)から適用が始まり，現在ではHEV用インバータの主力素子である．PHEV(Plug-in HEV)やBEV(Battery EV)にも搭載され[91, 88]，また，洋上風力発電用などの大容量でかつ小型化，軽量化が求められるPCSやインバータ等にも使用されている[92]．

RB-IGBTを可能としたドーピング技術は，最大200 μm程度の深さまで必要なp^+分離領域の高温拡散であった．また，RC-IGBTを可能としたドーピング技術は，IGBT部分とFWD部分の作り分けのための薄ウェハの裏面にパターニングをした上での裏面イオン注入と，ライフタイム制御のための薄ウェハの裏面からの高エネルギーHe I/Iであった．以上に説明した技術革新を可能としたドーピング技術に加えて，技術革新には数えなかったがIGBTの進化に貢献したドーピング技術を3つ挙げておきたい．1つ目はFZ法による無欠陥低O（酸素）濃度n^-バルクウェハであり，1955年のSi整流素子以来パワー半導体に用いられてきたこの技術がなければ，NPT-IGBTもFS-IGBTも合理的なコストでは実現できなかった．2つ目はNTD(Neutron Transmutation Doping)によるn^-バルクウェハの高精度低ばらつきドーピング技術[93, 94]であり，1970年代にまずFWDやサイリスタに適用され[95]，1990年代にはNPT-IGBTに，2000年代には高耐圧大容量IGBTにも適用された．3つ目は，MCZ(Magnetic field applied Czochralski)法ウェハ[96]であり，自動車の電動化の進展によって急増した需要への対応が難しかったFZ法ウェハを代替して，ドーピング濃度のばらつきを低減しかつO濃度を抑えた200 mm径MCZ法ウェハが2015年頃から供給され，需要を満たしてくれた．また，ウェハ径300 mmへの大口径化にFZ法ウェハが対応できていないのに対して，MCZ法ウェハがいち早く対応しIGBTの300 mm化が始まった[97]．

10.12　将来展望と課題

次世代材料と言われたSiCやGaNによるパワー半導体素子が使われ始めてから20年以上が経過している．最初は2001年にSiC-SBDが発売され[39]，サーバ電源等に使用されて効率向上と小型化に貢献した．2011年からはSiC MOSFETも発売され[39]，電鉄や太陽光発電PCS等に採用されたが，これら用途での使用量は少なかった．GaNも2010年からFETが発売されて[40]ACアダプタ等に採用され，小型化と高効率化に貢献したが，その規模は大きくなかった．いずれの場合もSiパワー半導体と比較すると価格が高いために，広くは採用されなかった．しかしながら，2017年発売のBEV TESLA Model 3の駆動用インバータにSiC MOSFETが採用されると[98]流れが変わった．BEVの駆動用インバータにSiC MOSFETを使うと，Si IGBTを使う場合と比較して走行距離を5〜10%伸ばせるということが明確となり，バッテ

リー搭載容量を 5～10% 増やすより SiC MOSFET を使う方が低コストとの試算から，高価格帯 BEV の駆動用インバータへ SiC MOSFET の採用が進んだ．調査会社によれば [99]，SiC パワー半導体の市場は 2023 年に 32 億米ドルを記録し，2028 年には 119 億米ドルへ急成長すると予測されている．GaN パワー半導体の市場も 2023 年の 2 億米ドルから，電動車の車載充電器や DC-DC コンバータへの採用が進み 2028 年には 9 億米ドルへ成長すると予測されている [99]．では Si はどうなるのか．Si パワー半導体の市場は 2023 年の 304 億米ドルから 2028 年の 423 億米ドルへと，SiC や GaN との比較では成長速度は遅いが，従来の市場の主力パワー半導体として堅調な成長を続けるものと予測されている [99]．

将来も主力パワー半導体として堅調な成長を期待されている Si パワー半導体の，将来の主力素子は何か．それは，中大容量帯の IGBT+FWD（RC-IGBT を含む）と，小容量帯の MOSFET（高耐圧側は SJ，低耐圧側は FP）だと筆者は考えている．いろいろな素子が提案され，実用化され，そして淘汰が進んだ結果，現在の Si の主力素子となっているのがこれらであり，代替する Si 素子の候補も見当たらないからである．これら将来にわたる Si の主力素子をさらに発展（低損失化，小型化，低コスト化）させるために重要と考えるドーピング技術とその課題を表 10.6 にまとめた．

表 10.6 将来も重要と考えられる Si パワー半導体素子と重要なドーピング技術，その課題．

Impotant Si power devices	IGBT, FWD, superjunction and field-plate MOSFET
Important doping process for silicon power devices	Important topics or issues of the process
300mm and 200mm MCZ wafers	to reduce the contents and variations of O and C
	to increase the usable ingot length between the specifications of Nd(max)-Nd(min)
	to enhance the mechanical strength to reduce slips and deformations
	to enhance the gettering at the back-side
200mm and 300mm? FZ wafers	to reduce the content and variation of C
	to realize 300mm FZ wafer
	to enhance the mechanical strength to reduce slips and deformations
	to enhance the gettering at the back-side
high-energy I/I of H for n-type doping control of field-stop and drift regions	to clarify the effects and interaction mechanisms of point defects, O, C, and other impurities if any
	to reduce the variation of n-type doping due to the dispersion of the contents of O and C
high-energy I/I or irradiation of He and/or electron for the carrier lifetime control	to clarify the effects and interaction mechanisms of point defects, O, C, H, and other impurities if any
	to reduce the variation of carrier lifetime due to the dispersion of the contents of O and C
back-side laser anneal of thin wafer	to enhance the cooling of front-side to improve the through-put
patterned high- and low-energy I/I of B and P	to reduce the dispersions of I/I doses
buried epitaxial growth	to reduce dispersion of epitaxial layer thickness

IGBT, FWD, RC-IGBT 用のバルクウェハのドーピング技術としては，MCZ 法が重要である．すでに 300 mm 径ができていることと，今後も増え続ける需要に対応するための生産能力の増強が FZ 法より容易だからである．MCZ 法の課題は，O 濃度と C（炭素）濃度の低減とそ

のばらつきの低減，インゴットの使用可能長さの拡大，機械的強度の向上，裏面側のゲッタリング能力の向上である．MCZ 法ウェハは O 濃度が高い [100] ために高耐圧の素子には使用できていない．O が前工程終盤の低温熱処理でドナー化 [101] して，(10.22) 式が高耐圧大容量素子に要求する N_D の範囲を超えてしまうからである．次に，IGBT も FWD も RC-IGBT も FS 層の形成のために H I/I が使用され [82-85]，FWD と RC-IGBT にはライフタイム制御のために高エネルギー EI[70-72] や He I/I[73] が使われるが，O と C はこれら高エネルギー粒子照射によって Si 中に多量に生成される V(Vacancy) や I(Interstitial) と複雑な相互作用をするので [102-105]，O や C の濃度の違いとばらつきがライフタイムやドーピング濃度の違いとばらつきに影響する．また，O のドナー化は EI や He I/I の影響も受ける [106, 107]．さらには，H の VO や V 等との相互作用 [108, 109] を通してドリフト領域や FS 領域のドーピング濃度プロファイルも O 濃度，C 濃度の影響を受ける [85, 110]．というように，V，I，H，O，C，P 間の複雑な相互作用を通してドリフト領域と FS 領域のドーピング濃度プロファイルとキャリアライフタイムプロファイルが影響を受けるので，MCZ 法ウェハは O と C の，FZ 法ウェハは C の濃度低減とばらつき低減が求められる．また，これら点欠陥と元素の間の複雑な相互作用の全貌が明らかになっているとは言えないので，その解明も望まれる．

次に，MCZ 法ウェハはドーパントの偏析 [111] の影響で，インゴットの長さ方向にドーピング濃度の傾斜ができる [112]．IGBT のドリフト領域のドーピング濃度は ±10% から ±15% 程度の許容範囲で設計されるので，MCZ 法で結晶成長した 1 本のインゴットの中で IGBT に使用できる部分の長さは LSI や IC の場合と比較して数分の 1 程度と短くなっており，パワー半導体用 MCZ 法ウェハの低生産効率と高コストの原因となっている．MCZ 法ウェハと FZ 法ウェハの共通の課題の一つとして，ウェハの機械的強度の向上がある．トレンチゲート IGBT の表面の加工ルールは現在 0.35 μm 程度になっており，高温の熱処理によるウェハの変形が気になり始めている．今後さらに微細な加工ルールを適用するためには，ウェハの機械的強度を向上させて高温の熱処理によるウェハの変形を抑制する必要があると考えている．MCZ 法ウェハと FZ 法ウェハに共通する課題のもう一つはゲッタリング能力の向上であり，裏面側にゲッタリングサイトを強化したい．IGBT の適用分野は大容量で高品質が求められる分野へ拡大してきている．例えば，洋上風力発電用の大容量 PCS には一辺が 1 cm を超える大きさの IGBT チップを数十チップ搭載した大容量パワーモジュールが，PCS1 台につき数十個使用される．最近の IGBT チップはチップ面積の大部分の領域にトレンチゲートが高密度に敷き詰められており，PCS1 台当たりのゲート酸化膜の面積は膨大なものとなっている．その品質を高く維持できなければ，沖合の海上の 100 m 程度の高さに建てられているナセル [113] 中の PCS が故障した場合の修理コストや復旧までの期間の損失は巨額なものとなってしまう．以上の他に，FZ 法ウェハには 300 mm 化が求められる．先に述べたように，現在の MCZ 法ウェハは O 濃度が高いので高耐圧の素子には使用できない．高耐圧素子の 300 mm 化による生産効率向上とコストダウンは，FZ 法ウェハの 300 mm 化を待つしかないのが現状である．

FWD と RC-IGBT に使われている薄ウェハの裏面からのレーザーアニールによる n$^+$ カソード領域の活性化では，レーザーによって裏面に入射するエネルギーによる発熱が薄ウェハの表面へ伝導し表面の温度が上がることが問題となる．表面には Al（アルミ）電極とパッシベーション膜とそれらをステージやアーム等への接触から保護するための保護膜が設けられており，表面

の温度が上がり過ぎるとこれらの膜が損傷を受けてしまう．温度上昇による表面の損傷を防ぐためには表面の冷却能力が重要である．現状ではこの冷却能力が薄ウェハの裏面レーザーアニールのスループットを律速しており，表面の冷却能力の向上が求められる．

　SJ MOSFET に用いられるドーピング技術は，これまでと同様にパターニングされたマスク上からの高エネルギーおよび低エネルギー I/I と埋め込みエピ成長である．高エネルギー I/I は SJ MOSFET 以外にも，IGBT, FWD, RC-IGBT の FS 領域形成のための H I/I や，FWD, RC-IGBT のライフタイム制御のための He I/I にも用いられる．高エネルギー I/I にはさらなる高エネルギー化が求められ，特に SJ のためには低エネルギー I/I も含む I/I 全体のドーズ量精度の向上，ウェハ間のドーズ量変動とウェハ内のドーズ量ばらつきの低減が求められる．というのは，SJ MOSFET の耐圧は図 10.13(b) の SJ MOSFET 断面構造に示した p 領域と n 領域のドーピング濃度のインバランスに強く依存するからである [114]．ドーピング濃度のインバランスが大きくなると，狙いの耐圧に対する耐圧低下が大きくなって不良素子となる．この耐圧低下のインバランス依存性は，p 領域や n 領域のアスペクト比 l_{drift}/d が大きくなるほど大きくなる．一方で，$R_{\mathrm{ON}} \cdot A$ を下げるためには表 10.4 に引用した式で分かるように d を小さくする必要がある．つまり，$R_{\mathrm{ON}} \cdot A$ を下げるために d を小さくすると，イオン注入量のずれやばらつきに起因する耐圧低下不良率が高くなってしまうので，不良率を低く維持しながら $R_{\mathrm{ON}} \cdot A$ を下げるためには I/I のドーズ量精度の向上，ウェハ間のドーズ量変動とウェハ内のドーズ量ばらつきの低減が不可欠となる．SJ の埋め込みエピ成長と FP MOSFET のドリフト領域の製造にはエピ成長技術が用いられる．どちらの場合もエピ厚さの精度向上とばらつき低減が求められ，FP にはさらにエピ層のドーピング濃度の精度向上とばらつき低減が求められる．

10.13　まとめ

　1880 年頃から利用され始めた電力は，2022 年に人類のエネルギー消費の約 1/4 を占め，2050 年には約 80% を占めるとも予想されており，将来にわたって最も重要なエネルギー担体である．パワー半導体は，発電，送配電，電力利用の全ての場面で使用される電力の変換制御のキーデバイスであり，その進化と発展がパワーエレクトロニクスの進化と発展を通して社会の発展を支えている．本章では，歴代のパワー半導体の中でも各時代で主力となった Si パワー半導体について，その主力 Si パワー半導体が果たした役割とそれを可能としたドーピング技術について説明した．また，筆者の私見で，将来にわたって Si パワー半導体の主力を継続すると考えられる素子として IGBT, FWD, RC-IGBT, SJ MOSFET, FP MOSFET を取り上げ，これらの素子がさらに発展するために重要と考えられるドーピング技術とその課題を説明した．本章が，ドーピング技術者を始めとするプロセス技術者各位の参考になるとともに，これまであまりパワー半導体に馴染みのなかった科学者，研究者，技術者の方々がパワー半導体を理解するための一助となれば幸いである．最後に，素子についてより深く理解したいと望まれる方々の参考として，IGBT と SJ MOSFET に関するレビュー論文 [115-117] を紹介して本章の終わりとする．

参考文献

[1] International Energy Agency, World Energy Outlook 2023, (International Energy Agency, 2023).
[2] 電気学会, 『半導体電力変換回路』(オーム社, 1987).
[3] 竹内登一, 『富士時報』**5**, 161 (1928).
[4] 澁谷勵三, 『富士時報』**2**, 304 (1925).
[5] 阪上俊雄, 『富士時報』**1**, 345 (1924).
[6] 小原實, 『電気学会雑誌』**107**, 1136 (1987).
[7] 富士電機株式会社, 『富士時報』**40**, 12 (1967).
[8] 電気学会, 『パワーデバイス・パワーIC ハンドブック』(コロナ社, 1996).
[9] 富士電機株式会社, 『富士電機社史Ⅳ』, パワーエレクトロニクスの変遷 (富士電機, 2025 予定).
[10] 角野公威, 大胡忠男, 上條洋, 『富士時報』**48**, 302 (1975).
[11] A. Nakagawa, H. Ohashi, and T. Tsukakoshi, *Ext. Abst. 16th Int. Conf. Solid State Devices & Mater.*, 309 (1984).
[12] M. Takei, Y. Harada, and K. Ueno, *Proc. 13th Int. Symp. Power Semicon. Dev. & ICs*, 413 (2001).
[13] 富士電機株式会社, 『富士電機社史』, 第Ⅵ章 水銀整流器および接触変流器 (富士電機, 1957).
[14] 株式会社安川電機, 『インバータドライブ技術』第 2 版 (日刊工業新聞社, 1997).
[15] 林部秀治 他, 『富士時報』**48**, 567 (1975).
[16] 田中良和, 三木広志, 『富士時報』**63**, 481 (1990).
[17] 東海旅客鉄道株式会社の資料を基に筆者が作成.
[18] 鈴木平八, 『富士時報』**35**, 489 (1962).
[19] 甲斐弘道, 『富士時報』**29**, 449 (1956).
[20] 諸星幸信 他, 『富士時報』**58**, 348 (1985).
[21] 橋本理 他, 『富士時報』**58**, 656 (1985).
[22] 井上亮二, 土橋栄喜, 大澤千春, 『富士時報』**72**, 127 (1999).
[23] 井上亮二, 坂本守, 神田淳, 『富士時報』**79**, 110 (2006).
[24] 小林宣之, 『富士電機技報』**93**, 259 (2020).
[25] JR 東海 HP
https://company.jr-central.co.jp/company/esg/social/service.html
[26] 小川利作, 『富士時報』**19**, 73 (1942).
[27] 毛利鈴一, 近藤久雄, 『日立評論』**EX32**, 23 (1959).
[28] 木下明, 『富士時報』**36**, 203 (1963).
[29] 電気学会, 『静止電力変換装置』, 第 6 章 制御整流器の応用 (学献社, 1969).
[30] 関谷恒人, 石川弘之, 内田喜之, 『富士時報』**42**, 500 (1969).
[31] A. Lidow, T. Hermann, and H. W. Collins, *1979 Int. Electron Device Meet.*, 79 (1979).
[32] J. Tihanyi, P. Huber, and J. P. Stengl, *1979 Int. Electron Device Meet.*, 692 (1979).
[33] 伊東淳一, 小高章弘, 佐藤以久也, 『富士時報』**77**, 142 (2004).
[34] W. E. Newell, *1973 IEEE Power Electronics Specialists Conf.*, 6 (1973).
[35] D. Ueda, H. Takagi, and G. Kano, *IEEE Trans. Electron Dev.*, **32**, 2 (1985).
[36] T. Fujihira, *Jpn. J. Appl. Phys.*, **36**, 6254, (1997).
[37] 末代知子, 中川明夫, 『東芝レビュー』**54**, 28 (1999).
[38] T. Laska et al., *Proc. 12th Int. Symp. Power Semicon. Devices & ICs*, 355 (2000).
[39] Yole Development, *SiC 2014* (Yole, 2014).
[40] J. Liao and R. Eden, *Market Forecasts for SiC & GaN Power Semiconductors* (IHS, 2016).
[41] R. H. Dennard et al., *IEEE J. Solid State Circuits*, **9**, 256 (1974).

[42] International Electrotechnical Commission, *IEC 61800*, Part 5-1 (2022).
[43] International Electrotechnical Commission, *IEC 61800*, Part 3 (2022).
[44] 関口秀紀, 舟木剛, 『電気学会論文誌 A』 **134**, 36 (2014).
[45] R. Kosugi et al., *Proc. 31st Int. Symp. Power Semicon. Devices & ICs*, 39 (2019).
[46] A. Koyama et al., *Proc. Int. Conf. Silicon Carbide & Related Materials*, Fr-2A-05 (2019).
[47] M. Xiao et al., *2019 Device Research Conf.*, 161 (2019).
[48] R. Tanaka et al., *Jpn. J. Appl. Phys.* **59**, SGGD02 (2020).
[49] Y. Wang et al., *IEEE Trans. Electron Devices* **69**, 2203 (2022).
[50] Q. Liu et al., *Proc. 36th Int. Symp. Power Semicon. Devices & ICs*, 236 (2024).
[51] H. Okumura et al., *Jpn. J. Appl. Phys.* **57**, 04FR11 (2018).
[52] M. Hiroki, Y. Taniyasu, and K. Kumakura, *IEEE Electron Device Let.* **43**, 350 (2022).
[53] H. Kawarada et al., *Proc. 2023 Int. Electron. Devices Meeting*, 1 (2023).
[54] M. Liao, H. Sun, and S. Koizumi, *Advanced Science* **11**, 2306013 (2024).
[55] C. Hu, *1979 IEEE Power Electronics Specialists Conf.*, 385 (1979).
[56] W. Fulop, *Solid State Electronics* **10**, 39 (1967).
[57] B. J. Baliga, *Modern Power Devices* (John Wiley & Sons, 1987).
[58] T. Kobayashi et al., *Proc. 13th Int. Symp. Power Semicon. Devices & ICs*, 435 (2001).
[59] M. Yamamoto et al., *1998 IEEE Power Electronics Specialists Conf.*, 1711 (1998).
[60] H. Akagi, *IEEJ Trans. Electrical & Electronic Eng.* **13**, 1222 (2018).
[61] T. Fujihira and Y. Miyasaka, *Proc. 10th Int. Symp. Power Semicon. Devices & ICs*, 423 (1998).
[62] 角野公威, 松沢秀美, 『富士時報』 **43**, 229 (1970).
[63] 橋本理, 『富士時報』 **47**, 585 (1974).
[64] J. M. Fairfield and B. V. Gokhale, *Solid State Electronics* **8**, 685 (1965).
[65] 関谷恒人 他, 『富士時報』 **55**, 632 (1982).
[66] 関谷恒人 他, 『富士時報』 **50**, 420 (1977).
[67] 関谷恒人 他, 『富士時報』 **51**, 282 (1978).
[68] K. P. Lisiak and A. G. Milnes, *J. Appl. Phys.* **46**, 5229 (1975).
[69] 橋本理, 上野勝典, 西村武義, 『富士時報』 **60**, 717 (1987).
[70] A. O. Evwaraye and B. J. Baliga, *J. Electrochem. Soc.* **124**, 913, (1977).
[71] R. O. Carlson, Y. S. Sun, and H. B. Assalit, *IEEE Trans. Electron Devices* **24**, 1103 (1977).
[72] F. Frisina et al., *Int. J. Radiation Appl. & Instrumentation* **35**, 500 (1990).
[73] W. Wondrak and A. Boos, *17th Eur. Solid State Device Research Conf.*, 649 (1987).
[74] 西村武義, 島藤貴行, 小野沢勇一, 『富士時報』 **72**, 180 (1999).
[75] Y. Baba et al., *Proc. 4th Int. Symp. Power Semicon. Dev. & ICs*, 300 (1992).
[76] 株式会社東芝, 『東芝レビュー』 **74**, 76 (2019).
[77] 小林孝, 西村武義, 藤平龍彦, 特許第 3240896 号 (2001).
[78] 藤平龍彦, 特許第 3988262 号 (2007).
[79] G. Miller and J. Sack, *20th IEEE Power Electronics Specialists Conf.*, 21 (1989).
[80] 小野沢勇一, 吉渡新一, 大月正人, 『富士時報』 **75**, 563 (2002).
[81] 百田聖自, 大西泰彦, 熊谷直樹, 『富士時報』 **71**, 128 (1998).
[82] 武井学, 藤平龍彦, 特許第 3684962 号 (2005).
[83] J. Hartung and J. Weber, *Phys. Rev. B* **48**, 14161 (1993).
[84] J. G. Laven et al., *ECS J. Solid State Sci. & Technol.* **2**, 389 (2013).
[85] F. -J. Niedernostheide et al., *Proc. 28th Int. Symp. Power Semicon. Dev. & ICs*, 351 (2016).
[86] K. Takahashi et al., *Proc. 26th Int. Symp. Power Semicon. Dev. & ICs*, 131 (2014).

[87] 中澤治雄, 脇本博樹, 荻野正明, 『富士時報』 **84**, 304 (2011).
[88] 高下卓馬, 井上大輔, 安達新一郎, 『富士電機技報』 **89**, 266 (2016).
[89] K. Komatsu et al., *Proc. 2010 Int. Power Electronics Conf.*, 523 (2010).
[90] S. Takizawa et al., *Proc. PCIM Eur. 2012*, 296 (2012).
[91] 野口晴司, 安達新一郎, 吉田崇一, 『富士電機技報』 **87**, 254 (2014).
[92] 山野彰生, 高橋美咲, 市川裕章, 『富士電機技報』 **89**, 256 (2016).
[93] M. Tanenbaum and A. D. Mills, *J. Electrochem. Soc.* **108**, 171 (1961).
[94] E. W. Hass and M. S. Schnoller, *IEEE Trans. Electron Dev.* **23**, 803 (1976).
[95] M. Schnoller, *IEEE Trans. Electron Dev.* **21**, 313 (1974).
[96] N. Machida, *Proc. 30th Int. Symp. Power Semicon. Dev. & ICs*, 12 (2018).
[97] H. J. Schulze et al., *Proc. 28th Int. Symp. Power Semicon. Dev. & ICs*, 355 (2016).
[98] H. Lin and A. Villamor, *Power SiC 2018: Materials, Devices and Applications* (Yole, 2018).
[99] C. Middleton, M. Mao, and R. Eden, *Power Discrete and Module Market Tracker 2023* (OMDIA, 2024).
[100] K. Hoshi et al., *J. Electrochem. Soc.* **132**, 693, (1985).
[101] W. Kaiser, H. L. Frisch, and H. Reiss, *Phys. Rev.* **112**, 1546 (1958).
[102] V. Privitera, S. Coffa, F. Priolo, et al., *Rivista del Nuovo Cimento* **21**, 1 (1998).
[103] M. Huhtinen, *Nucl. Instrum. Methods A* **491**, 194, (2002).
[104] M. Moll, E. Fretwurst, and G. Lindstrom, *Nucl. Instrum. Methods A* **439**, 282 (2000).
[105] R. Siemieniec et al., *Electrochem. Soc. Proc.* **2004**-**05**, 369 (2004).
[106] P. Hazdra and V. Komarnitskyy, *Nucl. Instrum. Methods B* **253**, 187 (2006).
[107] P. Hazdra and V. Komarnitskyy, *Mater. Sci. Eng. B* **159-160**, 346 (2009).
[108] P. Johannesen, B. Bech Nielsen, and J. R. Byberg, *Phys. Rev. B* **61**, 4659 (2000).
[109] P. Johannesen et al., *Phys. Rev. B* **66**, 235201 (2002).
[110] A. Kiyoi et al., *J. Appl. Phys.* **130**, 115704 (2021).
[111] S. M. Sze, *VLSI Technology* (McGraw-Hill, 1983).
[112] 志村史夫, 『半導体シリコン結晶工学』, 第 2 章 単結晶の育成 (丸善, 1993).
[113] International Energy Agency, *Offshore Wind Outlook 2019* (2019).
[114] H. Wang, E. Napoli, and F. Udrea, *IEEE Trans. Electron Dev.* **56**, 3175, (2009).
[115] N. Iwamuro and T. Laska, *IEEE Trans. Electron Dev.* **64**, 741 (2017).
[116] N. Iwamuro and T. Laska, *IEEE Trans. Electron Dev.* **65**, 2675 (2018).
[117] F. Udrea, G. Deboy, and T. Fujihira, *IEEE Trans. Electron Dev.* **64**, 713 (2017).

第11章

パワー半導体用シリコンウェーハにむけた中性子核変換ドーピングの現状と今後の展開

11.1 はじめに

カーボンニュートラル社会を実現するためにパワー半導体は，必要不可欠である．特にIGBT(Insulated Gate Bipolar Transistor)は電力変換の効率を高めることでエネルギー消費を削減し，結果としてCO_2排出量を減らすことに貢献できるパワー半導体デバイスである[1]．IGBTは，民生用から鉄道まで幅広い製品に使われている．特に車載用IGBTにおいては，電動車(xEV)化の普及により今後多く使われると予想され[2]，IGBT用シリコンウェーハの品質および生産性向上が期待されている．

図11.1に，中性子核変換ドーピングが適用されるパワー半導体用シリコンウェーハの範囲を示す．中性子核変換ドーピング(NTD: Neutron Transmutation Doping)はFZ結晶，MCZ結晶の抵抗率ばらつきを低減することができ，スイッチング特性向上につながるため，特に，品質特性の要求が高いIGBTに用いられている．

本稿では最初にIGBT用シリコンウェーハにおける抵抗率の重要性について述べ，次に中性子核変換ドーピング技術について説明する．そして最後に，中性子核変換ドーピング技術の課題と今後の展開について考察する．

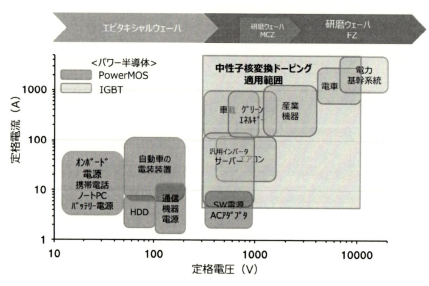

図11.1 中性子核変換ドーピングが適用されるパワー半導体用シリコンウェーハ．

11.2 IGBTに必要なシリコンウェーハの品質

11.2.1 IGBT用シリコンウェーハ

表1.1に，IGBTに求められるシリコンウェーハの品質について示す．現在IGBTの主流となっている構造はフィールドストップ型のIGBTであり，その特徴として，トレンチ構造，ライフタイムコントロールの導入，フィールドストップ層などがある[3]．これらの技術は，いずれ

もIGBTのスイッチング特性改善に寄与している．シリコンウェーハに関わるIGBTの重要な特性として，オン抵抗（$V_{ce}(sat)$），耐圧（V_{ces}），リーク電流（I_{ces}）がある [4, 5]．これらの特性は抵抗率と関係しており，抵抗率のばらつき低減が重要な課題である．シリコンウェーハの抵抗率のばらつき低減技術としては，中性子核変換ドーピング法（FZ結晶，MCZ結晶）をはじめ，ガスドープ法（FZ結晶），リンドープ法（MCZ結晶）などがある．

表1.1 IGBTに求められるシリコンウェーハに関するまとめ．

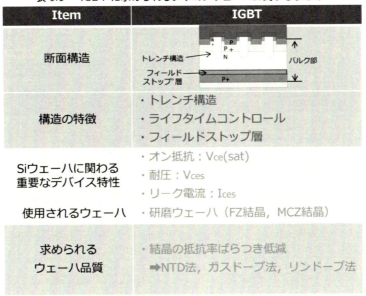

11.2.2 IGBT用シリコンウェーハの歴史

IGBTの歴史は，1960年代後半から始まっている．

- 1968年 IGBT動作モードが山上倖三らによって特許公報昭47-21739で最初に提案された [6]．
- 1978年 B.W. ScharfとJ.D. Plummerが4層の横型サイリスタでこのIGBT動作モードを実験的に初めて確認した．
- 1982年 B. J. BaligaがIEDMで論文を発表．J.P. RusselらがIEEE Electron Device Lettersに投稿．
- 1983年 BaligaやA.M. Goodmanらによって電子線照射によってスイッチングスピードが改善され，また，ラッチアップ耐量向上が図られた [7, 8]．
- 1984年 中川明夫らがIEDMで論文発表したノンラッチアップIGBTの発明によって初めて実現された [9]．

ノンラッチアップIGBTの設計概念は「IGBTの飽和電流をラッチアップする電流値よりも小さく設定する」というもので，1984年に特許出願された [10]．ノンラッチアップIGBTの実現によってHans W. BeckeとCarl F. Wheatleyの特許がIGBTの概念上の基本特許となり，中川等が発明したノンラッチアップIGBTの設計原理が実際にIGBTを実現する上での基本特

許となった．これにより現在の IGBT が誕生した．一方，IGBT に使用されるシリコンウェーハは，ノンラッチアップ IGBT が誕生した当初より，エピタキシャルウェーハが使用されてきた．

図 11.2 に，一般的な IGBT 用エピタキシャルウェーハを示す．IGBT 用エピタキシャルウェーハは，CZ 法で製造された P タイプの基板に N タイプのエピタキシャル層を成長させた構造となっている [5]．エピタキシャル層は，一般的には濃度の異なる 2 層構造となっており，厚さが約 5〜10 μm，濃度が 1E19 atoms/cm^3 程度の N 層を形成し，さらにその上に，厚さ 20〜110 μm の範囲で 1E14 atoms/cm^3 程度 N 層を形成している．当初，全ての IGBT はエピタキシャル層で作製されていたが，エピタキシャルウェーハのコスト高などの問題により，徐々に使用されなくなっていった．

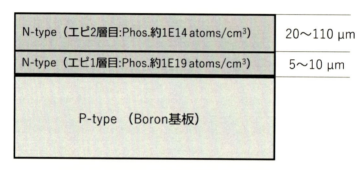

図 11.2　一般的な IGBT 用エピタキシャルウェーハ．

1990 年代に Infineon により，エピタキシャルウェーハの代わりに FZ 結晶を基板とした研磨ウェーハを使った第 1 世代 IGBT が開発されたことによって，エピタキシャルウェーハと同性能な IGBT を作ることが可能となった [11]．図 11.3 に，IGBT 構造の沿革とそれぞれに使用されるシリコンウェーハについて示す．1980 年から 1990 年までは，Boron ドープの CZ 結晶にエピタキシャル層を 2 層形成したエピタキシャルウェーハが使用されていた．その後 1990 年から 2000 年頃に，FZ 結晶を使用した研磨ウェーハが使用された．2000 年以降になると IGBT のスイッチング特性を向上させたフィールドストップ (FS) 型 IGBT が登場し [11]，研磨ウェーハには FZ 結晶だけではなく，IGBT の特性に影響が出ない程度に低酸素濃度を下げた MCZ 結晶も使用されるようになった．

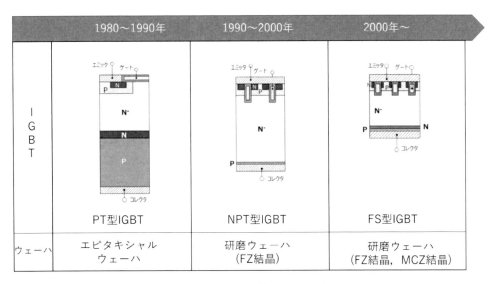

図 11.3　IGBT 構造の沿革とシリコンウェーハ．

11.2.3　IGBT とシリコンウェーハ抵抗率の関係

11.1.1 項でも述べたが，IGBT に必要なシリコンウェーハの重要な技術として，シリコンウェーハの抵抗率のばらつき低減がある．図 11.4 に，FZ 結晶の長さ方向の抵抗率プロファイルとシリコンウェーハ面内の抵抗率を示す．IGBT 用 FZ 結晶の抵抗率プロファイルは結晶長手方向に一定であり，一見抵抗率のばらつきがないように見える．しかし，結晶の一部分を切り出しウェーハ状態での抵抗率を見てみると，ウェーハ面内に抵抗率のばらつきがあることが分かる．

ウェーハ面内の抵抗率がばらついていると，IGBT をシリコンウェーハに形成した際に，抵抗率の大きいチップと小さいチップが存在することになる．図 11.5 に，抵抗率の大きいチップと小さいチップを IGBT モジュールに装填させた場合の影響について示す．装填したチップの

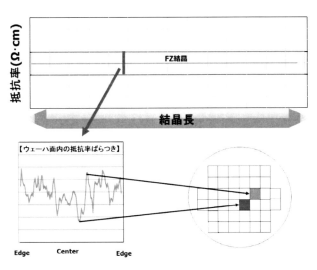

図 11.4　FZ 結晶プロファイルとウェーハ面内の抵抗率．

抵抗率の値によってIGBTの特性に差が生まれ，1番弱いIGBT（この場合は抵抗率の小さいIGBT）に過度な電圧がかかり，IGBTが劣化してしまう恐れがある．したがって，IGBTに使用するシリコンウェーハの抵抗率は，可能な限り抵抗率のばらつきを小さくする必要がある．

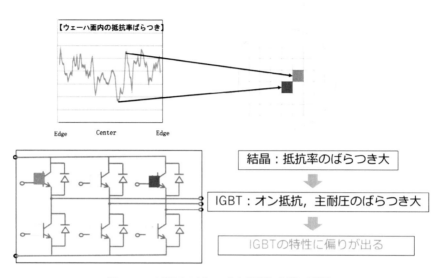

図11.5　IGBTモジュールに装填した際の影響．

11.3　中性子核変換ドーピング (NTD: Neutron Transmutation Doping) 技術

11.3.1　中性子核変換ドーピング技術の歴史

シリコン単結晶内にリンを均一にドープするために，中性子核変換ドーピング法 (NTD: Neutron Transmutation Doping) が研究開発され，1961年にM.Tanenbaum, A.D.Millsらによって発表された [13, 14]．その後，パワー半導体の性能向上に伴い，1980年代に中性子核変換ドーピング技術の実用化の検討が進められた．1990年代になると，IGBTに使用するシリコンウェーハがエピタキシャルウェーハからFZ結晶研磨ウェーハへと移行するとともに，さらに，中性子核変換ドーピング技術の実用化が拡大していった．現在では，特に抵抗率規格が厳しいIGBTに中性子核変換ドーピング技術が適用されている．

11.3.2　中性子核変換ドーピングの原理

図11.6に，中性子核変換ドーピング法の原理を示す．中性子核変換ドーピング法（NTD: Neutron Transmutation Doping）とは，原子炉内で生じた熱中性子をシリコン・インゴットに照射し，次の反応によりドナーとなるリン (phosphorus) をシリコン結晶内にドーピングする技術である [14]．

$$^{30}\text{Si}(n,\gamma) \rightarrow {}^{31}\text{Si} \rightarrow (2.62\ \text{hr}) \rightarrow {}^{31}\text{P} + \beta$$

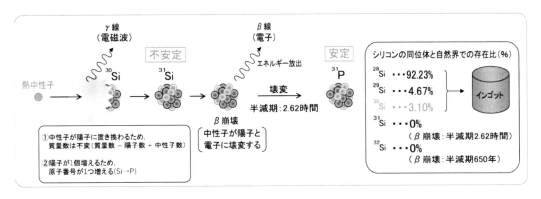

図 11.6 中性子核変換ドーピング法 (NTD: Neutron Transmutation Doping) の原理.

ここで，n は中性子，γ は γ 線，2.62 hr は半減期を表し，β は β 線（電子）の放出を表す．

シリコン単結晶中には，安定な ^{28}Si が 92.23 ％存在している以外に，同位体として ^{30}Si が 3.10 ％均一に含まれており，この ^{30}Si が原子炉内で熱中性子と衝突することによって放射性同位体 ^{31}Si が形成され（同時に γ 線が放出される），2.62 時間の半減期を経て安定な ^{31}P（リン）に変換される．これによって P がシリコン結晶成長条件とは無関係に極めて均一にドーピングされる．例えば，リンが形成される割合は次の計算式から求められる．

$$[\text{P}] = [^{30}\text{Si}] \cdot \overline{\sigma} \cdot \Phi_{\text{th}} \cdot t \tag{11.1}$$

ここで，[P] は Si 中にドープされる P の濃度 (atoms/cm^3)，[^{30}Si] は Si 中の ^{30}Si 濃度 (atoms/cm^3)，$\overline{\sigma}$ は反応断面積 (cm^2)，Φ_{th} は熱中性子束 (n/cm^2・sec)，t は照射時間である．

なお，パワー半導体で多く使われている N 型シリコンの抵抗率 (ρ) とドーパント濃度との間にはおおよそ次の式が成り立つことが知られている [14]．

$$\rho = 5.0 \times 10^{15} / [\text{P}] \tag{11.2}$$

ここで，ρ は電気抵抗率 ($\Omega \cdot$cm)，[P] はリンの濃度 (atoms/cm^3) である．照射前の抵抗率を ρ_0，照射後の抵抗率を ρ，照射前の濃度を [P$_0$]，照射による濃度を [P] とすると，

$$\rho = \frac{5 \times 10^{15}}{[\text{P}_0] + [\text{P}]}$$

と書くことができ，さらに書き直すと NTD によって新たにドーピングされた P 濃度は

$$[\text{P}] = 5 \times 10^{15} \left(\frac{1}{\rho} - \frac{1}{\rho_0} \right)$$

と抵抗値の変化から評価することができる．

このように，中性子照射を行ったシリコン単結晶は中性子線そのものや γ 線によりダメージを受けるので，そのまま半導体デバイスを作ることはできない．そこで，中性子線や γ 線によるダメージから回復するために熱処理が必要となってくる．

11.3.3 重水炉と軽水炉について

図 11.7 に示すように，中性子照射を行う原子炉には重水炉と軽水炉の 2 つのタイプがある．

重水炉と軽水炉の主な違いは，減速材に使用する物質（重水炉では重水（D_2O），軽水炉では軽水（H_2O））や原子炉容器の構造（重水炉は圧力管型，軽水炉は原子炉圧力容器を用いる）などである[15]．減速材は中性子の速度を下げる役割があり，ここで速度の落ちた中性子を熱中性子と呼んでおり，この熱中性子が^{30}Siを^{31}Siに変換している．一方，速度の落ちなかった中性子は高速中性子と呼ばれ，シリコン結晶内部の電子結合にダメージを与える．

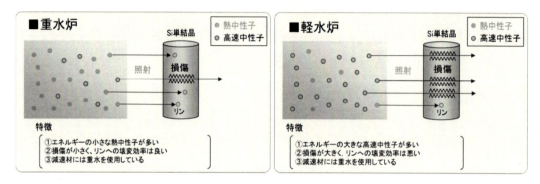

図 11.7　重水炉と軽水炉．

11.3.4　中性子核変換ドーピングによるダメージ

中性子核変換ドーピングを行ったシリコン単結晶は，照射ダメージによって結晶格子が乱れて結晶の導電性が損なわれ，極めて高抵抗になっており，熱処理によってダメージの回復を行い真の抵抗率に回復させる必要がある．図 11.8 に，重水炉および軽水炉における熱処理時間による抵抗率回復特性を示す．軽水炉にはエネルギーの大きな高速中性子が多いため，シリコン単結晶内部のダメージが大きくなり，重水炉に比べ照射ダメージ回復熱処理時間は長くなる[16]．一方，重水炉にはエネルギーの大きな高速中性子は少ないため，シリコン単結晶内部のダメージが小さく，熱処理時間は短時間で照射ダメージが回復する[16]．

中性子核変換ドーピングによる単結晶のダメージとして，以下の2つのタイプの欠陥が発生する[15]．

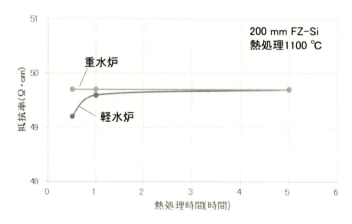

図 11.8　各照射炉における抵抗率回復特性．

(1) 空孔型欠陥生成 (V, vacancy); 結晶格子点に位置する原子がはじき出される結果生じる.

(2) 格子間原子型欠陥 (I, interstitial); 原子が格子間に移動した結果として生じる.

室温 PL の PL 強度で，残留欠陥のトータル量を評価できる [17]. 図 11.9 に，PL 強度の回復熱処理温度依存性の例を示す. 回復熱処理の温度依存性を調べると，高温ほど PL 強度は増加し，照射ダメージによる残留欠陥は少なくなることが確認できる [18].

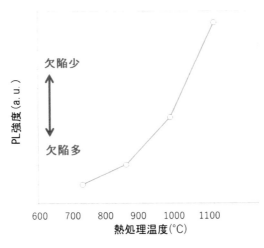

図 11.9　PL 強度の回復熱処理温度依存性の例.

11.3.5　重水炉および軽水炉によるシリコン結晶品質比較

200 mmFZ ウェーハを使い，重水炉，軽水炉におけるシリコン結晶の品質について評価を行った. 評価する試料の抵抗率は 50 Ω・cm 狙いで，抵抗率回復熱処理時間は 1100 ℃ ×5 時間である. また，確認した品質項目は，ゲート酸化膜評価 (TZDB, TDDB), LSTD(Laser Scattering Tomography Defect), ライフタイム, ウェーハ面内抵抗率分布である.

図 11.10 に，各照射炉におけるゲート酸化膜評価結果を示す. 一般的なゲート酸化膜評価に用いられている TZDB(Time Zero Dielectric Breakdown) と TDDB(Time Dependent Dielectric Breakdown) 試験を行った. 評価試料は，重水炉および軽水炉で中性子核変換ドーピングした 200 mmFZ ウェーハにゲート酸化膜 25 nm を形成し，電極面積をそれぞれ 10 mm^2(TZDB), 8 mm^2(TDDB) とした. TZDB は，絶縁耐圧 11 MV/cm 以下を色で示しており，重水炉と軽水炉の差は見られない. TDDB は，絶縁破壊が起こるまで酸化膜中を流れた電荷量 0.1 C/cm^2 から 1.0 C/cm^2 を色で示しており，こちらも重水炉と軽水炉の差は見られない.

図 11.11 に，各照射炉における LSTD 評価結果を示す. LSD 評価は，COP(Crystal Originated Particle) の影響有無を確認するための評価である [19]. 測定装置は MO441 を使用した. この結果を見ると，重水炉，軽水炉とも LSTD 評価における COP 測定限界以下であり，両者の差はないといえる.

図 11.12 に，各照射炉におけるライフタイム評価結果を示す. ライフタイム評価は，IGBT のスイッチング特性に与える影響の有無を確認するための評価である. 評価装置は μ-PCD

(Microwave Photo Conductivity Decay：マイクロ波光導電減衰法) を使用し，照射炉の違いでライフタイムに違いがあるか確認した．ウェーハ面内のライフタイムの平均値は，重水炉：3857 μs，軽水炉：3853 μs と，照射炉違いによるライフタイムの差は見られなかった．

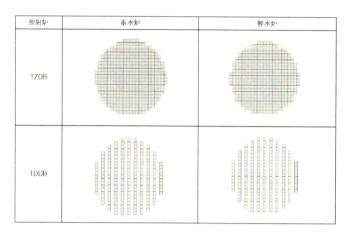

図 11.10　各照射炉におけるゲート酸化膜評価結果．

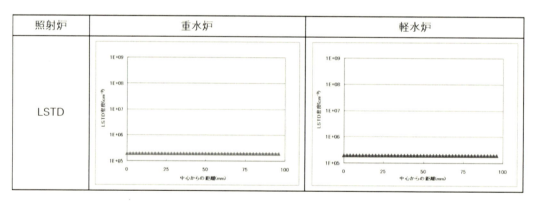

図 11.11　各照射炉における LSTD 評価結果．

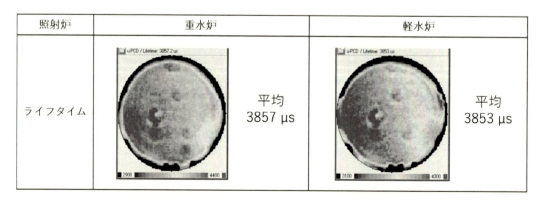

図 11.12　各照射炉におけるライフタイム評価結果．

図 11.13 に，各照射炉におけるウェーハ面内抵抗率分布を示す．中性子核変換ドーピングを適用しない FZ 結晶の場合，ウェーハ面内抵抗率 ($\Delta\rho$) は，一般的に 15 % 程度である．それに対して，中性子核変換ドーピングを行った各照射炉の面内抵抗率抵抗率 ($\Delta\rho$) は 4.0 % 前後であり，とても良好な分布を示している．

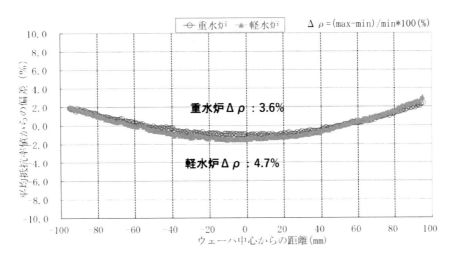

図 11.13　各照射炉におけるウェーハ面内抵抗率分布．

　以上，いずれの評価結果においても，重水炉と軽水炉におけるシリコン結晶の品質には有意差がないことが確認されており，現在では，各炉とも IGBT 用シリコンウェーハの中性子核変換ドーピングを生産工程の一部として活用している．

11.4　中性子核変換ドーピング技術の課題と今後の展開

11.4.1　中性子核変換ドーピング技術の課題

　中性子核変換ドーピングは，シリコン結晶の抵抗率のばらつきを抑え，IGBT の特性と品質の安定性を確保することができる，すばらしい技術である．しかし，この技術にはいくつかの課題がある．

1. 生産性効率の低下

　　中性子核変換ドーピングを行うにあたっては海外の施設を利用しているため，シリコン単結晶を照射施設への運搬および照射スケジュールの調整のため，シリコン単結晶の照射から製品になるまでの製造リードタイムが長い．

2. 照射施設の減少

　　世界的に脱原発の動きを背景に原子炉を閉鎖しているため，中性子核変換ドーピングが可能な原子力施設はオーストラリアの ANSTO など現在世界に数か所しかなく，限られた数量にしか対応できない．

3. 300 mm ウェーハ対応不可

　　世の中のカーボンニュートラルの動きを背景にパワー半導体の生産量は増加している．それに対応するため，IGBT においても生産性拡大のためにシリコンウェーハの 300 mm 化が進んでいる．しかし，中性子核変換ドーピングが可能な原子力施設におけるウェーハサイズは 200 mm までである．

以上のような課題を解決するため，中性子核変換ドーピング技術不要の技術開発が進められている．

11.4.2　FZ 結晶

　FZ 法は，原料となる多結晶の試料棒の一部を加熱し，種結晶となる下部の単結晶棒との間に溶融部を作り，その溶融部を表面張力によって支えながら全体を下方に移動させ，溶融部を冷却して単結晶を作る方法である [20]．図 11.14 に，FZ 結晶育成フローを示す．

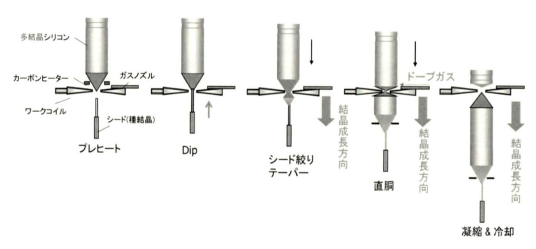

図 11.14　FZ 結晶育成フロー

　FZ 結晶では，抵抗率を制御するためにガスドープ法が使われている．FZ 結晶のガスドープ法は，ドーパントガス（リンドーピングの場合は PH_3，ボロンドーピングの場合は B_2H_6）を直接シリコン溶融部に吹き付けて不純物を添加させる方法である．図 11.15 に，200 mmFZ 結晶ガスドープ法による面内抵抗率分布を示す．FZ 結晶の抵抗率ばらつき低減は日々進んでおり，現在では，抵抗率公差 ±8％まで量産対応が可能となっている．

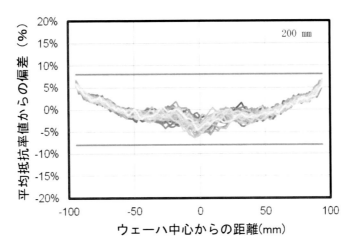

図 11.15　FZ 結晶 (ガスドープ法) 面内抵抗率分布.

11.4.3　MCZ 結晶

図 11.16 に，CZ 結晶 (リンドープ法) の育成フローを示す．CZ 法では，石英ルツボ内で溶融したポリシリコンに種結晶を接触させ，ゆっくりと上方に引き上げることで大型の単結晶を成長させることができる．

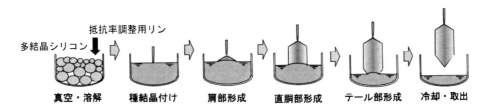

図 11.16　CZ 結晶 (リンドープ法) 育成フロー.

CZ 結晶は，一般的にロジック，メモリーなどの先端半導体デバイスに使用されており，すでに 300 mm ウェーハが実用化されている．一方，IGBT 用シリコンウェーハとしての CZ 結晶は，酸素濃度が高くデバイス特性に悪影響を及ぼすため，これまでは使用されてこなかった．しかし，結晶中の酸素濃度を下げる技術が進んだ結果，近年では IGBT に使用され始めている．

IGBT に使用されている CZ 結晶には，磁場でシリコン結晶融液面をコントロールできる MCZ(Magnetic field applied Czochralski) 炉が使用されている [21]．MCZ 炉には，磁場の印加方法により，横磁場 (HMCZ) とカスプ磁場 (SMCZ) の 2 種類が工業的に使用されている．図 11.17 に，MCZ 結晶引上げ炉の種類について示す．横磁場 (HMCZ) の MCZ 炉は，電磁石のコイルを単結晶引上げ機の左右に設置し，シリコン融液に対して水平方向の磁場を印加する．この方法は，石英ルツボからの酸素の溶解を減らすことができ，シリコン単結晶中の格子間酸素の低減に効果的である．一方，カスプ磁場 (SMCZ) の MCZ 炉は，単結晶引上げ機を囲む上下一対の電磁コイルに上下逆方向に電流を流すことで，放射状の不均一な磁場を印加する．この方法

は軸対象で，かつ対流との直交成分が多く，対流抑制効果が期待できる．

磁力線分布 (模式図)	HMCZ（横磁場）	SMCZ（カスプ磁場）
磁場分布	回転軸非対称	回転軸対称
メルト対流	回転軸非対称	回転軸対称
品質制御	抵抗率面内分布　HMCZ ＝ SMCZ（同等） 酸素低濃度化　HMCZ ＝ SMCZ（同等）	

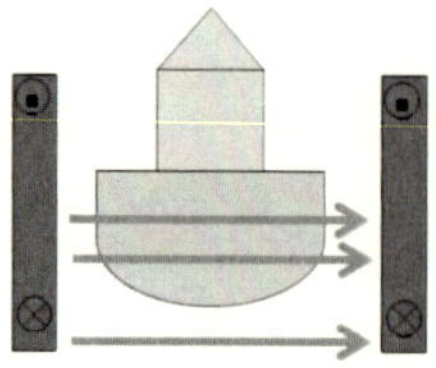

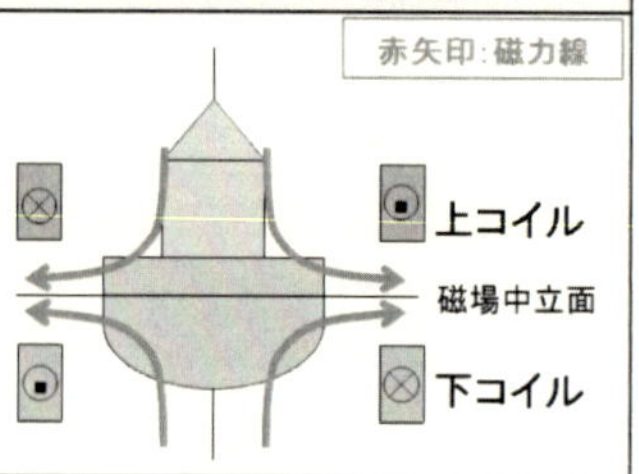

図 11.17　MCZ 結晶引上げ炉の種類．

図 11.18 に，MCZ 結晶長さ方向の酸素濃度プロファイルを示す．CZ 結晶では，石英ルツボを使用するため，石英ルツボ側面と溶融したシリコンの接触により溶融シリコンへ酸素が供給され，酸素濃度が上昇する．そこで，溶融したシリコンに磁場を印加することにより，石英ルツボ側面から溶出した酸素を制御することができる．IGBT に使用できる酸素濃度は，デバイスの仕様や製造プロセスによって大きく変動するため，一概に示すことはできない．一般的には，数 $\times 10^{17}$ atoms/cm^3 程度の範囲で最適な値が設定されている．

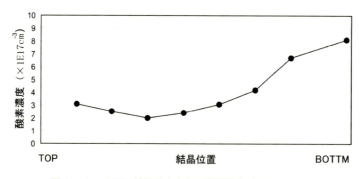

図 11.18　MCZ 結晶長さ方向の酸素濃度プロファイル．

図 11.19 に，FZ 結晶と MCZ 結晶のウェーハ面内抵抗率分布を示す．FZ 結晶および MCZ 結晶のウェーハ面内抵抗率の平均値からの偏差はいずれも ±10 % 以内であるが，FZ 結晶の方がウェーハ面内抵抗率のばらつきが大きいことが分かる．一方，MCZ 結晶のウェーハ面内抵抗率ばらつきは，中性子核変換ドーピングの MCZ 結晶と同等のウェーハ面内抵抗率のばらつきを示しており，中性子核変換ドーピングの代替技術として有望である．

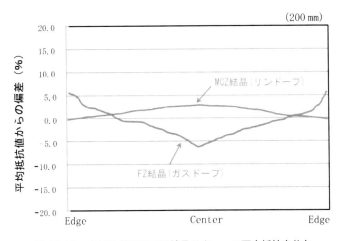

図 11.19　MCZ 結晶と FZ 結晶のウェーハ面内抵抗率分布.

しかし，MCZ 結晶の欠点として，結晶長さ方向の抵抗率プロファイルが大きく傾く現象（偏析現象）がある．偏析現象とは，融液からの結晶成長において，溶液中の不純物濃度と結晶中の不純物濃度が異なる現象のことである [22]．図 11.20 に，MCZ(CZ) 結晶長さ方向の抵抗率プロファイルを示す．MCZ 結晶は，結晶成長が進むにつれて溶液中の不純物濃度が増加していくため，結晶の BOTTM の抵抗率が低くなっていく．このため，所定の抵抗率の領域が少なく，結晶歩留りが悪くなってしまう．

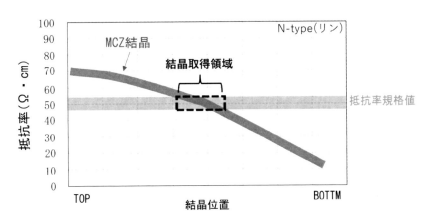

図 11.20　MCZ 結晶長さ方向の抵抗率プロファイル.

MCZ 結晶の欠点である偏析現象を克服するため，新たな結晶育成技術が開発されている．これまで IGBT 用 MCZ 結晶の不純物ドーパントはリンを使用していたが，新たに開発された技術ではアンチモンを不純物ドーパントとして使用している [23]．アンチモンを使用するメリットは，リンに比べ，不純物の蒸発速度が大きいことにある．アンチモンの蒸発速度は 1.3×10^{-1} cm/sec とリンの 1.6×10^{-4} cm/sec より大きく，結晶育成時のアンチモン濃度をコントロールすることにより，結晶長さ方向の抵抗率を均一にすることが可能となる．

図 11.21 に，Sb ドープ MCZ 結晶長さ方向の抵抗率プロファイルを示す [23]．色で塗った抵抗率 ±10 %の部分に，ほとんどの結晶領域が入ることが分かる．現在，Sb ドープ MCZ は，200 mm で IGBT 用シリコンウェーハの量産化が進められており，今後は，300 mmIGBT 用シリコンウェーハとして適用が期待されている．

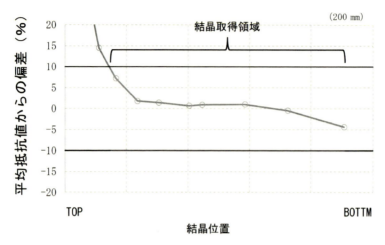

図 11.21　アンチモンドープ MCZ 結晶長さ方向の抵抗率プロファイル．

11.4.4　中性子核変換ドーピングの今後の展開

中性子核変換ドーピング技術で性能を向上させてきた IGBT は，産業機器，電動車，再生エネルギー機器など幅広い製品に使用されており，今後も拡大が予想される．IGBT の拡大とともに IGBT の 300 mm 化も進められており，今まで 200 mm で培った様々な IGBT 技術の展開を図っているところである．そのような中で，300 mmIGBT 用中性子核変換ドーピン技術は，今のところ実現に至っていない．新たに 300 mm 対応の中性子核変換ドーピング照射施設を準備するためには高いコストがかかるため，300 mmIGBT での中性子核変換ドーピング照射条件の実験ができていないためである．300 mm 中性子核変換ドーピングを行ってもコスト的に問題ないことが確認されないか限り，先に進むことは難しいと考えられる．一方，産学官の連携による 300 mm 中性子核変換ドーピング技術の研究開発の動きもあることから，今後の動向に注目したい．

11.5　まとめ

中性子核変換ドーピング技術はシリコン結晶の抵抗率ばらつきを低減させるすばらしい技術である．しかし，生産性や大口径化などに課題があるため，これに代わる技術として，FZ 結晶のガスドープ法や MCZ 結晶のリンドープ法の開発が進められてきた．特に MCZ 結晶は，300 mm シリコンウェーハへの対応や新しいドーピング技術の開発が期待されている．

一方，300 mm シリコンウェーハへの中性子核変換ドーピングの実現には高いハードルがあ

り，その最も高いものは新しい原子炉照射施設の整備である．新しい原子炉照射施設の整備には膨大なコストがかかると予想されるため，シリコンウェーハメーカー単独で動くことは難しく，産業界や国の支援が必要になってくる．

これまで培った中性子核変換ドーピング技術のさらなる発展と，300 mm シリコンウェーハへの中性子核変換ドーピング実現のため，関係機関の協力をお願いしたい．

参考文献

[1] *Toshiba Clip*, (May 2021)
https://www.toshiba-clip.com/detail/p=4809
[2] 『2023 進展するパワー半導体の最新動向と将来展望』，p. 30（矢野経済研究所，2023）．
https://www. https://www.yano.co.jp/market_reports/C64120200.
[3] 山崎みや 他，『電気学会論文誌』**137(1)**, 6 (2016).
[4] 金田裕和，松田昭憲，『富士時報』**77**, 5(2004).
[5] 松田順一，第 329 回群馬大学アナログ集積回路研究会パワーデバイス特性入門 平成 30 年度集積回路設計技術・次世代集積回路工学特論公開講座，29 (2018).
[6] 山上倖三，赤桐行昌，「トランジスタ」，特公昭 47-21739 (1972).
[7] B. J. Baliga, *IEEE Electron Device Letters(IEEE)* **4**, 452 (1983).
[8] A. M. Goodman, *Tech. Dig. IEEE IEDM.*, 79 (1983)
[9] A. Nakagawa *et al.*, *Tech. Dig. IEEE IEDM.*, 860 (1984).
[10] 中川明夫 他，特許 1778841，特許 1804232, A. Nakagawa *et al.*, H. Ohashi, Y. Yamaguchi, K. Watanabe and T. Thukakoshi, US Patent No.6025622 (Feb.15, 2000), No.5086323 (Feb.4, 1992) and No.4672407 (Jun.9, 1987).
[11] 藤森正然，『応用物理学会先進パワー半導体分科会第 22 回研究会予稿集』，44 (2022).
[12] Fuji Electric, Application Manual, 富士 IGBT モジュール，第 1 章，p. 2 (2022).
[13] W. Keller and A. Mühlbauer, *Floating-Zone Silicon*, 93, (Marcel Dekker Inc., 1981).
[14] 堀口洋二，梅井弘，「中性子照射によるシリコンドーピング」，JAERI-M 86-002 (1986).
[15] 原子力総合パンフレット（2023 年度版），2 章（日本原子力文化財団，2023）．
[16] 戸田直人, *RADIOISOTOPES* **46(9)**, 681 (1997).
[17] 石野栞 他, *J. Plasma Fusion Res* **84(5)**, 258 (2008).
[18] 佐俣秀一 他，『応用物理学会先進パワー半導体分科会第 5 回研究会予稿集』(2016).
[19] LSTD(Laser Scattering Tomography Defect)
https://semi-net.com/word/lstd-2
[20] 宗像鉄雄，棚澤一郎，『日本機械学会論文集』**64(641)**, 194 (1998-5).
[21] 中川聡子，『応用物理』**84(11)**, 976 (2015).
[22] 和泉輝郎，小林純夫，『日本結晶成長学会誌』**23(2)**, 40 (1996).
[23] 下山学，『応用物理学会先進パワー半導体分科会第 9 回講演会予稿集』(2022).

第12章

パワー半導体における宇宙線照射による故障のTCADを用いた解析

12.1　はじめに

　高電圧を印加しているパワー半導体素子に中性子などの宇宙線が照射されると，素子が故障（破壊）することがある．この章ではゲートターンオフサイリスタ (GTO) を例にとって高耐圧パワー半導体に対して宇宙線（中性子）が引き起こすデバイス故障について説明するとともに，TCAD シミュレーションにより宇宙線故障率を計算する方法を紹介する．

12.2　ゲートターンオフサイリスタ (GTO) における宇宙線照射による故障

12.2.1　GTO とは

　サイリスタは，NPNP 構造を持つ電力用半導体素子である．素子内部には N エミッタ，P ベース，N ベースで構成される NPN トランジスタ部分と，P エミッタ，N ベース，P ベースで構成される PNP トランジスタ部分があり，P ベースと N ベースを共有する構造になっている．P ベースにオーミックコンタクトされたゲート電極に電流を流すことでサイリスタ内部の NPN トランジスタ部分が動作し，PNP トランジスタ部分にベース電流を供給することでオフ状態からオン状態に変化する（ターンオン）．ところが，いったんオン状態になるとラッチアップ状態になり導通が継続する．このため自ら電流を遮断してオフ状態に変化すること（ターンオフ）ができない．これに対して GTO はサイリスタ構造を持ちながらターンオフできることが特徴である．現在は Insulated Gate Bipolar Transistor(IGBT) が GTO を置き換えつつあるが，耐圧を保持するための構造は基本的に同じである．

　GTO の典型的な素子構造を図 12.1 に示す．GTO は N エミッタの幅が 100 ミクロン程度と一般のサイリスタに比べて狭く，その両側にゲート電極が配置されている．GTO はゲート電流により P ベースと N エミッタが順バイアスになると，電子が N ベースに注入され NPN トランジスタが導通状態になる．引き続き P エミッタと N バッファの接合も順バイアスになると，P エミッタから正孔が注入されて，N ベースは伝導度変調状態になる．伝導度変調では電子，正孔双方とも N ベース層のドーピング濃度を大幅に超える $10^{16}/\text{cm}^3$ 以上のキャリア密度になるため，N ベース内の電圧降下は著しく低い．一方，ターンオフを行う場合は，導通時のアノード電流の 20〜100 ％をゲート電極に転流し強制的に N エミッタと P ベース接合を逆バイアスにする．その後 GTO は P ベース，N ベース（N バッファ），P エミッタで構成される PNP トランジスタのオープンベース動作で内部のキャリアが排出または再結合により消滅し，オフ状態になる．特にアノード電流の 100% を瞬間的にゲートに転流する方式の素子は，GCT(Gate Commutated Turn-off Thyristor) と呼ばれ，現在でも大容量モータドライブなどに広く用いられている．

　GTO などのサイリスタや高耐圧 IGBT では，高い耐圧を得るために，N ベースが空乏化しやすいように，ドナー濃度を著しく低く抑えている．高耐圧パワー半導体では，10^{12}〜$10^{13}/\text{cm}^3$ 台程度までドナー濃度を下げており，さらに高注入時のキャリアの拡散長も 100 µm 以上が求められる．またオフ状態でのリーク電流抑制のために再結合キャリアライフタイムも長くする必要

がある．このためウェーハ製造では，低濃度でありながら高精度なドーピング制御技術と，結晶欠陥を著しく抑制する技術が求められる．数 kV 以上の素子では，Floating Zone(FZ) 方式により製造されたシリコンインゴットに中性子を照射した中性子線照射核変換ドーピング (NTD) によるウェーハが用いられている（第 11 章参照）．

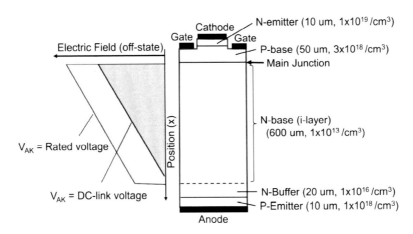

図 12.1　GTO サイリスタの構造例および順方向阻止（オフ）状態での電界分布を示す．高い耐圧を得るため，非常に低い N ベース濃度を有している．なお、N バッファ層は N ベース中の電界の広がりを抑える目的で形成されフィールドストップ層とも呼ばれる．

12.2.2　GTO の宇宙線による故障

　宇宙線による集積回路のソフトエラーに関連する研究は 1970 年代から行われており，1996 の IBM Journal of Research and Development[1] に Zieglar が中心となってまとめている．宇宙線が集積回路に与える影響は回路の誤動作なのに対して，ゲート・ターンオフ・サイリスタ (GTO) 等の高耐圧パワー半導体に与える影響はいわゆるハードエラーであり，Single Event Burnout(SEB) と呼ばれる．高耐圧パワー半導体の SEB では電力変換器の DC リンクコンデンサ（出力電圧を決める大容量のコンデンサ）をパワー半導体が短絡するため，コンデンサに蓄えられていたエネルギーによりパワー半導体が破壊され，変換機内の他のパワー半導体や周辺部品，さらに変換機の筐体等にも著しい損害を与えることがある．

　パワー半導体の宇宙線による故障が注目されたのは，1994 年にスイスのダボスで開かれたパワー半導体の国際会議 International Symposium on Power Semiconductor Devices and ICs(ISPSD) であり，ABB，Siemens と東芝が GTO や PiN ダイオードの宇宙線による故障についてそれぞれ別々の視点から行った研究の結果を発表した．東芝の担当者は社内の原子力研究所にも相談し，地上に降り注ぐ高エネルギー中性子がパワーデバイスの故障を引き起こすこと確信していた．そこで GTO に静耐圧より少し低い電圧を長時間印加する加速試験を，試験場所を変えて行った．その結果，図 12.2 に示すように，宇宙線にさらされる屋上近くでは故障率が高く，地下室などコンクリートで囲まれたところでは故障率が低いことが分かった [2]．なお，図中に用いられている FIT は Failure in Time の略でデバイスの故障率の単位としてよく用いられる．1 FIT は 1 つのデバイスが故障に至るまでの時間の期待値が 10^9 時間であることを示す．

あるいは，1つのデバイスが正常に動作する時間の期待値が10^9時間であることを意味する．

ドイツのSiemens社では鉱山のトンネル内で実験をし[3]，図12.3に示すようにトンネル内では故障の発生が抑えられていることを発見した．さらに，スイスにあるABBは海抜3400 m以上のユングフラウヨッホで実験を行い，高度が高いと故障率が上がることを確かめた[4]．

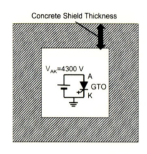
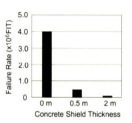

図12.2　コンクリート遮蔽の厚さと宇宙線による故障率の関係（[2]の結果をもとに著者が図を作成）．

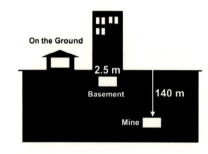
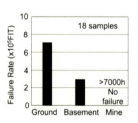

図12.3　Siemens社による実験．地上の家屋，地下室（コンクリート厚2.5 m相当），140 m地下の坑道でGTOの代わりに高耐圧ダイオードへの電圧印加実験を行った結果．実験場所により故障率が大きく変化するが，特に地下深い坑道では，故障率が著しく低下した．図は同社の論文[3]をもとに著者が作成．故障率は著者がおおよその値を論文のデータから計算．

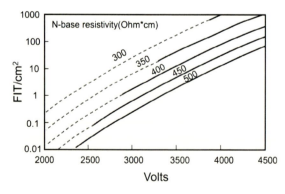

図12.4　Zeller氏による定式化に基づくGTOの設計と宇宙線故障率の関係．横軸にGTOの主回路のDC電圧を示し，GTOの製造に用いるFZウェーハの抵抗率に対応する曲線を選ぶと，チップ1 cm^{2}当たりの故障率（FIT数/cm^2）を求めることができる．Nベース長は600ミクロンであり，点線は空乏層がNバッファに到達しない条件を示し，実線は到達する条件を示す．この値にチップ面積を掛けると，デバイスの故障率を求めることができる（[4]を参考に作成）．

以上のように，Siemens が宇宙線による故障の物理理論について，東芝は故障の現象について論文を書いた一方で，ABB は Late News で宇宙線故障を考慮した N ベースの設計方法についても発表したが（図 12.4），この設計方法は Zeller 氏の式といわれ Solid-State Electronics 誌で詳細な内容が論文化された [5]．これらの発表が行われて以降，高耐圧シリコンパワー素子ではいわゆるアバランシェ現象の発生で定まる静耐圧を確保する設計だけではなく，変換器の DC リンクコンデンサの電圧に対する宇宙線故障率も考慮して素子構造（N ベースの長さと抵抗率）を設計するようになった．すなわち，素子のスイッチング動作中に瞬間的に現れる電圧のオーバーシュートに対するアバランシェ現象を防止するための耐量だけではなく，素子に長時間加わる，静耐圧の半分程度の直流電圧に対よる宇宙線故障に対する耐量を考慮する必要が出てきた．

12.2.3　GTO の宇宙線故障が注目された理由

宇宙線による故障が 1994 年にクローズアップされたのには，2 つの理由があると思われる．第 1 に設計マージンの削減である．当時，4.5 kV 耐圧の GTO は，DC 電圧 1.5 kV で使われるのが普通であった．1000 A を超える大電流のスイッチングでは回路の寄生インダクタンスによる共振で 2 倍のサージ電圧が発生するため，余裕をもって静耐圧を DC 電圧の 3 倍必要であると考えていた．ところが実装方法の工夫で寄生インダクタンスが削減されるとサージ電圧が抑えられ，回路設計者は従来より 500 V 以上高い DC 電圧で GTO を利用し始めていた．DC 電圧を上げると，同じ回路構成で出力容量を増やすことができ，小型化とコストダウンが可能となる．しかし，いままで見られなかった偶発故障が頻発し，その解決策を探す中で宇宙線が原因であることが分かった．

第 2 の理由は，図 12.5 に示すように，太陽活動の周期的な変化により宇宙線の数が 1992 年ころより増加したことも関係している可能性がある [6]．なお，地球上に降り注ぐ中性子などの宇宙線の量と太陽活動は負の相関があり，太陽活動が弱まると宇宙線の量が増えることが分かっている [7, 8]．太陽系外から飛んでくるエネルギーの高い宇宙線（陽子など）は，大気中の物質と衝突して大量の中性子（2 次宇宙線）を地上に降らせるといわれてる．太陽系外の宇宙線は太陽風による磁場によって太陽系への侵入が遮断されるが，太陽活動が弱まると遮断効果が

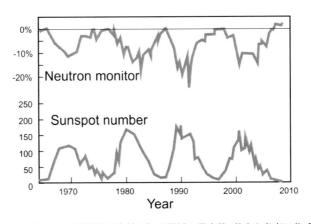

図 12.5　地上での宇宙線（中性子）の増減と黒点数（[6] を参考に作成）．

薄れて地上に到達する中性子量が増えると考えられている．太陽活動の最新のデータは Royal Observatory of Belgium の HP[9] で見ることができる．

12.3 宇宙線故障のメカニズム

12.3.1 高エネルギー宇宙線による電子–正孔対の発生

陽子や中性子のほとんどは図 12.6 の飛程 A に示すようにデバイスに影響を及ぼさずにデバイスを貫通するが，ごくまれに飛程 B に示すように，シリコンの原子核に衝突してエネルギーを与え [10-12]，電子–正孔対を発生する．そして発生した電子や正孔がトリガになり，後に述べるように素子の故障にまで至る場合がある．

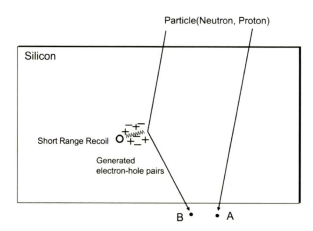

図 12.6　宇宙線（中性子や陽子）がパワー半導体のシリコン結晶内で電子–正孔対を発生させる様子を示す模式図．ほとんどの中性子および陽子は A に示すようにシリコン結晶に対して影響を及ぼさずに貫通する．ごくまれに B に示すようにシリコン原子にエネルギーを与え，その反動で電子・正孔対が発生する．

高エネルギー中性子等により発生する電子・正孔対の数は，Klein の関数で表すことができる [13-16]．Klein の関数は，1 つの電子–正孔対を発生させる平均のエネルギー値を半導体のバンドギャップの関数として表している．

$$E_{\text{eh-pair}} = \frac{9}{5}E_g + E_g + a = \frac{14}{5}E_g + a \tag{12.1}$$

ここで，最初の等式の右辺第 1 項は残留運動エネルギー，第 2 項は半導体のバンドギャップを示し，第 3 項は光学フォノン損失であるとしている．この式では a = 0.6 eV 前後とすると，図 12.7 に示すようにシリコン，ゲルマニウム，ガリウムヒ素など多くの半導体結晶での電子–正孔対発生エネルギーが 1 本の直線上に並ぶ．シリコンの場合，中性子が衝突した瞬間にシリコン結晶に与えるエネルギーを 3.7 eV で割った値が発生する電子–正孔対も数として計算できる．なお 4H-炭化ケイ素やダイヤモンドは別の直線上に並び，a の値が負の値になることが指摘されている [14]．

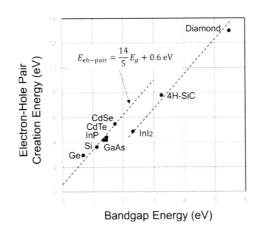

図12.7 電子–正孔対発生に必要な平均エネルギーとバンドギャップの関係（[14]を参考に作成）．電子–正孔対発生に必要なエネルギーの平均値は，$E_{\text{eh-pair}} = \frac{14}{5}E_g + a$ で与えられ，ゲルマニウム，シリコン，ガリウムヒ素などは a=0.6 の直線上に並ぶ．

12.3.2 GTOのNベース中での電流経路（フィラメント）形成

電子–正孔対が発生しても，その電荷による電流が直接故障を起こすことはない．印加電圧が低い場合は，発生した電子–正孔対がアノード側，カソード側にそれぞれ移動しパルス的にわずかな電流が流れてオフの状態に戻る．GTOのオフ状態ではゲート–エミッタ間に20 V以上の負バイアスをかけているので，わずかに電流が流れても誤動作を起こすことはなく，IGBTもゲート容量が1 cm^2 当たり10 nF 程度以上と非常に大きく，閾値が7 V程度と高いため同様に直接故障に至ることはない．

印加電圧が高い場合は，発生した電子–正孔対が電界に影響を及ぼしインパクトイオン化を誘発し，そこで発生した電子や正孔がさらに電界を強めてインパクトイオン化を促進するという現象により，GTOが故障に至る．図12.8にその様子を模式的に示す．まず，Nベース中の電界は下から上に向かっているとする．下側が高電位になる．(a)に示すように宇宙線（中性子等）がパワー半導体の高電界領域でシリコン原子に衝突し電子–正孔対が発生する．発生した電子および正孔が高電界でそれぞれ反対方向に移動し，電荷中性領域の上下の縁に空間電荷領域が現れ，電気力線が空間電荷に集まることで高電界部分が生じる．空間電荷による高電界がインパクトイオン化を引き起こす（(b)）．

インパクトイオン化により発生した電子および正孔の一部は中性領域に流入し，中性領域の電子・正孔が増加する．(d) 増加した電子や正孔により中性領域が拡大するとともに，伝導度変調により中性領域の電界が低下する．その結果，中性領域上下端では逆に電界が高くなり，さらにインパクトイオン化により電子–正孔対が大量に発生する．このような現象が持続し導電性部分（フィラメント）が電界に沿って伸びてゆくことで，最終的にアノード側とカソード側をフィラメントが短絡する．フィラメント部分は電流集中により高温になり，最終的には熱によってシリコンが部分的に溶融し導通故障するのが一般的である．なお，素子の故障モード（短絡故障やオープン故障）は，パッケージの構造に大きく依存する．GTOは，ウェーハ（チップ）の両面から強く押さえつける圧接型のパッケージを採用しており，短絡故障となる．

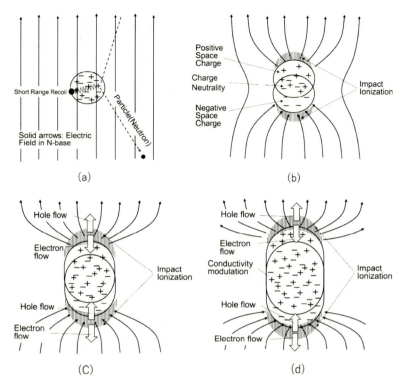

図 12.8 (a) 宇宙線粒子（中性子等）がパワー半導体の高電界領域でシリコン原子に衝突し電子正孔対が発生．(b) 電子および正孔が電界でお互いに反対方向に移動し，中性領域の縁に空間電荷部分が生じる．空間電荷による高電界がインパクトイオン化を引き起こす．(c) インパクトイオン化により発生した電子および正孔が中性領域に流入し，中性領域の電子・正孔が増加．(d) 電子および正孔が増加し中性領域が拡大するとともに伝導度変調により中性領域の電界が低下．このため中性領域上下端では電界が大きくなりインパクトイオン化が大量に発生．

12.3.3 Zeller 氏のモデル [5]

この項では，12.2.2 項で紹介した Zeller 氏の設計方法に関する概要を説明する．論文では記されていない数式の展開も記載するが，論文の後半に書かれている議論にあたる部分は省略した．デバイスが破壊にまで至る宇宙線故障について，限られたデータからモデル式を立て，実用的な設計ガイドラインを構築した Zeller 氏の功績は大きい．当時は高耐圧パワー半導体が GTO から IGBT へ移行する時期であり，Zeller 氏はその中で ABB Semiconductor 社の副社長として，重責を担っておられた傍ら，このよう論文を書かれたことに敬意を表したい．

図 12.9 に改めて電子–正孔対の発生と GTO 内の電界を図示する．宇宙線による GTO の故障は，宇宙線がシリコン原子に衝突し電子–正孔対を発生させ（図 12.9(a)），オフ状態の高電界（図 12.9(b)）に作用をしているためである．

Zeller 氏のモデルの中心的な仮定は，宇宙線の衝突が GTO の故障を引き起こす確率は，衝突場所での局所的な電界強度のみに依存する，というものである．宇宙線がシリコン中を単位長さ移動する間にシリコン原子に衝突する確率 P_{col} が素子内部の場所によらず一定だとすると，入射した宇宙線が故障を引き起こす確率 P_{tot} は下記の式の形で表される．

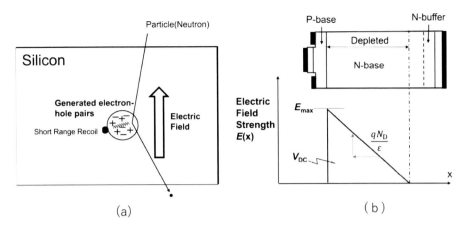

図 12.9 (a) シリコン中に中性子が入射し電子–正孔対を発生する様子．(b)GTO に電圧をかけた際に N ベース中の電界の様子．電子–正孔対が N ベース中の高電界部分で発生すると，アバランシェ現象を引き起こし素子破壊に至る場合がある．

$$P_{\text{tot}} = P_{\text{col}} \int_x P_{\text{loc}}\left(E\left(x\right)\right) dx \tag{12.2}$$

ここで，$P_{\text{loc}}(E)$ はシリコン中の電界が E のときに素子が故障する確率である．GTO に限らずパワー半導体の主接合構造は一般的に一次元構造であり，N ベースの不純物濃度 N_D が一定であることから電界分布の傾斜は一定であることを考慮し積分変数を x から電界に変換すると，(12.2) 式は

$$P_{\text{tot}} = \frac{P_{\text{col}}}{\left(\frac{dE}{dx}\right)} \int_{E=0}^{E_{\max}} P_{\text{loc}}\left(E\right) dE \tag{12.3}$$

となる．また，1 次元のポアソン方程式から，

$$\frac{dE}{dx} = \frac{qN_D}{\varepsilon} = \frac{1}{\varepsilon \rho \mu_n} \tag{12.4}$$

および，(12.3) 式の積分範囲に出てくる $E_{\max}$ は，

$$E_{\max} = \sqrt{\frac{2V_{\text{DC}} q N_D}{\varepsilon}} = \sqrt{\frac{2}{\varepsilon \mu_n}} \sqrt{\frac{V_{\text{DC}}}{\rho}} \tag{12.5}$$

となる．ただし，ε はシリコンの誘電率，q は素電荷，ρ は N ベースの比抵抗（ウェーハの比抵抗），μ_n は電子の移動度，V_{DC} は素子に加わる直流電圧を表す．ここで，P ベースは N ベースに比べて非常に高濃度なので P ベース中への空乏層の広がりは少なく，P ベース中の電界は考慮していない．(12.4) 式と (12.5) 式を (12.3) 式に反映すると，

$$\frac{P_{\text{tot}}}{\rho} = \varepsilon \mu_n P_{\text{col}} \int_{E=0}^{\sqrt{\frac{2}{\varepsilon \mu_n}} \sqrt{\frac{V_{\text{DC}}}{\rho}}} P_{\text{loc}}\left(E\right) dE \tag{12.6}$$

となる，ここで S を

$$S = \sqrt{\frac{V_{\text{DC}}}{\rho}} \tag{12.7}$$

と定義すると (12.6) 式右辺は S のみの関数となるため簡単に $I_{\mathrm{col}}(S)$ と表すと，

$$\frac{P_{\mathrm{tot}}}{\rho} = I_{\mathrm{col}}(S) \tag{12.8}$$

となる．P_{tot} にチップ面積 A と宇宙線が単位時間当たり単位面積に降り注ぐ量 $Flux$ を掛けると故障率 λ になるので，

$$\frac{\lambda}{\rho A} = Flux \cdot I_{\mathrm{col}}(S) \tag{12.9}$$

$Flux \cdot I_{\mathrm{col}}(S)$ を改めて $I(S)$ と置くと，

$$\frac{\lambda}{\rho A} = I(S) \tag{12.10}$$

となる．この式は $\lambda/\rho A$ の値が，対象としている GTO の N ベース層の不純物濃度や長さに関わらず S の関数で表せることを示している．

Zeller 氏のモデルの優れている点は，表現のユニバーサリティーである．GTO では，N ベース層の比抵抗や N ベースの長さは応用によって様々な設計値がとられるが，図 12.10 に示すように異なる設計の GTO に関わらず，$I(S)$ のカーブを実験的に求めれば，様々な耐圧や面積の GTO で故障率を所望の値以下に抑える設計が可能となる．また N ベースの不純物濃度の代わりに比抵抗で表した点も現場の技術者にとって扱いやすいものとなっている．GTO の N ベースは，NTD により N 型に均一ドーピングされた FZ ウェーハのバルク部分をそのまま用いるが，ウェーハの不純物濃度は比抵抗の測定値で管理されていることが多い．そのため，ウェーハの比抵抗でデータを整理できることは実用的な方法であったと思われる．図 12.11 に Zeller 氏の論文に掲載されている GTO および PiN ダイオードの宇宙線信頼性の設計カーブを示している [17]．

なお，空乏層が N バッファ層まで到達する場合は，図 12.1 で示したように電界の形状が三角形から台形に変化する．その際，S の値はポアソン方程式に基づく下記の式より求めることができる．電界の最大値が S によって一意に表されなければならないので，

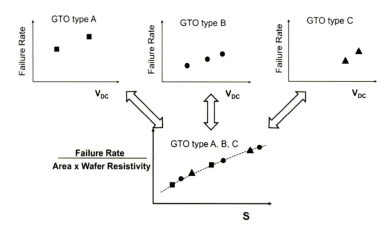

図 12.10　Zeller 氏のモデル化を用いると，宇宙線による故障率をデバイス面積とウェーハの抵抗率で割った値は，パラメータ S で一元的に表すことができる．この方法は PiN ダイオードや GTO，高耐圧 IGBT などに有効．その一方で宇宙線の量や強さなどの条件が異なる場合，その条件での試験データ等が必要になる．

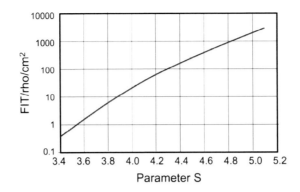

図 12.11　Zeller 氏の定義したパラメータ S に対する 1cm^2 当たりの FIT/ρ. ρ はウェーハの比抵抗．2000 V から 9000 V までの定格耐圧をもつ素子のデータをもとにフィッティングして曲線を得ている．実験を行った素子のウェーハ比抵抗は $100\ \Omega\text{cm}$ から $600\ \Omega\text{cm}$ である．この図から比抵抗ごとに故障率を計算すると図 12.4 が得られる [17]．

$$E_{\max} = \frac{V_{\text{DC}}}{t} + \frac{t}{2\varepsilon\rho\mu_n} \tag{12.11}$$

および，

$$E_{\max} = \sqrt{\frac{2}{\varepsilon\mu_n}} S \tag{12.12}$$

より，S の値は以下の式で表される．

$$S = \sqrt{\frac{\varepsilon\mu_n}{2}} \left(\frac{V_{\text{DC}}}{t} + \frac{t}{2\varepsilon\rho\mu_n} \right) \tag{12.13}$$

ここで t は N ベースの長さを表す．空乏層が N バッファ層にまで到達する条件，すなわち (12.13) 式を使う条件は，

$$V_{\text{DC}} \geq \frac{t^2}{2\varepsilon\rho\mu_n} \tag{12.14}$$

である．Zeller 氏の論文の中では，$P_{\text{loc}}(E)$ のモデル化についても議論されているがここでは省略する．

12.4　宇宙線によるパワー半導体の故障の新しいモデル化

12.4.1　故障密度関数，信頼度と故障率

　本節では，信頼度と故障率について基本的な内容を確認する．信頼度や故障率を数学的に扱う方法については，例えば文献 [18] または [19] を参照のこと．また信頼性工学の基礎となっている数理統計学については，文献 [20-22] を参照のこと．

　同一型番あるいは同一ロットのデバイスなどの母集団に対して十分大きな標本を取り出し，あるストレス下に置いて故障するまでの時間 t を計測した結果があるとする．故障までの時間 t を変数として計測結果から度数分布を求めると，度数分布に基づいて故障密度関数 $f(t)$ を考えることができる．故障密度関数 $f(t)$ は，故障までの時間 t に対する故障の度数分布（ヒストグラム）を積分値が 1 になるように正規化したものであり（(12.15) 式），時間 t に対する確率密度関

数である．その値は時間の逆数の次元となる．

$$\int_{t=0}^{\infty} f(t)\,dt = 1 \tag{12.15}$$

信頼度関数 $R(t)$ は，デバイスをストレス下に置いた際，そのデバイスが故障していない確率を時間の関数として表したものであり，故障密度関数 $f(t)$ を用いて次式で表すことができる．

$$R(t) = \int_{\tau=t}^{\infty} f(\tau)\,d\tau = 1 - \int_{\tau=0}^{t} f(\tau)\,d\tau \tag{12.16}$$

なお $1 - R(t)$ は不信頼度関数と呼ばれる．信頼度関数は，時間ゼロではすべて正常であるとして $R(t=0) = 1$，無限時間後にはすべて故障すると考え $R(\infty) = 0$ である．平均故障時間 (MTTF: Mean Time To Failure) は故障密度関数に対する時間 t の期待値であり，下記の式で表される．

$$\mathrm{MTTF} = \int_{t=0}^{\infty} t \cdot f(t)\,dt \tag{12.17}$$

MTTF は信頼度関数を用いて下記の式でも求めることができる（証明略）．

$$\mathrm{MTTF} = \int_{t=0}^{\infty} R(t)\,dt \tag{12.18}$$

故障率は，単位時間ごとに信頼度が低下する割合を示す．例えば多くのサンプルをストレス下に置いてあるときに 10,000 個が生き残っていたとする．その単位時間後には 100 個が故障して 9900 個が生き残っていたとすると，そのときの故障率はほぼ 0.01 となる．数式で表すと以下のように，

$$\lambda(t) = -\frac{1}{R(t)} \frac{dR(t)}{dt} \tag{12.19}$$

あるいは，

$$\frac{dR(t)}{dt} = -\lambda(t) R(t) \tag{12.20}$$

と表せる．故障率 $\lambda(t)$ は信頼度 $R(t)$ の 1 階常微分方程式の係数になっている．初期条件を $R(0) = 1$ としてこの微分方程式を解くと，

$$R(t) = e^{-\int_0^t \lambda\,dt} \tag{12.21}$$

であり，特に偶発故障では故障率が一定であり，上の式は下記のようになる．

$$R(t) = e^{-\lambda t} \tag{12.22}$$

この式を上の (12.18) 式に代入すると，故障率が定数の場合は故障率が MTTF の逆数になることが分かる．すなわち，MTTF を m とも表すと，下記のようになる．

$$\lambda = \frac{1}{m} = \frac{1}{\mathrm{MTTF}} \tag{12.23}$$

12.4.2 ワイブル確率紙よる実験データの解析

ある故障現象が偶発故障であることは実験的に判断することも多い．その際に多く用いられるのはワイブル確率紙を用いた分析方法である．複数のサンプルで試験を行い，故障に至る時間が短い順に図 12.12 に示すワイブル確率紙に点を打っていく．打った点列がほぼ直線上に並び，傾きが 1 の場合は偶発故障あることが確認でき，直線の y 軸切片の値から故障率を求めることができる．ワイブルプロットによる実験結果の分析については文献 [18] 等を参照のこと．宇宙線による故障のデータ整理にはワイブル確率紙が使われることが多い．

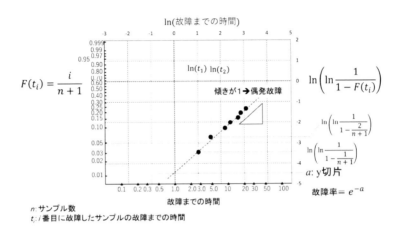

図 12.12　ワイブル確率紙を用いた偶発故障の分析例．ワイブル確率紙は，横軸が故障までの時間の自然対数，縦軸が $\ln\left(\ln\frac{1}{1-F(t_i)}\right)$ である．F は累積故障確率を表す．F の値は故障したサンプルの数を i，全サンプル数を n としたとき，$\frac{i}{(n+1)}$ を用いる．グラフの傾きが 1 の場合，偶発故障と考えることができる．

12.4.3 宇宙線の流束と宇宙線故障断面積

宇宙線（陽子や中性子など）が単位面積当たり・単位時間当たり通過する数を，宇宙線の流束 (Flux)[/cm^2/sec] と呼ぶ．様々な宇宙線環境下でのデバイスの故障率を求める際，宇宙線の流束の増減等に依存しないパラメータを導入すると便利である．故障率は宇宙線の流束に比例するはずなので，そのパラメータと流束との積で故障率を表せばよい．故障率は時間の逆数の次元であることから，導入されるパラメータは面積の単位となる（図 12.13）．

このパラメータを故障断面積と呼ぶ．宇宙線流束の値を $Flux$，故障断面積を σ とすると，故障率 λ は以下の式になる．

$$\lambda = \sigma \cdot Flux \tag{12.24}$$

故障断面積 σ は宇宙線流束によりチップが故障を起こす頻度 (rate) を求めるためのパラメータであり，直感的には原子核の近傍のある面積に宇宙線が入ると反応が起こり故障すると考えて，その面積をチップ全体で算出したものと考えてよい．$Flux$ が 1 /cm^2/sec の場合に故障断面積が 0.001 cm^2 ならば，故障率は 0.001 1/sec で，(12.23) 式から MTTF は 1000 秒である．

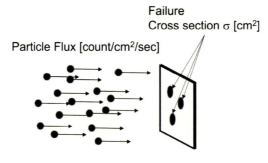

図 12.13　宇宙線粒子の Flux と故障断面積の関係を模式的に表した図.

以下，ここで考慮する宇宙線の粒子は，地上での宇宙線による偶発故障の最も重要な原因粒子である中性子とする．ちなみに，高耐圧デバイスの場合は中性子による故障と陽子による故障の確率的な差はほとんどないと考えてよい．その理由は文献 [23] などで比較しているように，同じエネルギーの陽子と中性子がシリコン内で結晶に与えるエネルギーが両者でほぼ同じであるからである．また，パワー半導体のパッケージや電極の材料に高エネルギー中性子が衝突した際に発生する重イオンも故障の原因として考えられるが，GTO の場合は P ベースが数十ミクロンと厚く，故障が起こる確率は宇宙線の中性子が直接シリコンに衝突して故障を起こす確率に比べて著しく小さい．ただし，IGBT では考慮する必要がある可能性がある．

飛来する中性子は様々なエネルギーを持っている．いま中性子のエネルギーを E_p と表すと E_p が高くなるにしたがって Flux が減少することが知られている．一方，高い E_p の方が多くの電子–正孔対を生成する確率が高いため，故障断面積 σ が大きくなる．またある程度以下の E_p では発生する電子–正孔対が少なく，インパクトイオン化を継続するだけの電界の変化を与えないため，故障断面積がゼロになる．これらの関係を模式的に図 12.14 に示す．

中性子の流束を中性子のエネルギーに対する密度分布 $Flux(E_p) [/\mathrm{cm}^2/\mathrm{sec}/\mathrm{MeV}]$ で表すと下記の式の関係になる．

$$Flux = \int_{E_n=0}^{\infty} Flux(E_p) \, dE_p \tag{12.25}$$

故障断面積 σ も E_p の関数として $\sigma(E_p) [/\mathrm{cm}^2]$ と表すと，故障率 λ は下記のようになる．

$$\lambda = \int_{E_n=0}^{\infty} \sigma(E_p) \cdot Flux(E_p) \, dE_p \tag{12.26}$$

次節では断面積について考えていく．なお，宇宙線流束に関する詳しい定義等については文献 [24] を参照のこと．

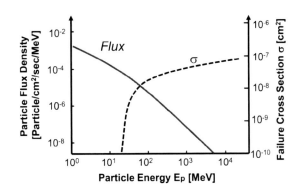

図 12.14　宇宙線のエネルギー E_p を変数とした密度分布で表された $Flux(E_\mathrm{p})$ と，故障断面積の E_p 依存性を示す模式図．

12.4.4　宇宙線故障断面積のモデル化

　ここからは，パワー半導体に電圧が印加されている状態で，あるエネルギーを持つ中性子 1 個が照射された際に故障が起こる確率を求める．故障は以下の仮定でモデル化を考える [25, 26]．

① 1 cm^2 当たり，1 秒間に飛来する中性子の数を，中性子の持つエネルギー E_p[MeV] の分布として，$Flux(E_\mathrm{p})$ で表す．

② E_p のエネルギーを持つ中性子がシリコン結晶に与えるエネルギー E_d[MeV] は様々な値をとり得るため，E_d に対し分布を持つ関数と考え，$\Phi_{E_\mathrm{p}}(E_\mathrm{d})$ で表す．

③ E_d に比例した数の電子–正孔対が発生する（12.3.1 項を参照）．

④ 発生した電子–正孔対が素子内でアバランシェ現象を引き起こし，素子が故障する．

　定式化を進める前に，故障断面積 σ と，1 つの中性子が故障を起こす確率 p とを関係付けておく．1 つの中性子がパワー半導体のチップに入射したときに故障が起こる確率を p とすると，故障断面積 σ は，

$$\sigma = A \cdot p \tag{12.27}$$

で表される．ただし，A はチップ面積である．簡単に説明すると，面積 A のチップには単位時間の間に $A \cdot Flux$ 個の宇宙線粒子が入射する．それぞれの粒子が確率 p の独立事象として故障を起こすとして，時間 t の間，故障を起こさない確率，すなわち信頼度は $R(t) = (1-p)^{A \cdot Flux \cdot t}$ となる．確率 p が十分小さいことを考慮して，信頼度関数と故障率の関係式を用いると，故障率は，

$$\lambda = A \cdot Flux \cdot p = \sigma \cdot Flux \tag{12.28}$$

となる．以降の作業は，1 つの中性子が故障を引き起こす確率 p をデバイス印加電圧ごとに求めればよい．このとき，p はデバイスへの印加電圧 V_DC と中性子の持つエネルギー E_p の関数になる．またチップ面内で素子構造が一様で p の面内分布は一様と考える．

　図 12.15 は様々な厚さのシリコン層に 200 MeV の陽子を照射したした際にシリ

コン結晶に与えるエネルギーの確率分布の，モンテカルロ・シミュレーション (intranuclear-cascade-evaporation model) 結果の一例である [27]．ここでは入射個数を 10^6 個で規格化している．またシリコン層の厚さを 1 μm 当たりに正規化している．なお，上で述べたように一般的に高エネルギー陽子と中性子では結晶に与えるエネルギー分布に大きな差はないといわれているため，中性子でのモデル化にこのデータを用いることができる．図中の散布点はシミュレーションの結果を示し，直線は近似を示している．計算結果は 2 μm と 6 μm，300 μm の厚さのシリコンに対するもので，直線で近似する．他の 2 本の直線は 20 μm と 50 μm の予想線である．数十 μm 以上の厚さの場合には，ほぼ同じ値に飽和する傾向にある．今回対象とする 1000 V 以上の耐圧であれば高電界領域が 100 μm 程度あるので，飽和した条件を当てはめて考えることにする．

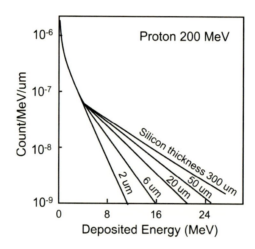

図 12.15　様々な厚さのシリコン層に 200 MeV の陽子を照射したした際にシリコン結晶に与えるエネルギー分布のモンテカルロ・シミュレーション結果をフィッティングした例（文献 [27] を参考に作成）．

陽子が照射された場合のシリコン結晶に与えるエネルギーの確率分布 $\Phi_{E_p}(E_d)$ に関しては，数式による表現が与えられている [28]．なお，$\Phi_{E_p}(E_d)$ は，入射する陽子のエネルギーが E_p のときの結晶に与えるエネルギー E_d の分布である．今回は陽子の場合の関数を中性子に適用し，電子-正孔対の生成数の計算に用いる．そのほか，結晶に与えるエネルギーについては Truscott による実験とシミュレーションの比較も行われている [29, 30]．

文献 [27] に示されている，デポジットされるエネルギーの分布関数を表す式は，

$$\Phi_{E_p}(E_d) = 10^{b_1(E_p) \cdot E_d + b_0(E_p)} \tag{12.29}$$

の形で表現されており，同じ論文に b_1, b_0 のパラメータが，シリコン層の厚さと入射される陽子のエネルギーの関数で表されている．残念ながら，この論文のデータは関数の形は示しているもののパラメータを公表していないので，論文の図面等をもとに b_1 および b_0 のフィッティングを行い，

$$b_1(E_p) = -\frac{100}{(E_p + 15)^{1.80}} - 0.063 \tag{12.30}$$

$$b_0(E_\mathrm{p}) = \frac{200}{(E_\mathrm{p}+20)^{1.38}} - 4.2$$

を得た．E_p は MeV での数値を入れる形でセミ Log のグラフをフィッティングしたものである．これらの数式で求められる結晶に与えるエネルギー E_d の分布 $\Phi_{E_\mathrm{p}}(E_\mathrm{d})$ と 12.3.1 項で示した電子–正孔対発生エネルギー 3.7 eV から，発生電荷量を変数とする確率分布に換算したのが図 12.16 である．

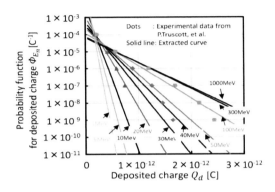

図 12.16　入射宇宙線（中性子）のエネルギーと 300 μm 厚シリコン内で発生する電荷を変数としたエネルギー分布の計算例（Doucin のモデル式 $\Phi_{E_\mathrm{p}}(E_\mathrm{d})$ を電子–正孔対の発生電荷量 $\Phi_{E_\mathrm{p}}(Q_\mathrm{d})$ に変換）．

12.4.5　宇宙線故障率を求める関数の定式化

故障率を求める式を導入する．図 12.17 は，1 つの宇宙線粒子（中性子）が，電圧を印加した状態の高耐圧半導体素子に入射した場合について示している．E_p のエネルギーを持つ中性子は $\Phi_{E_\mathrm{p}}(Q_\mathrm{d})$ の分布に従って電荷 Q_d に相当する電子–正孔対を深さ z で発生させる．故障を起こす電界の臨界値 Q_crit が深さ z の関数で与えられていれば，この値より Q_d が小さければ故障は起こらず，逆に大きければ故障に至る．以上を数式で表すと以下の (12.31) 式のようになる．左辺は，V_DC の電圧を印加した状態で，E_p のエネルギーを持つ宇宙線が 1 つ入射し，深さ z でエネ

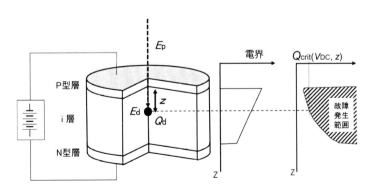

図 12.17　1 つの宇宙線粒子（中性子）が，電圧を印加した状態の高耐圧半導体素子（GTO や PiN ダイオードなど）に入射し $\Phi_{E_\mathrm{p}}(Q_\mathrm{d})$ の分布（電荷）に従って電子–正孔対が発生する．空乏層中に発生する電荷量 Q_d が，故障発生の条件 Q_crit より大きい確率を求める（図 12.18 を参照）．

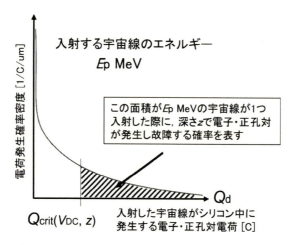

図 12.18　シリコン中で発生する電荷の分布 $\Phi_{E_\mathrm{p}}(Q_\mathrm{d})$ の模式図．斜線部分が故障を起こす確率．

ルギーを落とし，その際発生した電子–正孔対により故障が起こる確率である．発生した電子–正孔対の電荷量は図 12.18 に示すように，様々な値をとる可能性のある確率密度分布を持つので，故障に至る電荷量 Q_crit 以上の範囲（$Q_\mathrm{d} \geq Q_\mathrm{crit}$）で積分を行うことで故障が起こる確率を求める．このとき $\Phi_{E_\mathrm{p}}(Q_\mathrm{d})$ は，z 方向の単位長さ当たりの値で示されているとする．

$$p(E_\mathrm{p}, V_\mathrm{DC}, z) = \int_{Q_d = Q_\mathrm{crit}(V_\mathrm{DC}, z)}^{\infty} \Phi_{E_\mathrm{p}}(Q_\mathrm{d}) \, dQ_\mathrm{d} \tag{12.31}$$

この式を，高電界領域（$z = 0 \sim l$）の範囲で素子の深さ方向で全ての確率を計算すると，故障確率を算出できる．

$$p(E_\mathrm{p}, V_\mathrm{DC}, [z = 0, l]) = \int_z \int_{Q_d = Q_\mathrm{crit}(V_\mathrm{DC}, z)}^{\infty} \Phi_{E_\mathrm{p}}(Q_\mathrm{d}) \, dQ_\mathrm{d} dz \tag{12.32}$$

左辺が 1 個の E_p のエネルギーを持つ宇宙線粒子（中性子）が電圧を印加した状態の素子に入射した場合に故障が起こる確率を表している．この値に素子の有効面積 A を掛けると，その素子の故障断面積 σ を算出できる．

12.5　TCAD による $Q_\mathrm{crit}(V_\mathrm{DC}, z)$ の計算

12.5.1　N ベース内での電子および正孔の挙動

ここからは，TCAD（デバイス・シミュレータ）を用いて故障に至る臨界電荷 Q_crit を求める．今回用いている TCAD は，電子と正孔それぞれのドリフト拡散の式，インパクトイオン化と再結合を含む電流連続式，さらにポアッソン方程式を連立させてニュートン法で解く方法を採用しているシミュレータである．3 次元の現象を短い時間で計算するため，円筒座標系で解析し，座標の中心軸上に中性子が入射すると仮定した．

12.3.2 項で説明したように，素子に電圧が印加された状態で電子・正孔対が生じると，電子および正孔が共存する電荷中性領域が形成される．その後，電子と正孔がそれぞれ反対方向に移

動し,空間電荷領域が発生することで電界集中が起こる.電界集中はインパクトイオン化を促し,電荷中性領域に電子および正孔が供給され,伝導度変調が起こり,内部の電界が下がると同時に,領域の上下近傍ではさらに電界集中が強くなる(図 12.19).最終的に電荷中性領域が N ベース層(i 層)を貫き電流フィラメントが形成される.電流フィラメントは,局所的に高い電子・正孔密度を持つ伝導度変調領域が形成されて電流集中が持続する現象である [31, 32].

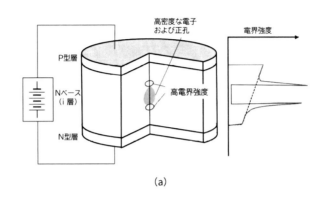

(a)

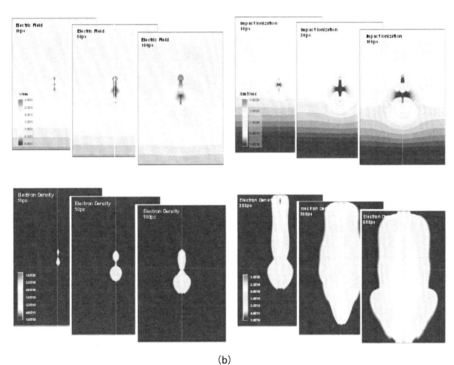

(b)

図 12.19 宇宙線入射後に電子–正孔の高密度領域が発生し,近傍が高い電界強度になりインパクトイオン化が起こる様子を TCAD により求める.(a)TCAD での解析の様子.印加電圧,与える電子–正孔対の量を電荷量 (Q_{crit}),素子内部の位置(深さ)を条件パラメータとして TCAD による過渡シミュレーションを行い,それぞれの条件で故障するか否かを判定する.計算時間短縮のため,円筒座標系にて解析を行う.(b)TCAD で解析した電界,インパクトイオン化によるキャリア生成,電子密度(宇宙線入射 10 ps, 50 psm 100 ps)および,電子密度(200 ps, 300 ps, 600 ps).i 層の長さは 300 μm.300 MeV のエネルギーに相当する電荷が発生した条件で解析した例.

12.5.2 故障に至る臨界電荷 Q_{crit} の計算と故障断面積

ここからは，TCAD を用いて故障に至る臨界電荷 Q_{crit} を求めていく．対象とするデバイス構造は，i 層の長さが 300 μm でドナー濃度が 3×10^{13}/cm^3 の PiN ダイオードと，i 層の長さが 100 μm でドナー濃度が 7×10^{13}/cm^3 の PiN ダイオードである．ダイオードの静耐圧はそれぞれ，約 3300 V と約 1400 V である．PiN ダイオード構造はすべてのパワーデバイスが持っており，GTO の場合は P ベース，N ベース，N バッファで構成される構造が PiN ダイオード構造である．今回はシミュレーションの負荷軽減のため PiN ダイオード構造で計算を行った．

シミュレーションでは，PiN ダイオード構造を 2 次元で構成し，一方の辺を中心とした円筒座標系で解析した．ダイオードに逆バイアスを印加している条件で，一定量の電子・正孔対を円筒座標の中心軸上に瞬間的に発生させ，過渡解析を行った．PiN ダイオード内部に電子・正孔を置いているため，高電界中のキャリアの移動に伴う電流波形が得られるが，電流波形が短時間で減衰する場合には故障は発生していないとし，電流フィラメントが発生した場合は故障と判定した．$Q_{\text{crit}}(V_{\text{DC}}, z)$ を得るため，印加電圧 V_{DC}，N ベース（i 層）上部境界からの位置 z に対して，電子–正孔対の量を変えながら複数の過渡解析を行い，電流波形が減衰する条件と電流フィラメントが継続する条件の境界となる電子–正孔対の量を求めて，Q_{crit} を得た．図 12.20 に，TCAD シミュレーションで得た Q_{crit} を示す．図中の 1 点を得るために複数の過渡解析を行い，TCAD で求めた Q_{crit} の点からフィッティングした結果が実線で示されている．

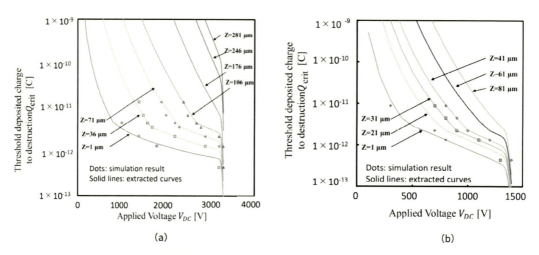

図 12.20　TCAD を使って求めた，故障に至る電子・正孔電荷量の臨界値，$Q_{\text{crit}}(V_{\text{DC}}, z)$ の値．複数の過渡解析により故障する条件としない条件の境界を求めることで値を得た [24]．(a)i 層長さ 300 μm の PiN ダイオード，(b)i 層長さ 100 μm の PiN ダイオード．

図 12.20 に示した結果と (12.27) 式，(12.32) 式から，PiN ダイオードの宇宙線故障断面積を求めることができる．図 12.21 にチップ面積が 1 cm^2 のときの故障断面積の計算結果を示す．印加電圧 V_{DC} が高いと，故障断面積が増える．

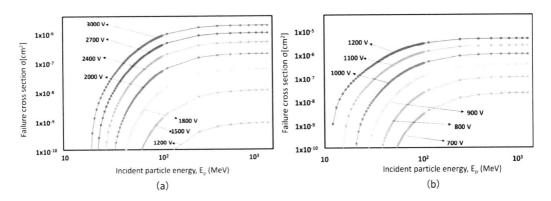

図 12.21　TCAD で求めた，故障に至る電荷量 $Q_{\mathrm{crit}}(V_{\mathrm{DC}}, z)$ の値を用いて計算した PiN ダイオードの宇宙線故障断面積 $\sigma(V_{\mathrm{DC}})$[24]．(a)i 層長さ 300 μm の PiN ダイオード，(b) i 層長さ 100 μm の PiN ダイオード

12.6　宇宙線中性子流束のデータと解析例

12.6.1　宇宙線中性子の地上観測データを用いた計算と Zeller 氏の計算式との比較

　地球上（地上）の中性子流束のエネルギースペクトルのデータとして，ここでは IBM の Gordon 等による都市でのデータ [33] と，米国の Goldhegan 等による Los Alamos でのデータ [34] を参照する．それぞれ地上の中性子スペクトルのベンチマークとして使われている．Los Alamos Neutron Science Center(LANSC) では，Goldhagen の測定データに合わせたスペクトル形状を持つ中性子線をサンプルに照射することができる．国内の機関としては日本原子力研究開発機構の佐藤氏が公開している宇宙線流束のエネルギースペクトルを計算するプログラム EXPACS[35] は地球上の座標と高度，日付などを入力すると，その場所と時間での宇宙線流束のスペクトルを計算してデータを出力してくれるもので，非常に有用である．

　以下では，Zeller 氏の故障率計算式 [3, 4] と，我々のアプローチである故障断面積を TCAD 等から求め，$Flux$ と積分して故障率を求める手法を比較する．チップ面積は $1\mathrm{cm}^2$ としている．図 12.22 に比較の結果を示す．Zeller 氏の計算式は実電圧より高い電圧での測定値をもとに作られているが，その高電圧領域では両者がほぼ一致している．低い電圧での故障率が急激に下がることは文献 [36] に報告されており，今回提案した計算方法では妥当な結果となっている．また，静耐圧では電界だけでインパクトイオン化が発生し電流が流れ続けるので，故障率が無限大になるが，Zeller 氏の式では反映されていない．

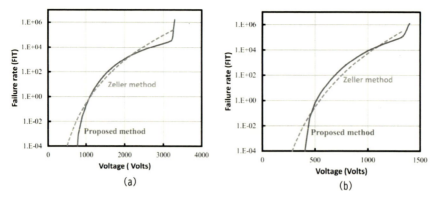

図 12.22　Zeller 氏の宇宙線故障率計算式と，本稿で求めた故障断面積と Gordon の中性子流束スペクトルを用いて故障率を計算した結果の比較 [24]．(a)i 層長さ 300 μm の PiN ダイオード，(b)i 層長さ 100 μm の PiN ダイオードの結果．本モデルでは高電圧側で故障率が跳ね上がっているが，これは静耐圧に近づくこと故障率が急激に上昇していることを示している．

12.6.2　航空高度における高耐圧パワー半導体の宇宙線故障率

　今まで高耐圧パワー半導体は主に地上での利用に限られていたため，宇宙線故障の故障率は地上でのフィールド試験や地上宇宙線を模擬した加速試験により研究が行われてきた．ところが，地上での利用に限らず，航空機や人工衛星，宇宙ステーションでの電力需要が増加してきたことで状況が変わってきた．航空機に着目すると，その消費電力が増大しボーイング社の新しい航空機 B787 では 1 MW に到達している（図 12.23）．電力で推進する電動旅客機では離陸時にはバッテリーからインバータ回路を介して 80 MW の電力をモーター供給する必要がある．これは，新幹線 7 編成分の大きな出力に相当する．同じように人工衛星や宇宙ステーションでの電力消費も増大している（図 12.24）．特に航空高度では，中性子線の量が地上に比べ増加することが知られている [37]．

　ここでは，求めた故障断面積を用いて，航空高度での宇宙線故障率を印加 DC 電圧の関数として算出した．宇宙線流束のスペクトルは先に紹介した EXPACS のデータを用いた．図 12.25 にその結果を示す．チップ面積は 1 cm^2 としている．なお，図中の FIT は故障率の単位であり，

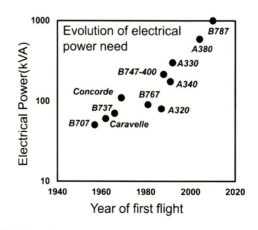

図 12.23　旅客機の電力利用の増加（文献 [38] のデータに基づいて著者が作成）．

1 FIT は平均故障時間 (MTTF) が 10^9 時間に相当する．飛行高度である 10 km 付近では，地上に比べ故障率が高いことが分かる．電動旅客機のインバータでは DC 電圧を制御できる機能を持たせ，離陸時には高度が低く，時間も短いのでインバータの DC 電圧を上げて高出力を得て，巡航高度になったら出力が低下するのに合わせて DC 電圧を下げて全体的な故障率を下げるなどの工夫が有効だと考えられる．

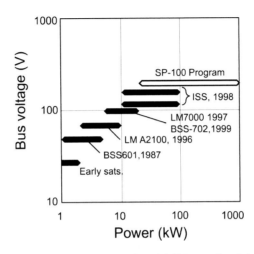

図 12.24　宇宙機器での電源電圧および発電量の変化（文献 [39, 40] の内容を参考に著者が作成）．

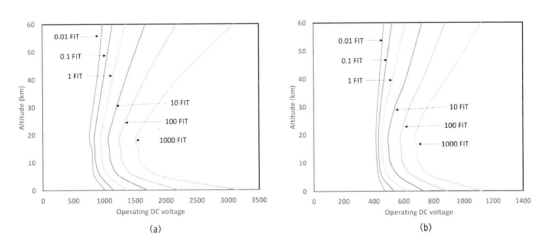

図 12.25　DC 電圧と飛行高度に対する故障率 [24]．(a)i 層長さ 300 μm の PiN ダイオード，(b)i 層長さ 100 μm の PiN ダイオード．飛行高度である 10 km 以上で 1 FIT 程度の故障率に抑えるには，DC 電圧を地上での電圧に対して 20〜30 ％下げて故障率の上昇を回避する必要がある．

12.6.3　中性子照射加速実験における照射エネルギーカットオフと故障率精度

サイクロトロンなどの加速器を用いた宇宙線故障の加速試験は，宇宙線故障率を短時間で求めることができるため，パワー半導体の宇宙線故障の実験で頻繁に用いられている．ロスアラモスにある Los Alamos Neutron Science Center(LANSCE) は，800 MeV の陽子（プロトン）加速器があり，これを用いて中性子を照射することができる．照射エネルギーのスペクトルは，

Goldhagen[34] により観測された中性子流束に比例したエネルギースペクトルを持った中性子照射を行うことができる [41]．なお，試験での加速倍率は Goldhagen の観測値に対して 5×10^9 倍である．この施設の最大の出力は 800 MeV であるが，Goldhagen の例にあるように自然宇宙線ではさらに高いエネルギー中性子が観測されている．

そのほかの施設では出力の上限値はさらに低く，Tri-University Meson Facility(TRIUMF) には公式には 400 MeV, 480 MeV, 120 MeV の加速器（TNF, BL1B, BL2C と呼ばれる加速器）があるが，TNF は実質 100 MeV, BL1B は 400 MeV, BL2C は 100 MeV でカットオフされている [42]．大阪大学原子核物理研究センターの施設は約 400 MeV である．様々な施設のエネルギースペクトルについては文献 [43] を参照のこと．なお，中性子の基準スペクトルは JEDEC と IEC が示している [44, 45]．

以下では，スペクトルが出力上限でカットされている条件で加速試験を行った場合，出力上限値が加速試験の結果に与える影響を調べた．図 12.26 にエネルギースペクトル出力上限値（カットオフ・エネルギー）を持つ中性子のエネルギースペクトルで計算した故障率と，出力上限のないスペクトルで計算した結果を比較した．図は，出力上限があるエネルギースペクトルで計算した故障率と，出力上限のないスペクトルでの故障率の比で示した．例えばグラフ縦軸で 1×10^{-1} の値の場合は，カットオフにより故障率が 10 分の 1 の値になることを意味する．パワー半導体が回路で使われる際の直流印加電圧は，静耐圧の半分程度であり，航空用であればさらに電圧を下げる必要がある．加速試験環境の出力上限値が低い場合は，実際に用いられる直流印加電圧範囲における故障率が大幅に低下し，十分に信用できる値を得ることが難しい．実用上の DC 電圧での故障率を求めるには，最低でもスペクトルの制限が 400 MeV 以上の施設を利用することが望ましい．

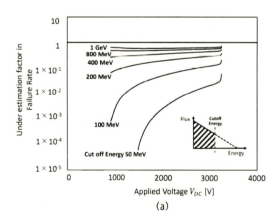
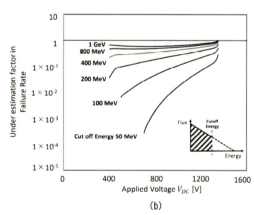

図 12.26　照射エネルギー限界値の加速試験により求めた故障率への影響 [24]．(a)i 層長さ 300 μm の PiN ダイオード，(b)i 層長さ 100 μm の PiN ダイオード．

12.7 まとめ

　高電圧が印加されたパワー半導体に宇宙線が衝突して故障を起こすことが知られるようになって 30 年がたち，地上で用いられる高耐圧パワー半導体の設計では宇宙線による故障を考慮した設計が広く行われている．本章では，GTO を例にとって高耐圧パワー半導体に対して宇宙線（中性子）が引き起こすデバイス故障について説明した．
　さらに中性子のエネルギースペクトルと印加電圧依存の故障断面積から故障率を計算する方法も紹介した．この方法では TCAD シミュレーションによる膨大な計算が必要だが，航空用のパワー半導体の故障率の算定などに役立てられることを示した．なお，執筆にあたって，モンゴル国立大学の Erdenebaatar Dashdondog 氏と九州工業大学の Gollapudi Srikanth 氏にご協力いただいた．ここに感謝の意を表する．

参考文献

[1]　J. F. Ziegler, *IBM Journal of Research and Development* **40**, 1 (1996).
[2]　H. Matsuda *et al.*, *Proc. Of ISPSD'94*, 221 (1994).
[3]　H. Kabza *et al.*, *Proc. Of ISPSD'94*, 9 (1994).
[4]　H. R. Zeller, *Proc. Of ISPSD'94*, 339 (1994).
[5]　H. R. Zeller, *Solid-State Electronics* **38**, 2041 (1995).
[6]　K. Herbst *et al.*, *Journal of Geophysical Research* **115**, D00I20 (2010).
[7]　E. Eroshenko *et al.*, *Solar Physics* **224**, 345 (2004).
[8]　S. Miyake, R. Kataoka, T. Sato, *Space Weather* **15**, 589 (2017).
[9]　Solar Influences Data Analysis Center. https://www.sidc.be/
[10]　Jag J. Singh, *NASA Technical Note*, D-5946 (1970).
[11]　J.Autran and D. Munteanu, *Microelectronics Reliability* **126** (2021).
[12]　K. Shibata and S. Kunieda, *Journal of Nuclear Science and Technology* **45(2)** , 123 (2008).
[13]　C. Klein, *J. Appl. Phys.* **39**, 2029 (1968).
[14]　A. Owens and A. Peacock, *Nuclear Instruments and Methods in Physics Research A* **531**, 18 (2004).
[15]　J. Fang *et al.*, *IEEE Trans. on Nuclear Science* **66**, 444 (2019).
[16]　M. Whitaker *et al.*, *J. Appl. Phys.* **122**, 034501 (2017).
[17]　H.R. Zeller,　*Microelectronics Reliability* **37**, 1711 (1997).
[18]　二宮保 他『信頼性工学』（養賢堂，1977）．
[19]　I. Bazovsky, *Reliability Theory and Practice* (Prentice-Hall, Inc. 1961).
[20]　P. G. ホーエル,『入門数理統計学』（培風館，1978）．
[21]　M. H. DeGroot, *Probability and Statistics* (Addison Wesley, 1984).
[22]　東京大学統計学教室 編,『統計学入門』（東京大学出版会，1991）．
[23]　J. Han and G. Guo, *AIP Advances* **7**, 115220 (2017).
[24]　G.Messenger and M. Ash, *Single Event Phenomena* (Springer, 1997).
[25]　E. Dashdondog, *Doctoral Dissertation* (Kyushu Inst. of Tech., 2017).
[26]　G. Srikanth, *Doctoral Dissertation* (Kyushu Inst. of Tech., 2021).
[27]　B. Doucin *et al.*, *IEEE Trans. on Nuclear Science* **41**, 593 (1994).
[28]　B. Doucin *et al.*, *Proc. of European Conference on Radiation and its Effects on Components and Systems,*

402 (1995).

[29] P. Truscott et al., *Proc. of European Conference on Radiation and Its Effects on Components and Systems,* LN11-1 (2005).

[30] P. Truscott et al., *IEEE Trans. on Nuclear Science* **51**, 3369 (2004).

[31] D. Rose, *Phys. Rev.* **105**, 413 (1957).

[32] H. Egawa, *IEEE Trans. on Electron Devices* **ED**-13, 754 (1966).

[33] M. Gordon et al., *IEEE Tran. on Nuclear Science* **51**, 3427 (2004).

[34] P. Goldhagen, *HASL-300, The Procedures Manual of the Environmental Measurements Laboratory,* 28th Edition, Section 3.6, Vol. I (1997).

[35] JAEA EXPACS. https://phits.jaea.go.jp/expacs/jpn.html

[36] S. Nishida et al., *Proc. of ISPSD'10,* 129 (2010).

[37] E. Normand, *IEEE Trans. on Nuclear Science* **43**, 461 (1996).

[38] V. Madonna, P. Giangrande and M. Galea, *IEEE Trans. on Transportation Electrification* **4**, 646 (2018).

[39] M. Patel and O. Beik, *Spacecraft Power Systems* (CRC-press, 2004).

[40] M. MacDonald, and V. Badescu, *The International Handbook of Space Technology* (Springer, 2014).

[41] M. Furlanetto, *The Los Alamos Neutron Science Center (LANSCE): Status and plans.* https://lansce.lanl.gov/events/_assets/docs/Furlanetto_LUG2021_v3-1.pdf

[42] Canada's particle accelerator centre, *NIF Beam Specifications.* https://www.triumf.ca/nif-beam-specifications.

[43] W. Slayman, *IEEE Trans. on Nuclear Science* **57**, 3163 (2010).

[44] JEDEC Standard JESD89A (2006).

[45] IEC Tech. Specification TS 62396-1 (2006).

第13章

300 mmSi-IGBT時代へ向けた不純物ドーピング制御の物理的課題と技術的挑戦

13.1　はじめに

パワーデバイスは，スイッチング・整流機能を有し，電力変換容量などに応じて，様々な用途に用いられている．図13.1に，パワーデバイスの適用分野を示す．直流送電(HVDC: High Voltage Direct Current)や大型産業機器，電車や電気・ハイブリッド自動車(EV/HEV)などの高耐圧・大電力用途には，サイリスタやGTO(Gate Turn-off Thyristor)やIGBT(Insulated Gate Bipolar Transistor)が用いられている[1-5]．サイリスタを用いた電力変換システムがシステム駆動のための交流電源を別に必要とする他励式となるのに対して，IGBTは交流電源を必要としない自励式電力変換を可能とすることから，最近ではHVDCへIGBTが用いられ始めている．図13.2にIGBT構造の模式図を示す．IGBTは図13.2の上下方向に電流が流れる．オン状態では，表面から電子を，裏面から正孔をドリフト層に注入し，伝導度変調によりドリフト層の抵抗を低下させ大電流を流すことを可能としている．一方でオフ状態では，ドリフト層を厚く，かつ不純物濃度を低く設計することで，上下方向の抵抗値と遮断耐圧を大きくしている．ドリフト層の抵抗が変動すると遮断耐圧およびオン動作時の特性が変動するため，ドリフト層の不純物を低濃度かつ均一に厳密制御することが極めて重要である．また，最近では裏面のバッファー層構造を工夫することで，遮断耐圧を維持しながらオン動作時の低抵抗化がはかられている[6-8]．

本章では，IGBT構造とSiウェハ・プロセス技術を対応させ，300 mmプロセス時代への移行を念頭に，不純物ドーピングについて述べる．300 mmプロセスでは，デバイス作製にFZ法で作製されたSiウェハ(FZ-Si)ではなく，CZ法で作製されたSiウェハ(CZ-Si)を用いる．まず，13.2節でドリフト層作製に対応するSiウェハ技術を取り上げ，偏析現象およびCZ-Si中の酸素の影響について議論する．13.3節では，表裏面のpn構造作製に対応するプロセス技術を取り上げ，大口径300 mmプロセスの高熱負荷工程における熱応力・転位挙動，酸素の影響について議論する．

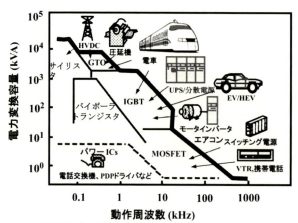

IGBT: Insulated Gate Bipolar Transistor
MOSFET: Metal-Oxide-Semiconductor Field Effect Transistor
GTO: Gate Turn-off Thyristor
HVDC : High-Voltage Direct Current

図13.1　パワーデバイスの適用分野

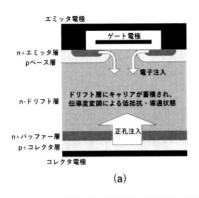 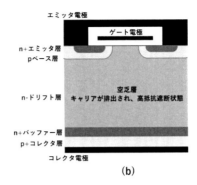

図 13.2　IGBT 構造と動作原理の模式図．(a) オン動作時（導通状態）：表面 MOS ゲートからの電子注入と裏面 p コレクタからの正孔注入により n-ドリフト層にキャリアが蓄積され，伝導度変調による低抵抗となり導通状態となる．(b) オフ動作時（遮断状態）：表面 MOS ゲートをオフにすることで電子注入と正孔注入を止める．空乏層が表面から裏面に向かって広がり，ドリフト層に蓄積されていたキャリアが排出され，高抵抗遮断状態となる．

13.2　ウェハ技術

IGBT は，一般にドリフト層となる n 型低濃度・高抵抗シリコンウェハをスターティング材料として，表面に MOS ゲート構造，裏面に p^+ コレクタ層およびバッファー層構造を形成し，作製する．本節では，ドリフト層に対応する n 型低濃度・高抵抗シリコンウェハについて，単結晶成長方法，低濃度ドーピング制御に関連する物理などについて解説し，あわせて 300 mm 化での課題を述べる．

13.2.1　シリコン単結晶の成長方法

シリコン単結晶は，主に図 13.3 に示す CZ 法あるいは FZ 法により成長し，その後，ウェハ状に加工して，デバイス作製に供する [9-11]．ここで作製された Si ウェハが IGBT のドリフト層となるため，デバイス設計から要求される不純物ドーパント濃度と比抵抗を厳密に満足する必要がある．CZ 法と FZ 法は，いずれも原料 Si を融解し Si 融液から単結晶を成長させる融液成長法であり，ドーパントとなる不純物をあらかじめ Si 原料に必要量を混入，同時融解させ，成長

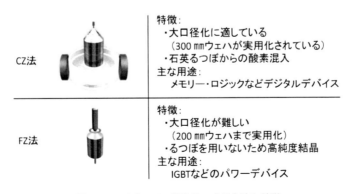

図 13.3　主たる Si 単結晶の成長方法と特徴

結晶に取り込むことで，Si ウェハの濃度，比抵抗を制御する．FZ 法では溶融 Si ゾーンに不純物を含んだガスを吹き付けるガスドーピング法も行われている [12]．次項にて，不純物を含んだ融液から結晶を作成する際の不純物取込について解説する．CZ 法と FZ 法は，それぞれ石英るつぼを用いた Si 融解・Si 融液保持，空間上での誘導加熱による Si 融解・Si 融液ゾーン保持 [13] と，Si 融液の保持方法が大きく異なることから，結晶口径や不純物濃度に関して相反する特徴を持つ [14]．これらの特徴と 300 mm 化に関連する課題については 13.2.5 項で触れる．

13.2.2 偏析現象

不純物を含む融液から結晶を成長する場合，結晶に取り込まれる不純物濃度は融液濃度と異なる．これを偏析現象といい，図 13.4 に示す Si と不純物との 2 成分系相図を用いて考える．図 13.4 は，原点が Si 単体，T_m は Si の融点である．不純物濃度が高くなるに従い，融点 T_x が減少していく．固相線と液相線が乖離しているのは，固相および液相の不純物の固溶度と溶解度が異なるためである．ここで，固溶度（溶解度）は，n 型不純物，p 型不純物などの不純物が熱平衡状態で固体（融液）に溶け込み得る最大濃度（熱平衡濃度）であり，温度に依存する．結晶成長は熱平衡状態で進行し，不純物は熱平衡濃度で取り込まれるとして考える．一般に，熱平衡濃度は温度が下がるに従い，小さくなる．例えば Si 結晶成長時に融点近傍 (1412 ℃) で結晶中に取り込まれた酸素は，冷却中および室温状態では過飽和・準安定状態になっている．そのため，その結晶熱処理工程やデバイスプロセス中の高温処理などで，その処理温度に対応した熱平衡濃度を満足するように過剰な酸素が析出などを起こす．

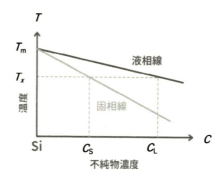

図 13.4　Si と不純物の 2 成分系相図．固相線（液相線）は，熱平衡状態で固体（融液）に溶け込み得る最大濃度（平衡濃度）である．なお，イオン注入などによる不純物導入は，熱平衡状態ではないので，固溶度以上に不純物を導入することができる．

なお，図 13.4 では，融点 T_x における固液界面において，つねに液相濃度 C_L が固相濃度 C_S より大きい．IGBT 用 Si を例にとると，ドリフト層の不純物濃度は遮断耐圧によって異なるがおよそ $10^{12}\sim10^{16}$ atom/cm^3 であり，Si の原子密度 5×10^{22} atom/cm^3 に対してたかだか ppm レベルと極めて小さい．そのため，図 13.4 中の固相線，液相線を直線近似して，固相濃度と液相濃度の比を平衡偏析係数 k_0 として (13.1) 式で定義すると，k_0 は絶対濃度に関係なく一定値と見なすことができる．平衡偏析係数は融点における固相および液相の平衡濃度の関係を表している．

$$k_0 = C_{\mathrm{S}} / C_{\mathrm{L}} \tag{13.1}$$

図 13.4 は平衡偏析係数が 1 よりも小さい場合であり，ドナー，アクセプターに関わらず Si 中のほとんどの不純物に当てはまる．平衡偏析係数は，不純物の物質によって大きく異なる．一般に共有結合半径の大きな物質は結晶 Si 中に取り込まれにくく，固溶度が小さい．そのため，固相線が液相線から乖離し，平衡偏析係数も小さくなる傾向にある．表 13.1 に，パワーデバイスの n 型，p 型制御に用いられる代表的な不純物の平衡偏析係数，固溶度，共有結合半径を示す．ここで固溶度は融点近傍の高温での値である．

表 13.1　Si 中不純物の平衡偏析係数

伝導形	不純物	平衡偏析係数 k_0	固溶度 atom/cm^3	共有結合半径 Å
p	B	8×10^{-1}	1×10^{21}	0.82
n	P	3.5×10^{-1}	1.3×10^{21}	1.06
n	As	3×10^{-1}	1.8×10^{21}	1.19
n	Sb	2.3×10^{-2}	7×10^{19}	1.28

実際に Si 結晶成長を連続的に行う場合の偏析現象について，もう少し考察する．初期液相濃度 C_0 の Si 融液から Si 結晶を成長させる場合を考える．結晶成長開始時点での固液界面近傍の不純物濃度分布は，図 13.5 のように考えられる．このとき，$C_{\mathrm{L}} = C_0$ である．結晶成長を止めた静止状態では図 13.4 の平衡が成立し，結晶中の不純物濃度は C_{L} に平衡な固相濃度 C_{S} であり，液相濃度 C_{L} よりも小さい．しかし，実際の結晶成長中は，偏析により結晶中に取り込まれることのできなかった不純物が液相側に取り残さることになり，固液界面近傍の液相濃度は C_{L} よりも高く，$C_{\mathrm{L}(0)}$ となる．つまり，結晶成長中は偏析現象のために液相濃度 $C_{\mathrm{L}(0)}$ の Si 融液から結晶が成長することになり，液相濃度 $CL(0)$ と平衡な固相濃度 C_{Seff} の結晶が成長する．このときの固相濃度 C_{Seff} は C_{S} より高い．そのため，結晶成長とともに結晶の不純物濃度は連続的に高くなる．より厳密には，(13.2) 式の拡散方程式を解くことで Si 融液中および Si 結晶中の不純物濃度を求めることができる．ここで，D は不純物の Si 融液中の拡散係数，v は結晶成長速度，C は Si 融液中の不純物濃度である．

$$v \frac{dC}{dx} + D \frac{d^2 C}{dx^2} = 0 \tag{13.2}$$

結晶成長中の固液界面 ($x = 0$) では，結晶成長に伴い液体側に取り残される不純物量と Si 融液中の不純物拡散量が等しく，また液相濃度は $C_{\mathrm{L}(0)}$ である．これらを境界条件として (13.2) を解く．この際，実効偏析係数 k_{eff} を (13.3) 式で定義すると，Si 結晶中の不純物濃度 C_{Seff} について (13.4) 式が得られる．ここで，実効偏機係数 k_{eff} は (13.5) 式で求めることができる．

$$k_{\mathrm{eff}} = \frac{C_{\mathrm{Seff}}}{C_{\mathrm{L}}} \tag{13.3}$$

$$\frac{C_{\mathrm{Seff}}}{C_0} = k_{\mathrm{eff}} (1-x)^{k_{\mathrm{eff}} - 1} \tag{13.4}$$

$$k_{\mathrm{eff}} = \frac{C_{\mathrm{Seff}}}{C_{\mathrm{L}}} = \frac{k_0}{k_0 + (1 - k_0) e^{-v\delta/D}} \tag{13.5}$$

ここで，x は固化率（初期融液液量と結晶成長に伴い固化した融液量の比），ν は Si 融液の動粘性係数である．また，δ は不純物の拡散層厚みであり，回転円盤の境界層方程式 [15, 16] を適用し，結晶の回転速度 ω を用いると (13.6) 式となる．

$$\delta = 1.6 D^{1/3} \nu^{1/6} \omega^{-1/2} \tag{13.6}$$

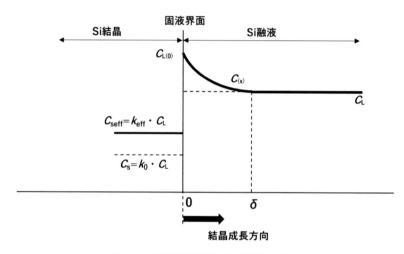

図 13.5　固液界面近傍の不純物濃度分布

偏析により結晶中に取り込まれることのできなかった不純物は液相側に取り残され，固液界面近傍の液相濃度は $C_{L(0)}$ と高くなる．液相濃度 $C_{L(0)}$ の Si 融液から成長する結晶の固相濃度は C_{Seff} となり，C_S より高く，結晶成長とともに，結晶の不純物濃度は連続的に高くなる．図 13.6 に結晶成長方向の不純物濃度分布（比抵抗分布に相当）を模式的に示す．図 13.6 において，固化率 0 が結晶成長初期，固化率 1 が結晶成長終了時，また，帯部が IGBT ドリフト層の設計値に対応した不純物濃度域（比抵抗域）の許容範囲に相当する．

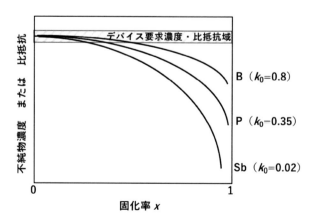

図 13.6　結晶成長方向の不純物濃度分布（比抵抗分布に相当）の模式図

ドリフト層の抵抗は，デバイス設計の厚み・遮断耐圧に対応して厳密に制御することが必要であり，ウェハ技術としては濃度分布を許容範囲に収める必要がある．図 13.5 から，p 型よりも n 型の方が許容比抵抗を満足する結晶部位の長さが短く，また偏析係数が小さいほど収率が悪いことが分かる．IGBT のドリフト層には n 型低濃度・高抵抗層が必要であり，一般に P（リン）を必要濃度にドーピングした n 型高抵抗ウェハが用いられている．

結晶成長中の不純物濃度を一定に，すなわち実効偏析係数を 1 に近づけるためには，(13.5) 式中の分母第 2 項をゼロに近づければよく，例えば結晶成長速度（固化速度）を速くする，あるいは結晶の回転数を小さくすることで拡散境界層を厚くする，などが考えられる．しかし，いずれも CZ 法の炉内環境を大きく変えることになり，Si 結晶成長そのものが不安定化するため，現実的ではない．例えば，結晶成長速度が速すぎると，融液から結晶化する際に発生する凝固潜熱量が大きくなり，固液界面での熱収支がくずれ，結晶成長条件から外れてしまう．また，CZ 法で結晶を回転させるのは Si 融液の対流や温度を安定化させるためであり，結晶回転数を小さくすると結晶成長の安定域から外れてしまう．

13.2.3　不純物濃度一定制御のための成長方法

前項に記したように，パワーデバイス用 Si 単結晶成長では，偏析現象のために不純物濃度と比抵抗が連続的に変化し，成長した結晶の一部しか利用できない．この項では，偏析現象を克服し，不純物濃度一定の結晶を成長するための試みを紹介する．不純物濃度は Si 融液量と混入している不純物量の相対比である．最初に Si 融液量を制御することで不純物濃度を一定に保つ方法，次に Si 融液中の不純物量を制御することで不純物濃度を一定に保つ方法を述べる．

(1) Si 融液量の制御

偏析現象により，結晶成長が進行するに従い Si 融液中の不純物濃度が高くなり，成長する Si 結晶内の不純物濃度も連続的に高く変化していく．その回避方法として，Si 結晶成長中に不純物を含まない Si 融液を連続的に供給することで，Si 融液の不純物濃度を一定に保つ考え方がある．図 13.7 に連続供給法 [17]，2 重るつぼ法 [18-20] の概念を示す．いずれも，装置中央部の結晶成長を行う Si 融液に，初期に IGBT ドリフト層の比抵抗値に相当する濃度で不純物を溶解し，結晶成長を開始する．成長とともに不純物濃度が高くなる Si 融液に，外側から不純物を含まない Si 融液を供給することで偏析による不純物濃度の過剰蓄積を相殺し，実効的に結晶成長中の Si 融液の不純物濃度を一定にする試みである．連続供給法は，外側のるつぼに粒状 Si 原料を供給・融解し，成長るつぼに対して連続的に Si 融液を供給する．粒状結晶が融液に落下する際の液面振動が成長中の結晶に伝わることを回避するため，図 13.7(b) に示すように内壁を用いて粒状結晶供給部と結晶成長部を分離する．CZ 法では，一般に結晶成長界面（固液界面）の位置を装置内で固定し，結晶成長と融液量の減少に伴い，るつぼを上方向に移動させながら結晶成長を行う．このとき，Si 融液表面の位置も同時に固定されることになる．しかし，粒状 Si の供給・融解は，時間的に不連続な融液量の変動を起こし，結晶成長中の融液表面位置が変動し，プロセス不安定化を起こす可能性がある．一方，図 13.7(c) の 2 重るつぼ法では，あらかじめ外側のるつぼに十分な量の不純物を含まない Si を融解しておき，成長るつぼに対して Si 融液を連続的に供給する．しかし，石英るつぼ構造が複雑になり，また石英るつぼと結晶の距離が近くなる

ため石英るつぼからの酸素混入が多い，などの課題を抱えている．そのため，いずれの方法も，実用化技術には至っていない．

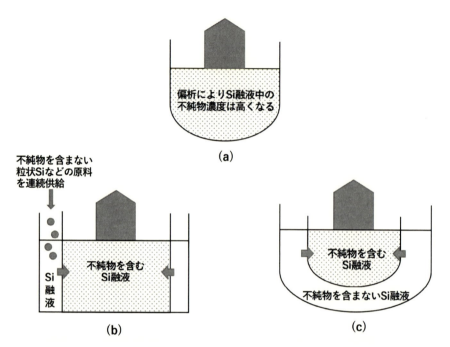

図 13.7　不純物を含まない Si 融液供給による不純物濃度一定制御方法．(a) 通常の CZ 法：偏析により，融液濃度が高くなる．(b) 連続供給法：不純物を含まない粒状 Si 原料などを外側から供給し，結晶成長中の内るつぼの Si 融液の不純物濃度を一定に保つ．(c)2 重るつぼ法：結晶成長とともに，外るつぼから内るつぼに向かって不純物を含まない Si 融液供給することで，結晶成長中の内るつぼの Si 融液の不純物濃度を一定に保つ．

(2) 融液中不純物量の制御

偏析に伴い不純物の絶対濃度が高くなっていくことを克服するための手段として，図 13.8 に示すように，不純物の蒸発を利用して Si 融液中の不純物濃度を一定に保つ蒸発法 [21, 22]，過剰になる n 型不純物の量に対応して p 型不純物を添加しキャリア補償（コンペンセーション）させることで実効的 n 型不純物濃度（キャリア濃度）を一定に保つコンペンセーション法 [23, 24]，などが提案されている．蒸発法は，蒸発係数が不純物，および圧力などの成長炉の操作条件に大きく依存することから，適用できるケースが限られるが，一方で圧力を下げることにより蒸発量を増加させることができるなどプロセス条件の簡易変更が有効な手段となるため，実際の結晶成長炉への適用は容易であり，有望である．例えば P（リン）の蒸発係数は 15 mbar で 1.4×10^{-4} cm/s，Sb（アンチモン）は同条件で 0.13 cm/s であり，n 型ドーパントを P から Sb に変え，低圧制御により蒸発効果を活用することで Si 融液濃度と Si 結晶の比抵抗を一定に保つことができる [9]．コンペンセーション法は途中でキャリア補償不純物を含んだ Si の供給が必要となるため，結晶成長を中断する，あるいは前述の Si 連続供給のような工夫が必要となる．

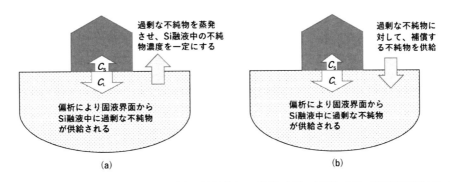

図 13.8　不純物量の制御による Si 融液中不純物濃度一定制御方法．偏析により，融液濃度が (CL-Cs = ΔC) 相当分だけ高くなる．(a) 蒸発法：ΔC 相当分を融液自由表面から蒸発させることで，Si 融液中の濃度を一定に保つ．(b) コンペンセーション法：n 型不純物濃度が ΔC 相当分高くなる場合は，等量の p 型不純物を供給することで，キャリア補償により Si 融液中の実効的不純物濃度（キャリア濃度）を一定に保つ（p 型不純物濃度増の場合は n 型不純物を供給する）．

13.2.4　酸素の影響

(1) サーマルドナー

　パワーデバイス用 Si ウェハは，n 型，p 型に対応して，P や B を必要な濃度だけドーピングすることで比抵抗値を制御している．Si ウェハ中には，これら意図的な抵抗値制御のためのドーパントのほかに，酸素や炭素などが存在する．例えば，CZ 法により作製された Si ウェハ中には，石英るつぼから Si 融液を介して，$10^{17} \sim 10^{18}$ /cm^3 程度の酸素が結晶中に取り込まれる．結晶に取り込まれた酸素は，例えば 1000 °C 前後で過飽和状態になり，数十〜数百 nm の酸素析出物を形成する．Si 原子が酸素原子と反応し SiO$_2$ を形成する場合，体積が約 2.2 倍になることから，近隣の空孔欠陥の吸収，格子間 Si の生成，格子ひずみに伴う積層欠陥などが発生し，これらの欠陥が金属に対して有効なゲッタリングサイトとなる．また，Si 結晶中の格子間酸素は 400〜500 °C 程度で移動をはじめ，Oi + Oi⇔O$_2$，Oi + O$_2$⇔Oi$_3$，Oi + O$_3$⇔O$_4$……と順に反応が進み，酸素クラスターが形成される [25-27]．酸素原子数が数個の小さなサイズの酸素クラスターは電気的に活性であり，ドナー化して電子を放出する．この現象をサーマルドナーと呼び，酸素原子の個数に応じたサーマルドナーが同定されている [28, 29]．サーマルドナーは電子を放出するドナーであり，n 型ドーパントと同様に振る舞い，Si 結晶の比抵抗を変化させてしまう．一方で，大きなサイズの酸素クラスターは電気的に中性である．そのため，サーマルドナーは 650 °C 程度以上の温度に熱処理し，酸素析出を促進・安定化させ，その後，400〜500 °C のサーマルドナー生成温度域を急速に冷却することで消失できることが知られており，ウェハレベルでは DK 処理（ドナーキラー処理）として行われている．しかし，IGBT などのパワーデバイスプロセス中に 400〜500 °C の熱負荷プロセスがあると，サーマルドナーが再発生しドリフト層の抵抗を変動させてしまう．高耐圧用 IGBT ほどドリフト層に求められる抵抗値は高く，制御すべき n 型ドーパント濃度が小さいため，サーマルドナーの影響が顕著になり，ドリフト層抵抗が大きくずれてしまう．なお，サーマルドナーの構造として，他に SiO$_4$ などが提案・検討されている [30]．なお，FZ 法により作製された Si ウェハ中の酸素濃度は極めて低く，サーマルドナーは無視できる [31]．

(2) ライフタイム

IGBTでは，オン動作時にドリフト層にキャリアを蓄積し伝導度変調により低抵抗化するため，長いライフタイムが望ましい．特に高耐圧用デバイスでは長ライフタイムによるオン抵抗低減の効果は大きい．Si結晶中の酸素がライフタイムに与える影響の一例を図13.9に示す．Si結晶中の酸素は，濃度が高くなると結晶作成中の冷却過程やデバイスプロセスの高温過程などで酸素析出物を形成し，ライルタイムを低下させる．図13.9では，酸素濃度が1桁高くなるとライフタイムはおよそ1桁短くなっている．酸素によるライフタイム低減には，酸素析出の起源として炭素の影響が指摘されており，酸素に加えてSi結晶中の炭素濃度を低減させる取り組みも行われている [33-35]．

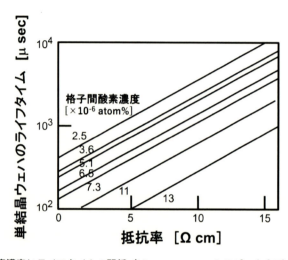

図13.9 酸素濃度とライフタイムの関係（Kitagawara *et al.* のデータ [32] を参考に作成）

13.2.5 ウェハ技術の課題

この項では，特に300 mm化の視点で課題を説明する．IGBT用ウェハには，歴史的にはFZ法で作製された高純度・高抵抗Siウェハが用いられてきた．しかし，パワーデバイスプロセスが従来の150 mm，200 mmプロセスから300 mmプロセスに移行するに従い，CZ法により作製されたSiウェハへの転換が必要になっている [36]．これはFZ法では技術的に300 mmウェハを作製することができないためである．FZ法では，原料Si棒と成長結晶の間の溶融Siを電磁力および表面張力により空間上に無容器で保持しているので，結晶径が大きくなるに従い，溶融Siゾーンも大きくなり，空間での保持が困難になる．またSi原料には多結晶Siが用いられているが，空隙やクラックなどが原料中に存在すると，溶融Siゾーンがその部位に達したときに振動などが起こり，溶融Siゾーンが保持できない．さらに原料棒と成長結晶の口径が同程度なので，大口径化に従い高品質多結晶Si原料棒の作製が困難になる．CZ法により作製した大口径Siを原料棒とする方法もあるが，この方法では原料棒中の酸素濃度が高く，その結果，成長結晶中の酸素濃度も高くなるため，高純度であるFZの利点が消失する．以上から，300 mmプロセス化にあたり，大口径化に優位性を持つCZ法Siのパワーデバイスへの適用が進められている．IGBTにおいてはSiウェハはn型高抵抗ドリフト層に相当し，デバイスが要求する比抵抗値を

満足するために，n型ドーパント濃度を低濃度かつウェハ内で均一に一定値に制御する必要がある．1200 Vから6500 V用IGBTのドリフト層には，図13.10中の四角で囲まれた不純物濃度，比抵抗領域のSiウェハが用いられる．CZ法ではSi原料や石英るつぼなどに10^{11}〜10^{12} /cm^{3}程度のPやBなどの伝導度制御不純物が残留しており，これらがバックグランド不純物として成長結晶に取り込まれ，比抵抗値を変動させる．IGBTドリフト層の不純物濃度はバックグランド濃度に対してわずかに1〜2桁大きいだけであり，これがIGBT用ウェハの不純物濃度の厳密制御を困難にしている．このことから，結晶成長技術とあわせて，Si原料や石英るつぼなど，結晶成長炉内全体の高純度化と不純物濃度管理が重要になってきている．また，CZ固有の課題として，酸素による前述のサーマルドナーによる抵抗値変動やライフタイム減少などが顕在化してきており，酸素濃度の低減かつ一定値制御も重要な課題となってきている．

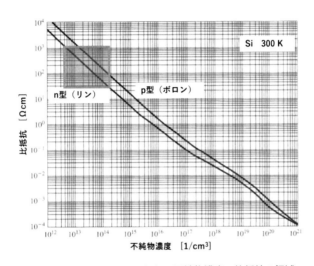

図13.10　IGBTに用いられる不純物濃度・比抵抗の領域

13.3　プロセス技術

　IGBTは，一般にドリフト層となるn型低濃度・高抵抗シリコンウェハをスターティング材料として，表面に電子注入のためのMOSゲート構造，耐圧保持のためのガードリング構造，裏面に正孔注入のためのpエミッターおよびオフ時電界制御のためのバッファー層構造を形成し，作製する．本節では，表裏面のp/n構造作製に関して，300 mm化と関連させて解説する．

13.3.1　高熱負荷プロセス

　IGBT作製工程中は，厚い保護酸化膜形成や深い拡散層形成工程など，高温・長時間の高熱負荷工程が続く．この高熱負荷工程の際，Siウェハ面内に生じる熱応力がウェハ内に転位欠陥を発生・増殖させ，IGBT特性に悪影響を及ぼすことが問題として知られている．IGBTプロセスの300 mm化に伴い，熱応力の影響はより顕在化するため，IGBTプロセス中の熱負荷低減が重要となっている．本項では，熱負荷低減の方法を紹介する[37]．

(1) 熱負荷条件とウェハ内転位の関係

応力ひずみ関係式と単結晶シリコンのクリープ構成式として知られる Haasen-Alexsander-Sumino(HAS) モデル [38-40] を用いて，転位密度について検討する．シリコン単結晶にはすべり面が 3 つ存在し，それぞれに対して 4 つのすべり方向が存在するため，計 12 個のすべり系が存在する．すべり系 α における塑性ひずみを $\varepsilon^{c(\alpha)}$ とすると，Orowan の関係式により，塑性ひずみ速度は (13.7) 式で表される．

$$\frac{d\varepsilon^{c(\alpha)}}{dt} = N_m^{(\alpha)} v^{(\alpha)} b \tag{13.7}$$

ここで，N_m は可動転位密度，b はバーガースベクトルを表す．また，転位運動速度は (13.8) 式で表される．

$$v^{(\alpha)} = v_0 \left(\frac{\tau_{\text{eff}}^{(\alpha)}}{\tau_0}\right)^m \exp\left(-\frac{U}{k_b T}\right) \tag{13.8}$$

ここで，$v_0 = 5000\,\text{ms}^{-1}$，$\tau_0 = 1\,\text{MPa}$，$m = 1$，$U = 2.2\,\text{eV}$ である．それぞれのすべり系 α における可動転位密度の増加速度 $dN_m^{(\alpha)}/dt$ は (13.9) 式で表される．

$$\frac{dN_m^{(\alpha)}}{dt} = K N_m^{(\alpha)} v^{(\alpha)} \tau_{\text{eff}}^{(\alpha)} - 2r_c N_m^{(\alpha)} N_m^{(\alpha)} v^{(\alpha)} \tag{13.9}$$

ここで，K，r_c，τ_{eff} はそれぞれ増加係数，転位の相互作用が及ぶ有効距離，運動転位にはたらく有効応力である．さらに，τ_{eff} は (13.10) 式で表される．

$$\tau_{\text{eff}} = \tau - \tau_i - \tau_b \tag{13.10}$$

ここで，τ，τ_i，τ_b はそれぞれ分解せん断応力，short-range stress，long-range stress である．τ_i は短距離障害物によるもので，全ての転位がこれにあたる．τ_b は長距離障害物によるもので，ここでは可動転位同士の相互作用である．τ_i，τ_b はそれぞれ (13.11) 式，(13.12) 式で表される．

$$\tau_i^{(\alpha)} = \mu b \sqrt{\sum \alpha_{\alpha\beta} N_t^{\beta}} \tag{13.11}$$

$$\tau_b^{(\alpha)} = \mu b \sum A_{\alpha\beta} \sqrt{N_m^{(\beta)}} \tag{13.12}$$

ここで，$A_{\alpha\beta}$，$\alpha_{\alpha\beta}$，μ はそれぞれすべり系の相互位置関係によって決まる係数，ヤング率である．また，分解せん断応力は (13.13) 式によって求められる．

$$\tau_{\text{resolved}} = n \cdot \tau_{\text{crystallographic}} \cdot m \tag{13.13}$$

ここで，$\sigma_{\text{crystallographic}}$ は結晶座標系で定義された応力テンソルである．

(13.9) 式，すなわち HAS モデルにおける転位密度の時間変化を表す式を単純化し，ウェハ内温度および応力が関係する項を考慮した変数 f を，(13.14) 式のように定義する．

$$f = K v^{(\alpha)} \tau_{\text{eff}}^{(\alpha)} - 2r_c v^{(\alpha)} \tag{13.14}$$

(13.14) 式を用いて，(13.9) 式は次式となる．

$$\frac{dN_m^{(\alpha)}}{dt} = f \cdot N_m^{(\alpha)}$$

つまり，変数 f はウェハ内の絶対温度と応力で定義され，転位増加率を意味する．図 13.11 に昇温過程におけるウェハ内最大応力と温度，転位増加率の関係の数値解析結果の一例を示す．図中の破線 f は，同一破線上では転位増加率が等しいことを意味する．同一転位増加率では，温度が低いほど応力の値が大きく，温度が高いほど応力の値が小さい．すなわち，転位密度増加に関して高温ほど応力の影響を受けやすい．そのため，絶対温度が高いプロセス域ほどウェハ内の温度均一性と低熱応力を維持する必要がある一方で，温度が低いプロセス域では温度の不均一性と熱応力値の許容値を大きくとることができる．図 13.11(a) に示す温度プロファイルを用いて，昇温速度一定の場合 (linear) と低温時に早く高温時にゆっくり昇温した場合 (logarithm) の比較を行った．図 13.11(b) から，昇温速度一定の場合 (linear)，300 mm（12 インチ）プロセスでは高温域において破線 $f=0.2$ を越え，高い転位増加率でプロセスが進行することが分かる．一方で，昇温速度を低温時に早く高温時にゆっくりとした場合 (logarithm) は，昇温中 n 破線 $f=0.1$ を越えることなくプロセスが進行し，300 mm（12 インチ）プロセスでも転位増殖を避けられことを示している．

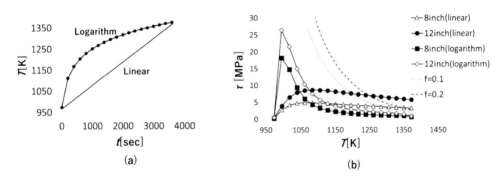

図 13.11　昇温過程におけるウェハ内最大応力と温度の関係．(a) 昇温プロファイル，(b) ウェハ内最大応力と温度，転位増加率の関係．

(2) プロセス温度・時間の最適化

高温拡散プロセス中の転位挙動に関して，上述の転位解析を用いた数値解析の一例を図 13.12 に示す．MOS ゲートの p ベース層などを想定し，B の拡散長を 1.4 μm と固定し，高温短時間，低温長時間プロセスでの比較を行っている [41]．図 13.12(a) に温度プロファイルを示す．ここでは昇温・降温速度は一定とし，拡散温度（到達温度）を変えた．1.4 μm の拡散を行うためには 1050 ℃では 1 時間，950 ℃では 8 時間 40 分の拡散時間が必要である．本解析例では，図 13.12(b) に示す転位密度分布から，200 mm プロセスから 300 mm プロセスに移行するのに伴い拡散工程を低温・長時間化することで，ウェハ内転位密度を低減できたことが分かる．13.3.1 項に記したように，転位増加率は，絶対温度が高くウェハ面内応力が大きいほど大きくなる．本解析例では，昇温・降温中にウェハ内に発生する温度差・熱応力の影響が大きく，一方で到達温度での拡散中はウェハ面内温度が均一で熱応力は無視できる程度であり，図 13.12(a) 中の A region の期間の転位増加率が大きく，その結果，300 mm 1050 ℃プロセスでの転位密度が大きくなっている．昇温・降温中にウェハ内に生じる温度分布・熱応力の時間変化は，装置の構造にも依存するが，プロセス温度およびその時点での温度分布が分かれば，上述の解析を用いて

転位挙動を予測することができる．逆に，転位増殖を抑えるための温度・時間プロファイルを求めることも可能である．

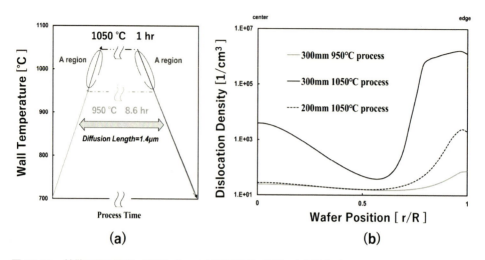

図 13.12　拡散工程の温度・時間とウェハ内転位密度の関係．(a) 温度プロファイル：B を 1.4 μm 拡散させる工程を模擬し，昇温・降温速度は一定とし，拡散温度（到達温度）を変えて，950 ℃ 8.6 時間処理と 1050 ℃ 1 時間処理の拡散工程を比較した．昇温・降温中のウェハ内温度不均一分布により熱応力が発生し，転位が増加する．(b) 半径方向の転位密度：950 ℃, 8.6 時間処理の場合には拡散時間が長いが転位増加は抑えられている．一方で，1050 ℃, 1 時間処理の場合には拡散時間は短いが，昇温・降温域（図 (a) の A region 域）を通過する際に転位密度が大きく増加する．

(3) デバイス構造のスケーリング

IGBT 性能向上のブレークスルー技術として，スケーリング IGBT が提案・実証されている [42-45]．図 13.13 にトレンチ MOS ゲート構造のスケーリング IGBT の電流–電圧特性を試作検証した結果の一例を示す．トレンチ MOS ゲートのスケーリングは表面を浅い拡散層で形成することができ，拡散工程の低温・短時間化につながる．加えて，スケーリング IGBT では同時にオ

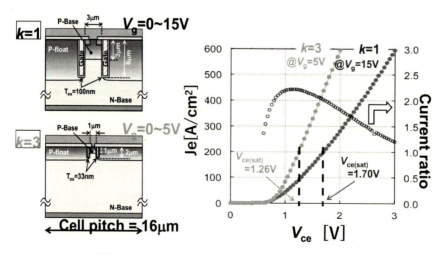

図 13.13　スケーリング IGBT 構造の電流–電圧特性．

ン電流密度を増加させることができる．図 13.13 では，1/3 のスケーリングでオン動作時の電流密度 2 倍を達成している．以上からスケーリング IGBT は，300 mm プロセスへの親和性，IGBT 特性向上と，300 mm 化時代への大きな可能性を有している．

13.3.2 裏面バッファー層

IGBT はオフ時に表面から裏面に向かって空乏層がのび，遮断耐圧を維持する．このため，空乏層が到達する裏面構造を工夫することでドリフト層とデバイス厚みを薄くし，オン動作時の抵抗を小さくし，低損失化を進めてきている [7]．図 13.14 に裏面構造最適化の概要を示す．最初に開発されたパンチスルー (PT) 構造 [46]（図 3.14(a)）は，p 型高濃度基板状にエピタキシャル成長技術でドリフト層を形成し，作製していた．PT 構造は表面から裏面に向かって広がる空乏層が n^+ バッファー層で阻止されるため，ドリフト層を薄くできる．開発当初は遮断耐圧が 600 ～1200 V 程度であり，薄いドリフト層にエピタキシャル成長を用いることができた．一方で p 型高濃度基板を p コレクタに直接用いるため，正孔注入量が過剰となっていた．遮断耐圧が大きくなるに従いドリフト層が厚くなるため，薄膜成長に適しているエピタキシャル成長では対応できなくなり，FZ 法で作製された n 型低濃度 Si ウェハをドリフト層に用い，裏面には所定の濃度に制御した p コレクタ層を形成するノンパンチスルー (NPT) 構造（図 3.14(b)）が提案された [47, 48]．現在は，PT 構造，NPT 構造の長所をいかし，n 型低濃度 Si ウェハをドリフト層に用い，裏面にフィールドストップ層（n バッファ層）を用いて空包層を阻止するフィールドストップ構造（図 3.14(c)）が主流になっている [49]．FS 構造は NPT 構造と比較して遮断耐圧を維持しながらドリフト層を薄くすることができるため，オン動作時の低抵抗化が可能である．最近では，裏面 FS 構造を，図 13.14(c) に示すような p コレクタと 1 段 n バッファー層の構造から，プロトン照射なども活用したリン・プロトン多段バッファー層などより精密に深さ・濃度を制御したバッファー層形成にすることで，さらなるオン抵抗低減・低損失化が進められている [50-53]．

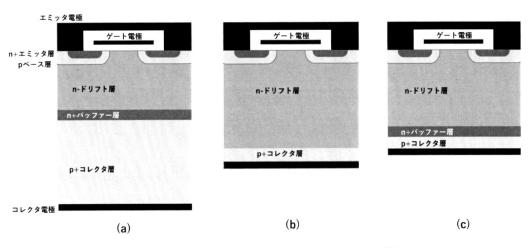

図 13.14　裏面構造の最適化による IGBT 低オン抵抗化．(a) パンチスルー構造 (Punch Through)，(b) ノンパンチスルー構造 (Non Punch Through)，(c) フィールドストップ構造 (Field Stop)．

IGBT の 300 mm プロセス化に伴い，この裏面バッファー層形成においても，新たな課題が報告されている．13.2 節で述べたように，300 mm プロセス化に伴い CZ 法で作製された Si ウェハが利用されるようになってきている．Si ウェハ中の酸素がサーマルドナーを形成し，ドリフト層の抵抗を変動させることは前述したが，バッファー層形成においても類似のドナー化現象が報告されている．プロトンバッファー層形成時に，Si ウェハ中の格子間酸素・格子間炭素と反応して CiOi-H 複合欠陥が生成され，この欠陥がドナーとして振る舞う．そのため，Si ウェハ中の酸素，炭素濃度に依存してプロトンバッファー層濃度が変動してしまう [54]．その結果，オフ時に表面から裏面に向かって広がる空乏層を阻止するバッファー機能が変動し，IGBT のオフ動作においてリーク電流や耐圧不良などを引き起こす可能性がある．これを回避するために，多段バッファー層構造や形成プロセス条件，Si ウェハ品質（酸素濃度，炭素濃度）が詳細に検討され，IGBT 用ウェハの品質要求において，これまでの比抵抗値などに加えて酸素濃度が指定されるようになってきている．

13.4 まとめ

IGBT は，ウェハ技術による n 型低濃度・高抵抗 Si ウェハをドリフト層として用い，表面に電子注入のための MOS ゲート構造を，裏面に正孔注入のための p エミッター構造を形成する．すなわち，ウェハ技術やプロセス技術が，各々 IGBT デバイス各部位の n 型，p 型層を形成する役目を果たしている．300 mm 化に伴い，ウェハ技術は FZ 法から CZ 法への転換が必要となっており，ドリフト層抵抗を定める n 型ドーパントの極低濃度・均一制御が大きな課題になっている．また，デバイスプロセスでは，IGBT 固有の厚い保護酸化膜，深い拡散などの高熱負荷工程中の熱応力の影響の軽減が大きな課題となっている．これらの課題はいずれも密接に関係しており，ウェハ技術，プロセス技術，さらにはデバイス構造を含めたデバイス技術が連携することで，300 mm 化が進み，かつ IGBT 性能の向上を実現させ，シリコン技術が将来にわたってグリーン社会を支えていくことを期待する．

参考文献

[1] IEC White Paper, *Power-Semiconductors-Energy-Wise-Society.* (2023).
[2] 菊池秀彦，川口章 監修，『応用から見たパワーエレクトロニクス技術最前線』（日経 BP，2020）．
[3] J. Vobecky, *et al.*, *IEEE Trans. Electron Devices* **64**, 760 (2017).
[4] 大橋弘通，葛原正明編著，『半導体デバイスシリーズ 4　パワーデバイス』（丸善株式会社，2011）．
[5] J. Lutz *et al.*, *Semiconductor Power Devices, Physics, Characteristics, Reliability* (Springer, 2011).
[6] B. J. Baliga, *Fundamentals of Power Semiconductor Devices* (Springer, 2009).
[7] N. Iwamuro and T. Laska, *IEEE Trans. Electron Devices* **64**, 741 (2017).
[8] A. Kopta *et al.*, *IEEE Trans. Electron Devices* **64**, 753 (2017).
[9] 阿部孝夫，『シリコン，結晶成長とウェーハ加工』（培風館，1994）
[10] 日本学術振興会第 145 委員会，技術の伝承プロジェクト編集委員会編，『シリコン結晶技術，成長・加工・欠陥制御・評価』(2015)．

[11] UCS 半導体基盤技術研究会編,『シリコンの科学』(リアライズ社, 1996).

[12] W. Zulehner, *Materials Sci. and Eng. B* **73**, 7(2000).

[13] W. Kekker, A. Muehlbauer, *Floating Zone Silicon* (Marcel Deller, 1981).

[14] 中川聡子,『応用物理』**84,** 976 (2015).

[15] R. B. Bird *et al.*, *Transport Phenomena* (Wiley, 1960).

[16] H. Schlichting, *Boundary-Layer Theory* (McGRAW HILL, 1955).

[17] G. F. Fiegl and A. C. Bonara, *Solid State Tech.* Aug.,121 (1983).

[18] 喜田道夫 他,『日本結晶成長学会誌』**18**, 455 (1991).

[19] 新井義明, 喜田道夫,『日本結晶成長学会誌』**20**, 1 (1993).

[20] N. Ono *et al.*, *J.Crystal Growth.* **132**, 297 (1993).

[21] X. huang *et al.*, *Jap. J. Appl. Phys.* **33**, 1717 (1994).

[22] K. Izunome *et al.*, *MRS Symposium Proceedings* **378**, 53 (1995).

[23] C. Xiao *et al.*, *Solar Energy Materials and Solar Cells* **101**, 102 (2012).

[24] A. Cuevas *et al.*, *Energy Procedia* **15**, 67(2012).

[25] C.S. Fuller *et al.*, *Phys. Rev.* **96**, 833 (1954).

[26] J.C. Mikkelsen Jr., *MRS Symposia Proceedings* **59**, 3 (1986).

[27] T. Y. Tan *et al.*, *MRS Symposia Proceedings* **59**, 195 (1986).

[28] Y. Kamiura *et al.*, *J. Appl. Phys.* **65**, 600 (1989).

[29] 原明人, 大沢昭,『シリコン結晶, ウェーハ技術の課題』岸野正剛編(リアライズ社, 1994).

[30] W. Kaiser *et al.*, *Phys. Rev.* **112**, 1546 (1958).

[31] V. Cazcarra and P.Zunino, *J. Appl. Phys.* **51**, 4206 (1980).

[32] Y. Kitagawara *et al.*, *J. Electrochem. Soc.* **142**, 3505 (1995)

[33] Y. Nagai *et al.*, *J. Cryst. Growth.* **401**, 737 (2014).

[34] Y. Nagai *et al.*, *J. Cryst. Growth.* **401**, 737 (2014).

[35] Y. Nagai *et al.*, *ECS Trans.* **64**, 3 (2014).

[36] S. Nishizawa, *Proc. 6th Forum on the Science and Technology of Silicon Materials* 202 (2010).

[37] R.Sato *et al.*, *Proc.32nd Int. Symp. Power and Semiconductor Devices and ICS*, 494 (2020).

[38] H. Alexander, P. Haasen, *Solid State Phys.* **22**, 27 (1969).

[39] B. Gao *et al.*, *Cryst. Growth Des.* **13**, 2661-2669 (2013).

[40] J. Cochard *et al.*, *J. Appl. Phys.* **107**, 103524 (2010).

[41] J. Yuan *et al.*, *Proc.7th IEEE Electron Devices Tech. and Manufacturing*, 35A-4 (2923).

[42] M. Tanaka *et al.*, *Solid-State Electron.* **80**, 118 (2013).

[43] K. Kakushima, *et al.*, *IEDM Tech.Dig.*, 10.6.2 (2016).

[44] T. Saraya, *et al.*, *Jpn. J. Appl. Phys.* **59**, SGGD18 (2020).

[45] T. Saraya, *et al.*, *IEDM Tech.Dig.*, 5.3.1 (2020).

[46] A. Nakagawa and H.Ohashi, *IEEE Electron Devices Letter* **6**, 378 (1985).

[47] J. Tihaniy, *MOS-Leistungsschalter. ETG-Fachtagnun Bad Nauheim*, 4-5, May(1988), Fachvericht, *Nr23, VDE-Verlag.* S.71-78 (1988).

[48] G. Miller, and J.Sack, *Procedings of PESC'89* **1**, 21 (1989).

[49] T. Laska *et al.*, *Proc. Int.Symp.Power and Semiconductor Devices and ICS*, 355 (2000).

[50] J. Vobecky *et al.*, *IEDM.* 21-773(2021).

[51] J. Vobecky *et al.*, , *IEEE Trans. Electron Devices.* **64**, 760 (2017).

[52] J. Vobecky, *Physica Status Solidi A* **218**, 2100169 (2021).

[53] E. Buitrago *et al.*, *Proc. Int. Symp. Power and Semiconductor Devices and ICS.*47 (2019).

[54] H. J. Schulze *et al.*, *Proc. Int. Symp. Power and Semiconductor Devices and ICS.*355 (2016).

編集委員・執筆者一覧

『シリコンに導入されたドーパントの物理』編集委員会（五十音順）

岩室 憲幸（筑波大学）
木本 恒暢（京都大学）
鳥海 明（元 東京大学，幹事）
末代 知子（東芝デバイス＆ストレージ（株））
村上 秀樹（久留米工業高等専門学校）
毛利 友紀（（株）日立製作所）
山部 紀久夫（筑波大学，幹事）

執筆者

第1章　田島 道夫（宇宙航空研究開発機構 名誉教授）
第2章　神山 栄治（グローバルウェーハズ・ジャパン（株）／岡山県立大学）
　　　　坪田 寛之（グローバルウェーハズ・ジャパン（株））
第3章　須黒 恭一（（株）SUGSOL／明治大学）
第4章　押山 淳（名古屋大学）
第5章　筒井 一生（東京科学大学）
　　　　松下 智裕（奈良先端科学技術大学院大学）
　　　　森川 良忠（大阪大学）
第6章　水野 文二（UJTラボ）
第7章　藤井 稔（神戸大学）
　　　　杉本 泰（神戸大学）
第8章　深田 直樹（NIMS：物質・材料研究機構）
第9章　水島 一郎（（株）ニューフレアテクノロジー）
第10章　藤平 龍彦（富士電機（株））
第11章　下山 学（（株）SUMCO）
第12章　大村 一郎（九州工業大学）
第13章　西澤 伸一（九州大学）

◎本書スタッフ
編集長：石井 沙知
編集：石井 沙知
編集協力：芳賀 真理子
組版協力：阿瀬 はる美
図表製作協力：菊池 周二
表紙デザイン：tplot.inc 中沢 岳志
技術開発・システム支援：インプレス NextPublishing

●本書に記載されている会社名・製品名等は，一般に各社の登録商標または商標です。本文中の©，®，TM等の表示は省略しています。

●本書の内容についてのお問い合わせ先
近代科学社Digital　メール窓口
kdd-info@kindaikagaku.co.jp
件名に「『本書名』問い合わせ係」と明記してお送りください。
電話やFAX，郵便でのご質問にはお答えできません。返信までには，しばらくお時間をいただく場合があります。なお，本書の範囲を超えるご質問にはお答えしかねますので，あらかじめご了承ください。

●落丁・乱丁本はお手数ですが、(株)近代科学社までお送りください。送料弊社負担にてお取り替えさせていただきます。但し、古書店で購入されたものについてはお取り替えできません。

シリコンに導入された
ドーパントの物理

2025年2月28日　初版発行Ver.1.0

編　者	公益社団法人 応用物理学会 半導体分野将来基金委員会
発行人	大塚 浩昭
発　行	近代科学社Digital
販　売	株式会社 近代科学社
	〒101-0051
	東京都千代田区神田神保町1丁目105番地
	https://www.kindaikagaku.co.jp

●本書は著作権法上の保護を受けています。本書の一部あるいは全部について株式会社近代科学社から文書による許諾を得ずに、いかなる方法においても無断で複写、複製することは禁じられています。

©2025 The Japan Society of Applied Physics (JSAP). All Rights Reserved.
印刷・製本　京葉流通倉庫株式会社
Printed in Japan

ISBN978-4-7649-0718-8

近代科学社 Digital は、株式会社近代科学社が推進する21世紀型の理工系出版レーベルです。デジタルパワーを積極活用することで、オンデマンド型のスピーディでサステナブルな出版モデルを提案します。

近代科学社 Digital は株式会社インプレスR&Dが開発したデジタルファースト出版プラットフォーム "NextPublishing" との協業で実現しています。

あなたの研究成果、近代科学社で出版しませんか？

- 自分の研究を多くの人に知ってもらいたい！
- 講義資料を教科書にして使いたい！
- 原稿はあるけど相談できる出版社がない！

そんな要望をお抱えの方々のために
近代科学社 Digital が出版のお手伝いをします！

近代科学社 Digital とは？

ご応募いただいた企画について著者と出版社が協業し、プリントオンデマンド印刷と電子書籍のフォーマットを最大限活用することで出版を実現させていく、次世代の専門書出版スタイルです。

近代科学社 Digital の役割

- **執筆支援** 編集者による原稿内容のチェック、様々なアドバイス
- **制作製造** POD 書籍の印刷・製本、電子書籍データの制作
- **流通販売** ISBN 付番、書店への流通、電子書籍ストアへの配信
- **宣伝販促** 近代科学社ウェブサイトに掲載、読者からの問い合わせ一次窓口

近代科学社 Digital の既刊書籍 (下記以外の書籍情報は URL より御覧ください)

**スッキリわかる
数理・データサイエンス・AI**
皆本 晃弥 著
B5　234頁　税込2,750円
ISBN978-4-7649-0716-4

**CAE活用のための
不確かさの定量化**
豊則 有擴 著
A5　244頁　税込3,300円
ISBN978-4-7649-0714-0

跡倉ナップと中央構造線
小坂 和夫 著
A5　346頁　税込4,620円
ISBN978-4-7649-0704-1

詳細・お申込は近代科学社 Digital ウェブサイトへ！
URL：https://www.kindaikagaku.co.jp/kdd/

近代科学社Digital 教科書発掘プロジェクトのお知らせ

先生が授業で使用されている講義資料としての原稿を、教科書にして出版いたします。書籍の出版経験がない、また地方在住で相談できる出版社がない先生方に、デジタルパワーを活用して広く出版の門戸を開き、教科書の選択肢を増やします。

セルフパブリッシング・自費出版とは、ここが違う！

- 電子書籍と印刷書籍（POD：プリント・オンデマンド）が同時に出版できます。
- 原稿に編集者の目が入り、必要に応じて、市販書籍に適した内容・体裁にブラッシュアップされます。
- 電子書籍とPOD書籍のため、任意のタイミングで改訂でき、品切れのご心配もありません。
- 販売部数・金額に応じて著作権使用料をお支払いいたします。

教科書発掘プロジェクトで出版された書籍例

数理・データサイエンス・AIのための数学基礎　Excel演習付き
　岡田 朋子 著　B5　252頁　税込3,025円　ISBN978-4-7649-0717-1

代数トポロジーの基礎　基本群とホモロジー群
　和久井 道久 著　B5　296頁　税込3,850円　ISBN978-4-7649-0671-6

はじめての3DCGプログラミング　例題で学ぶPOV-Ray
　山住 富也 著　B5　152頁　税込1,980円　ISBN978-4-7649-0728-7

MATLABで学ぶ 物理現象の数値シミュレーション
　小守 良雄 著　B5　114頁　税込2,090円　ISBN978-4-7649-0731-7

デジタル時代の児童サービス
　西巻 悦子・小田 孝子・工藤 邦彦 著　A5　198頁　税込2,640円　ISBN978-4-7649-0706-5

募集要項

募集ジャンル
　大学・高専・専門学校等の学生に向けた理工系・情報系の原稿

応募資格
1. ご自身の授業で使用されている原稿であること。
2. ご自身の授業で教科書として使用する予定があること（使用部数は問いません）。
3. 原稿送付・校正等、出版までに必要な作業をオンライン上で行っていただけること。
4. 近代科学社 Digital の執筆要項・フォーマットに準拠した完成原稿をご用意いただけること（Microsoft Word または LaTeX で執筆された原稿に限ります）。
5. ご自身のウェブサイトやSNS等から近代科学社 Digital のウェブサイトにリンクを貼っていただけること。

※本プロジェクトでは、通常ご負担いただく**出版分担金が無料**です。

詳細・お申込は近代科学社Digitalウェブサイトへ！
URL: https://www.kindaikagaku.co.jp/feature/detail/index.php?id=1